U0342534

普通高等教育“十四五”规划教材

太阳能电池原理与应用

夏乾善　宋 伟　孙 志　主编

扫一扫获取全书
数字资源

北 京
冶 金 工 业 出 版 社
2024

内容提要

全书分为8章，内容包括：能源与环境问题、我国的能源概述、太阳能的利用方式、光伏发电技术的发展及我国光伏产业的发展现状；太阳辐射的基础知识及太阳能资源的分布情况；太阳能光伏电池所涉及的固体物理与半导体物理的基础理论、光生伏特效应的基本原理及光伏电池的基本特性；晶体硅太阳能光伏电池材料的制造工艺；晶体硅太阳能光伏电池组件的结构组成与制造工艺；光伏发电系统以及其他种类太阳能光伏电池的材料及组件组成。每章末均附有课后复习思考题，可供读者巩固本章学习的知识与运用。

本书为高等学校太阳能光伏发电相关专业的本科生教学用书，也可供从事太阳能光伏发电工作的工程技术人员阅读参考。

图书在版编目(CIP)数据

太阳能电池原理与应用/夏乾善，宋伟，孙志主编.—北京：冶金工业出版社，2024.2

普通高等教育“十四五”规划教材

ISBN 978-7-5024-9722-4

Ⅰ.①太… Ⅱ.①夏… ②宋… ③孙… Ⅲ.①太阳能电池—高等学校—教材 Ⅳ.①TM914.4

中国国家版本馆CIP数据核字(2024)第017988号

太阳能电池原理与应用

出版发行	冶金工业出版社	**电　　话**	(010)64027926
地　　址	北京市东城区嵩祝院北巷39号	**邮　　编**	100009
网　　址	www.mip1953.com	**电子信箱**	service@mip1953.com

责任编辑　杨盈园　美术编辑　彭子赫　版式设计　郑小利

责任校对　王永欣　责任印制　窦　唯

三河市双峰印刷装订有限公司印刷

2024年2月第1版，2024年2月第1次印刷

787mm×1092mm　1/16；16.75印张；405千字；256页

定价 46.00 元

投稿电话　(010)64027932　投稿信箱　tougao@cnmip.com.cn

营销中心电话　(010)64044283

冶金工业出版社天猫旗舰店　yjgycbs.tmall.com

(本书如有印装质量问题，本社营销中心负责退换)

前　　言

随着全球工业化进程的快速发展，人类对煤炭、石油及天然气等化石能源的消耗量呈逐年增加趋势，导致其储量日渐枯竭；而且在生产和使用化石能源的过程中还会产生严重的环境污染，对人们所赖以生存的生态环境造成破坏。在能源重大战略决策下，能源结构加速向绿色低碳化转型，致力于实现在2030年碳达峰及在2060年达到碳中和两个重要目标，全力建立清洁低碳安全高效的能源体系，控制化石能源的消费比例。目前，我国正在大力发展以太阳能、风能、生物质能等为代表的清洁可再生能源的发电技术。其中的太阳能光伏发电作为现今最具竞争力的可再生能源之一，正处在飞速发展阶段。国内企业在光伏电池材料和组件制造领域均处于全球龙头位置。2022年，国内光伏新增装机容量达到8741万千瓦，产业累计装机容量达到3.93亿千瓦，发展潜力巨大。

太阳能光伏发电技术主要包括材料研发与制备、组件封装、性能测试及发电系统并网等多个关键环节，是一项涉及物理、材料、电气、电子、机械及地理等多学科交叉的综合性高新科技，相关专业技术人员培养难度较大。近年来，已有部分高等工科院校开设了太阳能光伏发电的相关课程，培养相关的专业人才。希望本书的出版可为此类专业高校的本科生提供阅读参考甚至课本，为培养太阳能光伏发电专业人才并推动我国光伏产业发展尽作者绵薄之力。

本书内容共分为8章，前4章为太阳能光伏电池的基础篇，主要介绍了光伏发电技术的发展与产业现状、太阳辐射的基础知识、太阳能光伏电池所涉及的固体物理与半导体物理的基础理论、光生伏特效应的基本原理及光伏电池的基本特性等。第5和6章介绍了商用的晶体硅太阳能光伏电池材料与组件的制造工艺。第7章介绍了光伏发电系统的结构。第8章介绍了其他种类太阳能光伏电池的材料及组件。

参加本书编写的有哈尔滨理工大学夏乾善、宋伟、孙志等，夏乾善负责全书统稿。宋伟编写第1、2、8章，孙志编写第3、4、7章，夏乾善编写第5、6章。感谢哈尔滨理工大学电气与电子工程学院、工程电介质及其应用教育部重点实验室在本书编写过程中给予的大力支持。感谢哈尔滨理工大学电气与电子工程学院新能源材料与器件专业的全体教师在本书编写过程中提出的宝贵意见。感谢陈凌志、范吉轩、苟萌萌、邵茁凯、王天赐、周盈旭等在校研究生为全书文字审核校对、插图表格绘制等做了大量工作。

在本书编写过程中参考了大量的著作与文献资料，在此谨向文献作者致以谢意。另外，由于时间仓促和作者的学术水平所限，或掌握的资料不够充分，书中存在欠缺、遗漏或不妥之处，恳请广大读者批评指正，不吝赐教。

作　者

2023 年 4 月 9 日

目　　录

1 绪 论

1.1 能源与环境问题

能源是人类进行生产、发展经济的重要物质基础和动力来源，是人类赖以生存不可缺少的重要资源，是经济发展的战略重点之一。现代化工业生产是建立在机械化、电气化、自动化基础上的高效生产，所有这些过程都要消耗大量能源；现代农业的机械化、水利化、化学化和电气化，也要消耗大量能源，而且现代化程度越高，对能源质量和数量的要求也就越高。然而，当人类大量使用和消耗能源时，却带来了许多环境问题，如温室效应、酸雨、臭氧层破坏和热污染等。此外，由于能源消耗量与日俱增，地球上目前所拥有的能源到底能维持供应多久，是当前人类所关心的问题。

1.1.1 能源的概念

关于能源的定义约有20种。我国的《能源百科全书》认为："能源是可以直接或经转换提供人类所需的光、热、动力等任一形式能量的载能体资源"。可见，能源是一种呈多种形式的且可以相互转换的能量的源泉，是自然界中能为人类提供某种形式能量的物质资源。能量还指物质能够做功的能力，用它来考察物质运动状况的物理量，如物体运动的机械能（动能和势能）、分子运动的热能、电子运动的电能、原子振动的电磁辐射能、物质结构改变而释放的化学能、粒子相互作用而释放的核能等。也就是说，能源就是能够向人类提供某种形式能量的资源，包括所有的燃料、流水、阳光、地热、风等，它们均可通过适当的转换为人类生产和生活提供所需的能量。例如，煤和石油等化石能源燃烧时提供热能，流水和风力可以提供机械能，太阳的辐射可转化为热能或电能等。

1.1.2 能源的分类

在能源的获取、开发和利用的过程中，为了表达的需要，可以根据其生成条件、使用性能、利用状况等进行分类。根据不同的划分方式，有如下分类形式。

1.1.2.1 按来源划分

（1）来自地球以外的太阳能。太阳能除辐射被人类利用外，还是风能、水能、生物能和矿物能源等的产生的基础。人类所需能量的绝大部分都直接或间接地来自太阳。各种植物通过光合作用把太阳能转变成化学能在植物体内储存下来。煤炭、石油、天然气等化石燃料也是由远古动植物经过漫长的地质年代形成的。

（2）地球自身蕴藏的能量。主要是指地热能资源以及原子核能燃料等。据估算，地球以地下热水和地热蒸汽形式储存的能量，是煤储能的1.7亿倍。地热能是地球内的放射性元素衰变所释放的能量。地球上的核裂变燃料（铀、钍）和核聚变燃料（氢、氦）是原子能的储能体。

（3）地球和其他天体引力相互作用而产生的能量。主要是指地球与太阳、月球等天体间有规律运动而形成的潮汐能。潮汐能蕴藏着极大的机械能，蕴含着雄厚的发电原动力。

1.1.2.2 按产生方式划分

能源按产生方式划分可分为一次能源（天然能源）和二次能源（人工能源）。一次能源是指自然界中以天然形式存在并没有经过加工或转换的能量资源，如煤炭、石油、天然气、风能、地热能等。由一次能源经过加工转换成的另一种形态的能源产品称为二次能源，如电力、焦炭、煤气、蒸汽、石油制品和沼气等能源都属于二次能源。大部分一次能源都转换成容易输送、分配和使用的二次能源，以适应消费者的需要。二次能源经过输送和分配，在各种设备中使用，变成有效能源。

1.1.2.3 按使用历史划分

能源根据使用的历史划分可分为常规能源和新能源。常规能源是在当前的技术水平和利用条件下，已被人们广泛应用了较长时间的能源，这类能源使用较普遍，技术较成熟，现阶段主要有煤炭、石油、天然气、水能、核（裂变）能等。它们的工业化程度非常高，在总耗能量中占据绝对优势和份额。新能源是由于技术、经济或能源品质等因素的限制而未能大规模使用的能源，有的甚至还处于研发或试用阶段，如太阳能、风能、海洋能、地热能、生物质能和氢能等。新能源大部分是天然和可再生的，是未来世界持久能源系统的基础。

常规能源与新能源的分类是相对的，在不同历史时期会有变化，这取决于应用历史和使用规模。例如在20世纪50年代，核（裂变）能属于新能源，但现在有些国家已把它归为常规能源。有些能源虽然应用的历史很长，但正经历着利用方式的变革，而那些较有发展前途的新型应用方式尚不成熟或规模尚小，也被归为新能源，例如太阳能、风能。在中国，新能源指除常规化石能源和大中型水力发电、核裂变发电之外的一次能源，包括生物质能、太阳能、风能、地热能以及海洋能。随着科学和技术的进步，新能源将不同程度地替代部分常规能源。

1.1.2.4 按再生性质划分

能源按能否再生划分可分为可再生能源和不可再生能源。可再生能源是指能够不断再生并有规律地得到补充，没有使用期限，也不会因长期使用而减少的能源，如太阳能、水能、生物质能、风能、潮汐能和地热能等。不可再生能源是须经地质年代才能形成而短期内无法再生的一次能源，如煤炭、石油、天然气、核燃料等。它们随着大规模地开采利用，其储量越来越少，总有枯竭之时。据估计，按照现有的探明储量和开采程度，地球上的化石燃料最多还可使用几百年。

1.1.2.5 按性质划分

能源按性质划分可分为燃料型能源和非燃料型能源。属于燃料型能源的有矿物燃料（如煤炭、石油、天然气）、生物燃料（如柴薪、沼气、有机废物等）、化工燃料（如甲醇、酒精、丙烷以及可燃原料铝、镁等）、核燃料（如铀、钍、氘）四类。非燃料型能源多数具有机械能，如水能、风能等；有的具有热能，如地热能、海洋热能等；有的具有光能，如太阳能、激光等。

1.1.2.6　按环境污染程度划分

能源根据消耗后能否造成环境污染划分可分为清洁型能源和污染型能源。清洁型能源是指对环境没有污染或污染较小的能源，也叫绿色能源，如太阳能、风能、海洋能、垃圾发电和沼气等。污染型能源是指可能对环境造成较大污染的能源，例如煤炭等化石燃料。

常见能源分类见表 1.1。

表 1.1　常见能源分类

能源类别		按再生性分类	
		可再生能源	不可再生能源
一次能源	第一类能源 来自地球以外	太阳能、生物质能、风能、水能、海洋波浪能、海流动能、海水热能、雷电能、宇宙射线能	煤炭、石油、天然气、油页岩
	第二类能源 来自地球内部	地热能、地震、火山爆发、温泉	核能
	第三类能源 来自地球和其他天体的作用	潮汐能	
二次能源	燃料能源	焦炭、煤气、沼气、氢能、酒精、汽油、柴油、煤油、重油、液化气、电石	
	非燃料能源	电气、蒸汽、热水	

1.1.3　能源与社会发展

1.1.3.1　人类文明与能源革命

自从人类诞生以来，能源便是人类社会生存和发展的基本要素，或者说能源始终与人类社会如影随形，两者之间密不可分。人类社会要生存、要发展，必然离不开能源，能源一直都是人类社会赖以生存和发展的重要物质基础和先决条件，只不过在人类社会发展的不同时期或不同形态中，能源的表现形式不尽相同。

A　人类能源革命起源于人类自主利用火，逐步演化为农耕文明

天然能源的原始利用起源非常早，几十万年以前人类就学会了用火，这是利用能源的第一次大突破。在漫长的岁月里，人类一直以柴草为生活能量的主要来源，燃火用于烧饭、取暖和照明，这一时期也被称为柴草时期。但总体上人类利用薪柴的方式还比较落后，薪柴利用规模也十分有限。

B　人类第一次能源革命

人类第一次能源革命本质上是煤炭取代薪柴的主导地位逐步演化到工业文明。煤炭是一种最早被人类发现并逐渐大规模利用的化石能源，可以说煤炭的大规模开发和利用为人类工业文明建立了能量基础。14 世纪的中国、17 世纪的英国采煤业都已相当发达，但煤炭长期未能在能源消费结构中占据主导地位。在 1860 年的世界能源消费结构中，薪柴和农作物秸秆仍占能源消费总量的 73.8%，煤炭仅占 25.3%。

1879年德国人卡尔·本茨制造出世界第一台单缸煤气发动机，煤炭利用得到强化，煤炭在能源结构中的比重不断提高。在公元18世纪80年代，煤炭取代薪柴的传统地位，一举成为能源消费总量最大的一次能源，能源利用规模和能源结构都发生了重大改变，即人类社会实现了第一次能源革命。煤炭在世界一次能源消费结构中所占的比重，从1860年的25%，上升到1920年的62%。

C 人类第二次能源革命

人类第二次能源革命本质上是石油和天然气取代煤炭的主导地位，催生现代工业文明建立。煤炭大规模利用，标志着工业文明的建立，但是人类文明演进没有终点，必然持续向前，而能源转型和革命伴随其中，之后石油和天然气在煤炭取代过程中发挥了重大推动作用。

石油和天然气与煤炭一样，都是碳氢化合物，均属于化石能源，其形成机理与煤炭基本一致，它们的差别主要体现在分子式中的“碳”元素的多少。从化学分子式来看，碳链长短或碳元素的多少，直接决定了煤炭、石油和天然气存在的形态，比如固态、液态和气态等。一般来说，在碳氢化合物分子式中，随着碳链越来越短或碳元素越来越少，其存在形态由固态逐渐转化为气态。因此，主要成分是甲烷的天然气，在燃烧中产生的二氧化碳最少，所谓的碳排放便最少。

直到19世纪，石油工业才逐渐兴起。1854年，美国宾夕法尼亚州开采出了世界上第一口油井，是现代石油工业的开端。1886年，德国人本茨和戴姆勒研制出第一辆以汽油为燃料、由内燃机驱动的汽车，人类从此进入大规模使用石油的汽车时代。1965年，石油和天然气取代煤炭的传统地位，在一次能源的消费结构中的占比超过了50%，人类实现了第二次能源革命。1979年，石油所占的比重达到54%，相当于煤炭的3倍。

D 人类第三次能源革命

人类第三次能源革命本质上是非化石能源取代化石能源的主导地位，催生工业文明向生态文明转化。全球应对气候变化，能源转型势在必行，但是人类对能源需求的增长似乎还难以避免，因此未来趋势是非化石能源逐渐取代传统化石能源，这便是所谓的第三次能源革命。原始能源最广泛的利用方式是转化为电能。1881年，美国建成了世界上第一个发电站，同时还研制出电灯等实用的用电设备。从此以后，电力的应用领域越来越广，发展规模也越来越大，人类社会逐步进入电气化时代。石油、煤炭、天然气等化石燃料被转换成更加便于输送和利用的电能，进一步推动了工业革命，带来了巨大的技术进步。

1973年西方世界爆发了石油危机，宣告了石油时代的结束。核能利用迅速发展起来，在世界能源结构中占据了重要位置。到20世纪90年代，核能发电所提供的电力已占全世界发电总量的17%左右。

进入21世纪以来，太阳能、风能、海洋能、生物质能等可再生能源发展很快，并且逐渐走向成熟化和规模化，所占的比重也有望大幅度提高，为人类解决能源和环保问题开辟了新的天地。

相对于化石能源，非化石能源劣势也很明显，比如大规模的储能问题，全面替代化石能源的成本较大、规模化也十分有限，且替代的代价巨大，对于人类来说确实面临巨大的挑战。

1.1.3.2 能源与环境问题

能源与环境有着十分密切的关系，一方面，人类在获得和利用能源的过程中，会改变原有的自然环境或产生大量的废弃物，如果处理不当，就会使人类赖以生存的环境受到破坏和污染；另一方面，能源与经济的发展，又对环境的改善起着巨大的推动作用。传统的化石能源的排放物是有害的，大量排放，必然会污染环境，破坏人类的生存空间。因此，我们希望在能源消费中，传统化石能源的比例尽量减少。但目前在世界能源消费构成中，传统化石能源的消费占比仍然很高。

由于人类的能源消费活动主要是化石燃料的燃烧，造成了环境污染、自然灾害频繁发生。人们逐渐认识到减少温室气体的排放、治理大气环境、防止污染已经到了刻不容缓的地步。据统计，近一个世纪以来，全球化石燃料的使用量几乎增加了 30 倍。目前全世界每年向大气中排放的 CO_2 约为 210 亿吨。科学家预测，到 22 世纪中叶，地球表面平均温度将上升 1.5~4.5℃，从而导致南北极冰雪部分融化，加上海水本身的热膨胀，世界海平面将会上升 25~100cm。一些地势较低洼的沿海城市和岛屿将葬入海底，数亿沿海居民将被迫迁居。同时，地球变暖将使不少国家和地区干旱少雨、虫害增多、农业减产。

2007 年 1 月 10 日，世界经济论坛等机构在日内瓦发布的《2007 年全球风险》报告称，气候变化是 21 世纪全球面临的最严重挑战之一，由全球变暖造成的自然灾害在今后数年内可能会导致某些地区人口大规模迁移、能源短缺，以及经济和政治动荡。

2007 年 2 月 2 日，会聚了来自 130 多个国家的 2500 多名专家的联合国政府兼气候变化专门委员会发表了第 4 份全球气候变化评估报告。这份报告综合了全世界科学家 6 年来的科学研究成果，报告称气候变暖已经是“毫无争议”的事实，过去 50 年全球平均气温上升“很可能”（指正确性在 90%以上）与人类使用化石燃料产生的温室气体增加有关。报告预测，到 2100 年，全球气温将升高 1.8~4℃，21 世纪海平面将上升 19~37cm，如果近年出现的北极冰层大量融化的趋势继续发展，海平面会升高 28~58cm，有不少海岛和沿海城市将沉入海底。

《Energy Outlook 2007》统计并预测了部分国家和地区在 1990—2030 年的 CO_2 排放量，见表 1.2。

表 1.2 部分国家和地区 1990—2030 年的 CO_2 排放量 (Mt)

国家/地区	历史数据			预测数据					2004—2030 年平均增长率/%
	1990 年	2003 年	2004 年	2010 年	2015 年	2020 年	2025 年	2030 年	
美国	4989	5800	5923	6214	6589	6944	7425	7950	1.1
加拿大	474	589	584	648	659	694	722	750	1.0
墨西哥	300	385	385	481	532	592	644	699	2.3
日本	1015	1244	1262	1274	1290	1294	1297	1306	0.1
韩国	238	475	497	523	574	614	649	691	1.3
澳大利亚/新西兰	291	410	424	472	490	516	549	573	1.2
俄罗斯	2334	1602	1685	1809	1908	2018	2114	2185	1.0

续表 1.2

国家/地区	历史数据			预测数据					2004—2030 年平均增长率/%
	1990 年	2003 年	2004 年	2010 年	2015 年	2020 年	2025 年	2030 年	
中国	2241	3898	4707	6497	7607	8795	9947	11239	3.4
印度	578	1040	1111	1283	1507	1720	1940	2156	2.6
中东	705	1211	1289	1602	1788	1976	2143	2306	2.3
非洲	649	895	919	1140	1291	1423	1543	1655	2.3
中南美洲	673	981	1027	1235	1413	1562	1708	1851	2.3
总计	21246	25508	26922	30860	33889	36854	39789	42880	1.8

由表 1.2 可见，世界 CO_2 排放量的年平均增长率是 1.8%，到 2030 年 CO_2 的排放量将是 1990 年的两倍多。而中国是以年平均增长率 3.4%的速度在增加，虽然中国的 CO_2 人均排放量不算高，但由于中国人口众多，排放总量很快就将超过美国而成为世界第一位。而且中国的能源利用率不高，能源消费以燃煤为主，煤炭中所含的硫等有害成分很高，所以受到普遍关注。据世界银行估计，到 2020 年中国由于空气污染造成的环境和健康损失，将达到 GDP 总量的 13%。减少 CO_2 排放量，保护人类生态环境，已经成为当务之急。此外，全世界每年向大气中排放的 SO_2、氮氧化物等有害气体也在急剧增多。当大气中的 SO_2 与氮氧化物遇到水滴或潮湿空气即转化成硫酸与硝酸溶解在雨水中，使降雨的 pH 值降低到 5.6 以下（正常值为 5.6），如此称为酸雨。如果大气中 SO_2 和氮氧化物浓度很高时，可以使降雨的 pH 值低至 3 左右。

在我国，SO_2 等气体主要来自煤炭的燃烧。据 23 个省市测定表明，其中 21 个省市发现酸雨，占 90%以上，而且我国降雨酸度由北向南呈逐渐增加趋势。长江以南酸雨已成为比较普遍的问题，最严重的是西南和华南。在我国的华北、东北和西北过去很少出现酸雨，如今酸雨也成为了某些地区的困扰。有害排放使大气臭氧层遭破坏所产生的很多问题也与能源有密切关系。

太阳能是清洁无公害的新能源，光伏发电不排放任何废弃物，大力推广光伏发电将对减少大气污染，防止全球气候变化做出有效的贡献。

1.1.3.3　全球能源需求和发展趋势

《世界能源发展报告 2022》于 2022 年 11 月 6 日发布，该报告阐述了全球能源局势与中国能源发展概况，梳理并分析了 2021 年世界石油、天然气、可再生能源等能源行业的发展情况、市场走向以及未来趋势，聚焦中国和世界能源行业的热点话题等。报告中指出 2023 年、2024 年，全球电力需求增长将分别是 2.6%和略高于 2%。预计 2021—2024 年大部分电力供应增长在中国，增长量约占净增长总量的一半。2022—2024 年，预计可再生能源将成为电力供应增长的主要来源，平均每年增长 8%。到 2024 年，可再生能源电力供应量将占全球电力供应总量的 32%以上，预计低碳发电量占总发电量的比例将从 2021 年的 38%上升到 42%。

2021 年 10 月，国际能源署（IEA）发布《世界能源展望 2021》。报告指出，尽管新能源电力增长很快，但其发展速度不足以支撑 2050 年前净零排放目标的实现。全球政府承诺目标情景与2050净零排放情景之间也存在明显差异，这要求各国政府做出更高要求的减排承诺和行动。2020年，风能和太阳能光伏等可再生能源仍继续快速增长，能源变得更加电气化、高效化、清洁化。当前电力占能源终端消费的20%，按照净零排放情景，到2050年电力将占全球终端能源消费的50%左右。清洁能源技术正在成为各种能源终端应用的首选技术，在大多数地区，太阳能光伏或风能已成为最便宜的新能源发电来源。太阳能和风能等可再生能源技术是减少电力领域排放的关键，而电力领域如今已成为最大的CO_2排放源。在实现净零排放的道路上，到2050年，全球发电量将近90%来自可再生能源，其中太阳能光伏和风能合计占近70%（见图1.1）。清洁电气化是全球能源经济转型初期的主要议题，需要加快推进尚未市场化的清洁能源技术的创新开发。

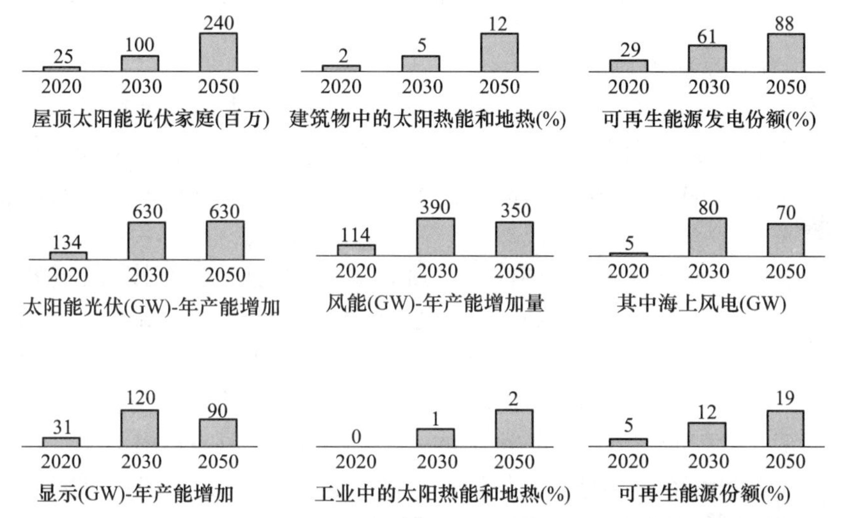

图1.1　2020—2050年可再生能源分析与估算对比图（图片来源于风能专委会微信）

英国石油公司（BP）在其2023年发布的《BP世界能源展望》中，预测世界能源未来发展4大趋势。

（1）油气需求达峰后逐渐下降。在一次能源结构中，化石能源占比预计由2019年的80%下降到2050年的20%~50%。全球石油需求在未来10年将会达到峰值，然后下降，预计2035年全球石油需求为7000万~8000万桶/日；而到2050年，全球石油需求将分别降至2000万~4000万桶/日，即便如此，石油在未来15~20年内仍将继续在全球能源系统中发挥重要作用。天然气需求将增长，之后也会下降，预计到2050年会比2019年减少40%~55%。

（2）风能、太阳能将领跑可再生能源发展。预计到2050年，可再生能源在一次能源消费结构的占比将由2019年的10%上升至35%~65%，其中增长最快的是风能和太阳能。随着风能和太阳能发电日益占据主导地位，全球电力系统逐步向低碳化转型。风能和太阳能贡献了全部或大部分增量发电，这得益于成本的持续下降以及将这些不同来源的发电高度集中纳入电力系统能力的不断增强。

（3）能源消费将日益电气化。预计到2050年，终端电力需求会增长约75%，即在终端消费中，电力在终端能源消费中的占比会从现在的20%增长到2050年的35%~50%，其中90%的增长将来自于新兴经济体。从电力所占的终端能源需求比重来说，交通领域增长最大，这主要得益于道路交通的进一步电气化。电动乘用车和电动轻型卡车的数量从2021年的2000万辆增长至2050年的14亿~20亿辆，占全球汽车保有量的50%~80%。

（4）低碳氢将发挥更大作用。低碳氢以绿氢和蓝氢为主，绿氢的重要性随着时间推移而不断增强。2030年绿氢占低碳氢的60%左右，到2050年这一比例将上升到65%左右。在交通领域，低碳氢主要是用来生产以氢气为基础的燃料，用于长途的海洋运输和航空运输的脱碳。纯氢则可以用于长途的道路运输。

总之，世界能源总的发展趋势是从高碳走向低碳，从低效走向高效，从不清洁走向清洁，从不可持续走向可持续。

1.1.4 可再生能源

1.1.4.1 可再生能源的种类

可再生能源（Renewable Energy）是指风能、太阳能、水能、生物质能、地热能等非化石能源，是清洁能源。可再生能源是绿色低碳能源，是中国多轮驱动能源供应体系的重要组成部分，对于改善能源结构、保护生态环境、应对气候变化、实现经济社会可持续发展具有重要意义。

（1）太阳能。太阳能包含太阳热能与太阳电能。太阳热能是直接用集热板收集太阳光的辐射热，将水加热以推动机械，是一种热能、机械能与化学能的转换。太阳能发电是通过光伏电池（PV，Photovoltaic）或太阳能电池（Solar Cell）将太阳能转换为电能，是一种光能与电能的转换。随着使用化石能源与环保冲突日趋严重，在美、日、欧等发达国家和地区的推动下，太阳能光电产业蓬勃发展，且被认为是最具发展潜力的可再生能源。

（2）风能。风能存在于地球的任何地方，是由于空气受到太阳能等能源的加热而产生流动形成的能源，通常是利用专门的装置（风力机）将风力转化为机械能、电能、热能等各种形式的能量，用于提水、助航、发电、制冷和制热等。风力发电是目前主要的风能利用方式。根据全国风能资源普查最新统计，中国陆域离地面10m高度的风能资源总储量为43.5亿千瓦，其中技术可开发量约为3亿千瓦，有广阔的开发前景。

（3）生物质能。生物质能发电指将各种有机体转换成电能，是一种生物质能与电能的转换。有机体发电是指将农村及城市地区产生的各种有机物，如粮食、含油植物、牲畜粪便、农作物残渣及下水道废水等，经各种自然或人为化学反应后，再萃取其能量进行应用。典型的生物质能发电的应用包括垃圾焚化发电、沼气发电、农林废弃物及一般工业废弃物应用发电等。

（4）地热能。地热能是指来自地球内部的热能资源。我们生活的地球是一个巨大的热库，仅地下10km厚的一层，储热量就达1.05×10^{26}J，相当于3.58×10^{15}t标准煤所释放的热量。地热能是在其演化进程中储存下来的，是独立于太阳能的又一自然能源，它不受天气状况等条件因素的影响，未来的发展潜力也相当大。

（5）潮汐能。潮汐的产生是由于地球的万有引力与地球自转对海水的引力，造成海平面周期性的变化。潮汐发电即是利用涨潮与退潮造成海水高低潮位的落差，进而推动水轮机旋转，带动发电机发电来产生电力，仅需1m的潮差即可供围筑潮池，进行潮汐发电，它是一种机械位能与电能的转换形式。

虽然上述的可再生能源各以不同的名称出现，但是几乎都与太阳提供的能量有关。在能量守恒的观点上，太阳内部的质量变化所提供的光能量传送至地球，形成诸多可再生能源的原动力。

1.1.4.2 全球可再生能源的现状与趋势

2021 年，21 世纪全球可再生能源政策网络发布《2021 年全球可再生能源现状报告》，该报告指出，2020 年，可再生能源新增装机依旧创下新的历史纪录，新增装机容量超过256GW，并且成为各类电源总装机中唯一发电量有所净增长的能源类型。截至 2020 年底，至少有 19 个国家的非水电可再生能源装机超过 10GW。全球已有多个国家和地区建造新的风能或太阳能光伏电站，比运营现有的燃煤发电厂更加具备经济性，可再生能源竞争力正在持续提升。

2020 年，中国和美国风电市场增长创历史新高并成为推动全球风电增长的主引擎，同时风力发电在以下几个国家的发电结构中也占据了较大份额：丹麦（超过 58%）、乌拉圭（40.4%）、爱尔兰（38%）和英国（24.2%）。海上风电方面，在全球海上风电35.3GW 的总装机中，近 6.1GW 成功并网。

同时，太阳能光伏行业迎来创纪录的一年——新增装机达 139GW，累计装机达760GW 左右。其中，中国、美国和越南成为全球新增光伏前三大市场。与此同时，有利的形势激发起各路资本对屋顶分布式光伏的浓厚兴趣。澳大利亚、德国和美国屋顶分布式光伏出现明显增长。

2020 年，全球水电新增装机约为 19.4GW，使得全球总装机容量达到 1170GW 左右，中国市场占据了新增装机的一半以上。

2019 年，生物能源提供了全球最终能源需求总量的 5.1%，约占最终能源消费中所有可再生能源的一半。2020 年，全球生物燃料产量下降约 5%。在电力领域，生物能源的贡献在 2020 年增长了 6%，达到 602TW · h。其中，中国仍然是最大的生物能源发电国，美国和巴西紧随其后。

2020 年约有 0.1GW 的地热能发电装机投入使用，使全球总量达到约 14.1GW。美国和日本在 2020 年增加了少量的地热发电容量。

近十年来全球可再生能源装机总容量呈现逐年上涨的趋势，如图 1.2 所示。

国际能源署（IEA）于 2022 年 12 月 6 日发布了《2022 年可再生能源》（Renewables 2022）报告。报告指出，全球能源危机引发了可再生能源前所未有的发展势头，未来五年全球新增可再生能源将和过去 20 年的总量相当。未来五年全球可再生能源总装机容量有望增长近一倍，在此期间将超过煤炭成为最大的发电来源，并有助于保持将全球变暖限制1.5℃的可能性。报告中预测，2022—2027 年期间全球可再生能源装机容量将增长2400GW，这一数字相当于中国目前全部电力装机容量，比上一年所预测的增长量还要高出 30%。IEA 报告发现，未来五年可再生能源装机容量将占全球新增电力的 90%以上，到2025 年初可再生能源将超过煤炭成为全球最大的电力来源。公用事业规模的太阳能光伏和陆上风能是全球绝大多数国家最便宜的新增发电选择。在 2022—2027 年期间，全球太阳能光伏发电容量将增长近两倍，超过煤炭，成为世界上最大的电力装机来源。该报告还预测，住宅和商业屋顶将进一步加速安装太阳能电池组件，这有助于消费者减少能源账单费用。全球风电装机容量在预测期内则几乎翻了一番，其中海上风电项目将占据增长的五分之一。风能和太阳能将占未来五年新增可再生能源容量的 90%以上。

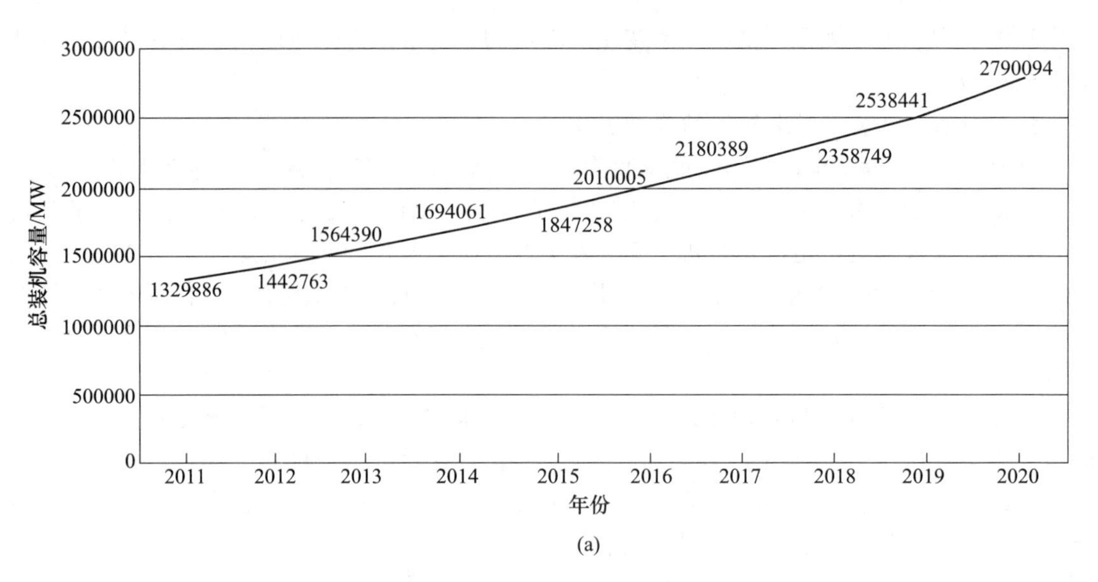

(a)

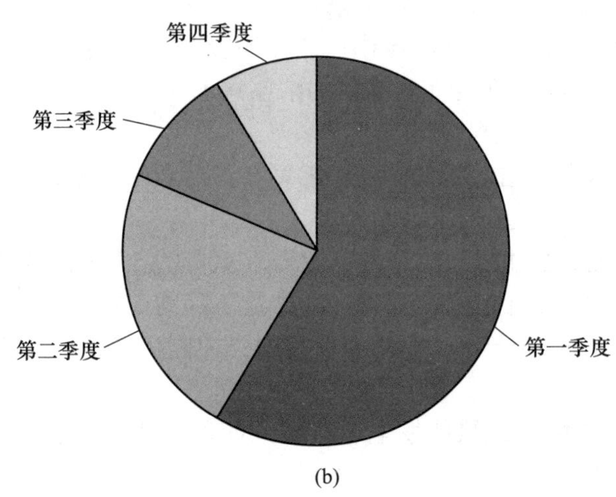

(b)

图 1.2 2011—2020 年全球可再生能源装机总容量对比图

（a）总装机容量；（b）销售额

1.2 我国能源概述

1.2.1 我国能源现状

中国的经济正在高速发展，能源消耗量也在迅速增加，根据 IEA 的《Energy Outlook 2007》附表 A1 的统计和预测（世界部分国家和地区的一次能源消费量见表 1.3），预计中国到 2030 年一次能源消费的平均年增长率为 3.5%，居世界第一。虽然中国的能源资源总量比较丰富，目前能源产量居世界第二，但是由于人口众多，人均能源资源拥有量在世界上处于较低的水平，一次能源的储量低于世界平均值（见图 1.3），能源供应形势不容乐观。

表 1.3 1990—2030 年部分国家和地区一次能源消费量

国家/地区	历史数据/Btu			预测数据/Btu					2004—2030 年平均增长率/%
	1990 年	2003 年	2004 年	2010 年	2015 年	2020 年	2025 年	2030 年	
美国	84.7×10^{15}	98.3×10^{15}	100.7×10^{15}	106.5×10^{15}	112.3×10^{15}	118.2×10^{15}	124.4×10^{15}	131.2×10^{15}	1.0
加拿大	11.1×10^{15}	13.5×10^{15}	13.6×10^{15}	15.5×10^{15}	15.9×10^{15}	16.7×10^{15}	17.5×10^{15}	18.4×10^{15}	1.2
墨西哥	5.0×10^{15}	6.5×10^{15}	6.6×10^{15}	8.3×10^{15}	9.2×10^{15}	10.2×10^{15}	11.1×10^{15}	12.1×10^{15}	2.3
日本	18.4×10^{15}	22.2×10^{15}	22.6×10^{15}	23.5×10^{15}	24.1×10^{15}	24.6×10^{15}	25.0×10^{15}	25.4×10^{15}	0.5
韩国	3.8×10^{15}	8.7×10^{15}	9.0×10^{15}	9.6×10^{15}	10.8×10^{15}	11.8×10^{15}	12.5×10^{15}	13.4×10^{15}	1.6
澳大利亚/新西兰	4.4×10^{15}	6.0×10^{15}	6.2×10^{15}	6.8×10^{15}	7.2×10^{15}	7.6×10^{15}	8.0×10^{15}	8.4×10^{15}	1.2
俄罗斯	39.0×10^{15}	28.8×10^{15}	30.1×10^{15}	32.9×10^{15}	35.3×10^{15}	37.6×10^{15}	40.1×10^{15}	41.6×10^{15}	1.3
中国	27.0×10^{15}	49.7×10^{15}	59.6×10^{15}	82.6×10^{15}	97.1×10^{15}	112.8×10^{15}	128.3×10^{15}	145.4×10^{15}	3.5
印度	8.0×10^{15}	14.4×10^{15}	15.4×10^{15}	18.2×10^{15}	21.7×10^{15}	25.1×10^{15}	28.6×10^{15}	31.9×10^{15}	2.8
中东	11.3×10^{15}	19.9×10^{15}	21.1×10^{15}	26.3×10^{15}	29.5×10^{15}	32.6×10^{15}	35.5×10^{15}	38.2×10^{15}	2.3
非洲	9.5×10^{15}	13.3×10^{15}	13.7×10^{15}	16.9×10^{15}	19.2×10^{15}	21.2×10^{15}	23.1×10^{15}	24.9×10^{15}	2.3
中南美洲	14.5×10^{15}	21.7×10^{15}	22.5×10^{15}	27.7×10^{15}	31.5×10^{15}	34.8×10^{15}	38.0×10^{15}	41.4×10^{15}	2.4
总计	347.3×10^{15}	425.7×10^{15}	446.7×10^{15}	511.1×10^{15}	559.4×10^{15}	607.0×10^{15}	653.7×10^{15}	701.6×10^{15}	1.8

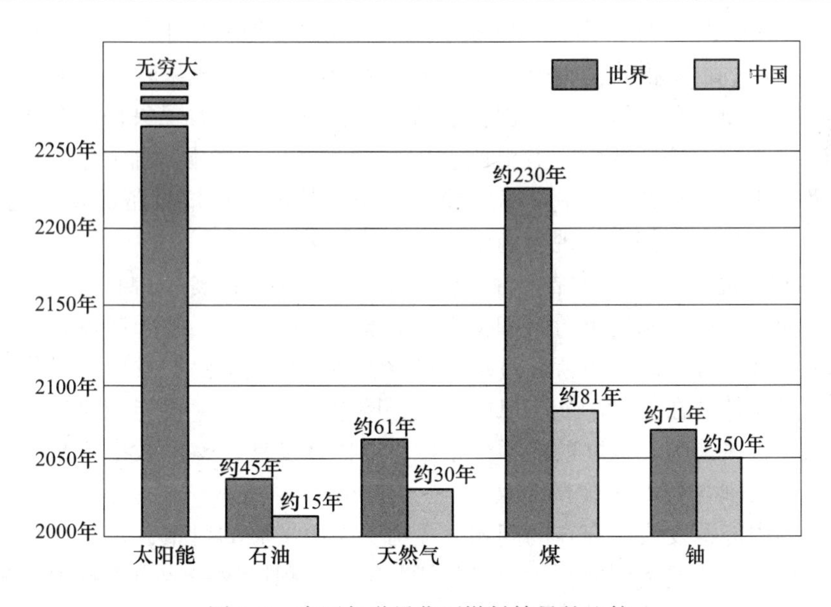

图 1.3 中国与世界化石燃料储量的比较

2000—2020 年间，中国原油产量一直保持在 1.63 亿~2.15 亿吨之间，仅占世界产量的 4.2%~5.0%，而石油消费量由 2000 年的 2.12 亿吨一路上涨至 2020 年的 7 亿吨，在世界石油消费占比中由 6.2%上涨至 14.6%，根据 IEA 预测，我国石油对外依存度将在 2035 年达到 84.6%，这将对我国的能源安全产生巨大的压力。为了应对化石燃料逐渐短缺的严重局面，我国必须逐步改变能源消费结构，大力开发以太阳能为代表的可再生能源，在能源供应领域走可持续发展的道路，才能保证经济的繁荣发展和社会的不断进步。

1.2.2 我国能源问题与对策

近年来，我国能源发展取得了巨大进展，如能源技术自主创新能力和装备国产化水平显著提升、部分领域达到国际领先水平，为打造新型能源产业奠定了坚实基础，但与新时期能源革命的战略目标相比还有较大差距。此外，由于我国能源资源约束日益加剧、生态环境问题突出，调整结构、提高能效和保障能源安全的压力进一步加大，能源发展面临着一系列问题及挑战。

（1）我国能源供给安全面临重大挑战。在石油供给安全方面，由于我国石油资源地质储量少，石油生产总量远低于石油需求总量，导致我国石油供需矛盾日益突出，原油对外依存度长期处于高位且有进一步快速增加的趋势，从 2010 年的 53.8%迅速飙升到 2018 年的 71.0%。在天然气供给安全方面，我国的天然气生产和消费持续增长，自 2007 年开始，我国天然气消费量大于生产量，对外依存度不断攀升，2018 年达到 43.9%。

（2）生态环境压力加大，污染排放问题突出。目前城市交通、火电已成为细颗粒物（PM2.5）的主要来源，并且火电、交通及其他工业排放的颗粒物仍将持续增加。大范围、高强度的雾霾天气倒逼能源转型。全球对温室气体引起的气候变化问题已经形成共识，并达成了二氧化碳（CO_2）减排的约束性政府间协议。中国政府承诺到 2030 年碳排放达到峰值，单位国内生产总值 CO_2 排放较 2005 年下降 60%~65%。

（3）能源科技水平总体不高，国际竞争激烈。我国能源科技水平在全球局部领先、部分先进、总体落后。创新模式有待升级，引进消化吸收的技术成果较多，与国情相适应的原创成果不足。创新体系有待完善，创新活动与产业需求脱节的现象普遍存在，各创新单元同质化发展、无序竞争、低效率及低收益问题较为突出。能源产业缺乏关键核心技术，部分核心装备、工艺、材料仍受制于人，重大能源工程依赖进口设备的现象仍较为普遍，技术空心化和对外依存度偏高的现象尚未得到有效解决。

（4）我国现有能源体系存在结构性缺陷。受限于我国的能源资源特点，石油化工难以提供化工基本原料，严重制约下游精细化工行业发展；而煤化工适于制取大宗化学品和油品，可以弥补石油资源不足，亟待促进现代煤化工与石油化工协调发展，优化合理的产业结构。类似问题还体现在：太阳能、风能发电并网率低，水能、核能相对过剩，以及燃料乙醇存在与人争粮风险等。孤立的能源分系统难以协调发展，整体效率不高，亟待突破能源种类之间互补及耦合利用的核心技术。

我国针对国内能源发展中存在的问题，提出了能源发展的对策，包括：坚决实施能源节约战略方针，提高能源利用率；大力优化能源结构；积极发展洁净煤技术；大力开发利用新能源与可再生能源；采取措施保证能源供应安全，降低进口风险等。

1.2.3 我国可再生能源发展现状与前景

1995 年颁布的《中华人民共和国电力法》明确宣布，国家鼓励和支持利用可再生能源和清洁能源来发电。强调指出，农村利用太阳能、风能、地热能、生物质能和其他能源进行农村电力建设，增加农村电力供应，将得到国家的支持和鼓励。

1996 年，第八届全国人民代表大会第四次会议审议通过了《中华人民共和国国民经济和社会发展“九五”计划和 2010 年远景目标纲要》，正式确定了“以电力为中心，以煤炭为基础，加强石油、天然气资源的勘探开发，积极发展新能源，改善能源结构”的能源发展方针和政策。

2005 年 2 月 28 日，第十届全国人民代表大会常务委员会第十四次会议通过了《中华人民共和国可再生能源法》，是我国可再生能源发展史上的里程碑。该法案的宗旨为“为了促进可再生能源的开发利用，增加能源供应，改善能源结构，保障能源安全，保护环境，实现经济社会的可持续发展”。此法案的实施让我国可再生能源步入了飞速发展的快车道。

2007 年 8 月，国家发展改革委员会发布了《可再生能源中长期发展规划》，指出到 2010 年太阳能发电总量达到 300MW，到 2020 年达到 1800MW。

2009 年《新能源产业振兴规划（草案)》提出新能源发电 2020 年的装机目标：风电 1.3 亿~1.5 亿千瓦，太阳能发电 2000 万千瓦等，推动了可再生能源的发展。

2014 年 11 月 12 日，中美两国共同发布了《中美气候变化联合声明》，中国政府提出 2030 年左右碳排放达到峰值，将非化石能源在一次能源中的比重提升到 20%左右。美国政府提出到 2025 年温室气体排放较 2005 年整体下降 26%~28%。

2018 年，中国可再生能源发电量 18670 亿千瓦时，占全部发电量的 26.7%，比 2005 年提高 10.6 个百分点。其中，非水可再生能源总装机容量是 2005 年的 94 倍，发电量是 2005 年的 91 倍。可再生能源占一次能源消费总量比重达到 12.5%左右，比 2005 年翻了一番。

2020 年，中国可再生能源保持高利用率水平。中国主要流域弃水电量约 301 亿千瓦时，水能利用率约 96.61%，较上年同期提高 0.73 个百分点；中国弃风电量约 166 亿千瓦时，平均利用率 97%，较上年同期提高 1 个百分点；中国弃光电量 52.6 亿千瓦时，平均利用率 98%。

在 21 世纪前 30 年，我国新能源与可再生能源将有大的发展，到 21 世纪中叶，将有可能成为重要的替代能源。因为我国拥有丰富的新能源与可再生能源资源可供开发利用；我国对新能源和可再生能源的需求量巨大，市场广阔；我国对新能源和可再生能源的发展适逢良好的市场机遇。

1.3 太阳能的利用

据记载，人类利用太阳能已有 3000 多年的历史，但将太阳能作为一种能源和动力加以利用，只有 300 多年的历史。真正将太阳能作为“近期急需的补充能源”“未来能源结构的基础”，则是近年的事。20 世纪的 100 年间，太阳能科技发展历史大体可分为七个阶段。

第一阶段（1900—1920 年），世界上太阳能研究的重点仍是太阳能动力装置，但采用的聚光方式多样化，且开始采用平板集热器和低沸点工质，装置逐渐扩大，最大输出功率达 73.64kW，实用目的比较明确，造价仍然很高。如 1901 年美国加利福尼亚州建成一台太阳能抽水装置，采用截头圆锥聚光器，功率 7.36kW；1902—1908 年，美国建造了 5 套双循环太阳能发动机，采用平板集热器和低沸点工质；1913 年，埃及在开罗以南建成 1 台由 5 个抛物槽镜组成的太阳能水泵，每个长 62.5m、宽 4m，总采光面积达 1250m^2。

第二阶段（1920—1945 年），在这 20 多年中，太阳能研究工作处于低潮，参加研究工作的人数和研究项目大为减少，其原因与矿物燃料的大量开发利用和发生第二次世界大战有关，而太阳能又不能解决当时对能源的急需，因此太阳能研究工作逐渐受到冷落。

第三阶段（1945—1965 年），在第二次世界大战结束后的 20 年中，一些有远见的人士已经注意到石油和天然气资源正在迅速减少，从而逐渐推动了太阳能研究工作的恢复和开展，并且成立太阳能学术组织，举办学术交流和展览会，再次兴起太阳能研究热潮。1953—1954 年间，美国贝尔实验室研制成实用型硅太阳电池，为光伏发电大规模应用奠定了基础；1955 年，以色列泰伯等在第一次国际太阳热科学会议上提出选择性涂层的基础理论，并研制成实用的黑镍等选择性涂层，为高效集热器的发展创造了条件；1960 年，美国在佛罗里达州建成世界上第一套用平板集热器供热的氨-水吸收式空调系统，制冷能力为 5 冷吨。在这一阶段里，加强了太阳能基础理论和基础材料的研究，取得了如太阳选择性涂层和硅太阳电池等技术上的重大突破。

第四阶段（1965—1973 年），这一阶段，太阳能的研究工作停滞不前，主要原因是太阳能利用技术处于成长阶段，尚不成熟，并且投资大，效果不理想，难以与常规能源竞争，因而得不到公众、企业和政府的重视和支持。

第五阶段（1973—1980 年），自从石油在世界能源结构中担当主角之后，石油就成了左右经济和决定一个国家生死存亡、发展和衰退的关键因素。1973 年 10 月中东战争爆发，西方一些人惊呼世界发生了“能源危机”，人们认识到现有的能源结构必须彻底改变，应加速向未来能源结构过渡，许多国家，尤其是工业发达国家，重新加强了对太阳能及其他可再生能源技术发展的支持，世界上再次兴起了开发利用太阳能的热潮。1973 年，美国制订了政府级阳光发电计划，太阳能研究经费大幅度增长，并且成立太阳能开发银行，促进太阳能产品的商业化。日本在 1974 年公布了政府制订的“阳光计划”，其中太阳能的研究开发项目有太阳房、工业太阳能系统、太阳热发电、太阳电池生产系统、分散型和大型光伏发电系统等。为实施这一计划，日本政府投入了大量人力、物力和财力。这一时期，太阳能开发利用工作处于前所未有的大发展时期，取得一批较大成果，如 CPC 真空集热管、非晶硅太阳电池、光解水制氢、太阳能热发电等。

第六阶段（1980—1992 年），20 世纪 70 年代兴起的开发利用太阳能热潮，进入 80 年代后不久开始落潮，逐渐进入低谷。世界上许多国家相继大幅度削减太阳能研究经费，其中美国最为突出。导致这种现象的主要原因是世界石油价格大幅度回落，而太阳能产品价格居高不下、缺乏竞争力；太阳能技术没有重大突破，提高效率和降低成本的目标没有实现，以致动摇了一些人开发利用太阳能的信心；核电发展较快，对太阳能的发展起到了一定的抑制作用。

第七阶段（1992 年至今），由于大量燃烧矿物能源，造成了全球性的环境污染和生态破坏，对人类的生存和发展构成威胁。在这样的背景下，1992 年联合国在巴西召开世界环境与发展大会，会议通过了《里约热内卢环境与发展宣言》《21 世纪议程》和《联合国气候变化框架公约》等一系列重要文件，把环境与发展纳入统一的框架，确立了可持续发展的模式。这次会议之后，世界各国加强了清洁能源技术的开发，将利用太阳能与环境保护结合在一起，使太阳能利用工作走出低谷，并逐渐得到加强。中国政府对环境与发展十分重视，提出10条对策和措施，明确要“因地制宜地开发和推广太阳能、风能、地热能、潮汐能、生物质能等清洁能源”，制订了《中国21世纪议程》，进一步明确了太阳能重点发展项目。

1.3.1 太阳能的特点

太阳能与其他常规能源相比有以下优点和缺点。

太阳能的优点：

(1) 广泛性：太阳光普照大地，没有地域的限制，处处皆有，可直接开发和利用，便于采集，且无须开采和运输。

(2) 清洁性：开发利用太阳能不会污染环境，它是清洁能源之一，在环境污染越来越严重的今天，这一点是极其宝贵的。

(3) 总量大：每年到达地球表面上的太阳辐射能相当于约130万亿吨煤，其总量属现今世界上可以开发的最大能源。

(4) 永久性：根据太阳产生的核能速率估算，氢的贮量足够维持上百亿年，而地球的年龄约为几十亿年，从这个意义上讲，可以说太阳的能量是用之不竭的，对人类的可持续发展将起到一定的积极作用。

但太阳能的利用也有缺点。

(1) 分散性：到达地球表面的太阳辐射的总量尽管很大，但是能流密度很低。平均说来，北回归线附近，夏季在天气较为晴朗的情况下，正午时太阳辐射的辐照度最大，在垂直于太阳光方向 $1m^2$ 面积上接收到的太阳能平均有1000W左右；若按全年日夜平均，则只有200W左右。而在冬季大致只有一半，阴天一般只有1/5左右，这样的能流密度是很低的。因此，在利用太阳能时，想要得到一定的转换功率，往往需要面积相当大的一套收集和转换设备，造价较高。

(2) 间歇性：由于受到昼夜、季节、地理纬度、海拔等自然条件的限制，以及阴晴云雨等随机因素的影响，太阳辐射既是间断的又是不稳定的，它的随机性很大。在利用太阳能时，为了保障能量供给的连续性与稳定性，需要长期配备相当容量的储能设备，如贮水箱、蓄电池等，这不仅增加了设备及维持费用，而且也降低了整个太阳能系统的效率。

(3) 效率低和成本高：太阳能利用的发展水平，有些方面在理论上是可行的，技术上也是成熟的。但有的太阳能利用装置，因为效率偏低，成本较高，现在的实验室利用效率也不超过30%，总的来说，经济性还不能与常规能源相竞争。

(4) 太阳能板污染：现阶段，太阳能板是有一定寿命的，一般最多3~5年就需要换一次太阳能板，而换下来的太阳能板则非常难被大自然分解，从而造成相当大的污染。

总而言之，太阳能有很多的优点，但也有诸多尚待解决的问题，因此在考虑太阳能利用时，不仅应从技术方面考虑，还应从经济、环境保护、生态、居民福利，特别是国家建设的整体方针政策来全面考虑研究。

1.3.2 太阳能的利用方式

太阳能利用的主要形式，包括太阳能供热、太阳能热发电、太阳能光伏发电等。

（1）太阳能热利用：直接将太阳能转换为热能供人类使用称为太阳能的热利用，或者叫光热利用。直接热利用是最古老的应用方式，也是目前技术最成熟、成本最低、应用最广泛的太阳能利用模式。太阳能热利用所提供的热能，载体温度一般都较低，小于或等于100℃，较高一些的也只有几百摄氏度。显然，它的能源品位较低，适合于直接利用。

（2）太阳能热发电：太阳能热发电就是利用太阳辐射所产生的热能发电，是在太阳能热利用的基础上实现的。一般需要先将太阳辐射能转变为热能，然后再将热能转变为电能，实际上是“光-热-电”的转换过程。

（3）太阳能光化学利用：光化学利用基于光化学反应，其本质是物质中的分子、原子吸收太阳光子的能量后变成“受激原子”，受激原子中的某些电子的能态发生改变，使某些原子的价键发生改变，当受激原子重新恢复到稳定态时，即产生光化学反应。光化学反应包括光解反应、光合反应、光敏反应，有时也包括由太阳能提供化学反应所需要的热量。通过光化学作用将太阳能转换成电能或制氢也是利用太阳能的途径。

（4）太阳能光生物利用：通过光合作用收集与存储太阳能。地球上的一切生物都是直接或间接地依赖光合作用获取太阳能，以维持其生存所需要的能量。光合作用，就是绿色植物利用光能，将空气中的 CO_2 和 H_2O 合成有机物与 O_2 的过程。光合作用的理论值可达5%，实际上小于1%。

（5）光伏发电：光伏（PV，Photovoltaic）发电是利用某些物质的光电效应，即光生伏特效应，将太阳光辐射能直接转变成电能的发电方式。这种应用方式在近几十年得到了迅速发展。由于电能的品位相当高，所以它的应用范围广、发展速度快，并且前景相当乐观。

1.3.3 我国利用太阳能的历史

中国研究太阳能比较早，起源于1958年，1968年生产了用于人造卫星的太阳能电池，1975年开始了地面的太阳能电池的生产，但是产量很低，到1980年太阳能发电仅为 8×10^7kW，1985年增加到 70×10^7kW，1990年增加到 500×10^7kW，1995年增加到 1550×10^7kW。早期的中国太阳能发展得并不迅速，但中国太阳能热水器得到迅速普及。1992年中国太阳能热水器年产量仅为50万平方米，到2000年为640万平方米，2005年上升到1500万平方米，发展极为迅速。21世纪初，中国加入了WTO（世界贸易组织），最初中国太阳能电池基本用于出口创汇，大部分太阳能电池销往欧洲，其中最大的买家是德国。但是由于成本问题，国内的太阳能当时还没有大规模的应用，太阳能基本用于偏远地区农村的电气化，一直到2008年，中国才有第一个电网支持的太阳能供电系统。2013年中国开始扶持太阳能产业，发布了《国务院关于促进光伏产业健康发展的若干意见》《国家发展改革委关于发挥价格杠杆作用促进光伏产业健康发展的通知》《国家能源局关于下达2014年光伏发电年度新增建设规模的通知》《国务院能源发展战略行动计划（2014—2020年）》《国家发改委关于完善陆上风电光伏发电上网标杆电价政策的通知》《国家发改委关于调整光伏发电陆上风电标杆上网电价的通知》等相关文件。在国家支持下，2018年，光伏产业尽管产业链普遍降价，欧美需求依然萎缩，但中国太阳能产能在世界上占比超过一半，其中：硅料占55%、硅片占87%、电池片占69%、组件占71%，前十大企业中中国公司的数量分别为：硅料6家、硅片10家、电池片8家、组件8家。目前全球的太阳能产业依然非常依赖中国，比如印度太阳能组件前几年90%依赖于中国，现在略有下降，但是依然高达77%。

1.4　太阳能光伏电池发电技术的发展史

新能源及可再生能源的使用在快速增长，其中太阳能光伏发电的增长更加明显。光伏发电有许多常规能源无法比拟的优势：（1）太阳能资源分布广泛、储量巨大，使得太阳能发电系统受地域、海拔等因素的影响较小，且取之不尽，用之不竭；（2）光伏发电系统可以实现就近发电及供电，减少了长距离输电时线路造成的电能损失；（3）光伏发电是直接从光子到电子的能量转换，不存在机械磨损；（4）光伏发电不排放任何废气，不产生噪声，对环境友好；（5）光伏发电系统可安装在荒漠戈壁，充分利用荒废的土地资源，同时也可以与建筑物相结合，节省宝贵的土地资源；（6）光伏发电系统操作、维护简单，运行稳定可靠，基本可实现无人值守，维护成本低；（7）光伏发电系统使用寿命长，晶体硅太阳能电池寿命可长达20~35年；（8）太阳能发电系统建设周期短，而且根据用电负荷，容量可大可小，方便灵活，极易组合、扩容。

当然，光伏发电也有它的不足：（1）能量密度低，最高辐射强度约为1.2kW/m^2；（2）占地面积大，每10kW光伏发电功率占地约需100m^2，平均每平方米面积发电功率为100W；（3）转换效率低，目前晶体硅光伏电池转换效率为13%~17%，非晶硅光伏电池只有5%~8%；（4）间歇性工作，光伏发电系统只能在白天发电，与人们的用电需求不符；（5）受气候环境因素影响大，不同气候变化会严重影响系统的发电状态，环境因素的影响也很大，比如空气中的颗粒物（如灰尘）等降落在太阳能电池组件表面，阻挡部分光线的照射，这会使电池组件的转换效率降低，从而造成发电量的减少；（6）地域依赖性强，地理位置、气候不同，日照资源相差很大，光伏发电系统只有应用在太阳能资源丰富的地区，效果才会好；（7）系统成本高，由于太阳能光伏发电效率低，到目前为止，其成本仍然是其他常规发电方式（如火力和水力发电）的几倍，这是制约其广泛应用的最主要因素；（8）晶体硅电池的制造过程耗能高，且会对环境造成污染。

1.4.1　太阳能光伏电池的发展史

光伏发电用于将入射的太阳光直接转换为电能，它的历史始于1839年光生伏特效应的发现。1839年，19岁的法国科学家A. E · 贝克雷尔在实验室中，缓慢地将两片铂金属电极插入到氯化银酸性溶液中。在测量电极之间的电流时，他发现光线中的电流略大于黑暗中的电流，他将这种现象命名为光生伏特效应，也称“贝克雷尔效应”。1883年，美国科学家查尔斯 · 弗里茨在锗片上镀上一层硒金属电极，搭建了第一块光伏电池。1907年，爱因斯坦基于他1905年的光量子假说提出了光电效应的理论解释。为此，他于1921年获得了诺贝尔物理学奖。1916年，波兰化学家扬 · 柴可拉斯基发现了提纯单晶硅的拉晶工艺，并以他的名字命名为柴可拉斯基法。这项技术直到20世纪50年代才开始实际应用于半导体制造业中晶圆的制造。随着大规模半导体器件需求的增大，这种工艺也在不断发展。1940年，美国半导体专家拉塞尔 · 奥尔制造出了固态二极管的基本结构pn结，这为太阳能电池的发明和制造奠定了坚实的基础，极大地推进了光伏发电向工业领域的进发。

1953 年，美国物理学家达里尔·查里、杰拉尔德·皮尔森和化学家卡尔文·绍瑟·福勒制造出晶体硅太阳能电池，每个大约 2cm 大小，生产效率约为 4%。从此，太阳能电池逐渐走向工业领域。1958 年 3 月 17 日，美国的第二颗人造卫星使用化学电池和光伏电池，通过发射器进入太空。这颗小卫星奠定了太阳能电池使用的基础。如今，大多数航天器都会配备太阳能电池，世界上大约有 1000 颗卫星正在使用光伏发电。1963 年，日本 Sharp 公司成功生产光伏电池组件，在一个灯塔上安装 242W 光伏电池阵列，在当时是世界上最大的光伏电池阵列。1973 年，美国特拉华大学建成世界上第一个光伏住宅。1973 年，美国成立了太阳能开发银行，促进太阳能产品的商业化，低价格化的太阳能电池的开发成为研究的重点之一。1976 年，澳大利亚政府决定通过光伏电池站运营内陆地区的整个电信网络。光伏电站的建立和运营非常成功，提高了世界对太阳能技术的信心。1980 年起，墨西哥湾的小型无人驾驶石油钻井平台开始配备太阳能电池组件，并以经济性和实用性的优势逐渐取代了以前使用的大型电池。从 1983 年起，美国海岸警卫队开始使用光伏为其信号灯和导航灯供电。此时，美国占全球光伏市场的份额约为 21%，光伏市场主要为独立系统提供解决方案。1991 年，德国启动 1000 个屋顶计划，同时“电力上网法”规定公用事业公司必须从小型可再生能源发电厂获取电力。1994 年、1997 年，日本、美国相继启动百万屋顶计划。2010 年，德国光伏系统的总的额定功率超过 10GW。2015 年，全球范围内光伏系统的额定功率达到了 200GW。图 1.4 为 2007—2019 年全球光伏累计装机容量变化图。

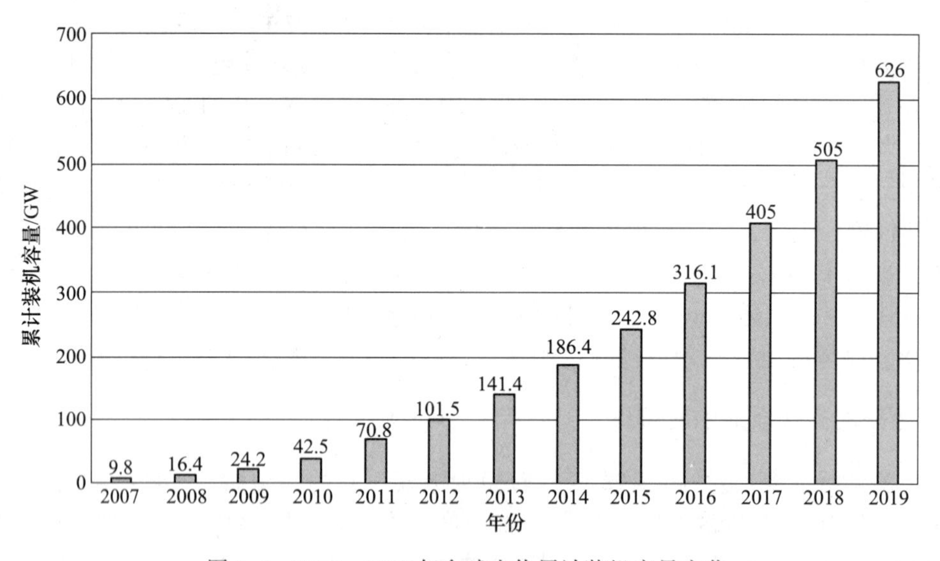

图 1.4 2007—2019 年全球光伏累计装机容量变化

1.4.2 太阳能光伏发电产业的发展现状

如今各国均将可再生能源发展上升到战略高度，对气候变化重视程度迅速提升。中国、德国、印度等大国均提出碳排放目标，强调将提升可再生能源发电占比，引领全球走向“碳中和”目标。截至 2019 年，光伏发电量全球占比 2.7%，相较于煤电的 36.4%、天然气的 23.3%仍有较大差距。相较于其他能源，光伏行业内生降本能力强，十年间度电成本下降 87%。预计未来光伏发电占比将大幅提升。

从产量规模来看，我国光伏电池产量持续增长，2015—2019 年光伏电池产量从 5863GW 增长到 12862.1GW。随着我国光伏产业政策的利好，2020 年我国光伏电池产量将达到 18135.6GW。

光伏常规产线的 PERC 技术与常规电池工艺兼容性好，技改升级的进度比较快。PERC（Passivated Emitter and Rear Cell）电池可以实现在成本增加很小的情况下效率大幅提升，在市场竞争中占据主动，将成为未来一段时间的行业主流技术。正是由于 PERC 产品盈利能力的巨大优势，PERC 电池的产能渗透率在超预期大幅增长，2016 年底全球仅有 15GW PERC 电池产能，到 2018 年底即已超过 66GW，渗透率从 14%快速攀升至 40%以上，到 2021 年渗透率达到 65.9%。

异质结（HIT）太阳能电池自 20 世纪 90 年代由三洋公司生产，但由于成本原因未成为主流。近年来，随着技术进步，HIT 的转换效率、生产成本不断改善。从各材料性能对比来看，HIT 发电绝对值和发电量折现值已超过掺镓 PERC 和掺硼 PERC。2019 年，汉能集团研发效率达到 25.11%，晋能集团和钧石能源有限公司研发效率接近 25%，量产效率占比 24%。靶材和银浆国产化也取得重大突破，HIT 降本路径越来越清晰，性价比不断提升，我国布局 HIT 的企业从早期 7 家拓展到当前约 20 家。长期来看，HIT 电池的想象空间比较大。无论是效率还是成本，HIT 目前还有非常大的提升空间，HIT 电池产业化的关键还是在于成本侧，一旦设备和关键辅材的国产化有一定突破，n 型薄硅片供应跟上的话，对现有的电池片行业格局将是巨大冲击，新建产能的竞争力会变得很强，行业的后发优势凸显。

1.5 我国太阳能光伏电池的发展史及产业发展现状

1.5.1 我国太阳能光伏电池的发展史

我国从 20 世纪 50 年代开始研制太阳能电池。1971 年，我国发射的第二颗人造卫星“实践一号”上配备了多块单晶硅太阳能电池板，在后面 8 年的服役期内，太阳能电池功率衰减不到 15%。

我国太阳能光伏发电产业大致经历了 4 个发展阶段。

第一阶段（1978—2007 年），这个阶段主要是试验研究，示范先行，产业发展程度低，基本没有实现市场化运行，可以称为“铁器时代”。1994 年，中科院电工所建造了许多适合小户型使用的光伏发电系统和 100kW 独立光伏电站等。2003 年我国成为世界上最大的光伏组件生产国。

第二阶段（2007—2010 年），这个阶段是政策推动发展，积蓄能量，可以称为“青铜时代”。2007 年 9 月，国家发展改革委发布《可再生能源中长期发展规划》，将太阳能发电列为重点发展领域。2009 年，我国首个大型光伏并网发电项目——国投敦煌 10MW 光伏发电项目投产发电。在一系列政策推动下，这个阶段装机容量每年以 100%以上速度增长。到 2010 年，光伏发电累计装机达到 91 万千瓦。

第三阶段（2011—2013 年），产业开始规模化发展，可以称为“白银时代”。这个阶段出台了并网太阳能光伏发电项目标杆上网电价，将分布式光伏项目补贴从容量补贴转向电量补贴，并将光伏项目审批由核准制改为备案制，并网项目成为主流，太阳能发电装机增长迅猛。到2013年底，我国光伏发电累计装机超过千万千瓦，达到1943万千瓦。

第四阶段（2014年至今），产业进入大发展的"黄金时代"。由于补贴缺口和弃光问题的出现，2014年我国光伏开始实行标杆电价、补贴退坡以及光伏发电年度指导规模管理，加之光伏电站标杆上网电价与并网时间的挂钩，各地连续几年掀起了光伏抢装潮。在抢装潮的带动下，光伏发电发展由新疆、甘肃、青海、内蒙古等光照资源大省区扩大到中东部十多个省区，中东部户用分布式光伏异军突起，进入越来越多的普通百姓家。多重有利因素叠加，推动我国太阳能光伏发电产业实现了历史性大发展。

相关部门统计数据显示，我国太阳能光伏发电装机从2006年底的8万千瓦增长到2017年底的1.3亿千瓦，提前完成2020年1.1亿千瓦的发展规划。截至2018年9月底，我国太阳能光伏发电累计装机容量达到16474.3万千瓦，新增装机连续6年保持世界第一，缔造了全球太阳能光伏发展的"中国速度"。

1.5.2 我国太阳能光伏电池产业发展现状

据"2020中国电力规划发展论坛"预测，2035年，我国电源总装机将达到43.7亿千瓦，其中清洁能源发电装机32.5亿千瓦，占比74.7%；2050年，我国电源总装机将达到60.1亿千瓦，其中清洁能源装机53.6亿千瓦，占比89.5%，如图1.5所示。

新能源发电装机和发电量将逐步在我国能源结构中占据主导地位。2050年，风电装机19.67亿千瓦、太阳能发电装机22.4亿千瓦，合计占比72%；风电发电量4.4万亿千瓦时、太阳能发电量4.7万亿千瓦时，合计占比63%。在未来30年左右，光伏产业在我国将有很大的市场发展空间。此外，相比于火电价格，光伏发电成本仍有很大下降空间，未来持续地推动光伏技术的革新，实现提效降本的目的是推动光伏产业发展的主题。

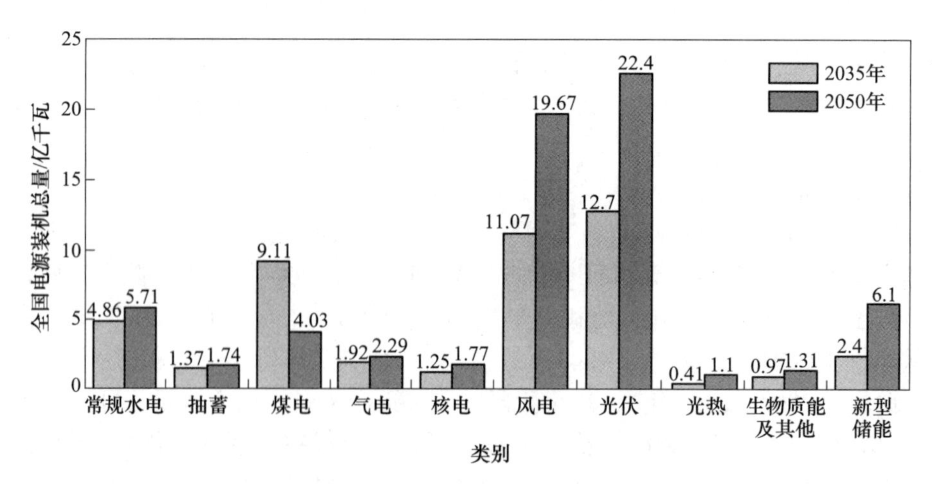

图1.5 全国电源装机总量预测

1.5.2.1 对光伏产业采取大力扶持政策

2009年3月，财政部、住房和城乡建设部联合印发了《关于加快推进太阳能光电建筑应用的实施意见》，旨在推动光伏建筑应用，促进中国光伏产业健康发展。该意见提出，为有效缓解光伏产品国内应用不足的问题，实施“太阳能屋顶计划”，计划包括推进光伏建筑应用示范。2009 年 7 月，财政部、科技部、国家能源局联合印发了《金太阳示范工程财政补助资金管理暂行办法》，对于并网光伏发电项目，国家原则上将按光伏发电系统及其配套输配电工程总投资的 50%给予补助，其中偏远无电地区的独立光伏发电系统按总投资的 70%给予补助。对于光伏发电关键技术产业化和基础设施建设项目，主要通过贴息和补助的方式给予支持。

2011 年 8 月，国家发展改革委员会发布了《关于完善太阳能光伏发电上网电价政策的通知》，对非招标光伏发电项目实行全国统一的标杆上网电价。2011 年 7 月 1 日以前核准建设、2011 年 12 月 31 日建成投产、国家发展改革委员会尚未核定价格的光伏发电项目，上网电价统一核定为 1.15 元/(kW · h)。

国务院 2013 年 7 月 15 日发布《国务院关于促进光伏产业健康发展的若干意见》，其主要内容有：积极开拓光伏应用市场；加快产业结构调整和技术进步；规范产业发展秩序；完善并网管理和服务；完善支持政策：电价、补贴、财税、金融、土地；加强组织领导等。并指出我国光伏产业的发展目标为在“十二五”期间光伏装机容量上升到 35GW。国务院发布的该意见表明政府从能源战略高度看待光伏产业，提高了重视程度；强调全面推出市场开拓、制造结构调整与技术进步、政策保障体系措施；它还特别强调政策的落实，相关职能部门的政策细则也陆续出台。

2013 年大量光伏发电政策集中出台。2013 年 5 月，国家能源局发布《关于申报新能源示范城市和产业园区的通知》，提出 2GW 的装机容量目标；9 月，国家能源局发出《关于申报分布式光伏发电规模化应用示范区的通知》，将装机容量目标提高到 15GW；国家电网也同时提出《关于做好分布式光伏发电并网服务工作的意见（暂行)》，使并网难的状况大大得到改善；11 月，财政部办公厅、科技部办公厅协同住房城乡建设部办公厅与国家能源局综合司共同发出《关于组织申报金太阳和光电建筑应用示范项目的通知》，提出 5GW 的装机容量目标。

目前，正在制定的相关政策措施有《促进光伏发展的指导意见》《分布式发电管理办法》与《分布式光伏发电示范区实施办法和电价补贴的标准》等。

由于政策的支持，我国光伏贸易环境也在逐渐改善。2013 年 8 月 3 日欧盟公布我国 94 家光伏企业与欧盟就中国输欧的光伏组件产品达成“价格协议”，主要内容包括设定浮动的组件价格下限，设定市场配额指标。中欧光伏产品“价格协议”对我国光伏产业影响巨大，它促使国内企业放弃低价竞争，转向技术创新、质量提升、品牌和渠道建设，倒逼国内制造业整合、企业兼并重组，加速了国内光伏市场的开拓。

我国光伏市场自 2011 年以来加速发展，2012 年占全球市场的比例为 14.5%。2013 年在国家新政策的扶持下，光伏系统装机容量大幅提高，2017 年新增装机容量达到 53.06GW，占全球市场的比例达到 52%，累计装机容量达到 130.48GW。图 1.6 为截至 2017 年的年度新增装机容量。

但是，与发达国家相比，我国分布式光伏比重严重偏低，且由于大型电站大多建造在西北部偏远地区，当地负荷无法完全消纳；并且由于电网建设滞后，跨区输电能力不足，无法输送到负荷集中区，造成了弃光现象频发，资源浪费严重，根本不能真正有效解决用电问题。

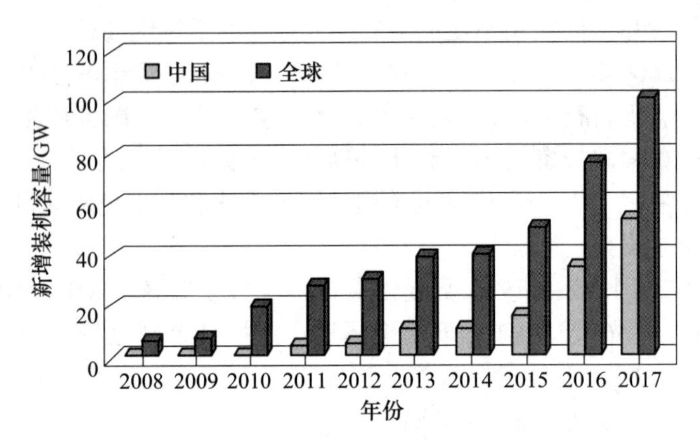

图 1.6 全球及我国光伏年度新增装机容量

分布式发电贴近用电负荷，并且符合智能配电、用电的发展方向，未来将成为国内光伏发展的重要方向。国家相关能源规划均对分布式光伏提出了超常规发展目标。2016 年底出台的《电力发展“十三五”规划》对分布式光伏设定了超常规发展目标：“2020 年，太阳能发电装机达到 1.1 亿千瓦（110GW）以上，分布式光伏 6000 万千瓦（60GW）以上”。

为保障目标的实现，国家出台了一系列政策予以扶持，最为典型的是价格政策扶持。2016 年底，国家发展改革委员会发出《关于调整光伏发电陆上风电标杆上网电价的通知》，提出将分资源区降低光伏电站、陆上风电标杆上网电价，而分布式光伏发电补贴标准和海上风电标杆电价不做调整。2017 年 1 月 1 日之后，一类至三类资源区新建光伏电站的标杆上网电价分别调整为 0.65 元/(kW · h)、0.75 元/(kW · h)、0.85 元/(kW · h)，比 2016 年电价下调 0.15 元/(kW · h)、0.13 元/(kW · h)、0.13 元/(kW · h)。同时，国家发展改革委员会明确表示，今后光伏标杆电价根据成本变化情况每年调整一次。相对于地面集中电站的补贴下调，分布式光伏项目依然坚挺，保持 0.42 元/(kW · h) 电价，利润相对丰厚，成为促进分布式光伏快速发展的最大利好因素。

种种迹象显示，分布式光伏尤其是家庭分布式光伏即将迎来快速发展机遇期。图 1.7 为分布式光伏装机容量及其在光伏装机总容量中的占比。分布式光伏 2017 年新增装机容量 19.44GW，同比增长 350%，占年度新增光伏装机总容量的 36.64%，比 2016 年的分布式光伏装机总容量 4.26GW 以及在年度新增装机总容量中的占比 12.33%大幅提高。未来 4 年每年平均至少有 12GW 的新增装机容量，分布式光伏具有巨大的发展空间。

1.5.2.2 光伏产业链飞速发展

在国际光伏市场的强力拉动下，我国光伏产业飞速发展。在短短几年时间内形成了光伏材料制造设备、多晶硅原材料、硅锭及硅片、太阳能电池、组件和光伏发电系统等较为完整的光伏产业链条。

光伏设备制造业逐渐形成规模，为产业的发展提供了强大的支撑。在晶体硅太阳能电池生产线的十几种主要设备中，6 种以上国产设备已在国内生产线中占据主导地位。其中，单晶炉、清洗制绒设备、扩散炉、等离子刻蚀机、组件层压机及太阳模拟仪等已达到或接近国际先进水平，性价比优势十分明显。多晶硅铸锭炉、多线切割机等设备制造技术

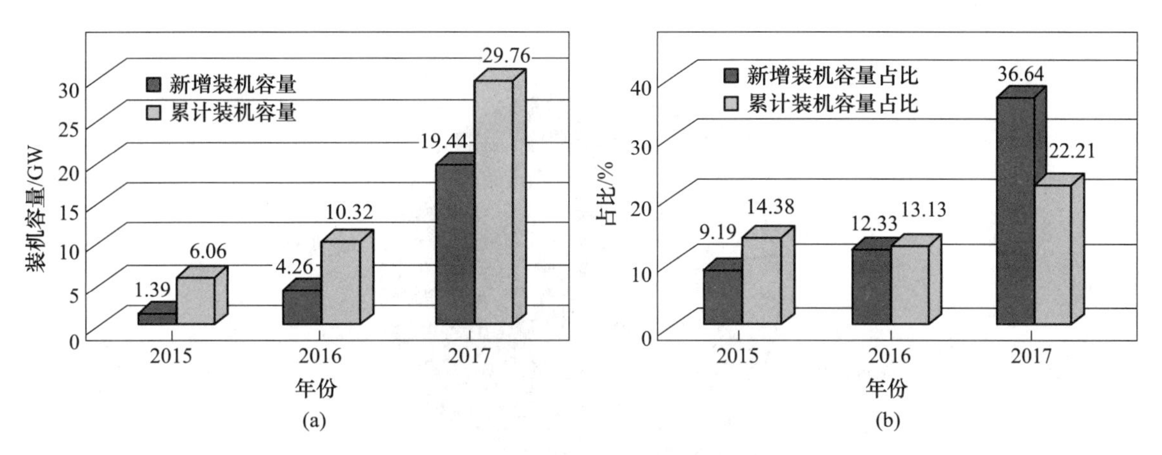

图 1.7 分布式光伏年度新增装机容量、累计装机容量及装机容量占比

（a）装机容量；（b）装机容量占比

取得了重大进步，打破了国外产品的垄断。

多晶硅规模化生产技术取得重大突破，实现了循环利用和环保无污染、节能低耗生产，缩小了与国际先进水平的差距。2017 年全球多晶硅产量约为 43.2 万吨，同比增长 13.7%；其中，我国产量为 23.6 万吨，占比 54.7%，连续第二年占比过半，排名世界第一；韩国产量为 7.7 万吨，同比增加 4.1%，排名第二；德国产量 5.8 万吨，同比减少 7.9%，排名第三。全球多晶硅产量占比如图 1.8 所示。

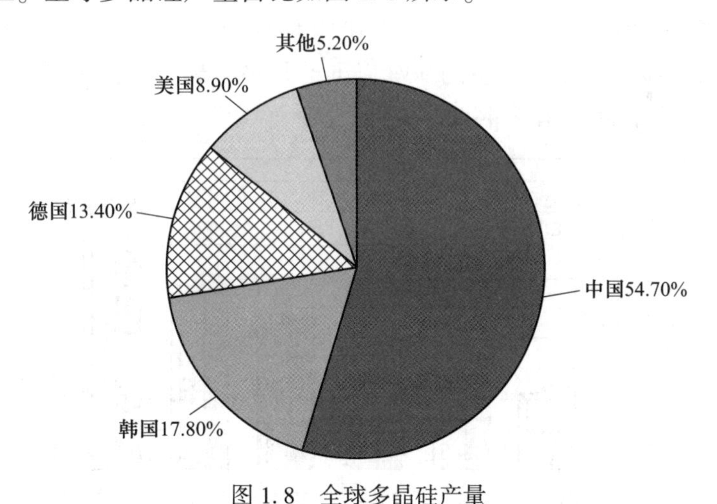

图 1.8 全球多晶硅产量

2017 年我国多晶硅净进口量约为 15.2 万吨，总供应量达 39.2 万吨，自给率达到 61.42%，相比于我国“硅片–电池–组件”70%的全球占比，多晶硅料环节仍存在提升空间。

国外多晶硅料企业平均成本约为 14.5 美元/千克，全球平均成本约为 11.9 美元/千克，国内多晶硅料企业平均成本约为 11 美元/千克，仅为国外平均成本的 78%，成本优势显著。多晶硅生产成本构成如图 1.9 所示。电费成本占总成本比重接近 50%，是成本的最大构成，因此，国内新增产能纷纷向低电价区域转移。

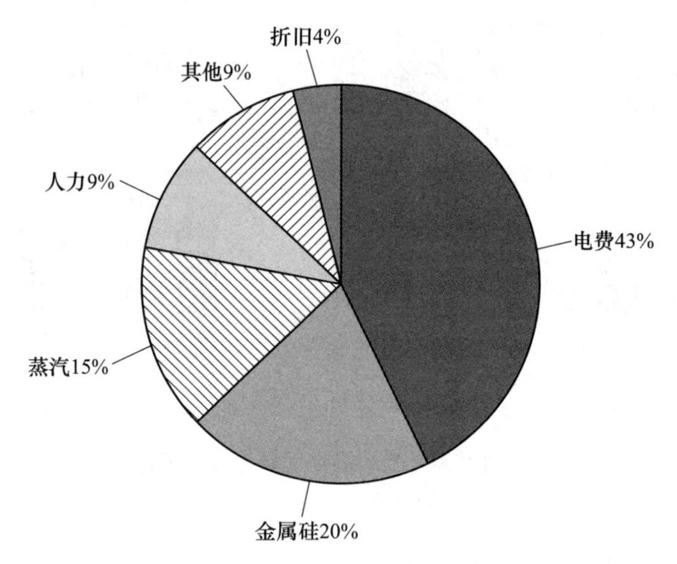

图 1.9 多晶硅生产成本构成

我国企业生产的晶硅电池的产品质量和成本为世界领先，单晶硅太阳能电池的转换效率达到了 22.6%，多晶硅太阳能电池达到了 21.6%，单晶硅及多晶硅太阳能电池产业化效率分别达到 19.8%和 18.5%，均达到世界一流水平。太阳能电池的高纯硅材料的用量从世界平均水平的 9g/W 下降到 6g/W，大大降低了制造成本。

图 1.10 为截至 2017 年我国硅片及光伏组件年度产量，2017 年硅片产量达到了 87GW，同比增长 40%，占全球产量的 90%以上，几乎全球硅片都来源于中国，光伏组件产量达到了 83.34GW，同比增长 44%。

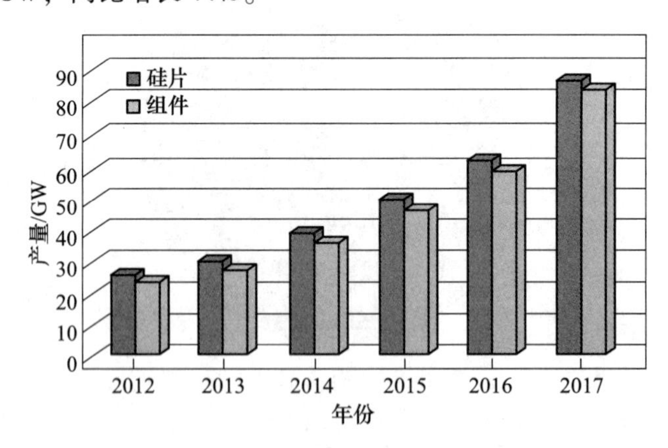

图 1.10 我国硅片及光伏组件年度产量

单晶硅太阳能电池的效率平均比多晶硅太阳能电池高 1%~2%，且成本不断下降，其硅片产量占比明显上升，2015 年国内单晶硅片市场份额约为 15%，2016 年占比约为 27%，2017 年占比达到 31%，如图 1.11 所示。

图 1.12 为截至 2017 年的 156.75mm×156.75mm 规格硅片价格，2017 年单晶硅片价格为 5.7 元/片，同比下降 10%，而多晶硅片价格为 4.7 元/片。

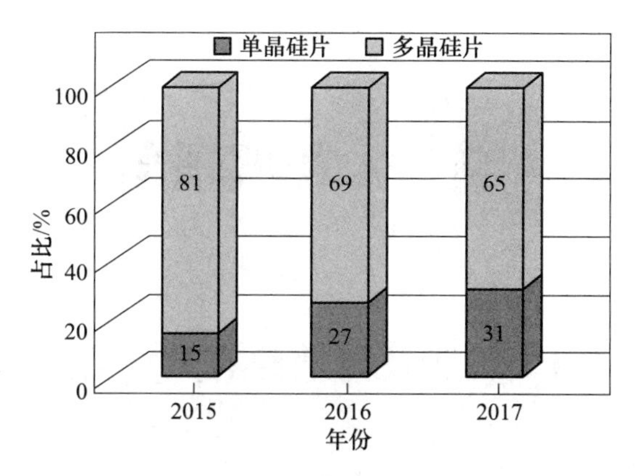

图 1.11　单晶硅片占比

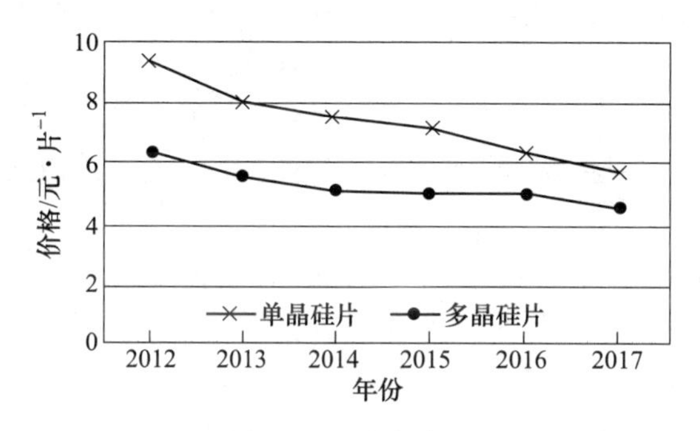

图 1.12　硅片价格

复习思考题

1-1　能源的概念。
1-2　能源的分类。
1-3　当前世界能源存在的主要问题。
1-4　太阳能的主要利用途径和特点。
1-5　我国光伏产业发展面临的问题。

2 太阳辐射

2.1 太阳及与地球的天文关系

2.1.1 太阳

太阳直径为 1.39×10^{6}km，相当于地球的 109 倍，体积为 $1.412\times10^{18}\mathrm{km}^{3}$，为地球体积的 130 万倍，质量约为 1.989×10^{30}kg，大约是地球质量的 33 万倍。其结构如图 2.1 所示，从中心到边缘可分为核反应区、辐射区、对流区和太阳大气，太阳大气大致可以分为光球、色球、日冕等层次，各层次之间不存在明显的界限，它们的温度、密度随着高度是连续改变的。

太阳的主要组成元素是氢和氦，其中氢元素约占 78.4%，氦元素约占 19.8%，其他元素总计只占 1.8%，其内部时刻在进行将氢转换成氦的核聚变反应，大部分反应发生在半径 $r < 0.23R$ 的核心部分，反应产生巨大的能量，其温度高达 1.4×10^{6}K，通过辐射层和对流层向外发射能量，温度也随之降低，到光球层其温度为 6000K 左右。我们用肉眼看到的就是太阳的光球层，太阳光就是从这一层辐射到太空，太阳光谱实际上就是光球的光谱。

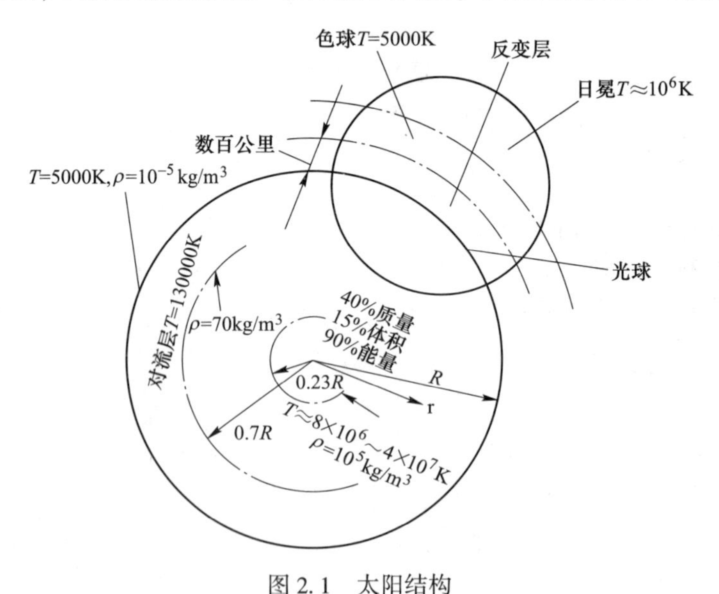

图 2.1 太阳结构

2.1.2 地球的公转与自转

贯穿地球中心，与南、北两极相连的线称为地轴。地球绕地轴自西向东旋转，从北极点上空看呈逆时针方向，自转一周约 24h。同时，地球还在椭圆形轨道上围绕太阳公转，周期为 1 年，该椭圆形轨道称为黄道。地球自转与公转如图 2.2 所示。由于黄道是椭圆形的，随着地球的绕日公转，日地之间的距离就不断变化。在黄道上距太阳最近的一点，称为近日点。地球过近日点的日期大约在每年 1 月初，此时地球距太阳约为 1.471×10^3km，通常称为近日距。地球轨道上距太阳最远的一点，称为远日点。地球过远日点的日期大约在每年的 7 月初，此时地球距太阳约为 1.521×10^3km，通常称为远日距。近日距和远日距的平均值为 1.496×10^3km，这就是日地平均距离，即 1 个天文单位 AU。一年中任一天的日地距离均可由式（2.1）计算得到。

$$R = 1.5 \times 10^8 \times \left[1 + 0.017\sin\left(2\pi \times \frac{d - 93}{365}\right)\right] \tag{2.1}$$

式中，d 为所求当日在一年中的日子数，从 1 月 1 日算起。

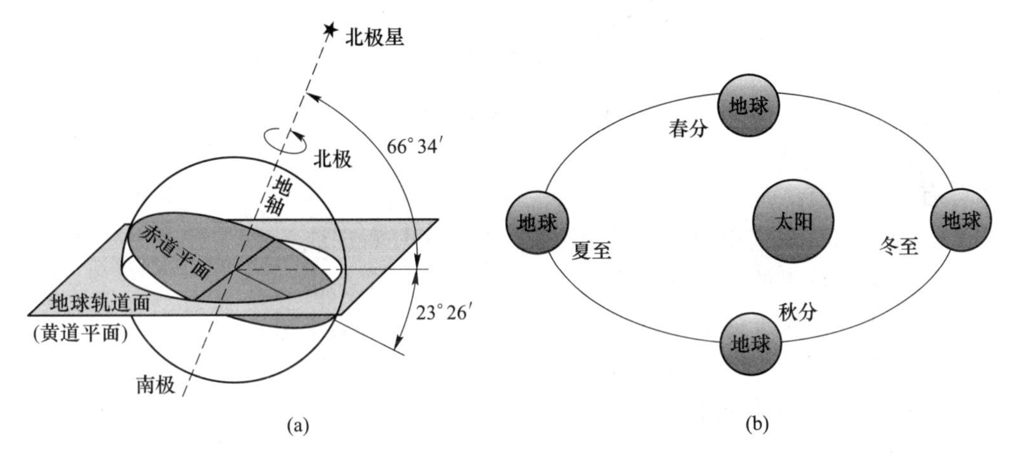

图 2.2 地球自转与公转

（a）地轴与地球轨道面；（b）公转及四季变化

2.1.3 天球及天球坐标系

2.1.3.1 天球

天球是一个假想的球，它是以观测者为中心，以无穷长为半径，所有天体都分布在这个球上，称为天球。如图 2.3 所示，天球有几个基本点、线和面，研究天球过程中涉及的基本概念如下：

天轴：地球自转轴的延长线。

天极：天轴与天球相交的点，北交点称为北天极 N_c，南交点称为南天极 S_c。

天顶 Z：通过观测者垂直向上，与天球的交点。

天底 N：与天顶相对应，通过观测者垂直向下，与天球的交点。

垂直圈：任何过天顶 Z 和天底 N 的大圆。

子午圈：过天极和天顶的大圆，是垂直圈的一个特例。

地平圈：观测者的地平面与天球相交的大圆。

天赤道：地球赤道面的投影与天球相交的大圆。

时圈：垂直于天赤道，并经过太阳的大圆，也叫赤纬圈。沿着时圈测得天赤道到太阳之间的角度对应于赤纬。

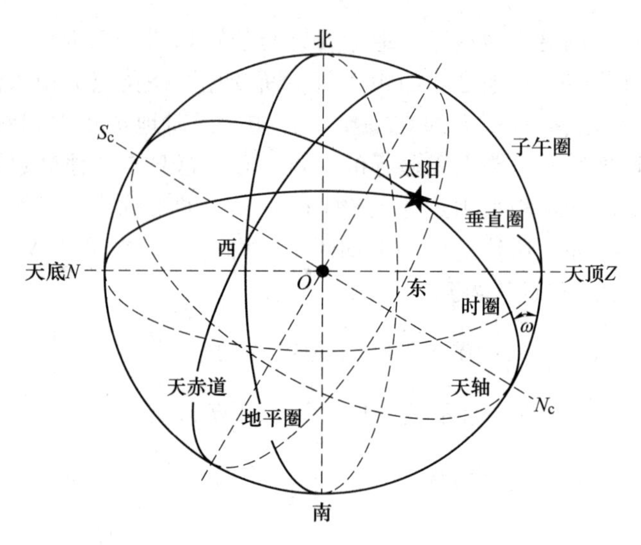

图 2.3 天球示意图

天球有如下特点：

（1）天球是与直观感觉相符的科学抽象，半径可任意选取。

（2）天体在天球上的位置只反映天体视方向的投影。

（3）天球上任意两天体的距离用其角距（对天球球心的张角）表示。

（4）地面上两平行方向指向天球同一点。

（5）可选任意点为天球球心。

2.1.3.2 天球坐标系

要确定太阳在天球上的位置，最方便的方法是采用天球坐标，常用的天球坐标有赤道坐标系和地平坐标系两种。以地球中心为天球中心的叫作赤道坐标系；以观测者为中心构成的叫作地平坐标系。

A 赤道坐标系

赤道坐标系是以天赤道 QQ' 为基本圈，以天子午圈的交点 Q 为原点的天球坐标系，P，P'分别为北天极和南天极。由图 2.4 可见，通过 PP' 的大圆都垂直于天赤道。显然，通过 P 和球面上的太阳（S_θ）的半圆也垂直于天赤道，两者相交于 B 点。在赤道坐标系

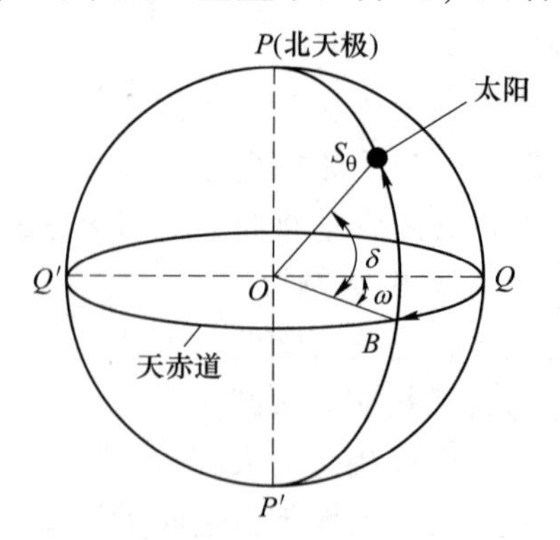

图 2.4 赤道坐标系

中，太阳的位置 S_θ 由时角 ω 和赤纬角 δ 两个坐标决定。

时角 ω：相对于圆弧 QB，从天子午圈上的 Q 点起算（即从太阳的正午起算），顺时针方向为正，逆时针方向为负，即上午为负，下午为正。

赤纬角 δ：与赤道平面平行的平面与地球的交线称为地球的纬度。通常将太阳直射点的纬度，即太阳中心和地心的连线与赤道平面的夹角称为赤纬角，常以 δ 表示。地球上太阳赤纬角的变化如图 2.5 所示。对于太阳来说，春分日和秋分日的 $\delta=0°$，向北天极由 0°变化到夏至日的+23.45°；向南天极由 0°变化到冬至日的−23.45°。赤纬角是时间的连续函数，其变化率在春分日和秋分日最大，大约是一天变化 0.5°。赤纬角仅仅与一年中的哪一天有关，而与地点无关，即地球上任何位置的赤纬角都是相同的。

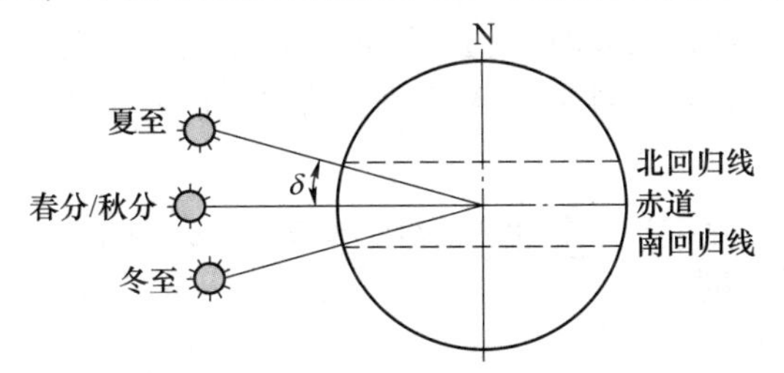

图 2.5　地球上太阳赤纬角的变化

赤纬角可用 Cooper 方程近似计算，即

$$\delta = 23.45\sin\left(360 \times \frac{284 + n}{365}\right) \tag{2.2}$$

式中，n 为一年中的日期序号，如元旦为 $n=1$，春分日为 $n=81$，12 月 31 日为 $n=365$。

B　地平坐标系

人在地球上观看空中的太阳相对于地平面的位置时，太阳相对地球的位置是相对于地平面而言的，通常用高度角和方位角两个坐标决定，如图 2.6 所示。

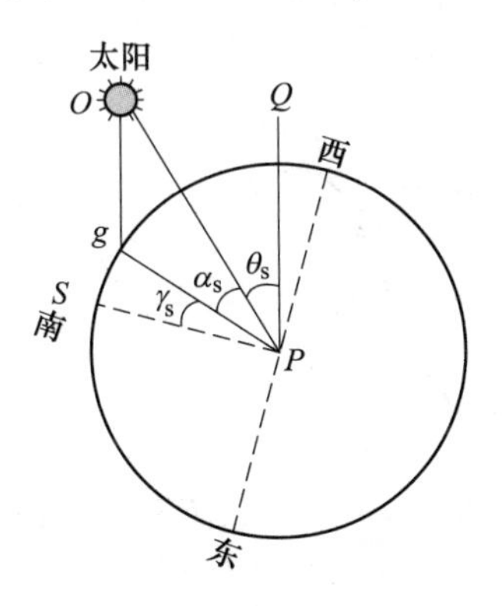

图 2.6　地平坐标系

在某个时刻，由于地球上各处的位置不同，因而各处的高度角和方位角也不相同。

天顶角 θ_s：天顶角就是太阳光线 OP 与地平面法线 QP 之间的夹角。

高度角 α_s：高度角就是太阳光线 OP 与其在地平面上投影线 Pg 之间的夹角，它表示太阳高出水平面的角度。

高度角与天顶角的关系为：$\theta_s+\alpha_s=90°$。

方位角 γ_s：方位角就是太阳光线在地平面上投影和地平面上正南方向线之间的夹角。它表示太阳光线的水平投影偏离正南方向的角度，取正南方向为起始点（即 0°），向西（顺时针方向）为正，向东为负。

在地平坐标系，观测者只需确认某一时刻天体的方位角和高度角（或天顶角），就能确定天体在该时刻的位置。

2.1.4　太阳时与太阳位置

2.1.4.1　太阳时

天文学上，观测分析某个天体时，通常假定天体以观察者为中心做运动，称为天体的视运动。太阳视运动是指太阳相对于地球运动的情况，即假定地球是静止的，太阳在围绕地球转动。

太阳视运动用时角 ω 表示，时角的单位可以是时、分和秒，也可以是度、分或弧度。地球自转一周 360°，所需时间为 24h，因此相当于每小时自转 15°，也就是太阳视运动 15°，每分钟 15′，每秒钟 15″。

我们日常使用的钟表时间是平太阳时，平太阳时是假设地球绕太阳是标准的圆形，每天都是 24h。但实际地球绕日运行的轨道是椭圆的，地球相对于太阳的自转并不是均匀的，每天并不都是 24h。在天文学上，太阳视运动的计量时间用真太阳时表示。所谓真太阳时是采用真太阳中心的时角来计量的，它的起点是真太阳的上中天（太阳位于观察者子午圈），太阳连续过两次上中天的时间间隔叫作真太阳日，真太阳日并不是 24h 常数，有时候多有时候少。真太阳时与平太阳时之差称之为时差 E，单位为分钟（min）。一年中时差变化如图 2.7 所示，最高时差可达 18min。

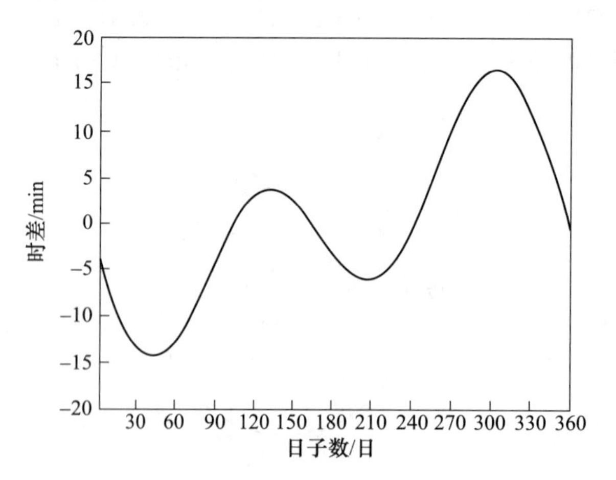

图 2.7　时差变化曲线

真太阳时 t_S，可由式（2.3）计算得到。

$$t_S = t + E \pm 4(L - L_S) \tag{2.3}$$

式中，t 为当地标准时间，min；L 为当地的地理经度；L_S 为当地标准时间位置的地理经度；“±”号为所处地理位置，在东半球取正，西半球取负。时差 E 可用式（2.4）近似计算得到。

$$E = 9.87\sin 2B - 7.53\cos B - 1.5\sin B \tag{2.4}$$

式中

$$B = \frac{2\pi(d - 81)}{365} \tag{2.5}$$

2.1.4.2　太阳位置

太阳和地球上观测者之间的关系如图2.8所示。太阳S、北天极N_c和天顶Z形成天球球面三角，A_S为太阳方位角，α为太阳高度角，ω为时角，δ为赤纬角，ϕ为观测者地理纬度。根据球面三角的余弦定理和正弦定理，可得式（2.6）和式（2.7）。

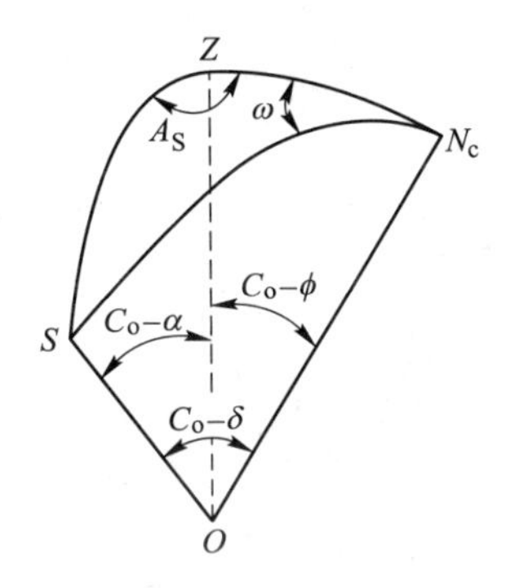

图2.8　地平坐标系太阳的天球球面三角

$$\cos\left(\frac{\pi}{2} - \alpha\right) = \cos\left(\frac{\pi}{2} - \phi\right)\cos\left(\frac{\pi}{2} - \delta\right) + \sin\left(\frac{\pi}{2} - \phi\right)\sin\left(\frac{\pi}{2} - \delta\right)\cos\omega \tag{2.6}$$

$$\frac{\sin A_S}{\sin\left(\frac{\pi}{2} - \delta\right)} = \frac{\sin\omega}{\sin\left(\frac{\pi}{2} - \alpha\right)} \tag{2.7}$$

简化可得式（2.8）和式（2.9）。

$$\sin\alpha = \sin\phi\sin\delta + \cos\phi\cos\delta\cos\omega \tag{2.8}$$

$$\sin A_S = \frac{\sin\omega\cos\delta}{\cos\alpha} \tag{2.9}$$

即可得太阳高度角α和方位角A_S，如式（2.10）和式（2.11）所示。

$$\alpha = \arcsin(\sin\phi\sin\delta + \cos\phi\cos\delta\cos\omega) \tag{2.10}$$

$$A_S = \arcsin\frac{\sin\omega\cos\delta}{\cos\alpha} \tag{2.11}$$

2.2　太阳辐射

太阳辐射，是指太阳以电磁波的形式向外传递能量，太阳向宇宙空间发射的电磁波和粒子流。太阳辐射所传递的能量，称为太阳辐射能。地球所接受到的太阳辐射能量虽然仅为太阳向宇宙空间放射的总辐射能量的二十二亿分之一，却是地球大气运动的主要能量源泉，也是地球光热能的主要来源。

2.2.1 太阳光谱

太阳辐射不是由单一波长构成的电磁波，而是连续波谱，太阳辐射随波长的分布称为太阳光谱，其光谱能量分布如图2.9所示。整个太阳光谱包括紫外区、可见光区和红外区3部分。但其主要部分，是由0.3~3μm的波长所组成。其中，波长小于0.4μm的紫外区和波长大于0.76μm的红外区，则是人眼看不见的紫外线和红外线；波长为0.4~0.76μm的可见光区，就是我们所看到的白光。在到达地面的太阳光辐射中，紫外线占的比例很小，大约为8.03%，主要是可见光和红外线，分别占46.43%和45.54%。

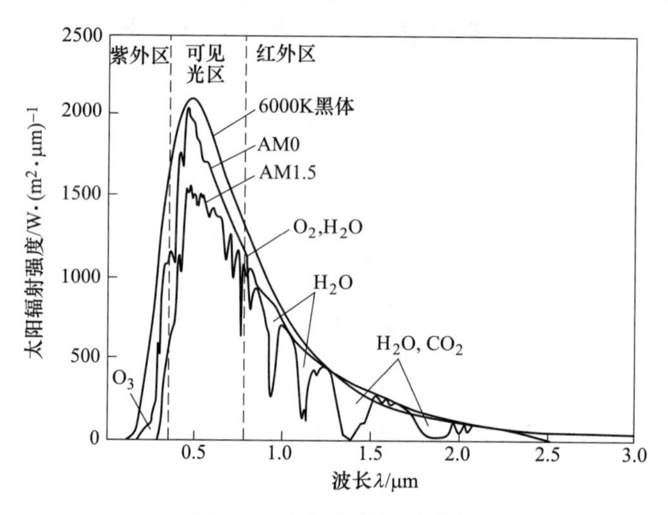

图2.9 太阳光谱能量分布

2.2.2 太阳辐射

太阳能利用工程中，可将太阳辐射看成温度为6000K，波长为0.3~3μm的黑体辐射。黑体的辐射能由普朗克辐射定律给出，其方程如式（2.12）所示。

$$\omega(\nu,T)=\frac{8\pi h\nu^3}{c^3}\frac{1}{e^{\frac{h\nu}{k_0T}}-1} \tag{2.12}$$

式中，ω为黑体的辐射能密度，是指单位频率在单位体积内的能量，J/(m³·Hz)；T为黑体的绝对温度，K；ν为辐射频率；h为普朗克（Planck）常数，$h=6.626\times10^{-34}$J·s；c为真空中的光速，$c=3.0\times10^8$m/s；k_0为玻耳兹曼常数，$k_0=1.381\times10^{-23}$J/K。

黑体的辐射能也可写成波长的函数，如式（2.13）所示，单位为W/(m²·μm)。

$$\omega(\lambda,T)=\frac{2\pi hc^2}{\lambda^5}\frac{1}{e^{\frac{hc}{\lambda k_0T}}-1} \tag{2.13}$$

式中，λ为波长。

图2.10为不同温度下理想黑体的辐射分布。热辐射的基本定律为维恩位移定律，如式（2.14）所示。

$$b=\lambda_m T=2897.8 \tag{2.14}$$

式中，b 为维恩常量，μm·K。从上式可知，物体辐射最大能力的波长随物体温度而变化，与其温度成反比，温度越高，辐射最大能力的波长则越短，即增加温度，辐射的最大功率点向短波方向移动，反之亦然。温度的增加引起辐射光谱从红外向紫外逐渐移动，温度较低时，辐射的红色光能量较大呈现红色；温度达到 6000K 左右时，整个辐射呈现白光。

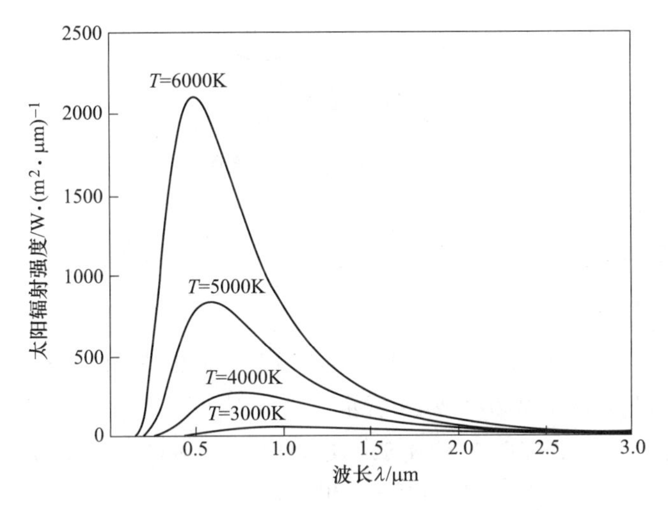

图 2.10　不同温度下理想黑体的辐射分布

观测太阳光谱可知 $\lambda_m = 0.5023\mu m$，故太阳表面的有效温度（K）为：

$$T = b/\lambda_m = 5769 \tag{2.15}$$

物体辐射能力的强弱，取决于物体本身温度的高低，即斯特藩-玻耳兹曼（Stefan-Boltzmann）光辐射定律，如式（2.16）所示。

$$j^* = \varepsilon\sigma T^4 \tag{2.16}$$

式中，j^* 为一个黑体表面单位面积在单位时间内辐射出的总能量；σ 为斯特藩-玻耳兹曼常数，$\sigma = 5.67 \times 10^{-8} W/(m^2 \cdot K^4)$；$\varepsilon$ 为黑体的辐射系数，若为绝对黑体，则 $\varepsilon = 1$。

由此可算出太阳表面的辐射强度与总功率，为：

$$G_S^* = \sigma T^4 = 6.28 \times 10^7 \tag{2.17}$$

$$\Phi_S = 4\pi r_S^2 G_S^* = 4\pi r_S^2 \sigma T^4 = 3.8 \times 10^{20} \tag{2.18}$$

式中，G_S^* 为太阳辐射强度，W/m^2；Φ_S 为太阳辐射总功率，MW；r_S 为太阳半径。

2.2.3　太阳常数

太阳常数是描述地球大气层上方的太阳辐射强度。它是指平均日地距离时，在地球大气层上界垂直于太阳辐射的单位表面积上所接受的太阳辐射能。太阳常数的标准值为（1367±7）W/m^2，一年中由于日地距离的变化所引起太阳辐射强度的变化不超过 3.4%。

地球大气层外的太阳辐射强度可通过太阳表面的辐射强度、太阳半径 r 和地球与太阳之间的距离 R 计算得到（见图 2.11）。根据能量守恒定律，与太阳距离 R 的球面上的辐射总功率为 Φ_S，因此地球大气层外的太阳辐射强度（W/m^2），如式（2.19）所示。

$$G_0 = \frac{\Phi_S}{4\pi R^2} = \frac{r_S^2}{R^2} \times G_S^* \approx 1360 \tag{2.19}$$

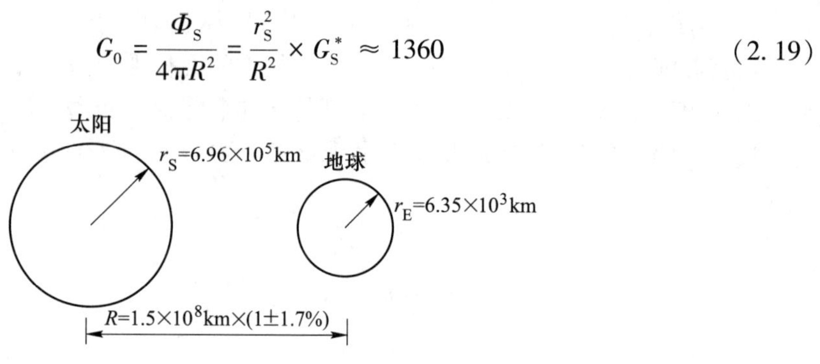

图 2.11　日地关系示意图

2.2.4　太阳辐射强度

2.2.4.1　地表太阳辐射强度

当太阳辐射通过大气时，必然会由于受到大气的吸收和散射而减弱。太阳辐射通过大气层到达地球表面的大致过程如图 2.12 所示。大气对太阳辐射的散射和吸收过程是同步进行的。因此，到达地球表面的太阳辐射强度总体会有不同程度的减弱，太阳光谱曲线出现了众多缺口，某些波段受到强烈的衰减，如图 2.9 所示。

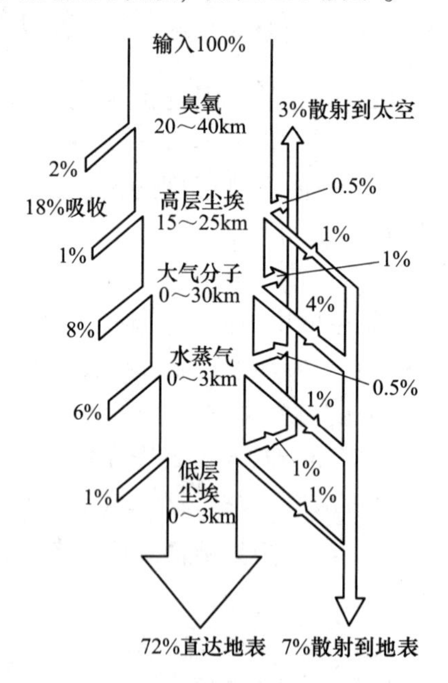

图 2.12　地球大气与太阳辐射的相互作用

太阳辐射在大气层中的衰减程度与辐射行程中的大气介质条件相关。但是，实际大气是一种不均匀介质，如大气组成成分水蒸气、臭氧含量的变化、大气的温度和压力均随高度的改变。为了便于解决问题，引入了均质大气概念。均质大气是指其空气密度各处都相同，成分和地面气压均与实际大气相同。根据这一定义，大气在单位面积上垂直气柱内所包含的空气质量与实际大气的一样。因此，大气质量可以用大气高度来表示。并假定，在标准大气压（101.3kPa）和气温为0℃时，海平面上阳光垂直入射时的行程长度定义为1个大气光学质量（AM，Air Mass），即AM1。大气光学质量示意图如图2.13所示。大气光学质量（AM）是一个无量纲参数。

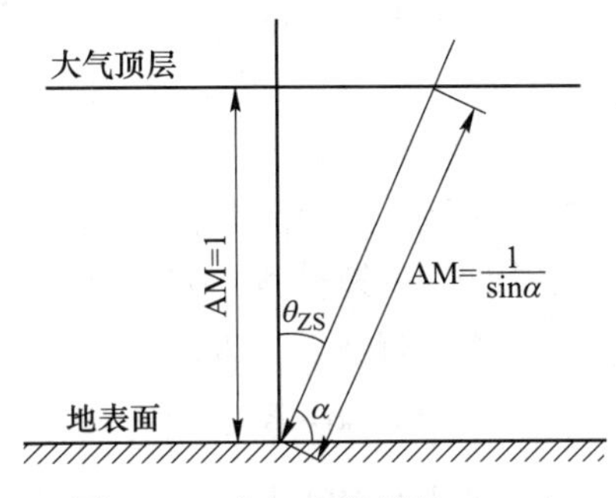

图2.13 大气光学质量（AM）

大气光学质量量化了太阳辐射穿过大气层时被空气和尘埃吸收后的衰减程度。利用太阳高度角 α 和天顶角 θ_{ZS}，可将大气质量表示为：

$$AM = \frac{1}{\cos\theta_{ZS}} = \frac{1}{\sin\alpha} \geqslant 1 \tag{2.20}$$

式中，$\theta_{ZS}=0°$时，AM=1，表示为AM1；$\theta_{ZS}=48.2°$时，AM=1.5，表示为AM1.5。

由式（2.20）可知，太阳高度角 α 越小，AM越大，太阳辐射能量越低。且只有位于南、北回归线之间的地区才有可能获得AM1光谱。而AM1.5的太阳光谱则在地球上的大部分地区均可以得到，可表示晴天时太阳光照射到一般地面的情况，其太阳辐射强度为 $1kW/m^2$，用于太阳能电池和组件效率测试时的标准。

晴朗天气时，地表面的直射太阳辐射强度 G_{DN} 与大气层外太阳辐射强度 G_{EA} 的关系如式（2.21）所示。

$$G_{DN} = G_{EA} \times (0.7^{AM})^{0.678} \tag{2.21}$$

式中，0.7为太阳辐射到达地表的直接辐射百分比，即70%；0.678为大气对太阳辐射的吸收及散射的作用，是一实验值。

在天气晴朗的时候，通过散射辐射到达地表面的直接辐射含量也有大约7%。因此，垂直入射到地表的总太阳辐射强度 G_{GN} 如式（2.22）所示。

$$G_{GN} = 1.1G_{DN} \tag{2.22}$$

根据图2.14，地面（水平面）太阳辐射强度 G_{DH} 如式（2.23）所示。

$$G_{DH} = G_{GN}\sin\alpha \tag{2.23}$$

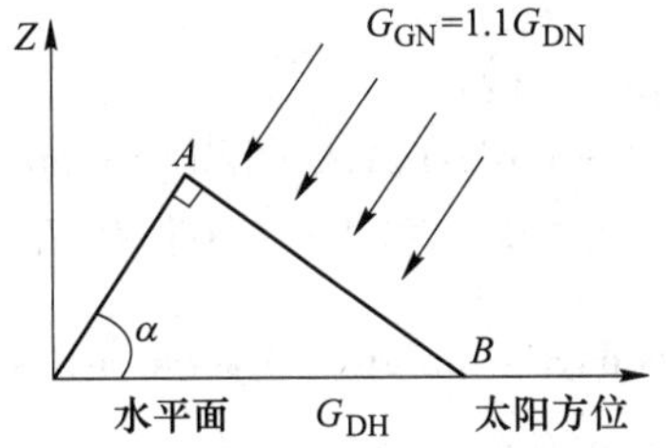

图2.14 太阳辐射强度与入射角

2.2.4.2 任意平面太阳辐射强度

在光伏发电系统中，大部分光伏电池板的安装形式并非水平，而是与地面形成一定倾斜角，以提高太阳能的利用率。光伏电池板的安装形式，因不同地方、不同应用目的而异。因此，需要计算特定倾斜面的太阳辐射强度。

任意位于地理位置维度 ϕ 的平面，其方位角（受光平面的法线方向在地平面上的投影与正南方向的夹角，向东为正，向西为负）为 γ，倾斜角为 β 的倾斜面，其太阳辐射入射角为 θ_i。各角度之间关系如图 2.15 所示，图中以东为 j 轴，以南为 i 轴，以天顶为 z 轴，可确定太阳辐射入射矢量 $\boldsymbol{S}$ 及倾斜面法线矢量 $\boldsymbol{N}$，如式（2.24）和式（2.25）所示。

$$\left.\begin{aligned}\boldsymbol{S} &= S_i\boldsymbol{i} + S_j\boldsymbol{j} + S_z\boldsymbol{z}\\ S_i &= \cos\alpha\cos A_S\\ S_j &= \cos\alpha\sin A_S\\ S_z &= \sin\alpha\end{aligned}\right\} \tag{2.24}$$

$$\left.\begin{aligned}\boldsymbol{N} &= N_i\boldsymbol{i} + N_j\boldsymbol{j} + N_z\boldsymbol{z}\\ N_i &= \sin\beta\cos\gamma\\ N_j &= \sin\beta\sin\gamma\\ N_z &= \cos\beta\end{aligned}\right\} \tag{2.25}$$

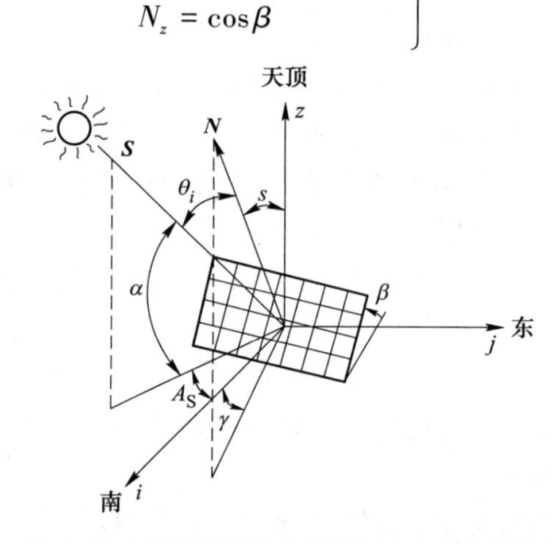

图 2.15 任意平面的太阳辐射角示意三维图

将太阳辐射入射矢量 $\boldsymbol{S}$ 向倾斜面法线矢量 $\boldsymbol{N}$ 投影，可得太阳辐射入射角为 θ_i 的余弦值，如式（2.26）所示。

$$\begin{aligned}\cos\theta_i &= \boldsymbol{S}\cdot\boldsymbol{N}\\ &= (S_i\boldsymbol{i} + S_j\boldsymbol{j} + S_z\boldsymbol{z})(N_i\boldsymbol{i} + N_j\boldsymbol{j} + N_z\boldsymbol{z})\\ &= \sin\alpha\cos\beta + \cos\alpha\sin A_S\sin\beta\sin\gamma + \cos\alpha\cos A_S\sin\beta\cos\gamma\end{aligned} \tag{2.26}$$

将太阳高度角和方位角的式（2.8）和式（2.9）代入式（2.26），可得

$$\begin{aligned}\cos\theta_i = {} & \sin\delta\sin\phi\cos\beta - [\mathrm{sign}(\phi)]\sin\delta\cos\phi\sin\beta\cos\gamma +\\ & \cos\delta\cos\phi\cos\beta\cos\omega + [\mathrm{sign}(\phi)]\cos\delta\sin\phi\sin\beta\cos\gamma\cos\omega +\\ & \cos\delta\sin\gamma\sin\omega\sin\beta\end{aligned} \tag{2.27}$$

式中，sign(ϕ) 为地理位置符号，北半球为正，南半球为负。

为了提高太阳能利用率，一般将光伏电池板面向正南方向，即方位角 $\gamma=0°$。此时，式（2.27）可简化为式（2.28）。

$$\cos\theta_i = \sin\delta\sin\phi\cos\beta - [\text{sign}(\phi)]\sin\delta\cos\phi\sin\beta + \cos\delta\cos\phi\cos\beta\cos\omega + [\text{sign}(\phi)]\cos\delta\sin\phi\sin\beta\cos\omega \tag{2.28}$$

因此，太阳辐射与倾斜面示意三维图可简化为二维平面图，如图 2.16 所示。

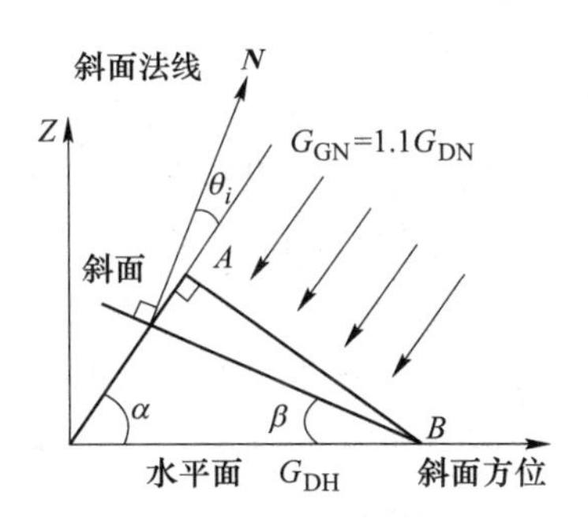

图 2.16 任意平面的太阳辐射角二维平面图

任意平面太阳辐射强度 G_θ 如式（2.29）所示。

$$G_\theta = G_{GN}\cos\theta_i = G_{DH}\frac{\cos\theta_i}{\sin\alpha} \tag{2.29}$$

2.3 太阳能资源的分布

2.3.1 全球太阳能资源的分布

根据国际太阳能热利用区域分类，全世界太阳能辐射强度和日照时间最佳的区域包括北非、中东地区、美国西南部和墨西哥、南欧、澳大利亚、南非、南美洲东、西海岸和中国西部地区等。

北非地区是世界太阳能辐射最强烈的地区之一。摩洛哥、阿尔及利亚、突尼斯、利比亚和埃及太阳能热发电潜能很大。阿尔及利亚的年太阳辐射总量为 9720MJ/m^2，摩洛哥的年太阳辐射总量为 9360MJ/m^2，埃及的年太阳辐射总量为 10080MJ/m^2，年太阳辐射总量大于 8280MJ/m^2 的国家还有突尼斯、利比亚等国。阿尔及利亚有 2381.7km^2 的陆地区域，其沿海地区年太阳辐射总量为 6120MJ/m^2，高地和撒哈拉地区年太阳辐射总量为 6840~9540MJ/m^2，全国总土地的 82%适用于太阳能开发利用。

中东几乎所有地区的太阳能辐射能量都非常高。以色列、约旦和沙特阿拉伯等国的年太阳辐射总量为 8640MJ/m^2。以色列的总陆地区域是 20330km^2，内盖夫（Negev）沙漠覆盖了全国土地的一半，也是太阳能利用的最佳地区之一，以色列的太阳能热利用技术处于世界最高水平之列。我国第一座 70kW 太阳能塔式热发电站就是利用以色列技术建设的。

美国也是世界太阳能资源最丰富的地区之一。美国太阳能资源Ⅰ类地区的年太阳辐射总量为 9198~10512MJ/m^2，分布在西南部地区，包括亚利桑那州和新墨西哥州的全部，加利福尼亚州、内华达州、犹他州、科罗拉多州和得克萨斯州的南部，占总面积的 9.36%。

Ⅱ类地区年太阳辐射总量为 7884~9198MJ/m^2，除了包括Ⅰ类地区所列州的其余部分外，还包括怀俄明州、堪萨斯州、俄克拉荷马州、佛罗里达州、佐治亚州和南卡罗来纳州等，占总面积的 35.67%。Ⅲ类地区年太阳辐射总量为 6570~7884MJ/m^2，包括美国北部和东部大部分地区，占总面积的 41.81%。Ⅳ类地区年太阳辐射总量为 5256~6570MJ/m^2，包括阿拉斯加州大部地区，占总面积的 9.94%。Ⅴ类地区年太阳辐射总量为 3942~5256MJ/m^2，仅包括阿拉斯加州最北端的少部地区，占总面积的 3.22%。

南欧的年太阳辐射总量超过 7200MJ/m^2，包括葡萄牙、西班牙、意大利、希腊等。西班牙年太阳辐射总量为 8100MJ/m^2，其南方地区是最适合于太阳能开发利用地区。葡萄牙的年太阳辐射总量为 7560MJ/m^2，意大利为 7200MJ/m^2，希腊为 6840MJ/m^2。

澳大利亚的太阳能资源也很丰富。澳大利亚太阳能资源Ⅰ类地区年太阳辐射总量为 7621~8672MJ/m^2，主要在澳大利亚北部地区，占总面积的 54.18%。Ⅱ类地区年太阳辐射总量为 6570~7621MJ/m^2，包括澳大利亚中部，占全国面积的 35.44%。Ⅲ类地区年太阳辐射总量为 5389~6570MJ/m^2，在澳大利亚南部地区，占全国面积的 7.9%。年太阳辐射总量低于 6570MJ/m^2 的Ⅳ类地区仅占 2.48%。

2.3.2 我国太阳能资源的分布

我国太阳能总辐射资源丰富，每年陆地接收的太阳辐射总量大约是 1.9×10^{16}kW·h，总体呈“高原大于平原、西部干燥区大于东部湿润区”的分布特点，青藏高原最为丰富，四川盆地资源相对较低。

我国陆地根据各地接受太阳总辐射量的多少，可将全国划分为五类地区。

Ⅰ类地区：年太阳辐射总量为 6680~8400MJ/m^2，相当于日辐射量为 5.1~6.4kW·h/m^2。这些地区包括宁夏北部、甘肃北部、新疆东部、青海西部和西藏西部等地。西藏西部最为丰富，最高达 2333kW·h/m^2，日辐射量为 6.4kW·h/m^2，仅次于撒哈拉大沙漠，居世界第 2 位。

Ⅱ类地区：年太阳辐射总量为 5850~6680MJ/m^2，相当于日辐射量为 4.5~5.1kW·h/m^2。这些地区包括河北西北部、山西北部、内蒙古南部、宁夏南部、甘肃中部、青海东部、西藏东南部和新疆南部等地，为我国太阳能资源较丰富地区。相当于印度尼西亚的雅加达一带。

Ⅲ类地区：年太阳辐射总量为 5000~5850MJ/m^2，相当于日辐射量为 3.8~4.5kW·h/m^2。主要包括山东、河南、河北东南部、山西南部、新疆北部、吉林、辽宁、云南、陕西北部、甘肃东南部、广东南部、福建南部、苏北、皖北、台湾西南部等地，为我国太阳能资源的中等地区。

Ⅳ类地区：我国太阳能资源较差地区，年太阳辐射总量为 4200~5000MJ/m^2，相当于日辐射量为 3.2~3.8kW·h/m^2。这些地区包括湖南、湖北、广西、江西、浙江、福建北部、广东北部、陕西南部、江苏北部、安徽南部以及黑龙江、台湾东北部等地，是我国太阳能资源较差的地区。

Ⅴ类地区：主要包括四川、贵州两省，是我国太阳能资源最少的地区，年太阳辐射总量为 3350~4200MJ/m^2，相当于日辐射量只有 2.5~3.2kW·h/m^2，此区是中国太阳能资源最少的地区。

前3类地区覆盖大面积国土，有利用太阳能的良好条件，第Ⅴ类地区太阳能资源较差，但有的地方也可以进行太阳能开发利用。

复习思考题

2-1　描述太阳的位置。

2-2　描述倾斜面与太阳直射关系的主要参数及其含义。

2-3　全球太阳能资源分布特点。

2-4　中国太阳能资源分布特点。

3 半导体物理基础

3.1 半导体结构

半导体是导电性能介于金属和绝缘体之间的一种材料。半导体基本上可分为两类：第一类位于元素周期表Ⅳ族的一种元素组成的半导体称为元素半导体，如 Si 和 Ge；第二类是化合物半导体材料，多数化合物半导体材料是Ⅲ族和Ⅴ族元素化合形成的。硅是目前最常用的半导体材料。

3.1.1 固体类型

无定形、多晶和单晶是固体的三种基本类型。每种类型的特征是用材料中有序化区域的大小加以判定的。有序化区域是指原子或者分子有规则或周期性几何排列的空间范畴。无定形材料只在几个原子或分子的尺度内有序。多晶材料则在许多个原子或分子的尺度上有序，这些有序化区域称为单晶区域，彼此有不同的大小和方向。单晶区域称为晶粒，它们由晶界将彼此分离。单晶材料则在整体范围内都有很高的几何周期性。单晶材料的优点在于其电学特性通常比非单晶材料好，这是因为晶界会导致电学特性衰退。无定形、多晶和单晶材料二维示意图如图 3.1 所示。

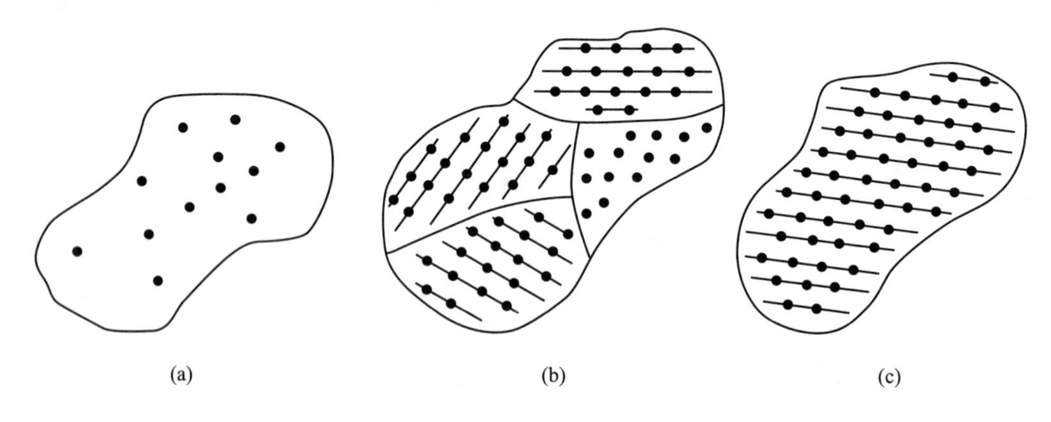

图 3.1 晶体的三种类型示意图
(a) 无定形；(b) 多晶；(c) 单晶

3.1.2 空间晶格

对于原子排列具有几何周期性的单晶材料，一个典型单元或原子团在三维的每一个方向上按某种间隔规则重复排列就形成了单晶。晶体中这种原子的周期性排列称为晶格。

3.1.2.1 原胞和晶胞

用称为格点的点来描述某种特殊的原子排列。图 3.2 是不同晶胞的单晶晶格二维表示，为一种无限二维格点阵列。重复原子阵列的最简单方法是平移。图 3.2 中的每个格点在某个方向上平移 a_i（$i=1,2,3,4$），在另一个不在同一直线方向上平移 b_i（$i=1,2,3,4$），就产生了二维晶格。若在第三个不在同一直线方向上平移，就可以得到三维晶格。平移方向不必一定垂直。由于三维晶格是一组原子的周期性重复排列，不需要考虑整个晶格，只需考虑被重复的基本单元。晶胞就是可以复制出整个晶体的一小部分晶体，晶胞并非只有一种结构。图 3.2 中显示了二维晶格中的几种可能的晶胞。

图 3.2 中，晶胞 A 可以在 a_2 和 b_2 方向平移，晶胞 B 可以在 a_3 和 b_3 方向平移，其中任何一种晶胞平移都可以构建整个二维晶格。图 3.2 中的晶胞 C 和 D 通过合适的平移也可以得到整个晶格。关于二维晶胞的讨论可以很容易地推广到三维来描述实际的单晶材料。

原胞是可以通过重复形成晶格的最小晶胞。通常，用晶胞比用原胞更方便。晶胞可以选择正交的边，而原胞的边则可能是非正交的。图 3.3 为一个广义的三维晶胞。晶胞和晶格的关系用矢量 $\boldsymbol{a}$、$\boldsymbol{b}$ 和 $\boldsymbol{c}$ 表示，它们不必互相垂直，长度可能相等也可能不相等。三维晶体中的每一个等效格点都可用矢量

$$\boldsymbol{r} = p\boldsymbol{a} + q\boldsymbol{b} + s\boldsymbol{c} \tag{3.1}$$

得到，其中 p，q，s 是整数。由于原点的位置是任意的，为简单起见，可使 p，q，s 都是正整数。矢量 $\boldsymbol{a}$，$\boldsymbol{b}$ 和 $\boldsymbol{c}$ 的大小为晶胞的晶格常数。

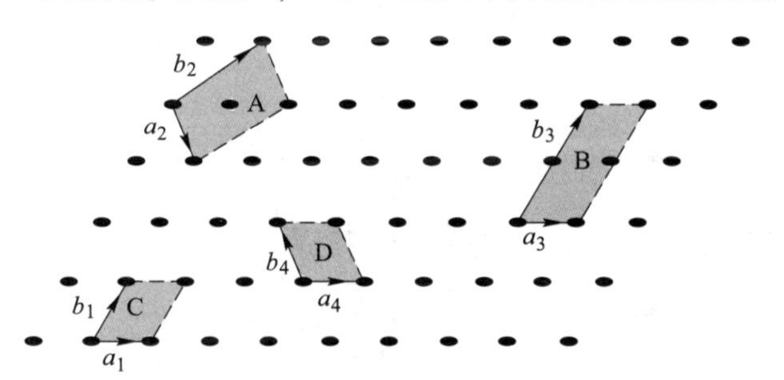

图 3.2 不同晶胞的单晶晶格二维表示

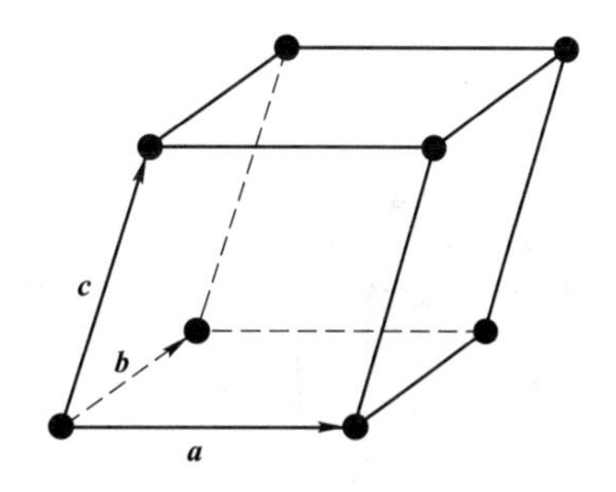

图 3.3 广义原胞

一般来说，晶体可以分为七大晶系，包括三斜晶体、单斜晶体、正交晶体、正方晶体、立方晶体、三角晶体及六角晶体。根据原子的排列方式，七大晶系又可细分为 14 种结构，其中立方晶系又可区分为简立方（Simple Cubic）、体心立方（Body-Centered Cubic）及面心立方（Face-Centered Cubic）三种结构。图 3.4 为简立方、体心立方、面心立方结构。对于这些简单的结构，选择矢量 $\boldsymbol{a}$，$\boldsymbol{b}$，$\boldsymbol{c}$ 彼此垂直且长度相等的晶胞。图 3.4 中各晶胞的晶格常数假设为"a"。简立方（sc）结构的每个顶角有一个原子；体心立方（bcc）结构除顶角外在立方体中心还有一个原子；面心立方（fcc）结构在每个面都有一个额外的原子，金刚石结构及闪锌矿结构都属于面心立方晶体。

3.1.2.2 晶面和米勒指数

由于实际晶体并非无限大，因此它们最终会终止于某一表面。半导体器件制作在表面上或近表面处，因此表面属性可能影响器件特性。可以用晶格来描述这些表面。表面或通过晶体的平面，首先可以用描述晶格的 a，b，c 轴的平面截距来表达。

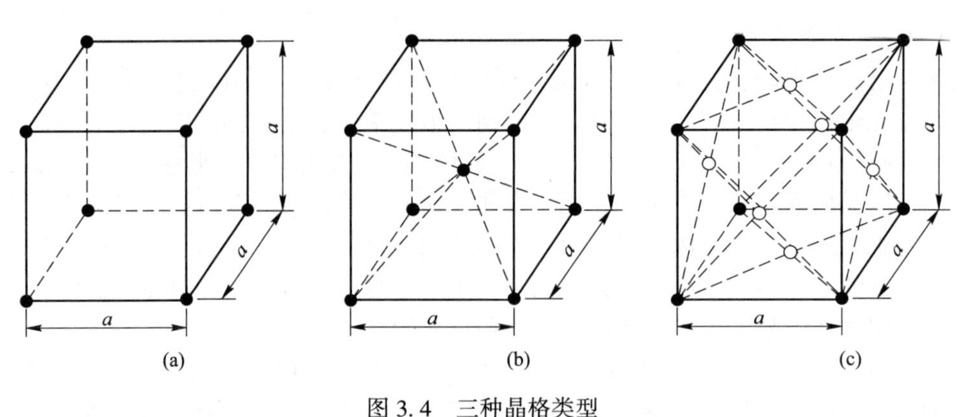

图 3.4　三种晶格类型

（a）简立方；（b）体心立方；（c）面心立方

图 3.5 为立方晶体经常考虑的三个平面。图 3.5（a）所示的面与 b，c 轴平行，因此截距为 $p=1$、$q=\infty$、$s=\infty$，给出倒数 $1/p$、$1/q$、$1/s$，得到米勒指数（1,0,0），因此图 3.5（a）中的平面称为（100）平面。同样地，与图 3.5（a）相互平行且相差几个整数倍的晶格常数的平面都是等效的，它们都称为（100）平面。用倒数获得米勒指数的好处在于避免了平行于坐标轴平面无穷大截距的使用。如果为了描述穿过坐标系统原点的平面，经过对截距求倒数后，会得到一个或两个无穷米勒指数。然而，系统原点是任意给定的，通过将原点平移到其他等效格点，就可以避免米勒指数中的无穷大。

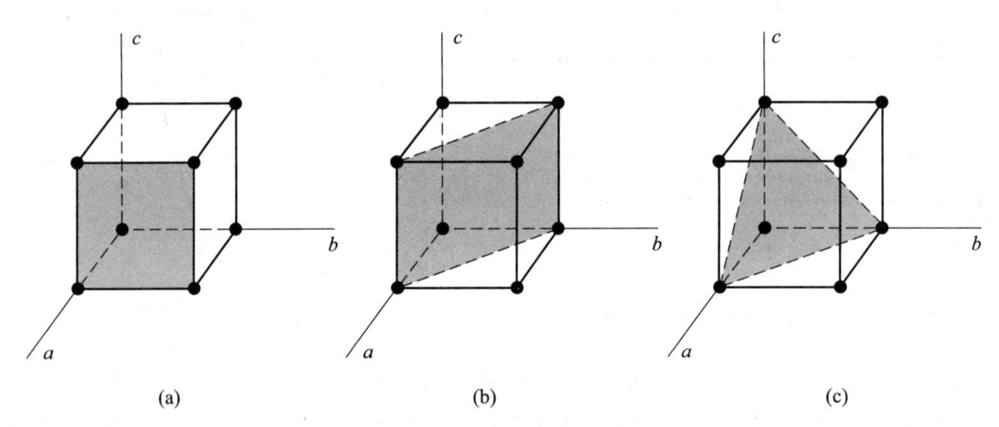

图 3.5　立方晶体中常用的三种晶面

（a）（100）平面；（b）（110）平面；（c）（111）平面

晶体的一个可测特征是最近邻的平行等效平面的最近间距。另一个特征是原子表面浓度（cm^{-2}），即每平方厘米原子个数，这些表面原子是被一个特殊平面分割的。同时，一个单晶半导体不会无限大，一定会终止于某些表面。原子的面密度可能是很重要的，如在决定其他材料（诸如绝缘体）如何能与半导体材料表面相结合时。

3.1.2.3　晶向

晶向可以用三个整数表示，它们是该方向某个矢量的分量。例如，简立方晶格的对角线的矢量分量为 1，1，1。体对角线描述为［111］方向。方括号用来描述方向，以便与描述晶面的圆括号相区别。简立方的三个基本方向和相关晶面如图 3.6 所示。在简立方中，［hkl］晶向和（hkl）晶面垂直，这在非简立方晶格中不一定成立。

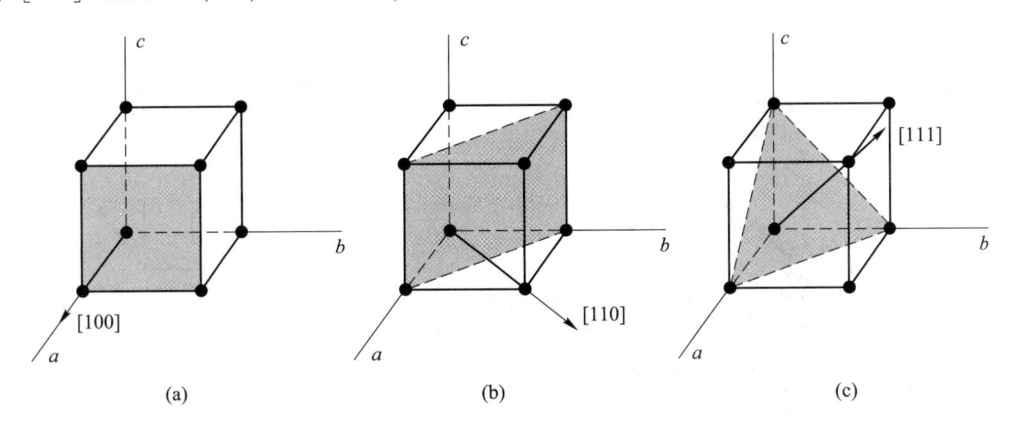

图 3.6 三种晶向和晶面

（a）（100）平面和［100］方向；（b）（110）平面和［110］方向；（c）（111）平面和［111］方向

3.1.2.4 金刚石结构

硅是Ⅳ族元素，具有金刚石晶格结构。锗也是Ⅳ族元素，它同样为金刚石结构。与目前已考虑过的简立方结构相比，图 3.7（a）所示的金刚石结构晶胞要复杂得多。下面通过考虑图 3.7（b）中的四面体结构来认识金刚石晶格。这种结构基本上是缺 4 个顶角原子的体心立方结构。四面体中的每个原子都有 4 个与它最邻近的原子。这种结构是金刚石晶格的最基本构造单元。

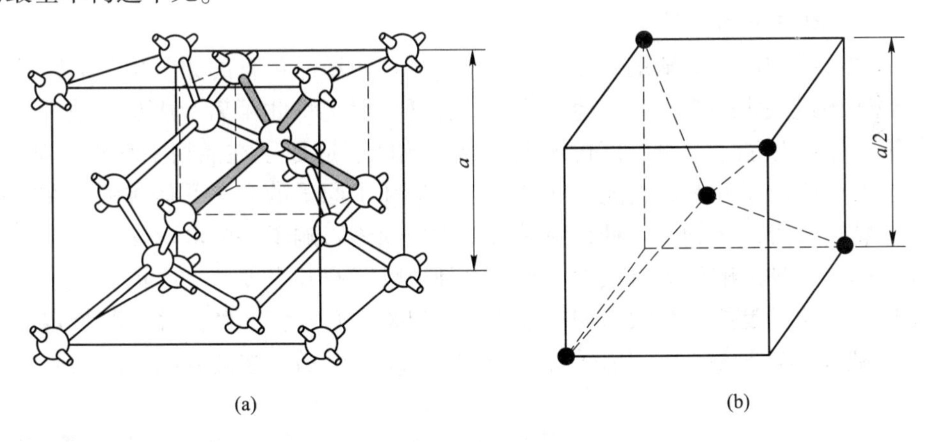

图 3.7 金刚石结构及其基本结构单元

（a）金刚石结构；（b）处于金刚石晶格中的最近邻原子形成的四面体结构

金刚石结构是指由同种原子形成的特定晶格，比如硅和锗。闪锌矿结构与金刚石结构的不同仅在于它们的晶格中有两类原子。化合物半导体比如 GaAs 有如图 3.8（a）所示的闪锌矿结构。金刚石结构和闪锌矿的重要特征是原子互连构成四面体。图 3.8（b）为 GaAs 的基本四面体结构，其中每个 Ga 原子有 4 个最近邻的 As 原子，每个 As 原子有 4 个近邻 Ga 原子。该图也表明了两种子晶格的相互交织，它们用来产生金刚石或闪锌矿晶格。

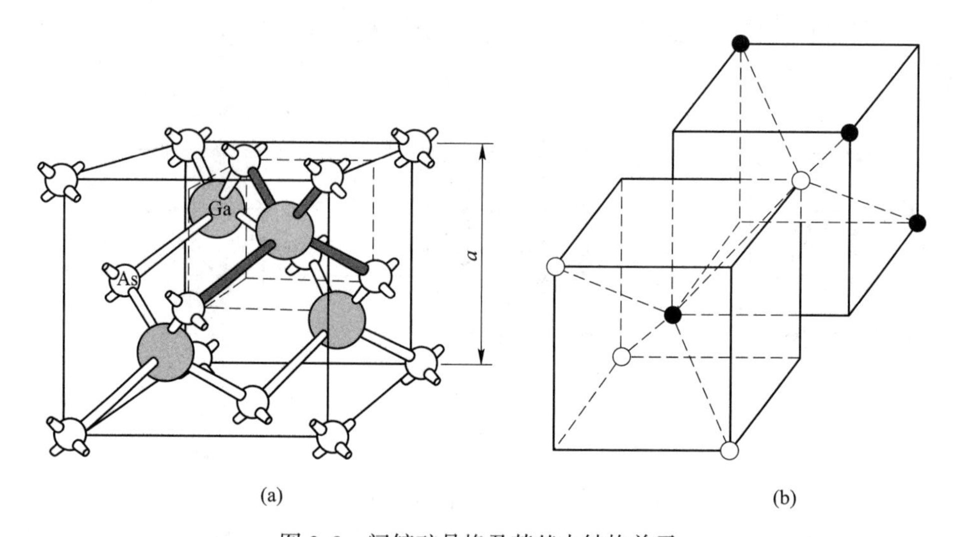

(a) (b)

图 3.8 闪锌矿晶格及其基本结构单元

（a）GaAs 的闪锌矿晶格；（b）处于闪锌矿晶格中的最近邻原子形成的四面体结构

3.1.3 固体中的缺陷和杂质

在实际晶体中，晶格不是完美的，它存在不足或称缺陷，也就是说，完整的几何周期性被一些形式破坏。缺陷改变了材料的电学特性，有时候，材料的电学参数甚至由这些缺陷或杂质决定。

3.1.3.1 固体中的缺陷

所有晶体都存在的一类缺陷是原子的热振动。理想单晶包含的原子位于晶格的特定位置，这些原子通过一定的距离与其他原子彼此分开，假定将此距离看成是常数。然而晶体中的原子有一定的热能，它是温度的函数，这个热能引起原子在晶格平衡点处随机振动。随机热运动又引起原子间距离的随机波动，轻微破坏了原子的完美几何排列。在随后讨论半导体材料特性时可以看到，这种称为晶格振动的缺陷影响了一些电学参数。

晶体中的另一种缺陷称为点缺陷。对于这种缺陷，有几点要考虑。前文说过，在理想的单晶晶格中，原子是按完美的周期性排列的。但是，对于实际的晶体，某特定晶格格点的原子可能缺失。这种缺陷称为空位，如图 3.9（a）所示。在其他位置，原子可能嵌于

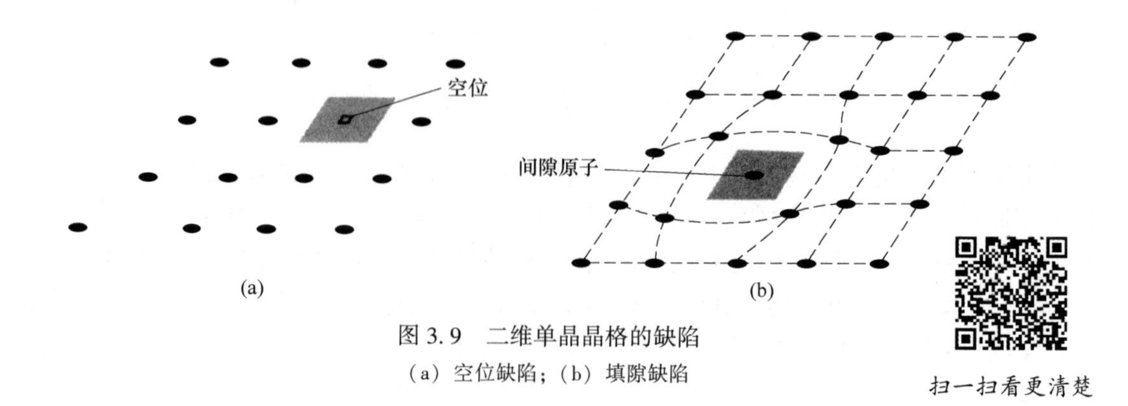

(a) (b)

图 3.9 二维单晶晶格的缺陷

（a）空位缺陷；（b）填隙缺陷

格点之间，这种缺陷称为填隙，如图 3.9（b）所示。存在空位和填隙缺陷时，不仅原子的完整几何排列被破坏，而且理想的原子间化学键也被打乱，它们都将改变材料的电学特性。靠得足够近的空位和填隙原子会在两个点缺陷间发生相互作用，这种空位-填隙缺陷称为弗仑克尔缺陷，它产生的影响与简单的空位或填隙缺陷不同。

点缺陷包含单个原子或单个原子位置。在单晶材料的形成中，还会出现更复杂的缺陷。比如，当一整列的原子从正常晶格位置缺失时，就会出现线缺陷。这种缺陷称为线位错，如图 3.10 所示。和点缺陷一样，线位错破坏了正常的晶格几何周期性和晶体中理想的原子键。线位错也会改变材料的电学特性，而且比点缺陷更加难以预测。

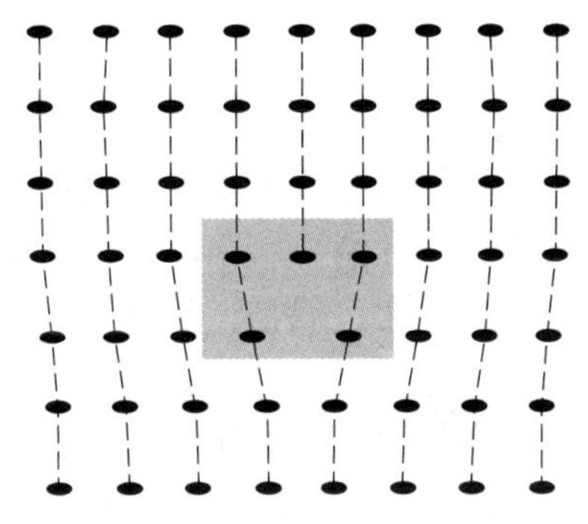

图 3.10 线位错的二维表示

3.1.3.2 固体中的杂质

晶格中可能出现外来原子或杂质原子。杂质原子可以占据正常的晶格格点，这种情况称为替位杂质。杂质原子也可能位于正常格点之间，它们称为填隙杂质，如图 3.11（b）所示。所有这些杂质都属晶格缺陷，如图 3.11（a）所示，有些杂质，比如硅中的氧，主要表现为惰性；但是其他的杂质，比如硅中的金或磷，能极大地改变材料的电学特性。

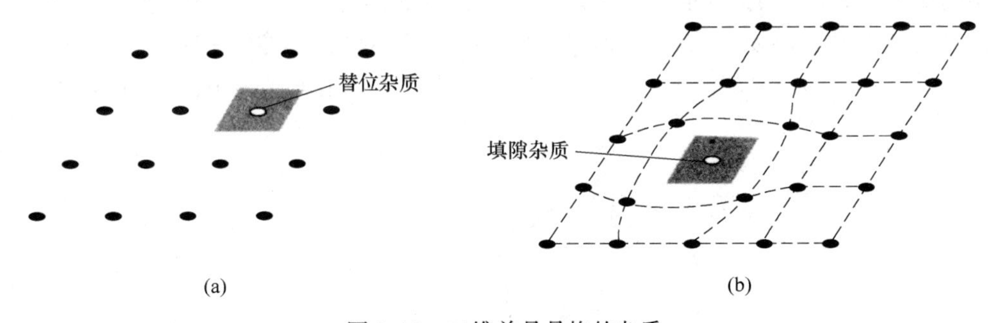

图 3.11 二维单晶晶格的杂质

（a）替位杂质；（b）填隙杂质

通过加入适量的某种杂质原子，半导体材料电学特性的变化可被利用。为了改变导电性而向半导体材料中加入杂质的技术称为掺杂。通常有两种掺杂方法：杂质扩散和离子注入。

实际的扩散工艺在某种程度上依赖于材料的特性，但通常只有当半导体晶体放置到含有欲掺杂原子的高温（约为 1000℃）气体氛围中杂质扩散才会发生。在这样的高温下，许多晶体原子随机进入或移出属于它们的晶格格点。这种随机运动可以产生空位，这样杂质原子就可以通过从一个空位跳到另一个空位而在晶格中移动。对于扩散这种工艺，杂质微粒从近表面的高浓度区域运动到晶体内部的低浓度区域。当温度降下来之后，杂质原子就被永久地冻结在替位晶格格点处。离子注入的温度要比扩散的温度低。杂质离子束被加速到 50keV 范围或更高的动能后，被导入半导体表面。该高能杂质离子束进入晶体并停留在离表面某个平均深度的位置上。离子注入的优点之一是可控制适量杂质离子注入晶体的指定区域。它的一个缺点是入射杂质原子与晶体原子发生碰撞，会引起晶格位移损伤。

3.2　能带理论

3.2.1　原子的能级和晶体的能带

制造半导体器件所用的材料大多是单晶体。单晶体是由靠得很紧密的原子周期性重复排列而组成的，相邻原子间距只有零点几纳米。因此，半导体中的电子状态肯定和原子中的不同，特别是外层电子会有显著的变化。但是，晶体是由分立的原子凝聚而成，两者的电子状态又必定存在着某种联系。

原子中的电子在原子核的势场和其他电子的作用下，它们分列在不同的能级上，形成电子壳层，不同支壳层的电子分别用 1s；2s，2p；3s，3p，3d；4s 等符号表示，每一支壳层对应于确定的能量。当原子相互接近形成晶体时，不同原子的内外各电子壳层之间就有了一定程度的交叠，相邻原子最外壳层交叠最多，内壳层交叠较少。原子组成晶体后，由于电子壳层的交叠，电子不再完全局限在某一个原子上，可以由一个原子转移到相邻的原子上去，因而，电子将可以在整个晶体中运动。这种运动称为电子的共有化运动。但必须注意，因为各原子中相似壳层上的电子才有相同的能量，电子只能在相似壳层间转移。因此，共有化运动的产生是由于不同原子的相似壳层间的交叠，例如 2p 支壳层的交叠，3s 支壳层的交叠，如图 3.12 所示。也可以说，结合成晶体后，每一个原子能引起“与之相应”的共有化运动，例如 3s 能级引起“3s”的共有化运动，2p 能级引起“2p”的共有化运动，等等。由于内外壳层交叠程度很不相同，所以，只有最外层电子的共有化运动才显著。

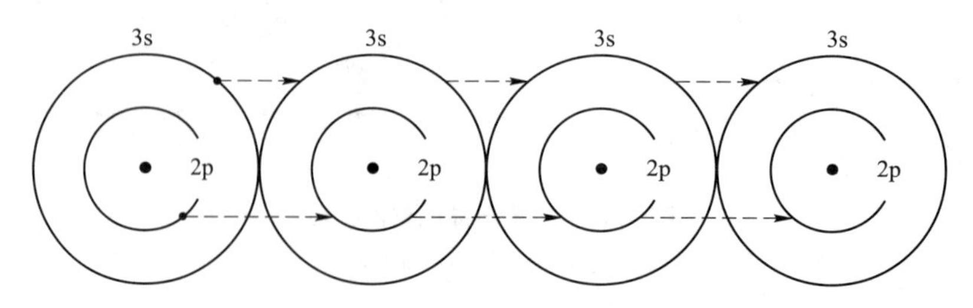

图 3.12　电子共有化运动示意图

晶体中电子做共有化运动时的能量是怎样的呢？先以两个原子为例来说明。当两个原子相距很远时，如同两个孤立的原子，原子的能级如图 3.13（a）所示，每个能级都有两个态与之相应，是二度简并的（暂不计原子本身的简并）。当两个原子互相靠近时，每个原子中的电子除受到本身原子的势场作用外，还要受到另一个原子势场的作用，其结果是每一个二度简并的能级都分裂为两个彼此相距很近的能级；两个原子靠得越近，分裂得越厉害。图 3.13（b）示意地画出了 8 个原子互相靠近时能级分裂的情况。可以看到，每个能级都分裂为 8 个相距很近的能级。

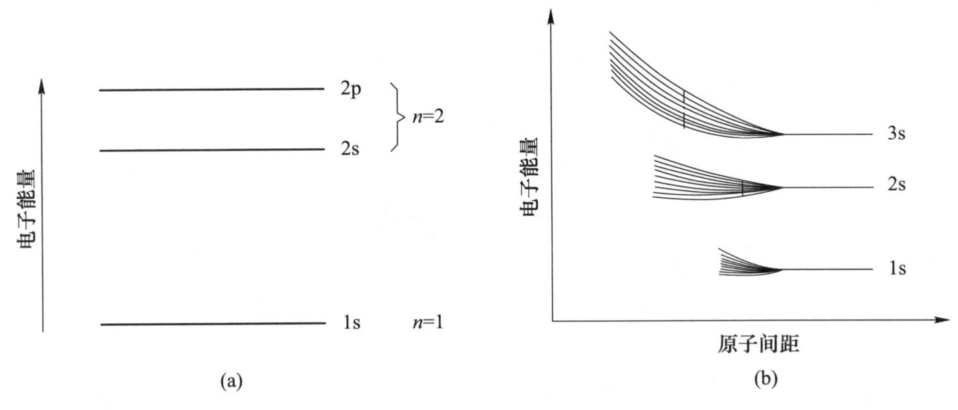

图 3.13　孤立原子的能级(a) 和 8 个原子能级的分裂（b）

两个原子互相靠近时，原来在某一能级上的电子就分别处在分裂的两个能级上，这时电子不再属于某一个原子，而为两个原子所共有。分裂的能级数需计入原子本身的简并度，例如 2s 能级分裂为两个能级；2p 能级本身是三度简并的，分裂为 6 个能级。

现在考虑由 N 个原子组成的晶体。晶体每立方厘米体积内有 $10^{22}\sim10^{23}$ 个原子，所以 N 是个很大的数值。假设 N 个原子相距很远，尚未结合成晶体时，则每个原子的能级都和孤立原子的一样，它们都是 N 度简并的（暂不计原子本身的简并）。当 N 个原子互相靠近结合成晶体后，每个电子都要受到周围原子势场的作用，其结果是每一个 N 度简并的能级都分裂成 N 个彼此相距很近的能级，这 N 个能级组成一个能带。这时电子不再属于某一个原子而是在晶体中做共有化运动。分裂的每一个能带都称为允带，允带之间因没有能级而称为禁带。图 3.14 示意地画出了原子能级分裂成能带的情况。

内壳层的电子原来处于低能级，共有化运动很弱，其能级分裂得很小，能带很窄，外壳层电子原来处于高能级，特别是价电子，共有化运动很显著，如同自由运动的电子，常称为“准自由电子”，其能级分裂得很厉害，能带很宽。图 3.14 也示意地画出了内外层电子的这种差别。

每一个能带包含的能级数（或者说共有化状态数），与孤立原子能级的简并度有关。例如 s 能级没有简并（不计自旋），N 个原子结合成晶体后，s 能级便分裂为 N 个十分靠近的能级，形成一个能带，这个能带中共有 N 个共有化状态。p 能级是三度简并的，便分裂成 $3N$ 个十分靠近的能级，形成的能带中共有 $3N$ 个共有化状态。实际的晶体，由于 N 是一个十分大的数值，能级又靠得很近，所以每一个能带中的能级基本上可视为连续的，有时称它为“准连续的”。

但是必须指出，许多实际晶体的能带与孤立原子能级间的对应关系，并不都像上述的那样简单，因为一个能带不一定同孤立原子的某个能级相当，即不一定能区分 s 能级和 p 能级所过渡的能带。例如，金刚石和半导体硅、锗，它们的原子都有 4 个价电子，2 个 s 电子，2 个 p 电子，组成晶体后，由于轨道杂化的结果，其价电子形成的能带如图 3.15 所示，上下有两个能带，中间隔以禁带。两个能带并不分别与 s 和 p 能级相对应，而是上下两个能带中都分别包含 $2N$ 个状态，根据泡利不相容原理，各可容纳 $4N$ 个电子。N 个原子结合成的晶体，共有 $4N$ 个电子，根据电子先填充低能级这一原理，下面一个能带填满了电子，它们相应于共价键中的电子，这个带通常称为满带或价带；上面一个能带是空的，没有电子，通常称为导带；中间隔以禁带。

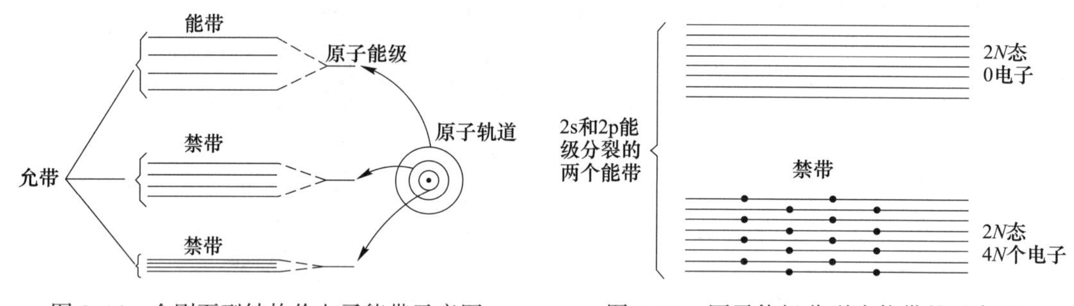

图 3.14　金刚石型结构价电子能带示意图　　图 3.15　原子能级分裂为能带的示意图

3.2.2　导体、半导体、绝缘体的能带

固体按其导电性分为导体、半导体、绝缘体的机理，可根据电子填充能带的情况来说明。固体能够导电，是固体中的电子在外电场作用下做定向运动的结果。由于电场力对电子的加速作用，使电子的运动速度和能量都发生了变化。换言之，即电子与外电场间发生能量交换。从能带论来看，电子的能量变化，就是电子从一个能级跃迁到另一个能级上去。对于满带，其中的能级已为电子所占满，在外电场作用下，满带中的电子并不形成电流，对导电没有贡献，通常原子中的内层电子都是占据满带中的能级，因而内层电子对导电没有贡献。对于被电子部分占满的能带，在外电场作用下，电子可从外电场中吸收能量跃迁到未被电子占据的能级去，形成了电流，起导电作用，常称这种能带为导带。金属中，由于组成金属的原子中的价电子占据的能带是部分占满的，如图 3.16（c）所示，所以金属是良好的导体。

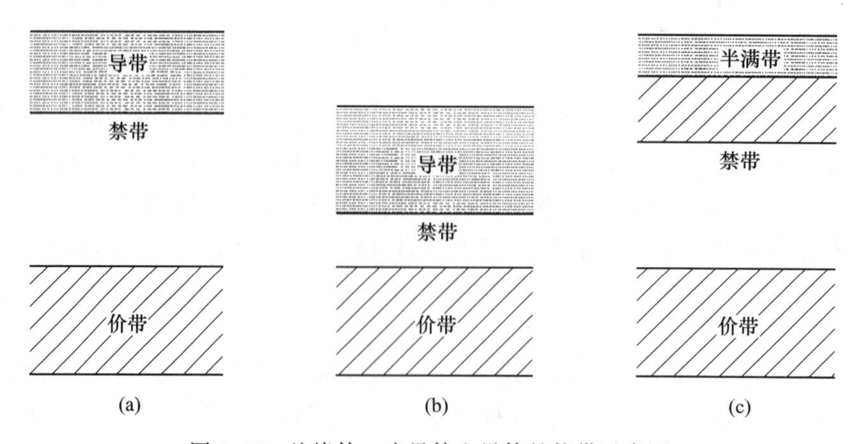

图 3.16　绝缘体、半导体和导体的能带示意图

（a）绝缘体；（b）半导体；（c）导体

绝缘体和半导体的能带类似，如图 3.16（a）和（b）所示。即下面是已被价电子占满的满带（其下面还有为内层电子占满的若干满带未画出），也称价带，中间为禁带，上面是空带。因此，在外电场作用下并不导电，但是，这只是热力学温度为零时的情况。当外界条件发生变化时，例如温度升高或有光照时，满带中有少量电子可能被激发到上面的空带中去，使能带底部附近有了少量电子，因而在外电场作用下，这些电子将参与导电；同时，满带中由于少了一些电子在满带顶部附近出现了一些空的量子状态，满带变成了部分占满的能带，在外电场的作用下，仍留在满带中的电子也能够起导电作用，满带电子的这种导电作用等效于把这些空的量子状态看作带正电荷的准粒子的导电作用，常称这些空的量子状态为空穴。所以在半导体中，导带的电子和价带的空穴均参与导电，这是与金属导体的最大差别。绝缘体的禁带宽度很大，激发电子需要很大能量，在通常温度下，能激发到导带去的电子很少，所以导电性很差。半导体禁带宽度比较小，数量级在 1eV 左右，在通常温度下已有不少电子被激发到导带中去，所以具有一定的导电能力，这是绝缘体和半导体的主要区别。室温下，金刚石的禁带宽度为 6~7eV，它是绝缘体；硅为 1.12eV，锗为 0.67eV，砷化镓为 1.43eV，所以它们都是半导体。

图 3.17 是在一定温度 $T>0K$ 下半导体的能带图（本征激发情况），图中“•”表示价带内的电子，它们在热力学温度 $T=0K$ 时填满价带中所有能级。E_v 称为价带顶，它是价带电子的最高能量。在一定温度 $T>0K$ 下，共价键上的电子，依靠热激发，有可能获得能量脱离共价键，在晶体中自由运动，成为准自由电子。获得能量而脱离共价键的电子，就是能带图中导带上的电子；脱离共价键所需的最低能量就是禁带宽度 E_g；E_c 称为导带底，它是导带电子的最低能量。价带上的电子激发成为准自由电子，即价带电子激发成为导带电子的过程，称为本征激发。

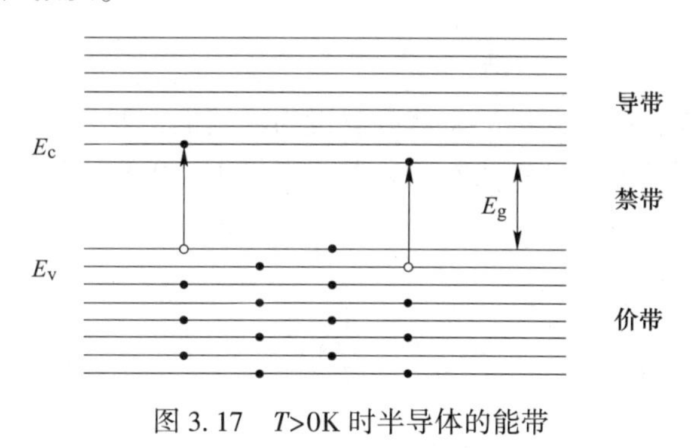

图 3.17 $T>0K$ 时半导体的能带

3.2.3 克勒尼希-彭尼模型

理想晶体的周期性晶格引起晶体内周期性势场。在这里，利用一个简单的势函数，这样，一维单晶晶格的薛定谔波动方程的解就会变得更容易处理。图 3.18 为周期性势函数的一维克勒尼希-彭尼（Kronig-Penney）模型，用它来代表一维单晶的晶格。需要在每个区域中对薛定谔波动方程求解。按照量子力学中的问题，需要着重关注的是 $E<V_0$ 的情况（E 为总能量、V_0 为势垒），此时质量为 m 粒子被束缚在晶体中。电子处于势阱中，而且有可能在势阱之间产生隧穿效应。克勒尼希-彭尼模型是一维单晶的一个理想化模型，但结果可以说明周期性晶格中电子的量子状态的很多重要特点。

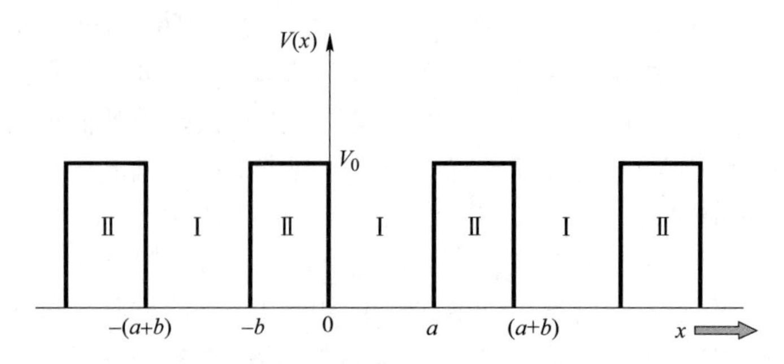

图 3.18 克勒尼希-彭尼模型的一维周期性势函数（晶格周期 $a+b$，势阱宽度 a，势垒宽度 b）

在该模型下薛定谔波动方程的解形式：

$$\Psi(x,t)=u(x)\exp\left[j\left(kx-\frac{E}{\hbar}\right)t\right] \tag{3.2}$$

需要满足如下条件，此处参数 k 代表波数（单位 cm^{-1}）。

为便于说明所得结果的本质、便于图形法求解，令势垒宽度 $b\to0$，而势垒高度 $V_0\to\infty$，这样乘积 bV_0 有限。为得到非零解，参数之间需要满足：

$$P'\frac{\sin\alpha a}{\alpha a}+\cos\alpha a=\cos ka \tag{3.3}$$

其中：

$$\alpha=\sqrt{\frac{2mE}{\hbar}} \tag{3.4}$$

$$P'=\frac{mV_0ba}{\hbar^2} \tag{3.5}$$

式中，$\hbar$ 为约化普朗克常数。

若假设晶体无限大，则上式中的 k 就可假设为连续值，并且是实值。

为了理解薛定谔波动方程的解的本质，首先考虑 $V_0=0$ 的特殊情况。此时有：

$$\cos\alpha a=\cos ka \quad 或 \quad \alpha=k \tag{3.6}$$

由于 $V_0=0$，总能量就等于动能：

$$E=\frac{1}{2}mv^2 \tag{3.7}$$

v 为粒子运动速度，因此

$$\alpha=\sqrt{\frac{2mE}{\hbar}}=\frac{p}{\hbar}=k \tag{3.8}$$

式中，p 为粒子动量。对于自由粒子，参数 k 与粒子动量有关。将能量与动量联系起来有：

$$E=\frac{p^2}{2m}=\frac{k^2\hbar^2}{2m} \tag{3.9}$$

自由粒子的 E-k 关系呈抛物线状。

现在要根据式（3.3）考虑单晶晶格中粒子的 E-k 关系。

随着参数 P'的增大，粒子受到势阱或原子的束缚更加强烈。不妨定义式（3.3）中等号的左边为函数 $f(\alpha a)$，使函数图像如图 3.19 中曲线：

$$f(\alpha a) = P' \frac{\sin\alpha a}{\alpha a} + \cos\alpha a \tag{3.10}$$

此时有：

$$f(\alpha a) = \cos(ka) \tag{3.11}$$

则 $f(\alpha a)$ 的值必须限制在+1 和-1 之间（如图 3.19 中 $f(\alpha a) = \pm 1$ 直线所示）。图 3.19 中阴影部分表示出了 $f(\alpha a)$ 和 αa 的有效值。另外，对应 $f(\alpha a)$ 有效值的式（3.11）的右侧项 ka 的值也表示在图中。

由式（3.4）可知，参数 α 与粒子的总能量 E 有关。于是可以根据图 3.19 得到粒子能量 E 对应波数 k 的函数的图形。图 3.20 正是该图形，同时显示了粒子在晶格中传播的能量允带的概念。由于能量 E 是不连续的，也就有了晶体中粒子的禁带概念。

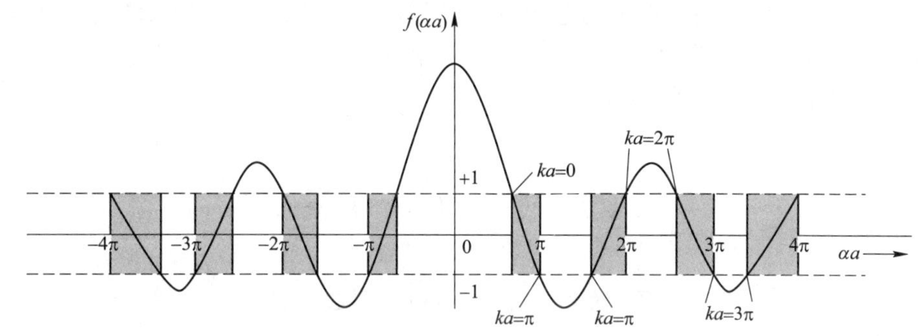

图 3.19 $f(\alpha a)$ 函数（阴影部分表示对应实数值 k 的（αa）的有效值）

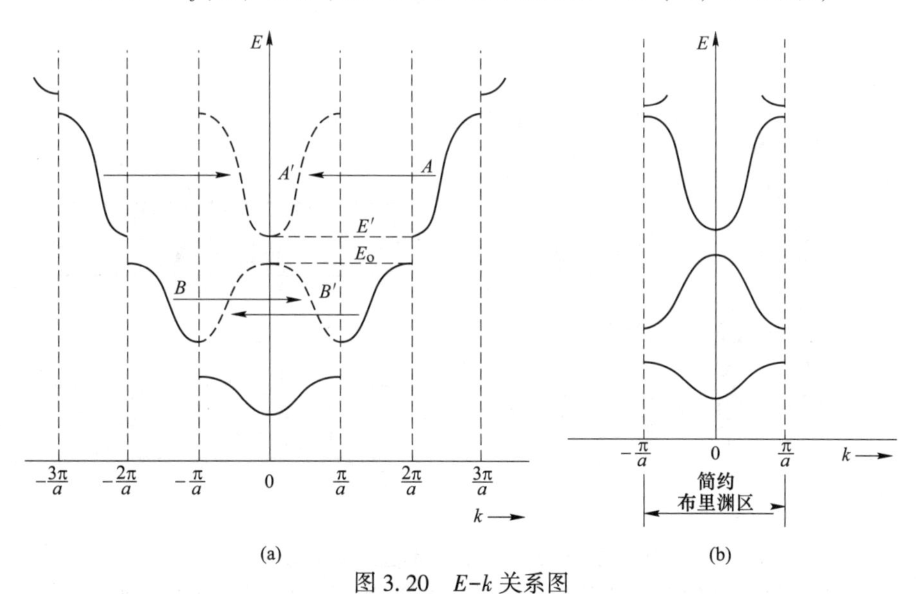

图 3.20 E-k 关系图

（a）由图 3.19 生成的 E-k 关系图（实线部分），图中显示了允带和禁带能隙，E-k 关系图中不同允带区以 2π 为周期进行平移（虚线部分）；（b）E-k 关系图的简约布里渊区

由于式（3.3）右侧为周期函数，因此有：

$$\cos(ka) = \cos(ka + 2n\pi) = \cos(ka - 2n\pi) \tag{3.12}$$

式中，n 为正整数。对于图 3.19，可以将曲线以 2π 为周期进行平移。在数学上，式（3.3）仍然成立。图 3.20（a）将曲线的不同部分以 2π 为周期进行平移。图 3.20（b）为在 $-\pi/a < k < \pi/a$ 区域内的 E-k 关系图。该图形代表简约 k 空间曲线，或称简约布里渊区。

3.3 固体中电的传导

3.3.1 能带与键模型

图 3.21 所示为单晶硅晶格共价键的二维示意图。图中显示了 $T=0\text{K}$ 时，每个硅原子周围有 8 个价电子，而这些价电子都处于最低能态并以共价键相结合。硅晶体的形成使分立的能态分裂成能带。在 $T=0\text{K}$ 时，处于最低能带的 $4N$ 态（价带）完全被价电子填满。如图 3.21 所示，所有价电子都组成了共价键。而此时较高的能带（导带）则完全为空。随着温度从 0K 上升，一些价带上的电子可能得到足够的热能，从而打破共价键并跃迁入导带。图 3.22（a）用二维示意图表示出了这种裂键效应，而图 3.22（b）用能带模型的简单线形示意图表示了相同的效应。

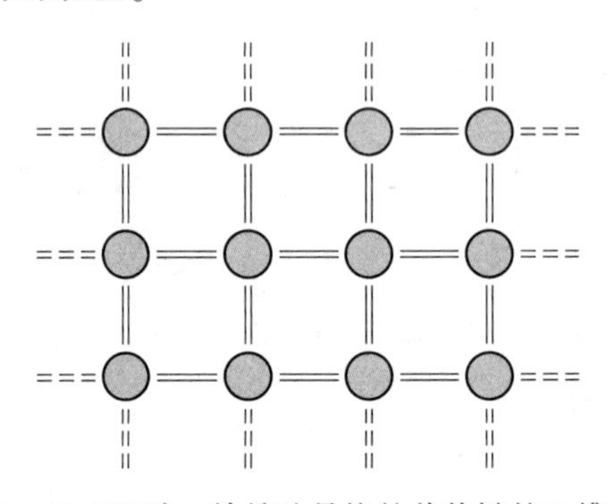

图 3.21　$T=0\text{K}$ 时，单晶硅晶格的共价键的二维示意图

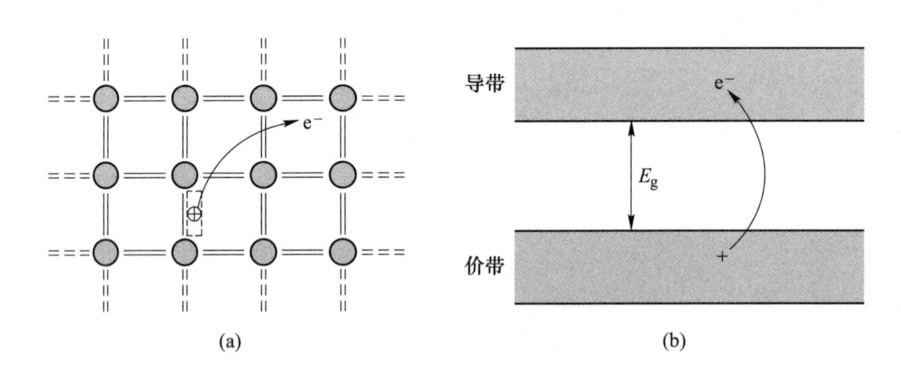

图 3.22　$T>0\text{K}$ 时，共价键断裂示意图

（a）$T>0\text{K}$ 时，共价键断裂的二维图示；（b）共价键断裂所对应的能带线形图以及正负电荷的产生

半导体是处于电中性的，这就意味着一旦带负电的电子脱离了原有的共价键位置，就会在价带中的同一位置产生一个带正电的“空状态”。随着温度的不断升高，更多的共价键被打破，越来越多的电子跃迁入导带，价带中也就相应产生了更多的带正电的“空状态”。也可以将这种键的断裂与 $E-k$ 能带关系联系起来。图 3.23（a）所示为 $T=0\text{K}$ 时导带和价带的 $E-k$ 关系图。价带中的能态被完全填满，而导带中的能态为空。图 3.23（b）所示为 $T>0\text{K}$ 时，一些电子得到足够的能量跃迁入了导带，同时在价带中留下了一些“空

状态”。假设此时没有外力的作用，电子和“空状态”在 k 空间中的分布是均匀的。

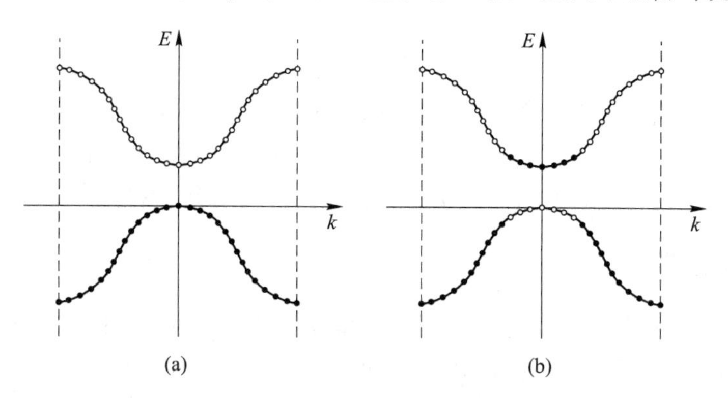

图 3.23 半导体导带和价带的 E-k 关系图

（a）$T=0$K；（b）$T>0$K

3.3.2 漂移电流

电流是由电荷的定向运动产生的。假设有一正电荷集，体密度为 N（cm^{-3}），平均漂移速度为 v_d（cm/s），则漂移电流密度（A/cm^2）为：

$$J = qNv_d \tag{3.13}$$

如果将平均漂移速度替换为单个粒子的速度，那么漂移电流密度为：

$$J = q\sum_{i=1}^{N} v_i \tag{3.14}$$

式中，v_i 为第 i 个粒子的速度。式（3.14）中用求和代替了单位体积，以使电流密度 J 的单位仍保持为 A/cm^2。

由于电子为带电粒子，因此导带中电子的定向漂移就会产生电流。电子在导带中的分布如图 3.23（b）所示，在没有外力作用的情况下是 k 空间的偶函数。对于自由粒子，k 值与动量有关，因此有多少个 $+|k|$ 值的电子，就有多少个 $-|k|$ 值的电子，于是这些电子的净漂移电流密度为零。这个结果恰好与设想的无外力作用结果相同。

假如有外力作用在粒子上而使粒子运动，粒子就得到了能量。这种效果可以写为：

$$dE = Fdx = Fvdt \tag{3.15}$$

式中，F 为外力；dx 为粒子移动距离的微分量；v 为速度；dE 为能量的变化量。如果外力作用在导带中的电子上，电子就可以移动到其他一些空的状态中。于是，由于外力就使电子得到了能量和净动量。由图 3.24 中导带的电子分布可以看出电子获得了净动量。

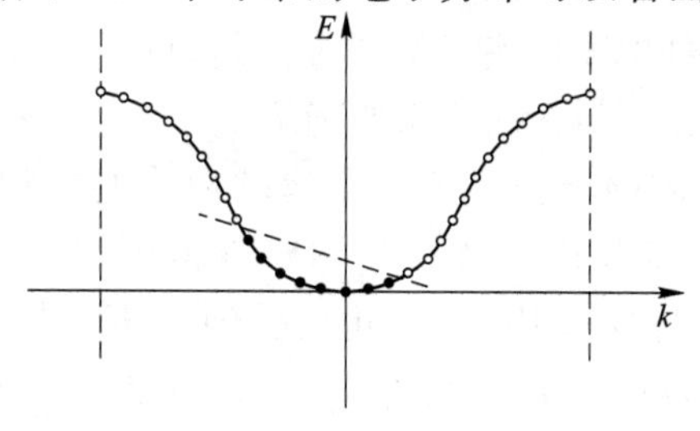

图 3.24 外力作用下 E-k 关系图中电子的不对称分布

由电子的运动可以写出漂移电流密度为：

$$J = -e\sum_{i=1}^{n} v_i \tag{3.16}$$

式中，e 为电子的电量；n 为导带中单位体积的电子数量，cm^{-3}。再次强调用求和代替了单位体积，以使电流密度的单位仍保持为 A/cm^2。可以看到式（3.16）中电流密度与电子的速度有直接的关系，就是说电流是与晶体中电子的运动有关的。

3.3.3　电子有效质量

一般来说，电子在晶格中的运动与在自由空间中不同。除了外部应力，晶体中带正电荷的离子（比如质子）和带负电荷的电子所产生的内力，都会对电子在晶格中的运动产生影响。可以写出：

$$F_{total} = F_{ext} + F_{int} = ma \tag{3.17}$$

式中，F_{total}、F_{ext}、F_{int} 分别为晶体中粒子所受的合力、外力和内力；a 为加速度；m 为粒子的静止质量。

因为很难一一考虑粒子所受的内力，所以将等式写为：

$$F_{ext} = m^* a \tag{3.18}$$

其中，加速度 a 直接与外力有关。参数 m^* 称为有效质量，它概括了粒子的质量以及内力的作用效果。

由式（3.9）$E = \frac{p^2}{2m} = \frac{k^2\hbar^2}{2m}$ 可知，自由粒子的 E-k 关系呈抛物线状。对 k 求一阶导数，得

$$\frac{dE}{dk} = \frac{\hbar^2 k}{m} = \frac{\hbar p}{m} \tag{3.19}$$

$$\frac{1}{\hbar}\frac{dE}{dk} = \frac{\hbar p}{m} = v \tag{3.20}$$

式中，v 为粒子速度。可以看到 E 对 k 的一阶导数与粒子速度有关。

对 k 求二阶导数，得

$$\frac{d^2E}{dk^2} = \frac{\hbar^2}{m},\quad \frac{1}{\hbar^2}\frac{d^2E}{dk^2} = \frac{1}{m} \tag{3.21}$$

对于半导体中电的传导来说，起作用的常常是接近于能带底部或能带顶部的电子，因此，只要掌握其能带底部或顶部附近（也即能带极值附近）的 $E(k)$ 与 k 的关系就足够了。对这两处位置的能带的 E-k 关系取抛物线近似，如图 3.25 所示，可得到能带底电子的有效质量 m_n^* 是正值，能带顶部电子的有效质量 m_n^* 是负值。引进有效质量后，如果能定出其大小，则能带极值附近 $E(k)$ 与 k 的关系便确定了。

半导体中的电子在外力作用下，描述电子运动规律的方程中出现的是有效质量 m_n^*，而不是电子的惯性质量 m_0。这是因为式（3.18）外力 F_{ext} 并不是电子受力的总和，半导体中的电子即使在没有外加电场作用时，它也要受到半导体内部原子及其他电子的势场作用。当电子在外力作用下运动时，它一方面受到外电场力 F_{ext} 的作用，同时还和半导体内部原子、电子相互作用着，电子的加速度应该是半导体内部势场和外电场作用的综合效

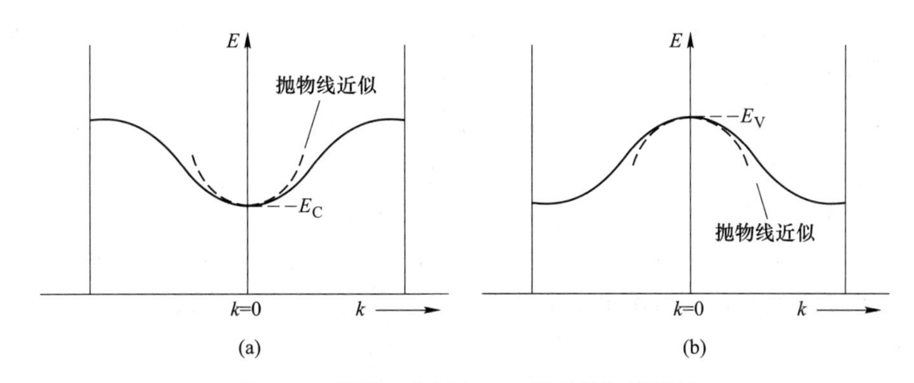

图 3.25　简约 k 空间内 E-k 关系抛物线近似
（a）简约 k 空间导带及其抛物线近似；（b）简约 k 空间价带及其抛物线近似

果。但是，要找出内部势场的具体形式并且求得加速度遇到一定的困难，引进有效质量后可使问题变得简单，直接把外力 F_{ext} 和电子的加速度联系起来，而内部势场的作用则由有效质量加以概括。因此，引进有效质量的意义在于它概括了半导体内部势场的作用，使得在解决半导体中电子在外力作用下的运动规律时，可以不涉及半导体内部势场的作用。特别是 m_n^* 可以直接由实验测定，因而可以很方便地解决电子的运动规律。

3.3.4　空穴的概念

考虑图 3.22（a）所示的共价键二维示意图。当一个价电子跃入导带后，就会留下一个带正电的“空状态”。当 $T>0$K 时，所有价电子都可能获得热能，如果一个价电子得到了一些热能，它就可能跃入那些“空状态”。价电子在“空状态”中的移动完全可以等价为那些带正电的“空状态”自身的移动。图 3.26 所示为晶体中价电子填补一个“空状态”，同时产生一个新的“空状态”的交替运动。整个过程完全可以看成是一个正电荷在价带中运动。现在晶体中就有了第二种同样重要的可以形成电流的电荷载流子。这种电荷载流子称为空穴，它也可以看作是一种运动符合牛顿力学规范的经典粒子。

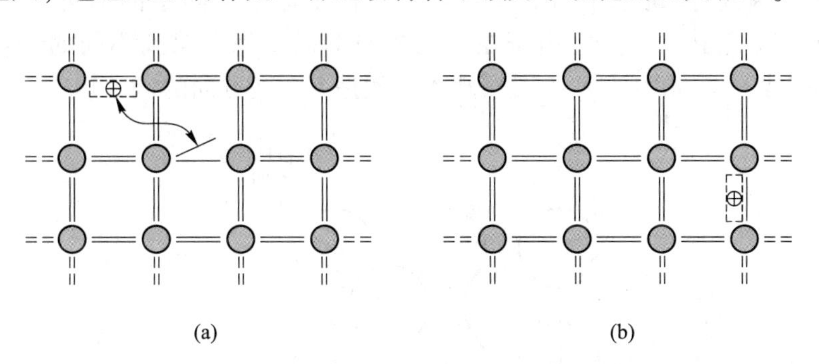

图 3.26　半导体中空穴运动的图示
（a）价电子填补一个“空状态”；（b）产生一个新的“空状态”

漂移电流密度对应的是价带中的电子，如图 3.23（b）所示。漂移电流密度可写为：

$$J = -q\sum_{\text{填充}} v_i \tag{3.22}$$

对于一个完全填充的满带来说，其净漂移电流密度为零，则含“空状态”能带的漂移电流密度可写为：

$$J = + q \sum_{空} v_i \tag{3.23}$$

式（3.23）完全等价于在“空状态”位置处放置一个带正电的粒子，同时假定能带中的其他状态为空或为中性状态。该概念如图 3.27 所示。图 3.27（a）所示为通常意义上的电子填充和“空状态”的价带，而图 3.27（b）所示为正电荷占据原始“空状态”的新概念。这个概念与前面图所示价带中的带正电“空状态”是一致的。

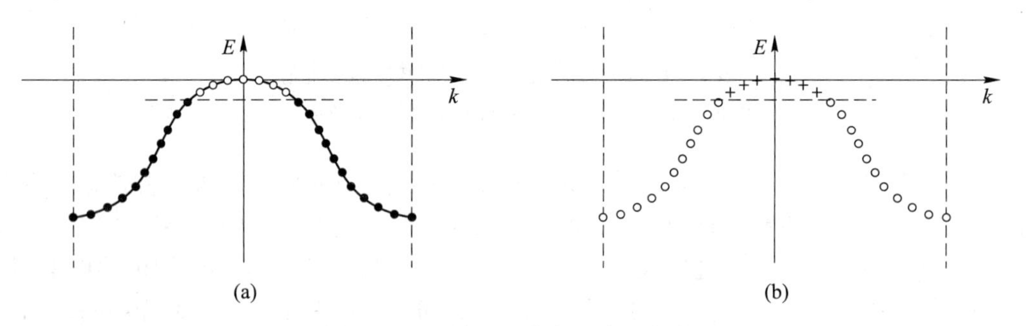

图 3.27　两种“空状态”表示方式

（a）通常意义上的电子填充和“空状态”的价带；（b）正电荷占据原始“空状态”的新概念

如果将正电荷和价带顶电子的负有效质量 m_n^* 都与每一个状态联系起来，那么一个接近被填满的能带中的电子的实际运动就完全可以用很少的“空状态”表示出来。于是产生了一个新的能带模型，其中的粒子具有正电荷和正的有效质量。在价带中这些粒子的密度与电子的空状态相同。这种新粒子就是空穴。空穴具有正的有效质量 m_p^* 和正电荷，所以其运动方向与外加电场方向相同。

3.3.5　能带的三维扩展

三维晶体势函数的扩展：在晶体中的不同方向上原子的间距都不同。图 3.28 是面心立方的［100］和［110］方向。电子在不同方向上运动就会遇到不同的势场，从而产生不同的 k 空间边界。晶体中的 E-k 关系基本上就是 k 空间方向的函数。

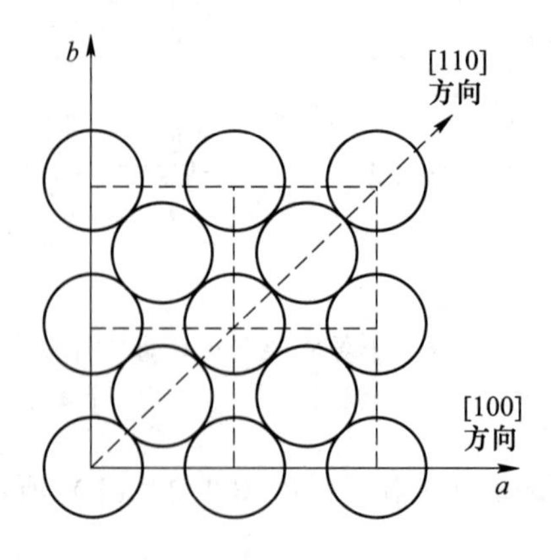

图 3.28　面心立方晶体（100）平面的［100］和［110］方向

从硅和砷化镓的 k 空间能带（见图 3.29）可以看到，图中的 k 轴正负方向，设定了两个不同的晶向。对一维模型来说，$E-k$ 关系曲线在 k 坐标上是对称的，因此负半轴的信息完全可以由正半轴得出。于是就可以将［100］方向的图形绘制在通常意义的 $+k$ 轴上，而将［111］方向的图形绘制在指向左边的 $-k$ 轴上。对于金刚石或闪锌矿类型的晶格来说，价带的最大能量和导带的最小能量会出现在 $k=0$ 处或沿这两个晶向之一的方向上。

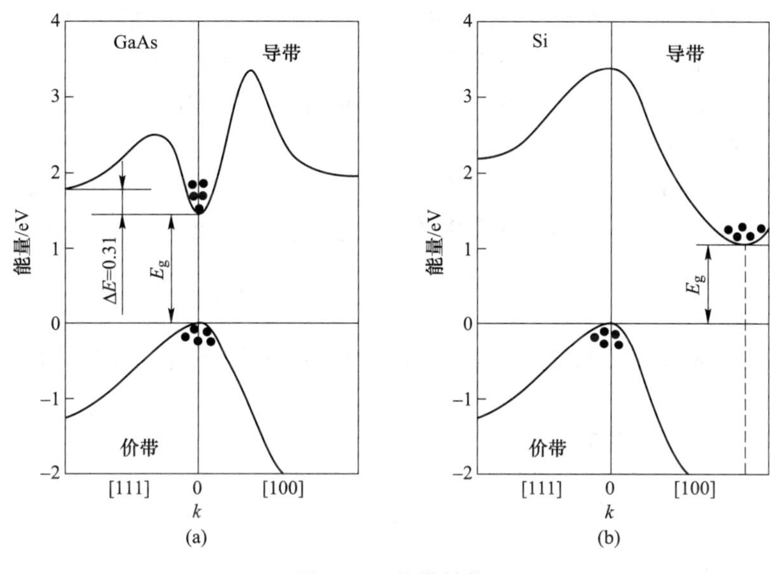

图 3.29　能带结构
（a）砷化镓；（b）硅

图 3.29（a）为 GaAs 的 $E-k$ 关系曲线，其中价带的最大值和导带的最小值都出现在 $k=0$ 处，导带中的电子倾向于停留在能量最小的 $k=0$ 处。同样，价带中的空穴也倾向于聚集在最大能量处。对于 GaAs，它的导带最小能量与价带最大能量具有相同的 k 坐标。具有这种特性的半导体通常称为直接带隙半导体，这种半导体中两个允带之间电子的跃迁不会对动量产生影响。直接带隙会对材料的光学特性产生重要的影响：GaAs 以及其他直接带隙材料从理论上说都适用于制造半导体激光器和其他光学器件。

硅的 $E-k$ 关系曲线如图 3.29（b）所示。与前者一样，硅的价带的最大能量也出现在 $k=0$ 处，但导带的最小能量就不在 $k=0$ 处了，而是在［100］方向上。最小的导带能量与最大的价带能量之间的差别仍然定义为禁带宽度 E_g。价带能量最大值和导带能量最小值的 k 坐标不同的半导体，通常称为间接带隙半导体。当电子在价带和导带中跃迁时，就必须使用动量守恒定律。间接带隙材料中的跃迁必然包含与晶体的相互作用，以使晶体的动量保持恒定。常见半导体中 Ge、GaP 和 AlAs 等是间接带隙半导体。GaAs 的导带最小值处的曲率要大于硅的曲率，因此 GaAs 导带中电子的有效质量比硅的小。

3.4　状态密度与费米能级

3.4.1　状态密度

在半导体的导带和价带中，有很多能级存在。但相邻能级间隔很小，约为 10^{-22}eV 数量级，可以近似认为能级是连续的。因而可将能带分为一个一个能量很小的间隔来处理。假定在能带中能量 $E \sim (E+\mathrm{d}E)$ 之间无限小的能量间隔内有 $\mathrm{d}Z$ 个量子态，则状态密度 $g(E)$ 为：

$$g(E)=\frac{\mathrm{d}Z}{\mathrm{d}E} \tag{3.24}$$

也就是说，状态密度 $g(E)$ 就是在能带中能量 E 附近单位体积单位能量的量子状态数。只要能求出 $g(E)$，则允许的量子态按能量分布的情况就知道了。

可以通过下述步骤计算状态密度：首先算出单位 k 空间中的量子态数，即 k 空间中的量子状态密度；然后算出 k 空间中与能量 $E \sim (E+\mathrm{d}E)$ 间所对应的 k 空间体积，并和 k 空间中的量子状态密度相乘，从而求得在能量 $E \sim (E+\mathrm{d}E)$ 之间的量子态数 $\mathrm{d}Z$，并考虑泡利不相容原理；最后，可以总结出导带中的有效电子能态密度为：

$$g_{\mathrm{c}}(E)=\frac{4\pi(2m_{\mathrm{n}}^{*})^{3/2}}{h^{3}}\sqrt{E-E_{\mathrm{c}}} \tag{3.25}$$

该式在 $E \geqslant E_{\mathrm{c}}$ 的条件下有效。随着导带中电子能量的减弱，有效的量子态数量也在减少。

价带中的有效电子能态密度为：

$$g_{\mathrm{v}}(E)=\frac{4\pi(2m_{\mathrm{p}}^{*})^{3/2}}{h^{3}}\sqrt{E_{\mathrm{v}}-E} \tag{3.26}$$

该式在 $E \leqslant E_{\mathrm{v}}$ 的条件下有效。

前面曾经提到，禁带中不存在量子态，因此对于 $E_{\mathrm{v}}<E<E_{\mathrm{c}}$，$g(E)=0$。图 3.30 用能量函数的形式表示出了量子态密度。如果电子和空穴的有效质量相等，那么函数 $g_{\mathrm{c}}(E)$ 和 $g_{\mathrm{v}}(E)$ 将以 E_{c} 和 E_{v} 的中心（或带隙能量 E_{midgap}）相互对称。

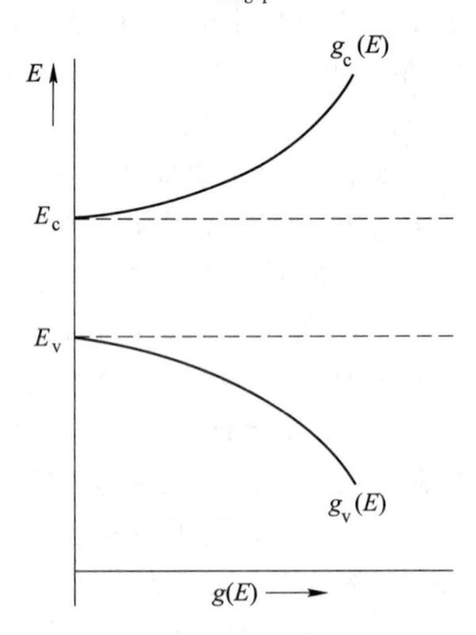

图 3.30 对应能量函数的导带和价带的能态密度

3.4.2 费米分布函数

半导体中电子的数目是非常多的，例如硅晶体原子密度约 $5\times10^{22}/\mathrm{cm}^{3}$，则价电子密度

数就约有 $4\times5\times10^{22}/cm^3$。在一定温度下，半导体中的大量电子不停地做无规则热运动，电子可以通过晶格热振动获得能量后，既可以从低能量的量子态跃迁到高能量的量子态，将多余的能量释放出来成为晶格热振动的能量；也可以从高能量的量子态跃迁到低能量的量子态释放多余的能量。因此，从一个电子来看，它所具有的能量时大时小，经常变化。但是，从大量电子的整体来看，在热平衡状态下，电子按能量大小具有一定的统计分布规律性，即这时电子在不同能量的量子态上统计分布概率是一定的。根据量子统计理论，服从泡利不相容原理的电子遵循费米统计律。对于能量为 E 的一个量子态被一个电子占据的概率为：

$$\frac{N(E)}{g(E)}=f_F(E)=\frac{1}{1+\exp\left(\dfrac{E-E_F}{kT}\right)} \tag{3.27}$$

式中，E_F 为费米能级；k 为玻耳兹曼常数；T 为热力学温度；密度数 $N(E)$ 为单位体积单位能量的粒子数；函数 $f_F(E)$ 为费米-狄拉克分布（概率）函数，它代表了能量为 E 的量子态被电子占据的可能性。该分布函数的另一种意义是被电子填充的量子态占总量子态的比率。

$T=0K$，考虑 $E<E_F$ 时的情况。式（3.27）中的指数项变成 $\exp[(E-E_F)/(kT)]\to\exp(-\infty)=0$，从而导致 $f_F(E<E_F)=1$；而让 $T=0K$，$E>E_F$，式（3.27）中的指数项变成 $\exp[(E-E_F)/(kT)]\to\exp(+\infty)=+\infty$，从而导致费米-狄拉克分布函数 $f_F(E>E_F)=0$。这个结果说明，对于 $T=0K$，电子都处在最低能量状态上。$E<E_F$ 量子态完全被占据，而 $E>E_F$ 的量子态被占据的可能性是零。此时所有电子的能量都低于费米能级。

由 $T>0K$ 时的费米-狄拉克分布函数，可以清楚地看出电子在能级中分布的变化。如果令 $E=E_F$，$T>0K$，则式（3.27）变为：$f_F(E=E_F)=[1/(1+\exp0)]=1/2$，能量为 $E=E_F$ 的量子态被占据的可能性为 1/2。图 3.31 所示为几个温度下的费米-狄拉克分布函数，这里假定费米能级与温度无关。可以看到在高于热力学温标零度的条件下，高于 E_F 的能量状态将被电子占据从而使概率不再为零，而低于 E_F 的一些能量状态为空。这个结果同样说明了随着热能的增加，一些电子跃入了更高的能级。从图 3.31 中可以看到高于 E_F 的能量状态将被电子占据的概率随着温度的升高而增大，而低于 E_F 的能量状态为空的概率也随着温度的升高而增大。

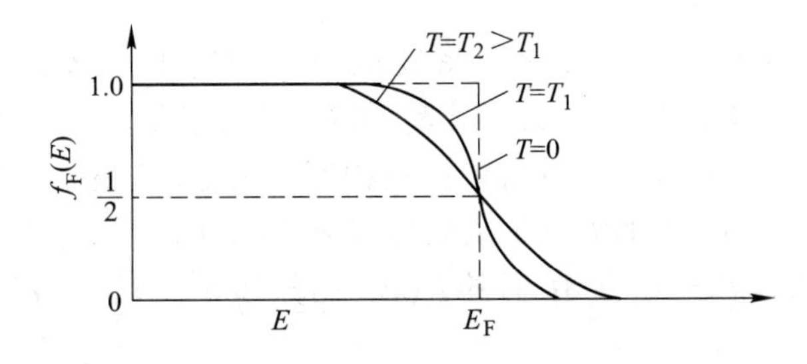

图 3.31　不同温度下的费米-狄拉克分布函数与能量的关系

考虑 $E-E_F\gg kT$ 的情况，此时式（3.27）中分母的指数项远远大于 1，于是可以忽略分母中的 1，从而将费米-狄拉克分布函数写成如下形式：

$$f_F(E) \approx \exp\left[\frac{-(E-E_F)}{kT}\right] \tag{3.28}$$

式（3.28）称为费米-狄拉克分布函数的麦克斯韦-玻耳兹曼近似，或称为玻耳兹曼近似。图 3.32 所示为费米-狄拉克分布函数和玻耳兹曼近似。一般当 $E - E_F \geqslant 3kT$ 时，费米-狄拉克分布可简化为麦克斯韦-玻耳兹曼近似。

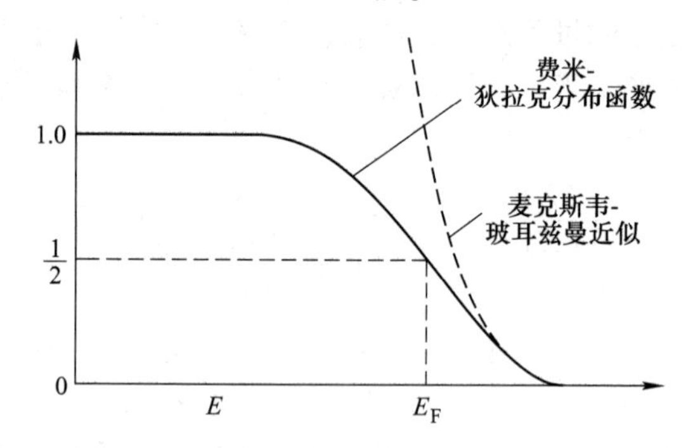

图 3.32 费米-狄拉克分布函数和麦克斯韦-玻耳兹曼近似

3.5 平衡半导体

3.5.1 电子和空穴的平衡分布

导带电子 $n(E)$ 的分布为导带中允许量子态的密度与某个量子态被电子占据的概率的乘积。其公式为：

$$n(E) = g_c(E)f_F(E) \tag{3.29}$$

在整个导带能量范围对式（3.29）积分，便可得到导带中单位体积的总电子浓度。

同理，价带中空穴 $p(E)$ 的分布为价带允许量子态的密度与某个量子态不被电子占据的概率的乘积。其公式为：

$$p(E) = g_v(E)[1 - f_F(E)] \tag{3.30}$$

在整个价带能量范围对式（3.30）积分，便分别可得到价带中单位体积的总空穴浓度。

图 3.33（a）分别示出了导带状态密度函数 $g_c(E)$ 的曲线、价带状态密度函数 $g_v(E)$ 的曲线，以及 $T>0K$ 时 E_F 近似位于 E_c 和 E_v 之间二分之一处的费米-狄拉克分布函数。此时，如果假设电子和空穴的有效质量相等，则 $g_c(E)$ 和 $g_v(E)$ 关于禁带中心对称。此前已经知道，$E > E_F$ 时的 $f_F(E)$ 函数与 $E < E_F$ 时的 $1 - f_F(E)$ 函数关于能量 $E = E_F$ 对称。这也就意味着 $E = E_F + dE$ 时的 $f_F(E)$ 函数和 $E = E_F - dE$ 时的 $1 - f_F(E)$ 函数相等。

可以看出，如果 $g_c(E)$ 和 $g_v(E)$ 对称，那么为了获得相等的电子和空穴浓度，费米能级将必然位于禁带中。如果电子和空穴的有效质量并不精确相等，那么有效状态密度函数 $g_c(E)$ 和 $g_v(E)$ 将不会关于禁带中央精确对称。本征半导体的费米能级将从禁带中央轻微移动，以保持电子和空穴浓度相等。

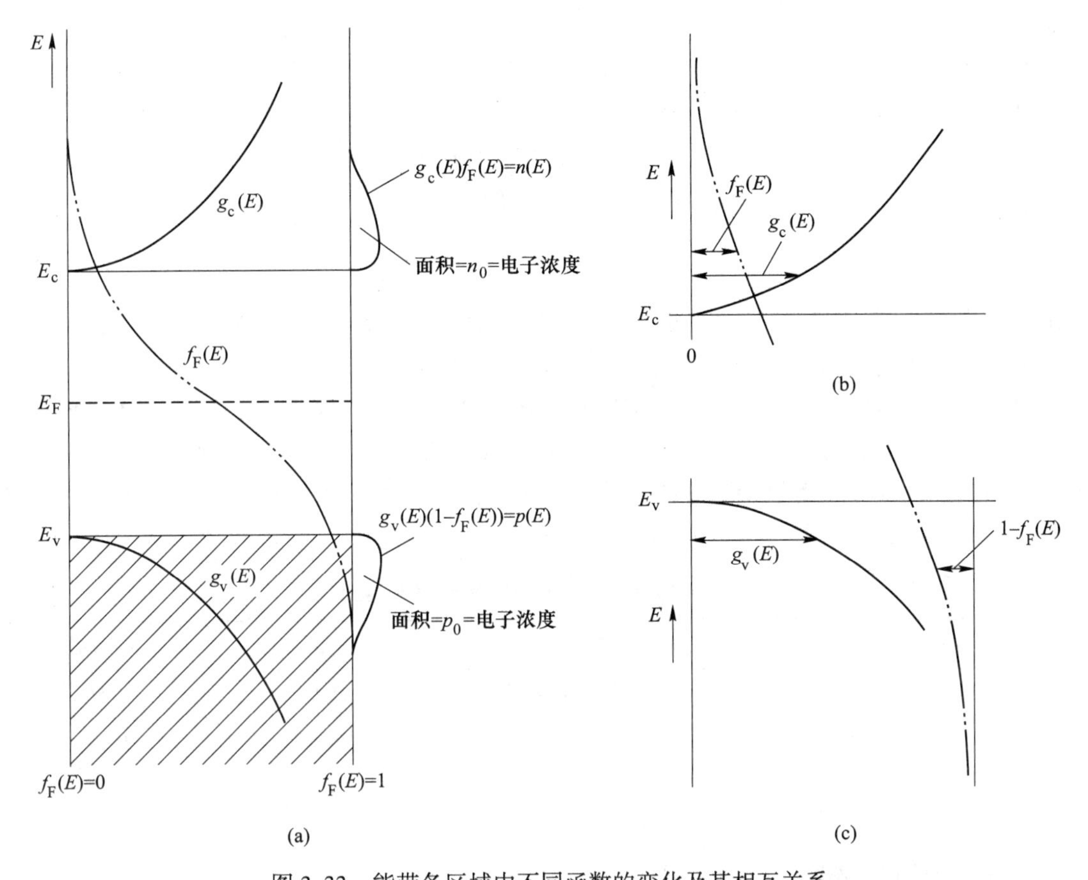

图 3.33　能带各区域中不同函数的变化及其相互关系

（a）状态密度函数，费米-狄拉克分布函数，以及 E_F 位于禁带中央附近时表示电子和空穴浓度的面积；（b）导带边缘的放大图；（c）价带边缘的放大图

3.5.2　热平衡电子浓度

对式（3.29）在导带能量范围积分，可得热平衡时的电子浓度为：

$$n_0 = \int g_c(E) f_F(E)\,\mathrm{d}E \tag{3.31}$$

积分下限为 E_c，积分上限为允许的导带能量的最大值。但是，如图 3.31 所示，由于费米概率分布函数随能量增加而迅速趋近于零，因此可以把积分上限设为无穷大。

假设费米能级处于禁带中，已知导带中的电子能量 $E > E_c$。若 $(E_c - E_F) \gg kT$，则 $(E - E_F) \gg kT$，所以费米概率分布函数就简化为玻耳兹曼近似。最终可得导带电子的热平衡浓度：

$$n_0 = N_c \exp\left[\frac{-(E_c - E_F)}{kT}\right] \tag{3.32}$$

$$N_c = 2\left(\frac{2\pi m_n^* kT}{h^2}\right)^{3/2} \tag{3.33}$$

式中，参数 N_c 为导带有效状态密度。若假设电子的有效质量 $m_n^* = m_0$，则 $T=300\text{K}$ 时有效

状态密度函数值为 $N_c = 2.5 \times 10^{19}\text{cm}^{-3}$，这是大多数半导体中 N_c 的数量级。如果电子的有效质量大于或小于 m_0，则有效状态密度函数值 N_c 也会相应地变化，但其数量级不变。

同理可得价带中空穴的热平衡浓度为：

$$p_0 = N_v \exp\left[\frac{-(E_F - E_v)}{kT}\right] \tag{3.34}$$

$$N_v = 2\left(\frac{2\pi m_p^* kT}{h^2}\right)^{3/2} \tag{3.35}$$

式中，N_v 为价带有效状态密度；m_p^* 为空穴的有效质量。$T = 300\text{K}$ 时，对于大多数半导体，N_v 的数量级也为 10^{19}cm^{-3}。

恒定温度的给定半导体材料，其有效状态密度值 N_c 和 N_v 是常数，见表 3.1，列出了硅、砷化镓和锗的有效状态密度及有效质量。注意砷化镓的 N_c 小于典型值 10^{19}cm^{-3}，这是因为砷化镓电子有效质量小。导带电子和价带空穴的热平衡浓度都直接与有效状态密度和费米能级相关。

表 3.1　有效状态密度和有效质量（$T = 300\text{K}$）

半导体材料	N_c/cm^{-3}	N_v/cm^{-3}	m_n^*/m_0	m_p^*/m_0
Si	2.8×10^{19}	1.04×10^{19}	1.08	0.56
GaAs	4.7×10^{17}	7.0×10^{18}	0.067	0.48
Ge	1.04×10^{19}	6.0×10^{18}	0.55	0.37

3.5.3　本征载流子浓度

本征半导体中，导带中的电子浓度值等于价带中的空穴浓度值，用 n_i 表示。

本征半导体的费米能级称为本征费米能级，或 $E_F = E_{Fi}$。此时 $n_0 = p_0 = n_i$，并有：

$$n_0 p_0 = n_i^2 = N_c N_v \exp\left[\frac{-(E_c - E_v)}{kT}\right] = N_c N_v \exp\left(\frac{-E_g}{kT}\right) \tag{3.36}$$

式中，$E_g = E_c - E_v$ 为禁带宽度。对于给定的半导体材料，当温度恒定时，n_i 为定值，与费米能级无关。$T = 300\text{K}$ 时，硅的本征载流子浓度约为 $1.5\times10^{10}\text{cm}^{-3}$。本征载流子浓度强烈依赖于温度变化。

因为电子、空穴有效质量的差别，本征费米能级会偏离禁带中央，二者关系为：

$$E_{Fi} - E_{\text{midgap}} = \frac{3}{4}kT\ln\left(\frac{m_p^*}{m_n^*}\right) \tag{3.37}$$

3.5.4　掺杂原子与能级

半导体中的杂质，主要来源于制备半导体的原材料纯度不够，半导体单晶制备过程中及器件制造过程中的沾污，或是为了控制半导体的性质而人为地掺入某种化学元素的原子。杂质原子进入硅半导体以后，以两种方式存在。一是杂质原子位于晶格原子间的间隙位置，常称为间隙式杂质；另一种方式是杂质原子取代晶格原子而位于晶格点处，常称为替位式杂质。杂质在其他半导体中也是以以上方式存在的。

现假定掺入一个Ⅴ族元素，例如磷，作为替位杂质。Ⅴ族元素有5个价电子，其中4个与硅原子结合形成共价键，剩下的第5个则松散地束缚于磷原子上。图3.34为这一现象的示意图。第5个价电子称为施主电子。

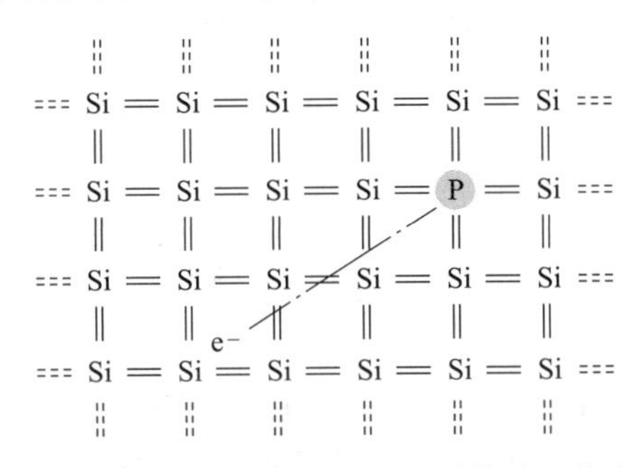

图3.34 掺有一个磷原子的硅晶格的二维表示

磷原子失去施主电子后带正电。在温度极低时，施主电子束缚在磷原子上。但很显然，激发价电子进入导带所需的能量，与激发那些被共价键束缚的电子所需要的能量相比，会小得多。图3.35为掺入施主杂质的半导体能带图，能级 E_d 是施主电子的能量状态。

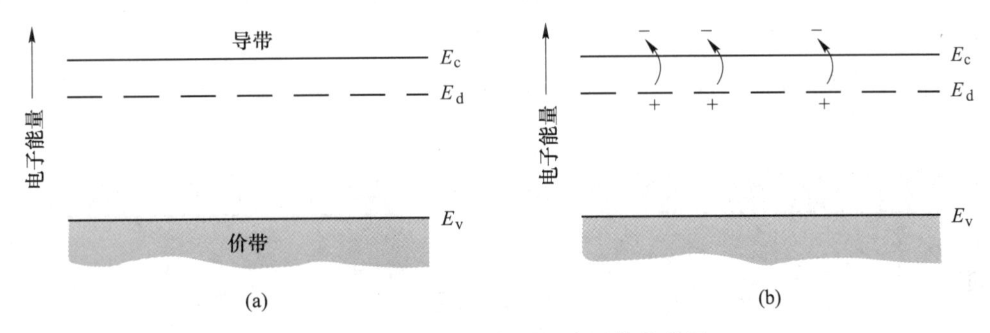

图3.35 掺入施主杂质的半导体能带图
（a）带有分立的施主能级的能带图；（b）施主能级电离能带图

如施主电子获得了少量能量，如热能，就能激发到导带，留下一个带正电的磷原子。导带中的这个电子此时能在整个晶体中运动形成电流，而带正电的磷离子固定不动。因为这种类型的杂质原子向导带提供了电子，所以称之为施主杂质原子。施主杂质原子增加导带电子，但不产生价带空穴，此时称为n型半导体。

假定掺入Ⅲ族元素作为硅的替位杂质，如硼。Ⅲ族元素有3个价电子，并且与硅结合形成了共价键。如图3.36（a）所示，有一个共价键位置是空的。如果有一个电子想要填充这个“空”位，因为此时硼原子带负电，它的能量必须比价电子的能量高。但是，占据这个“空”位的电子并不具有足够的能量进入导带，它的能量远小于导带底能量。图3.36（b）为价电子是如何获得少量热能并在晶体中运动的。当硼原子引入的“空”位被填满时，其他价电子位置将变空。可以把这些空下来的电子位置想象为半导体材料中的空穴。

图3.36描述了设想的“空”位能级位置并说明了价带中空穴的产生过程。空穴可以

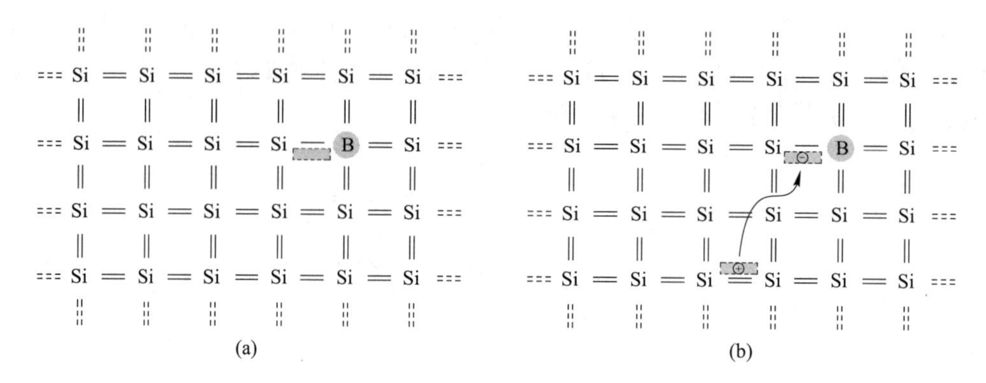

图 3.36　掺有一个硼原子的硅晶格

（a）掺有一个硼原子的硅晶格二维表示；（b）硼原子电离生成空穴

在整个晶体中运动形成电流，但带负电的硼原子固定不动。Ⅲ族元素原子从价带中获得电子，因此称为受主杂质原子。受主杂质原子能在价带中产生空穴，但不在导带中产生电子。半导体材料为 p 型材料。

纯净的单晶半导体称为本征半导体。掺入定量杂质原子（施主原子或受主原子）后，就变为非本征半导体。非本征半导体具有数量占优势的电子（n 型）或者数量占优势的空穴（p 型）。

受主电子与受主杂质离子之间的距离和激发施主电子进入导带所需的能量称为电离能，如图 3.37 所示。

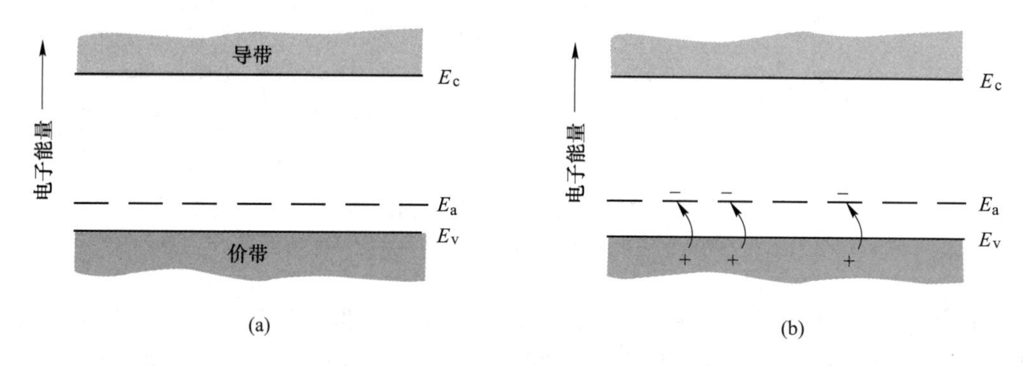

图 3.37　掺入受主杂质的半导体能带图

（a）带有分立的受主能级的能带图；（b）受主能级电离能带图

硅和锗中的杂质电离能见表 3.2。

表 3.2　硅和锗中的杂质电离能　（eV）

杂质		电离能	
		Si	Ge
施主	磷	0.045	0.012
	砷	0.05	0.0127

续表 3.2

杂质		电离能	
		Si	Ge
受主	硼	0.045	0.0104
	铝	0.06	0.0102

3.5.5　非本征半导体

晶体中不含有杂质原子的材料定义为本征半导体；而将掺入了定量的特定杂质原子，从而将热平衡状态电子和空穴浓度不同于本征载流子浓度的材料定义为非本征半导体。在非本征半导体中，电子和空穴两者中的一种载流子将占据主导作用。

在半导体中加入施主或受主杂质原子将会改变材料中电子和空穴的分布状态。由于费米能级是与分布函数有关的，因此它也会随着掺入杂质原子而改变。如果费米能级偏离了禁带中央，那么导带中电子的浓度和价带中空穴的浓度就都将会变化。这种结果如图 3.38 和图 3.39 所示。

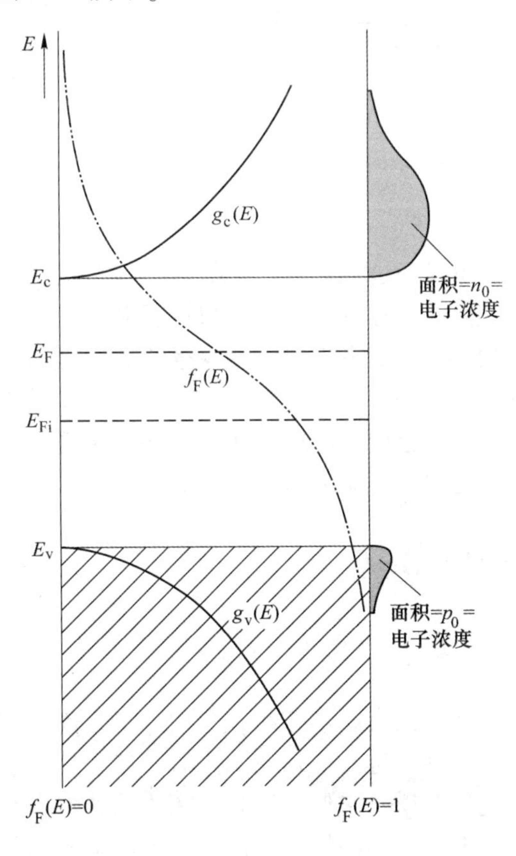

图 3.38　E_F 高于本征费米能级时的状态函数密度、费米-狄拉克分布函数以及代表电子浓度和空穴浓度的面积

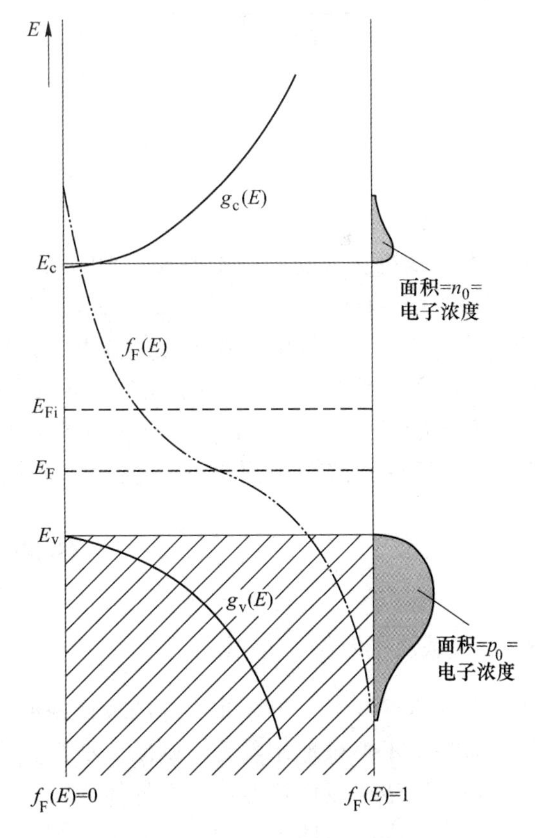

图 3.39　E_F 低于本征费米能级时的状态函数密度、费米-狄拉克分布函数以及代表电子浓度和空穴浓度的面积

当 $E_F > E_{Fi}$ 时，电子浓度高于空穴浓度，半导体为 n 型，掺入的是施主杂质原子（$N_d > N_a$）；$E_F < E_{Fi}$ 时，则空穴浓度高于电子浓度（$N_a > N_d$），半导体为 p 型，掺入的是受主杂质原子。半导体中的费米能级随着电子浓度和空穴浓度的变化而改变，也就是随着施主和受主的掺入而改变。

对于热平衡状态下的半导体，有 $n_0p_0 = n_i^2$。该式说明对于某一温度下的给定半导体材料，其 n_0 和 p_0 的乘积总是一个常数。虽然这个等式看上去很简单，但它是热平衡状态非简并（玻耳兹曼近似）半导体的一个基本公式。

T=300K 时，半导体硅的费米能级，随着掺杂水平的提高，n 型半导体的费米能级逐渐向导带靠近，如图 3.40（a）所示，而 p 型半导体的费米能级则逐渐向价带靠近，如图 3.40（b）所示。

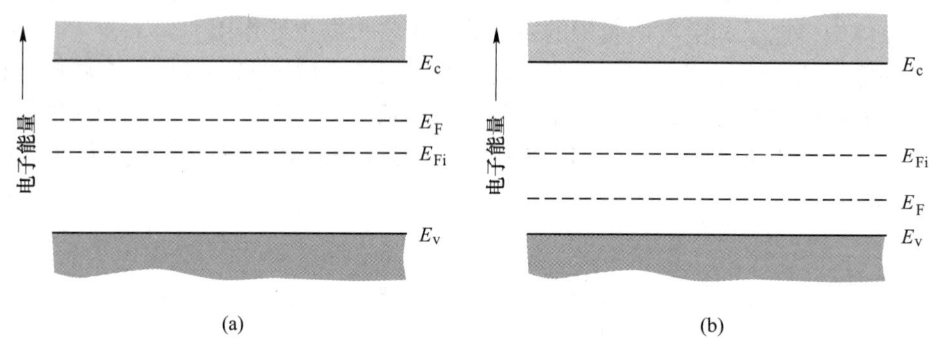

图 3.40　两种类型半导体的费米能级位置

（a）n 型（$N_d>N_a$）；（b）p 型（$N_a>N_d$）

本征载流子浓度 n_i，受温度的影响很大，因此 E_F 也是温度的函数。随着温度的升高，n_i 增加，E_F 趋近于本征费米能级。在高温下，半导体材料的非本征特性会开始消失，逐渐表现得像本征半导体。在极低的温度下，出现束缚态，此时玻耳兹曼假设不再有效，前面推出的关于费米能级位置的公式也不再适用。在束缚态出现的低温下，对于 n 型半导体，费米能级位于 E_d 之上；对于 p 型半导体，费米能级位于 E_a 之下。在热力学温标零度时，E_F 以下的所有能级均被电子填满，而 E_F 以上的所有能级均为空。

3.6　载流子输运现象

3.6.1　载流子漂移

在一定温度下，半导体内部的大量载流子，即使没有电场作用，它们也不是静止不动的，而是永不停息地作着无规则的、杂乱无章的运动，称为热运动。同时晶格上的原子也在不停地围绕格点作热振动。半导体还掺有一定的杂质，它们一般是电离了的，也带有电荷。载流子在半导体中运动时，便会不断地与热振动着的晶格原子或电离了的杂质离子发生作用，或者说发生碰撞，碰撞后载流子速度的大小及方向就发生改变，用波的概念，就是说电子波在半导体中传播时遭到了散射。所以，载流子在运动中，由于晶格热振动或电离杂质以及其他因素的影响，不断地遭到散射，载流子速度的大小及方向不断地在改变着。载流子无规则的热运动也正是由于它们不断地遭到散射的结果。所谓自由载流子，实际上只在两次散射之间才真正是自由运动的，其连续两次散射间自由运动的平均路程称为平均自由程，而平均时间称为平均自由时间 τ。

$$P = \frac{1}{\tau} \tag{3.38}$$

式中，P 为散射概率，它代表单位时间内一个载流子受到散射的次数。

图 3.41（a）示意地画出了电子的无规则热运动。在无外电场时，电子虽然永不停息地作热运动，但是宏观上它们没有沿着一定方向流动，所以并不构成电流。

当有外电场作用时，载流子存在着相互矛盾的两种运动。一方面载流子受到电场力的作用，沿电场方向（空穴）或反电场方向（电子）定向运动；另一方面，载流子仍不断地遭到散射，使载流子的运动方向不断地改变。这样，由于电场作用获得的漂移速度，便不断地散射到各个方向上去，使漂移速度不能无限地积累起来，载流子在电场力作用下的加速运动，也只有在两次散射之间（τ 时间内）才存在，经过散射后，它们又失去了获得的附加速度。从而，在外力和散射的双重影响下，使得载流子以一定的平均速度沿力的方向漂移，这个速度称为平均漂移速度。载流子在外电场作用下的实际运动轨迹应该是热运动和漂移运动的叠加，图 3.41（b）形象化地表示了电子在外电场作用下的运动轨迹。由图 3.41 可见，虽然电子仍不断地遭到散射，但由于有外加电场的作用，所以，电子反电场方向有一定的漂移运动，形成了电流，而且在恒定电场作用下，电流密度是恒定的。

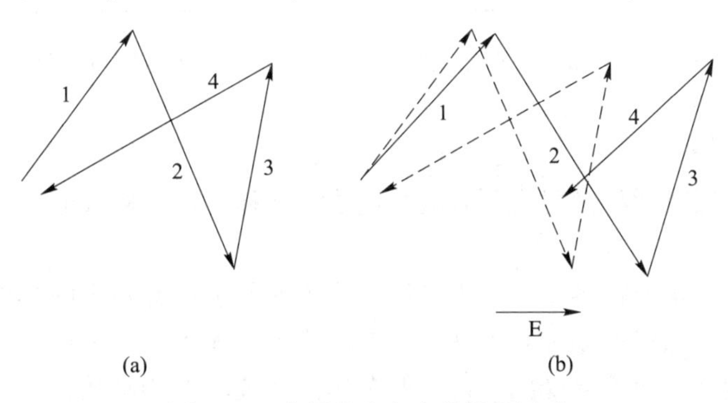

图 3.41　半导体中空穴的随机运动

（a）无外加电场；（b）有外加电场

在弱电场区，漂移速度随电场强度线性改变，漂移速度-电场强度曲线的斜率即为迁移率。在强电场区，载流子的漂移速度特性严重偏离了弱电场区的线性关系。例如，硅中的电子漂移速度在外加电场强度约为 30kV/cm 时达到饱和，饱和速度约为 10^7cm/s。如果载流子的漂移速度达到饱和，那么漂移电子密度也达到饱和，不再随外加电场变化。

弱电场区，电场引起的空穴漂移电流密度为：

$$J_{\mathrm{pldrt}} = (ep)v_{\mathrm{dp}} = e\mu_{\mathrm{p}}p\mathrm{E} \tag{3.39}$$

空穴漂移电流方向与外加电场 E 方向相同，μ_{p} 为空穴迁移率，它描述了粒子在电场作用下的运动情况，单位是 $\mathrm{cm}^2/(\mathrm{V\cdot s})$。

同理可知电子的漂移电流密度为：

$$J_{\mathrm{nldrt}} = e\mu_{\mathrm{n}}n\mathrm{E} \tag{3.40}$$

式中，μ_n 为电子迁移率。虽然电子运动的方向与电场方向相反，但是电子漂移电流的方向与外加电场方向相同。

空穴迁移率可以表示为：

$$\mu_p = \frac{v_{dp}}{E} = \frac{e\tau_{cp}}{m_{cp}^*} \tag{3.41}$$

电子迁移率可以表示为：

$$\mu_n = \frac{e\tau_{cn}}{m_{cn}^*} \tag{3.42}$$

式中，τ_{cn}、τ_{cp} 为电子、空穴碰撞之间的平均时间；v 为电场作用下的粒子速度，不包括随机热运动速度。

电子和空穴的迁移率是温度与掺杂浓度的函数。表 3.3 为 $T = 300K$ 时，低掺杂浓度下的典型迁移率值。

表 3.3 $T = 300K$ 时，低掺杂浓度下的典型迁移率值 （$cm^2/(V \cdot s)$）

项目	μ_n	μ_p
Si	1350	480
GaAs	8500	400
Ge	3900	190

电子和空穴对漂移电流都有贡献，所以总漂移电流密度是电子漂移电流密度与空穴漂移电流密度之和，即

$$J_{drf} = e(\mu_p p + \mu_n n)E \tag{3.43}$$

在半导体中主要有两种散射机制影响载流子的迁移率：晶格散射（声子散射）和电离杂质散射。

当温度高于热力学温标零度时，半导体晶体中的原子具有一定的热能，在其晶格位置上做无规则热振动。晶格振动破坏了理想周期性势场。固体的理想周期性势场允许电子在整个晶体中自由运动，而不会受到散射。但是热振动破坏了势函数，导致载流子电子、空穴与振动的晶格原子发生相互作用。这种晶格散射也称为声子散射。在高温时该因素对散射影响较大。

另一种影响载流子迁移率的散射机制称为电离杂质散射。掺入半导体的杂质原子可以控制或改变半导体的性质。室温下杂质已经电离（半导体电离杂质总浓度 $N_i = N_d^+ + N_a^-$），在电子或空穴与电离杂质之间存在库仑作用，库仑作用引起的碰撞或散射也会改变载流子的速度特性。在低温时该因素对散射影响较大。

总的迁移率：

$$\mu \propto \frac{1}{AT^{3/2} + \frac{BN_i}{T^{3/2}}} \tag{3.44}$$

式中，分母中 A 项主要反应晶格散射对散射的影响；B 项主要反应电离杂质对散射的影响。

当有两种或更多的相互独立的散射机制存在时，总的散射概率 $P = P_1 + P_2 + P_3 + \cdots$ 增加，则 $\tau = 1/P$ 减小，总迁移率减小。

电流密度还可写为：

$$J_{\mathrm{drf}} = e(\mu_p p + \mu_n n)\mathrm{E} = \nabla \mathrm{E} \tag{3.45}$$

式中，σ 为半导体材料的电导率，$(\Omega \cdot \mathrm{cm})^{-1}$。电导率是载流子浓度和迁移率的函数。因为迁移率又与杂质浓度有关，所以电导率是关于杂质浓度的复杂函数。

电阻率 ρ 是电导率 σ 的倒数，$\rho = 1/\sigma$，电阻率单位为 $\Omega \cdot \mathrm{cm}$。电阻率公式为：

$$\rho = \frac{1}{\sigma} = \frac{1}{e(\mu_n n + \mu_p p)} \tag{3.46}$$

对某个特定掺杂浓度，可以分别画出半导体载流子浓度和电导率同温度的关系曲线。图 3.42 为在掺杂浓度为 $N_d = 10^{15}\mathrm{cm}^{-3}$ 时，硅的电子浓度和电导率同温度倒数的函数关系。在中温区，即非本征区，杂质已经全部电离，电子浓度保持恒定。但是因为迁移率是温度的函数，所以在此温度范围内电导率随温度发生变化。在更高的温度范围内，本征载流子浓度增加并开始主导电子浓度以及电导率。在较低温范围内，束缚态开始出现，电子浓度和电导率随着温度降低而下降。

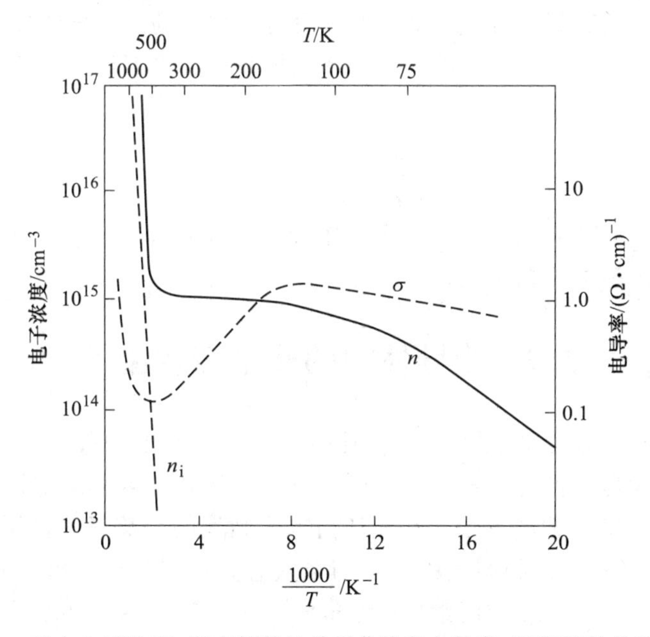

图 3.42　硅中电子浓度-温度倒数的关系曲线和电导率-温度倒数的关系曲线

3.6.2　载流子扩散

除了漂移运动以外，半导体中的载流子也可以由于扩散而流动。当粒子（如气体分子）浓度过高时，若不受到限制，它们就会自己分散，这是大家都熟悉的一个物理现象。此现象的基本原因是这些粒子的无规则热运动。

粒子通量与浓度梯度的负值成正比，如图 3.43 所示。因为电流与荷电粒子通量成正比，所以对应于电子、空穴一维浓度梯度的电流密度分别是：

$$J_{nx|dif} = eD_n \frac{dn}{dx} \tag{3.47}$$

$$J_{px|dif} = - eD_p \frac{dp}{dx} \tag{3.48}$$

式中，D_n、D_p 分别为电子、空穴扩散系数，其值为正，单位为 cm^2/s。

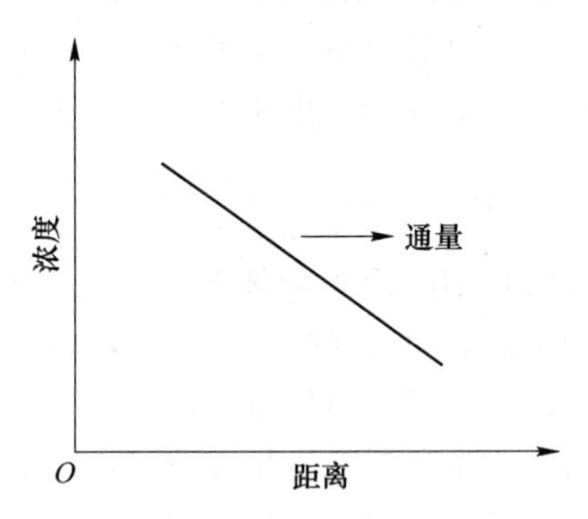

图 3.43　存在浓度梯度时载流子的扩散流

漂移和扩散两个过程是相互关联的，假设没有外加电场，半导体处于热平衡状态，则电子电流和空穴电流分别等于零，因而迁移率和扩散常数并不是两个独立的参数，两者通过爱因斯坦关系互相关联，即

$$\frac{D_n}{\mu_n} = \frac{D_p}{\mu_p} = \frac{kT}{e} \tag{3.49}$$

式中，kT/e 是在与太阳能电池有关的关系式中经常出现的参数，它具有电压的量纲，室温时为 26mV，是一个值得记住的数值。

3.7　半导体中的非平衡载流子

无论是本征半导体还是掺杂半导体，其中由热激发产生的载流子都被称为平衡载流子，其浓度在一定温度下都是一定的。注意由施主或受主提供的载流子也是由热激发电离产生的，包括在上述平衡载流子中。其他任何方式激发的载流子，都属于非平衡载流子，记为：Δn，Δp，两者相等，因激发中电子与空穴总是成对产生。已经知道，平衡载流子浓度积满足 $n_0p_0 = n_i^2$，n_i 只受温度影响；但非平衡载流子加入后，载流子浓度积 $np = (n_0 + \Delta n)(p_0 + \Delta p)$ 就不再有这个规律了。非平衡载流子是光伏现象的来源，其产生、复合（湮灭）与输运是光伏电池工作原理的核心。

3.7.1　非平衡载流子的产生与复合

光照、电流导入，以及磁场等其他外部能量作用都可以使半导体产生非平衡载流子。对光伏而言最重要的自然是光激发产生的平衡载流子。光激发总是从半导体被光照的表面发生，产生的非平衡载流子使表面附近载流子浓度提高，其向里的扩散随即发生，体现为载流子由表面向内部的输送，因此光致非平衡载流子的产生往往被称为非平衡载流子的注入。

一般光照条件下注入的非平衡载流子的浓度为$10^{10}/cm^3$量级，一般太阳电池用p型硅片，电阻为$1\Omega \cdot cm$量级，其相应平衡多数载流子浓度p_0处于$10^{16}/cm^3$量级，平衡少数载流子浓度n_0处于$10^3/cm^3$量级，因此我们看到，非平衡多数载流子浓度相对于材料中原有平衡多数载流子浓度只有百万分之一的水平，无足轻重，不带来什么影响；而非平衡少数载流子浓度是材料中原有平衡少数载流子的千万倍的水平，对体系总的少数载流子浓度却有决定性作用。如上所述表面光照条件下的扩散注入，对多数载流子而言，材料表里之间浓度相比几乎一致，扩散影响很微小，可以忽略不计；而对少数载流子而言，表里之间的浓度梯度却是巨大的，扩散注入的影响就很大了。光伏器件是属于少数载流子起作用的器件，即便光照强度提高一百倍，这一数量悬殊特征也不会改变。

不难理解，无论是处在平衡还是非平衡，只要材料内部有电子和空穴，就一定会发生电子与空穴复合湮灭，或者说电子从导带跳回价带的可能性，而且发生的几率应与电子浓度和空穴浓度之积成正比。否则平衡不可能存在，只有材料内部存在复合并且其速率与激发速率相等而相互抵消，才能实现平衡。以此类推，光照条件一定时，所谓非平衡载流子最后也会平衡稳定在一个水平，使材料总的载流子浓度平衡稳定在一个新的水平。新旧水平的差异将体现在材料的电阻上，光照引入的非平衡载流子将会使材料的电阻降低，这个差异以目前的电子仪器水平可以容易地探测出来，而且还可测量记录光照撤除后其变化轨迹。光照撤除后，最终电阻回升到无光照时的平衡水平。

测量显示，上述变化很快，回复到原平衡水平只需微秒到毫秒级的时间；不同材料回复快慢差异很大，但总要有时间过程。这说明非平衡载流子在复合消亡之前是有寿命的，具体每个载流子的寿命应该是各有长短、有一定随机性的，但对一种材料而言，一定载流子浓度水平下，载流子的平均寿命应该是一定的，记为τ。容易理解，载流子浓度积较高时，载流子复合几率较高，其寿命相应较低，但对硅晶光伏应用而言，载流子浓度水平变化范围不大，不考虑载流子寿命随载流子浓度的变化。如前所述，非平衡多数载流子的复合消亡对材料多数载流子浓度无关紧要，而非平衡少数载流子的复合消亡对材料少数载流子浓度则有决定性影响，因此，习惯上将上述τ称为少数载流子寿命。可以推出，非平衡载流子的浓度从非平衡激发撤除开始随时间t按指数规律衰减，即

$$\Delta p(t) = \Delta p(0)\exp\left(-\frac{t}{\tau}\right) \tag{3.50}$$

这一规律与实验实测结果相符，通过拟合式（3.50）就可得到少数载流子寿命τ。τ是一个十分重要的材料性能参数，在光伏研发与产业领域被普遍测量应用。对光伏应用而言，τ值越高，则由光照注入的非平衡载流子就越有机会被分离导出，光伏效率就会越高，决定τ的是非平衡载流子的复合概率，这与具体的复合机制有关，进而可以看到，它最终与材料杂质和结构缺陷密切相关。

3.7.2 载流子复合机制

一个电子与一个空穴的复合导致两个载流子的复合消亡，使光照激发产生载流子的结果功亏一篑，直接损害光伏发电效率，因此认识了解复合机制，从而能够设法抑制降低复合概率，对光伏技术十分重要。

复合大致可分为两类：直接复合与间接复合，如图3.44所示。直接复合指电子从导

带直接跳到价带（自由电子跳进空穴）；间接复合指电子和空穴在禁带内的某个能级（复合中心）复合。

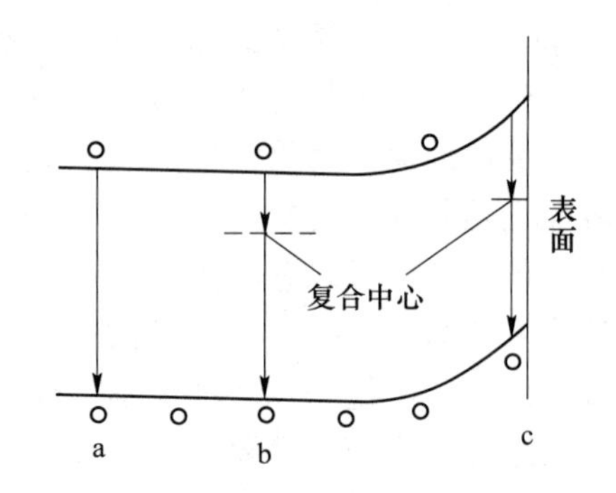

图 3.44 载流子的各种复合机构

a—直接复合；b—体内间接复合；c—表面间接复合

载流子的复合必然伴随能量降低，能量平衡要求这部分降低的能量必须被释放出来，释放机制与复合机制同等重要，如不能释放该能量，复合就不能发生。释放能量的方式有三种：（1）发射光子，以这种方式释放能量的复合常被称为发光复合或辐射复合；（2）发热，相当于多余的能量使晶格振动加强；（3）将能量传给其他载流子，增加其动能，此类复合被称为俄歇（Auger）复合。俄歇复合在载流子浓度特别高时（例如高于 $10^{18}/cm^3$）使不依赖于复合中心的直接复合变得较为重要，值得重视。

回到直接复合与间接复合。理论分析揭示，如果材料中只有直接复合，则载流子寿命应比实测值高得多。以硅为例，只有直接复合的情况下，可推算得 $\tau = 3.5s$。我们知道晶体硅载流子寿命一般为几到几十微秒（μs），最高也就几毫秒（ms）。因此，间接复合对实际硅晶体中的复合起了主要作用。

还有一个值得一提的现象是，带隙（禁带宽度）较小时，直接复合的概率较大。在带隙为 0.3eV 的碲中，直接复合就达到了占优势的情况。这似乎有助于说明在硅中，间接复合应占主导优势，因为间接复合发生的复合中心所提供的能级，实际上大大减小了复合时电子需跃过的带隙宽度。

间接复合所需要的具备禁带中间附近能级的复合中心来源包括一些金属杂质原子和一些晶体结构缺陷（包括表面）。它们都在禁带中引入一定的能级。一个在复合中心上发生的间接复合过程可具体分为两步，如图 3.45 所示。第一步，导带上的电子落入复合中心；第二步，这个电子再从复合中心落入价带并完成与空穴的复合。很难靠直观想象理解：为什么这样的两步过程会比直接复合的一步过程更易进行，发生概率更大；其逆过程如果是这样比较符合我们的直觉，因为该逆过程需克服能垒，而克服两个低的能垒比克服一个高的能垒更容易这一点似无疑问。

理论推导得出的重要结论有两个。一是间接复合作用下，载流子寿命 τ 与复合中心的浓度成反比；二是能级位于禁带中央附近（深能级）的复合中心是最为有害的（最有效），反之，浅能级复合中心则基本无害。

在硅中，铁、铜、锰、钛、金等杂质会形成深能级的复合中心。以金为例，它会在硅

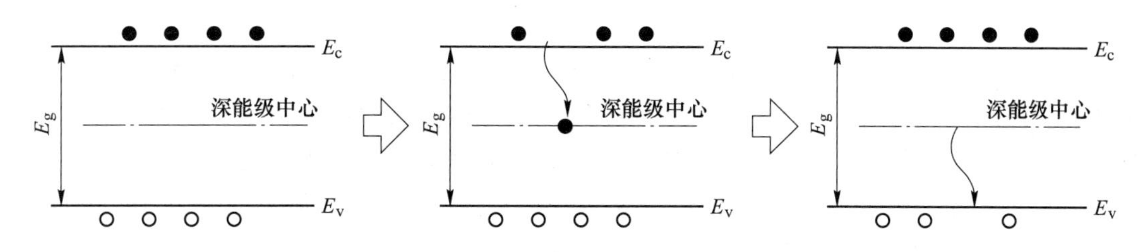

图 3.45 间接复合过程示意图

中引入两个能级，一个是受主能级 E_{tA}（导带底以下 0.54eV），一个是施主能级 E_{tD}（价带顶以上 0.35eV），其位置如图 3.46 所示。这两种中心不会同时起作用。在 n 型硅中，费米能级高于 E_{tA} 和 E_{tD}，金的施主能级上的电子不会释放，而受主能级 E_{tA} 会被全部填满，使金原子成为 Au^-离子，它们将捕获价带上的空穴而造成复合（其电子落入价带空穴），同时使自身变空而为捕获下一个导带电子做好准备，理论上已推证，此时捕获空穴这一步决定载流子寿命（见图 3.45 中的第二步），并且近似有 $\tau \approx 1/N_t r_p$（N_t 为金杂质浓度，r_p 为金受主能级对空穴俘获率）；在 p 型硅中，费米能级低于 E_{tA} 和 E_{tD}，金的受主能级保持全空，其施主能级上的电子将全部释放而变空，成为 Au^+离子，它们将捕获导带上的电子（见图 3.45 中的第一步），为下一步完成与价带空穴的复合做好准备，理论上已推证，此时捕获电子这一步决定载流子寿命（见图 3.45 中的第一步），并且近似有 $\tau \approx 1/N_t r_n$（r_n 为金施主能级对电子俘获率）。

根据实验得到的俘获率数据，可推算得到金杂质浓度为 $10^{15}/cm^3$ 量级时，载流子寿命为纳秒（10^{-9}s）量级。可见相对于直接复合，间接复合作用之大。不同杂质在硅中引入的能级性质和位置各不相同。

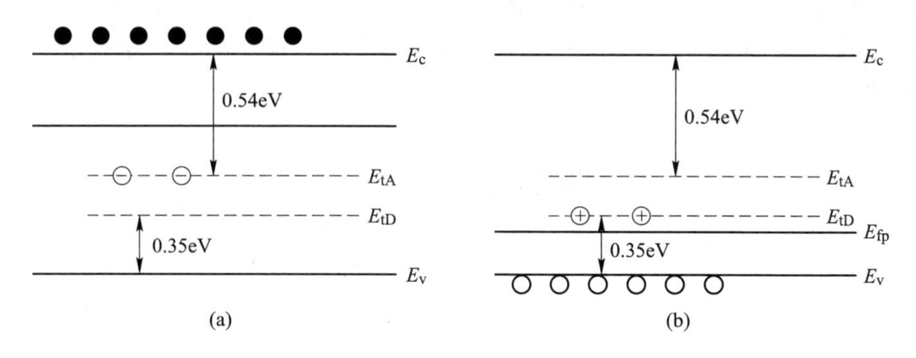

图 3.46 金在两类硅中的能级与费米能级示意图
（a）n 型硅；（b）p 型硅

3.7.3 表面复合与其他结构缺陷复合

间接复合还包括以半导体材料晶体结构缺陷为复合中心的情况。晶体结构缺陷包括空位、位错、晶界和表面，它们会在禁带中产生能级，包括深能级（靠近禁带中心的能级），从而成为间接复合的中心，同样有促进载流子复合，降低载流子寿命的作用。其中，表面对载流子寿命影响最大，也最普遍，其影响形式则与之前不同，为此引入了表面复合速度的概念。

对一片半导体样品，体内复合与表面复合同时平行进行，单位时间内样品上发生复合的载流子数应为两者之和；单位时间内载流子发生复合的概率应为载流子平均寿命的倒数。假定一片体积为 V，表面积为 A 的半导体样品的有效载流子寿命为 τ，其体内载流子寿命为 τ_v，其非平衡少数载流子浓度为 Δn，以 $s\Delta n$ 代表非平衡载流子浓度为 Δn 的材料单位面积上单位时间发生复合的载流子数，应有：

$$\frac{1}{\tau}\Delta nV = \frac{1}{\tau_v}\Delta nV + s\Delta nA \tag{3.51}$$

$$\frac{1}{\tau} = \frac{1}{\tau_v} + s\frac{A}{V} = \frac{1}{\tau_v} + \frac{2s}{d} \tag{3.52}$$

式中，d 为样品厚度，它出现 2 倍的原因是样品有上下两个相同的面，侧表面就忽略不计了。表面复合的结果好似载流子从表面流出去了，式中 s 值越大流速越快，而且它具有速度的量纲，因此称 s 为表面复合速度，其单位为 cm/s。硅的裸露表面的复合速率有 1000~5000cm/s，具体随表面粗糙度和污染情况而不同。对于硅晶体太阳电池来说，所用硅片厚度一般为 0.18mm 厚，如采用质量较好的单晶硅片，寿命应取较好水平 100μs，取中等表面复合速度 3000cm/s，按上式推算得到，硅片表观少子寿命，或有效少子寿命，只有 3μs。所以太阳电池硅片表面必须要经过钝化处理以降低表面复合速度，不然用好的硅片也是浪费。钝化的实质是令结构缺陷包括表面处的不饱和键饱和，从能带结构上看就是令其能级被填充而不能起作用，钝化是硅晶太阳电池技术的关键核心之一。目前较好的钝化水平可以使表面复合速度降到 10cm/s 水平。

位错也提供载流子间接复合的中心，导致载流子寿命降低。图 3.47 为理论估测的位错密度对半导体载流子扩散长度的相对影响（载流子扩散长度与寿命的二分之一次方成正比）。位错密度小于 $10^5/\text{cm}^2$ 时，对硅的载流子扩散长度影响不大，高于此水平时，影响就比较可观了。

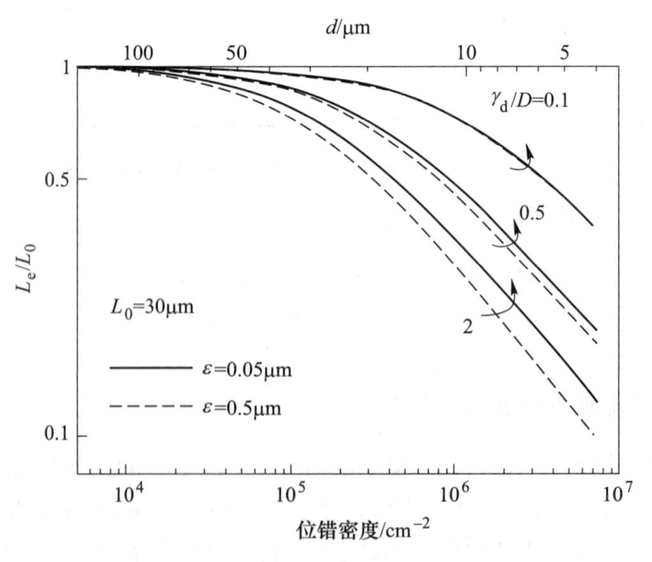

图 3.47 位错密度对半导体的载流子扩散长度的相对影响

3.7.4 陷阱效应

各种复合中心都存在一定的陷存非平衡载流子的可能性，被陷载流子并不按间接复合途径完成复合，而是要靠热激活跃迁到导带（电子）或价带（空穴），之后再按可行机制完成复合，一般情况下这种陷存对前述间接复合无关紧要，但如果陷存的非平衡载流子数量很大，达到可以与导带和价带中的非平衡载流子数目相当的程度，就称为陷阱效应，相应的复合中心（杂质或缺陷）被称为陷阱中心。陷阱的概念和作用机理十分复杂，一般半导体物理基础中都不涉及，但光伏科技工作者却很可能会遭遇它，因为在载流子寿命测量中它会造成虚高的载流子寿命测量结果。原因是被陷存的载流子不能及时复合，使复合过程延长，拟合的结果就是载流子寿命提高；但被陷存在陷阱中心的载流子又不能被传输而贡献为电流，因此至少对光伏应用来说这样得到的少子寿命是虚高的。陷阱作用下的非平衡载流子浓度衰减曲线会偏离指数规律，在测量时应及时关注该衰减曲线形状，而不是任由仪器去计算拟合，只看最终拟合结果。测量时增加一个背景光照，使陷阱处于饱和状态而不能发挥作用，可以消除陷阱效应干扰。当然如果这些陷阱同时也是有效的复合中心，其复合作用也会被抑制，所得载流子寿命仍会偏高。

3.8 pn 结

3.8.1 基本假设

半导体器件需利用不同形式的半导体材料形成结，最常使用的结是由 p 型半导体与 n 型半导体所形成的 pn 结。理想 pn 结的电流-电压关系的推导，是以下述假设为基础的：

（1）耗尽层突变近似。空间电荷区的边界存在突变，并且耗尽区以外的半导体区域是电中性的。

（2）载流子的统计分布采用麦克斯韦-玻耳兹曼近似。

（3）小注入假设和完全电离。

（4）pn 结内的电流值处处相等。

（5）pn 结内的电子电流与空穴电流分别为连续函数。

（6）耗尽区内的电子电流与空穴电流分别为恒定值。

图 3.48 为 pn 二极管的基本结构、理想均匀掺杂及突变结近似 pn 结的掺杂剖面。将 p 型半导体与 n 型半导体结合在一起，即形成一种最简单的整流二极管。其中，pn 结可简单地视为 p 型半导体和 n 型半导体接在一起所形成，并在两端各以一个金属电极连接外界电路。该种结构也是各种电子与光电器件（包含太阳能电池）的基本组成。

3.8.2 空间电荷区的形成与内建电势差

由于 pn 结两侧存在电子和空穴的浓度梯度，因此电子和空穴将分别由 n 型区和 p 型区向对方扩散，同时在 n 型区中留下固定的带正电荷的施主离子，在 p 型区中则留下固定的带负电荷的受主离子。这个固定的正负电荷区即为空间电荷区，空间电荷区中将形成内建电场，内建电场引起载流子的漂移运动，载流子的漂移运动与载流子的扩散运动方向相

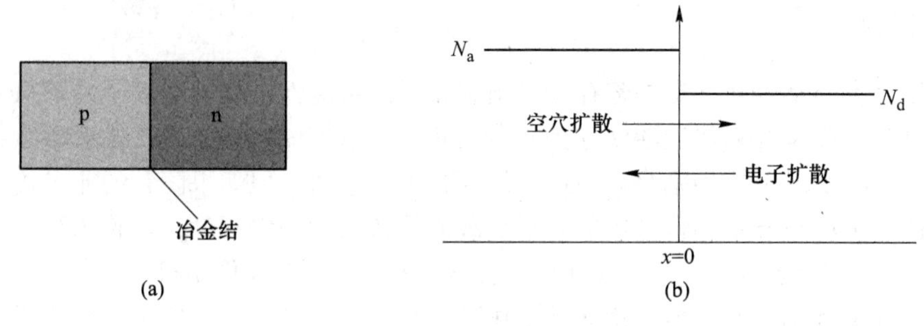

图 3.48　理想均匀掺杂 pn 结
（a）pn 结的简化结构图；（b）理想均匀掺杂 pn 结的掺杂剖面

反，最后二者达到平衡。由于空间电荷区中的可动载流子相对于体区的多子来说基本处于耗尽状态，因此空间电荷区也称作耗尽区。

假设 pn 结两端没有外加电压偏置，那么 pn 结便处于热平衡状态，整个半导体系统的费米能级处处相等，且是一个恒定的值。图 3.49 为热平衡状态下 pn 结的能带图。因为 p 区与 n 区之间的导带与价带的相对位置随着费米能级位置的变化而变化，所以空间电荷区所在位置的导带与价带要发生弯曲。

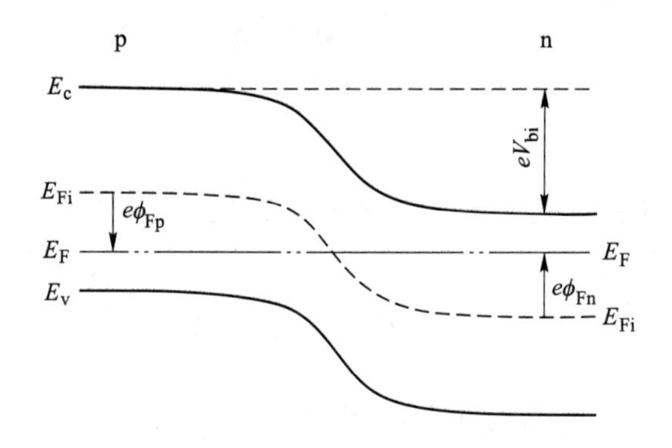

图 3.49　热平衡状态下 pn 结的能带图

n 区导带内的电子在试图进入 p 区导带时遇到了一个势垒。这个电子所遇到的势垒称为内建电势差，记为 V_{bi}：

$$V_{bi} = \frac{kT}{e}\ln\left(\frac{N_a N_d}{n_i^2}\right) = V_t\ln\left(\frac{N_a N_d}{n_i^2}\right) \tag{3.53}$$

式中，N_d 与 N_a 分别为 n 区与 p 区内的净施主与受主浓度。用伏特表是不能够测出 pn 结的内建电势差的值的。V_{bi} 维持了平衡状态，因此它在半导体内不产生电流。

3.8.3　电场强度与电势

假设空间电荷区在 n 区的 $x=+x_n$ 处以及在 $x=-x_p$ 处突然终止，半导体内的电场由一维泊松方程确定：

$$\frac{d^2\phi(x)}{dx^2} = \frac{-\rho(x)}{\varepsilon_s} = -\frac{dE(x)}{dx} \tag{3.54}$$

式中，$\phi(x)$ 为电势；$E(x)$ 为电场的大小；$\rho(x)$ 为体电荷密度；ε_s 为半导体的介电常数。突变结近似均匀掺杂 pn 结的空间电荷密度 $\rho(x)$ 为：

$$\rho(x) = -eN_a \quad (-x_p < x < 0) \tag{3.55}$$

$$\rho(x) = eN_d \quad (0 < x < x_n) \tag{3.56}$$

对式（3.54）进行积分，并根据热平衡时 pn 结无电流、空间电荷区以外电场 $E=0$、pn 结不存在表面电荷密度、电场函数是连续等条件，可得电场的表达式为：

$$E = \frac{-eN_a}{\varepsilon_s}(x + x_p) \quad (-x_p < x < 0) \tag{3.57}$$

$$E = \frac{-eN_d}{\varepsilon_s}(x_n - x) \quad (0 < x < x_n) \tag{3.58}$$

$$N_A x_p = N_p x_n \tag{3.59}$$

图 3.50 为均匀掺杂 pn 结空间电荷区的电场。

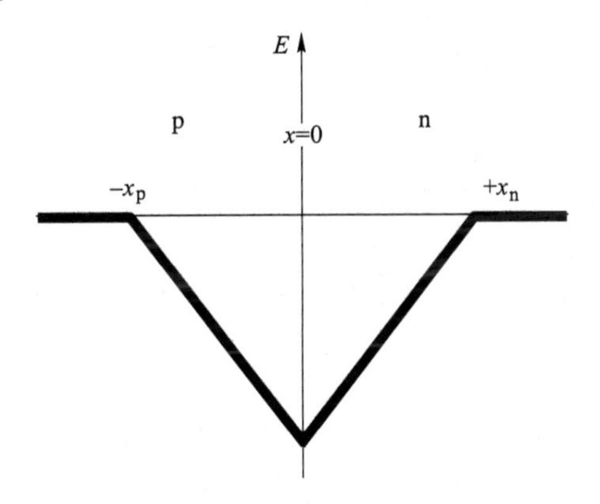

图 3.50　均匀掺杂 pn 结空间电荷区的电场

对电场进行积分，可以得到耗尽区内电势的表达式：

$$\phi(x) = \frac{eN_a}{2\varepsilon_s}(x + x_p)^2 \quad (-x_p \leqslant x \leqslant 0) \tag{3.60}$$

$$\phi(x) = \frac{eN_d}{\varepsilon_s}\left(x_n \cdot x - \frac{x^2}{2}\right) + \frac{eN_a}{2\varepsilon_s}x_p^2 \quad (0 \leqslant x \leqslant x_n) \tag{3.61}$$

$$x_n = \left[\frac{2\varepsilon_s V_{bi}}{e}\left(\frac{N_a}{N_d}\right)\left(\frac{1}{N_a + N_d}\right)\right]^{1/2} \tag{3.62}$$

$$x_p = \left[\frac{2\varepsilon_s V_{bi}}{e}\left(\frac{N_d}{N_a}\right)\left(\frac{1}{N_a + N_d}\right)\right]^{1/2} \tag{3.63}$$

耗尽区宽度：

$$W = x_n + x_p \tag{3.64}$$

以上运算求得的公式都是热平衡下的结果。若在结的两端加上一个偏压时，即会破坏原有的平衡。反向（Reverse）偏压 V_R 或正向（Forward）偏压 V_a 下的 pn 结及其对应的能带图，如图 3.51 所示。

因耗尽层的电阻远大于两边中性区的电阻，所以电压将大部分落于耗尽层内，而两边的费米能级因为外加电压而分开，内建电势因而改变。

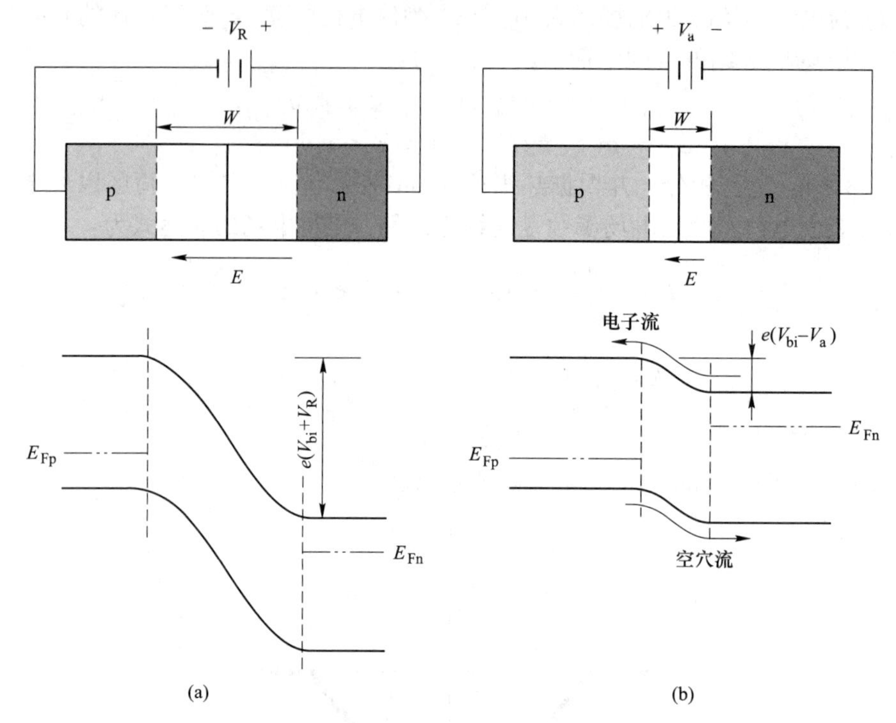

图 3.51 不同偏压条件下的 pn 结及其对应的能带图

（a）反偏；（b）正偏

施加反向偏压 V_R，p 型区低电位，势垒增加到 $V_{bi}+V_R$；施加正向偏压 V_a，p 型区高电位，势垒降低为 $V_{bi}-V_a$。

图 3.51（a）所示为 p 区相对于 n 区加负电压 V_R 时的 pn 结能带图。此时，p 区的费米能级要高于 n 区的费米能级，总势垒高度现在升高了。电子难以从 n 区经空间电荷区向 p 区扩散。

图 3.51（b）所示为 p 区相对于 n 区加正电压 V_a 时的 pn 结能带图。此时，p 区的费米能级要低于 n 区的费米能级，总势垒高度现在降低了。降低了的势垒高度意味着耗尽区内的电场也随之减弱。减弱了的电场意味着电子与空穴不能分别滞留在 n 区与 p 区。于是 pn 结内就有了一股由 n 区经空间电荷区向 p 区扩散的电子流。同样，pn 结内就有了一股由 p 区经空间电荷区向 n 区扩散的空穴流。电荷的流动在 pn 结内形成了电流。

3.8.4 pn 结的电压电流关系

当电子由 n 区经空间电荷区扩散进 p 区后，在 p 型半导体内，电子会借着与空穴的复合而回复平衡状态。其中，电子密度的大小可由连续性方程得到：

$$D_n \frac{d^2 n_p}{dx^2} - \frac{n_p - n_{p0}}{\tau_n} = 0 \tag{3.65}$$

而式（3.65）的解如式（3.66）所示：

$$n_p(x) = n_{p0} + n_{p0}\left(e^{\frac{eV_a}{kT}} - 1\right)\exp\left(\frac{x + x_p}{L_n}\right) \quad (x < -x_p) \tag{3.66}$$

式中，n_p 为电子在 p 型半导体内浓度；n_{p0} 为电子在 p 型半导体内热平衡时的平衡浓度；$L_n = \sqrt{D\tau_n}$ 为电子的扩散长度，电子的寿命 τ_n 越长，其电子扩散长度越长。

同理，在 n 型半导体内，空穴对位置的分布如式（3.67）所示：

$$p_n(x) = p_{n0} + p_{p0}\left(e^{\frac{eV_a}{kT}} - 1\right)\exp\left(\frac{x - x_n}{L_p}\right) \quad (x_n < x) \tag{3.67}$$

式中，p_{n0} 为空穴在 n 型半导体内热平衡时的平衡浓度；$L_p = \sqrt{D\tau_p}$ 为空穴的扩散长度。空穴的寿命 τ_p 越长，其空穴扩散长度也越长。需注意，电子与空穴的扩散长度对芯片型太阳能电池的芯片材料来说是很重要的一项指标。

耗尽区内的电子电流与空穴电流分别为恒定值，流过 pn 结的电流为电子电流与空穴电流之和。应该注意，假设流过耗尽区的电子电流与空穴电流为定值。由于 pn 结内的电子电流与空穴电流分别为连续函数，则 pn 结的电流即为 $x = x_n$ 处的少子空穴扩散电流与 $x = -x_p$ 处的少子电子扩散电流之和。

$x = x_n$ 处的少子空穴扩散电流密度为：

$$J_{pD}(x_n) = qD_p \left.\frac{dP_n}{dx}\right|_{x_n} = \frac{qD_p p_{n0}}{L_p}\left(e^{\frac{eV_a}{kT}} - 1\right) \tag{3.68}$$

同理，$x = -x_p$ 处的少子电子扩散电流密度为：

$$J_{nD} = qD_p \left.\frac{dn_p}{dx}\right|_{-x_p} = \frac{qD_n p_{p0}}{L_n}\left(e^{\frac{eV_a}{kT}} - 1\right) \tag{3.69}$$

因此，该 pn 结的总电流密度可写为：

$$J = J_{pD} + J_{nD} = J_s\left(e^{\frac{eV_a}{kT}} - 1\right) \tag{3.70}$$

$$J_s = \frac{qD_p p_{n0}}{L_p} + \frac{qD_n p_{p0}}{L_n} \tag{3.71}$$

少子扩散电流呈指数下降，而流过 pn 结的总电流不变，因此二者之差就是多子的漂移电流。以 n 型区中的电子电流为例，它不仅提供向 p 型区中扩散的少子电子电流，而且还提供与 p 型区中注入过来的过剩少子空穴电流相复合的电子电流。

尽管式（3.70）是根据 pn 结正偏特性导出的，但是它同样也适用于 pn 结的反偏状态。当 $V_R<0$ 时，指数项可略去，$J = -J_s$，J_s 称之为反向饱和电流密度，而式（3.70）称为理想二极管方程式。由式（3.70）可以得到 pn 结二极管的电流与电压的关系，如图 3.52 所示。反向饱和电流密度对太阳能电池而言，就是其未照光时的暗电流密度。

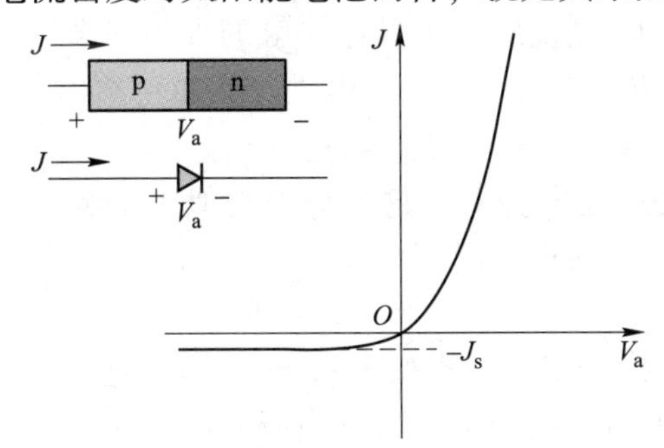

图 3.52　理想 pn 结二极管的电流与电压的关系

反向饱和电流密度 J_s 是温度的敏感函数，在室温下，只要温度升高 10℃，反向饱和电流密度增大的倍数将为 4 倍以上。温度升高，一方面二极管反向饱和电流增大，另一方面二极管的正向导通电压下降。

3.9 金属-半导体结

3.9.1 整流接触

金属-半导体接触所形成的整流接触，也称为肖特基结。当一个电子需由导带 E_c 激发离开半导体时，其所需能量称为电子亲和能χ，而真空能级与费米能级 E_F 的能量差则称为功函数 ϕ。当金属的功函数 ϕ_m 大于半导体的功函数 ϕ_s，如图 3.53（a）所示；二者接触热平衡时为了使费米能级连续变化，半导体中的电子流向比它能级低的金属中，带正电荷的空穴仍留在半导体中，从而形成一个空间电荷区（耗尽层），如图 3.53（b）所示。耗尽层的宽度则取决于势垒 eV_{bi} 的高低和半导体掺杂浓度的大小。

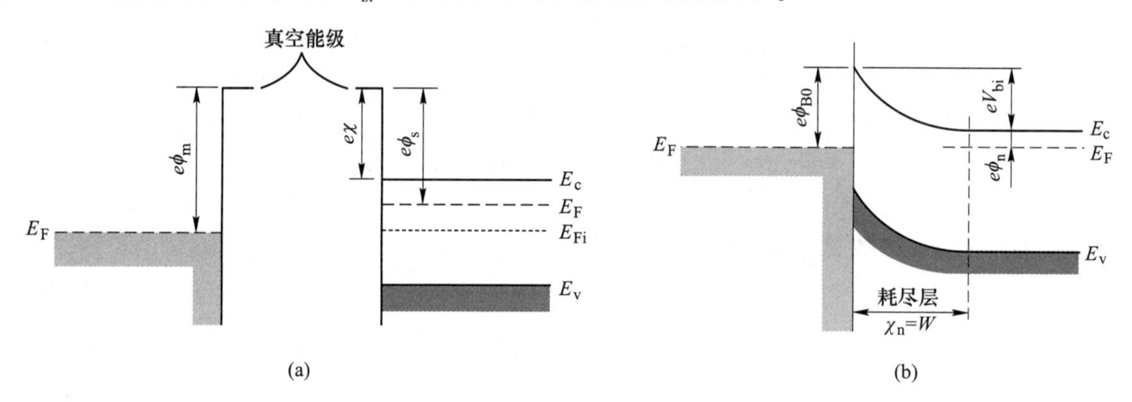

图 3.53 特定金属与半导体接触前后能带图［n 型半导体（$\phi_m>\phi_s$）］

（a）接触前能带图；（b）接触后能带图

从图 3.53 可看出因界面势垒 $e\phi_{B0}$ 的关系，使半导体形成一个界面耗尽层。对金属中的电子而言，$e\phi_{B0}$ 大小的势垒称为肖特基势垒，表示电子试图由金属进入半导体所遇到的障碍。同理，对于半导体内的电子而言，其所遇到的则是 eV_{bi} 大小的势垒。

在金属半导体的界面除了具有半导体流向金属的热发射电子流，还有从金属流向半导体的热发射电子流。参数 ϕ_B 是金属与半导体接触的理想势垒高度，金属中的电子向半导体中移动需要克服势垒，成为肖特基势垒，由式（3.72）给出：

$$\phi_{B0} = \phi_m - \chi \tag{3.72}$$

在半导体一侧，V_{bi} 是内建电势差。这个势垒类似于结势垒，是由导带中的电子运动到金属中形成的势垒。内建电势差表示为：

$$V_{bi} = \phi_{B0} - \phi_n \tag{3.73}$$

式中，V_{bi} 为半导体掺杂浓度的函数，类似于 pn 结中的情况。

如果在半导体与金属间加一个正电压，半导体-金属势垒高度增大，而理想情况下 ϕ_{B0} 保持不变，这种情况就是反偏，如图 3.54（a）所示。如果在金属与半导体间加一个正电压，半导体金属势垒高度 V_{bi} 会减小，而 ϕ_{B0} 依然保持不变。在这种情况下，由于内建电势差的减小，电子很容易从半导体流向金属，这种情况就是正偏，如图 3.54（b）所示。实际中，界面态、势垒的镜像力等效应，会使肖特基势垒高度 ϕ_{B0} 偏离其理论值。

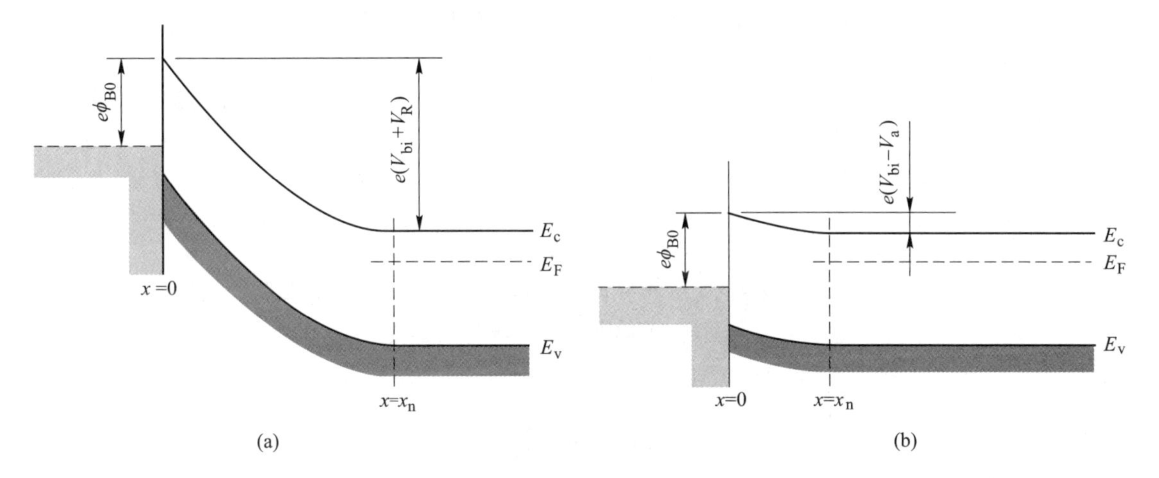

图 3.54 有偏压时特定金属与半导体结的能带图［n 型半导体（$\phi_m>\phi_s$）］
（a）反偏；（b）正偏

施加电压后的金属-半导体结的能带图与前面给出的 pn 结非常类似。基于这种类似，我们希望肖特基势垒二极管的 $I-V$ 方程也类似于 pn 结二极管中电流随电压的指数变化的规律。肖特基势垒二极管中的电流主要取决于多数载流子电子的流动。正偏电流的方向是从金属流向半导体，电流是正偏电压 V_a 的指数函数。

可以用处理 pn 结的方法来计算空间电荷区宽度 W，对于均匀的掺杂半导体，可得：

$$W=x_n=\left[\frac{2\varepsilon_s(V_{bi}+V_R)}{eN_d}\right]^{1/2} \tag{3.74}$$

式中，V_R 为所加电压的反偏值。

3.9.2 欧姆接触

金属与半导体接触时还可以形成非整流接触，即欧姆接触。欧姆接触是指金属与半导体的接触不产生明显的附加阻抗，而且不会使半导体内部的平衡载流子浓度发生显著的改变。理想的欧姆接触，其接触电阻相比器件本身电阻小得多，不影响器件的电流-电压特性，器件的电流-电压特性完全由器件特性决定。

若 $\phi_m<\phi_s$ 的金属与 n 型半导体接触时，如图 3.55 所示，或 $\phi_m>\phi_s$ 的金属与 p 型半导体接触时，可形成反阻挡层，而反阻挡层没有整流作用。但是，Ge、Si、GaAs 等常用的半导体材料一般都有很高的表面态密度，与金属接触时都形成势垒，而与金属功函数关系不大。因此，在生产实际中，主要利用隧道效应实现欧姆接触。

在实际中欧姆接触有着很重要的应用。如半导体器件的金属电极，要求在金属和半导体之间形成良好的欧姆接触。太阳能电池板正负电极良好的欧姆接触，可降低串联内阻，提高填充因子及光电转换效率。

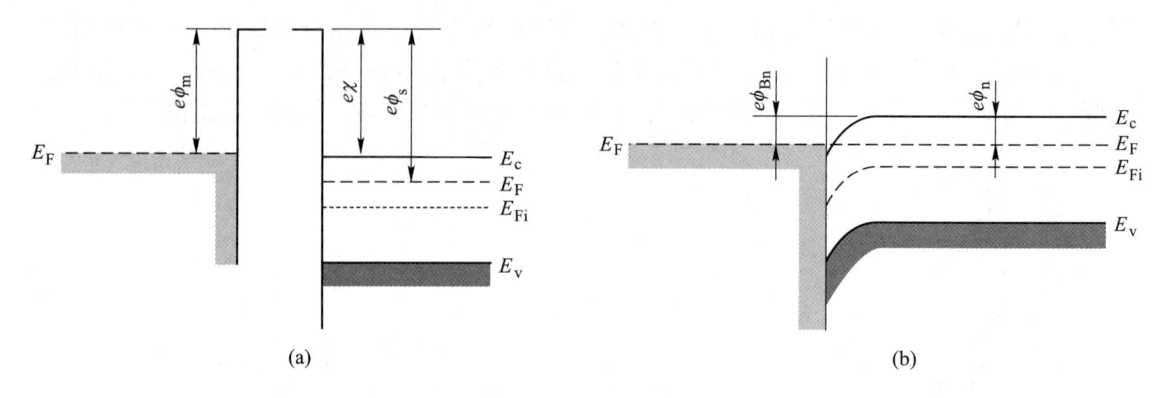

图 3.55 对于 $\phi_m<\phi_s$，金属与 n 型半导体结欧姆接触的理想能带图

（a）接触前；（b）接触后

3.10 异质结

之前的讨论中，我们假设半导体材料在整个结构中都是均匀的，这种类型的结被称为同质结。当两种不同的半导体材料组成一个结时，这种结称为半导体异质结。

由于组成异质结的两种材料具有不同的禁带宽度，因此在结表面的能带是不连续的。异质结根据其过渡区的长度可分为突变型异质结和缓变型异质结。如果从一种半导体向另一种半导体的过渡只发生于几个原子距离范围内，则称为突变型异质结。如果发生于几个扩散长度范围内，则称为缓变型异质结，如存在一个 GaAs-$Al_xGa_{3-x}As$ 系统，x 值相距几纳米连续变化形成一个缓变结。目前，异质结太阳能电池主要为突变型异质结。

通常制造突变型异质结是把一种半导体材料在和它具有相同的或不同的晶格结构的另一种半导体单晶材料上生长而成。生长层的晶格结构及晶格完整程度与这两种半导体材料的晶格匹配情况有关。对于晶格常数为 a_1 及 a_2 的两种半导体材料，它们之间的晶格失配定义为：

$$\text{晶格失配} = \frac{2|a_1 - a_2|}{a_1 + a_2} \times 100\% \tag{3.75}$$

表 3.4 为几种半导体异质结晶格失配的百分比。

表 3.4 几种半导体异质结晶格失配的百分比

异质结	晶格常数/nm	晶格失配/%	异质结	晶格常数/nm	晶格失配/%
Ge-Si	0.56575~0.54307	4.1	Si-GaAs	0.54307~0.56531	4
Ge-InP	0.56575~0.58687	3.7	Si-GaP	0.54307~0.54505	0.36
Ge-GaAs	0.56575~0.56531	0.08	InSb-GaAs	0.54387~0.56531	13.6
Ge-GaP	0.56575~0.54505	3.7	GaAs-GaP	0.56531~0.54505	3.6
Ge-CdTe	0.56575~0.6477	13.5	GaP-AlP	0.54305~0.5451	0.01

构成异质结的两种半导体材料，由于晶格失配，使界面处产生悬挂键，构成了界面态。这些界面态形成电子的定域能级，存储电荷，使势垒形态发生畸变，形成复合中心。通常异质结太阳能电池界面处的晶格失配都比较大，因此在生产工艺中，设法使其中大部分悬挂能级被束缚住或被钝化，不起复合中心作用，成为异质结太阳能电池制造工艺中有待研发的重要技术问题。

一般异质结的表示符号都是把禁带宽度较小的半导体材料写在前面，且在实际太阳能电池中通常都是用禁带宽度较小的半导体材料制作电池的衬底，禁带宽度大的半导体材料制作电池的顶层。这样顶层禁带宽度大的半导体材料吸收能量高的光子能量，衬底禁带宽度较小的半导体材料吸收能量较小的光子能量，实现对光谱的分层吸收，既可提高量子效率，又可提高光谱响应。

图 3.56 所示为两个具有不同带隙的 n 型半导体的异质结能带图。其中，左侧半导体的带隙较大为 E_{g1}，而右侧半导体的带隙较小为 E_{g2}，且二者的亲和能分别是χ_1 及χ_2，在结合后仍需满足真空能级必须连续、平衡状态下的费米能级必须一致。

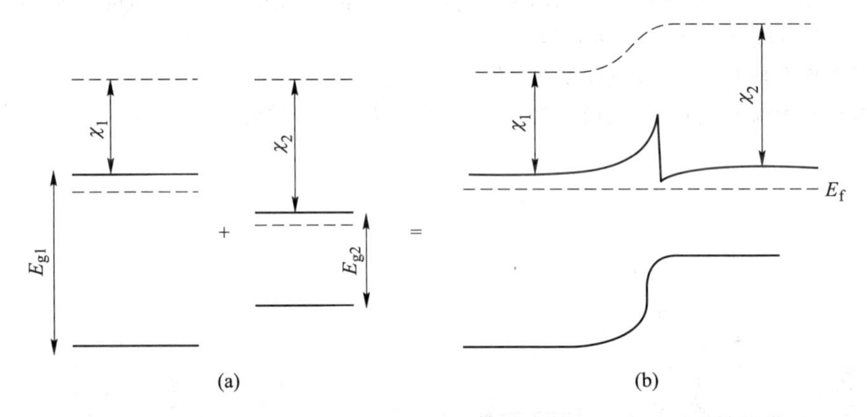

图 3.56 两个具有不同带隙的 n 型半导体结合前后形成的异质结能带图
(a) 结合前；(b) 结合后

异质结的类型主要分为以下三种，如图 3.57 所示。

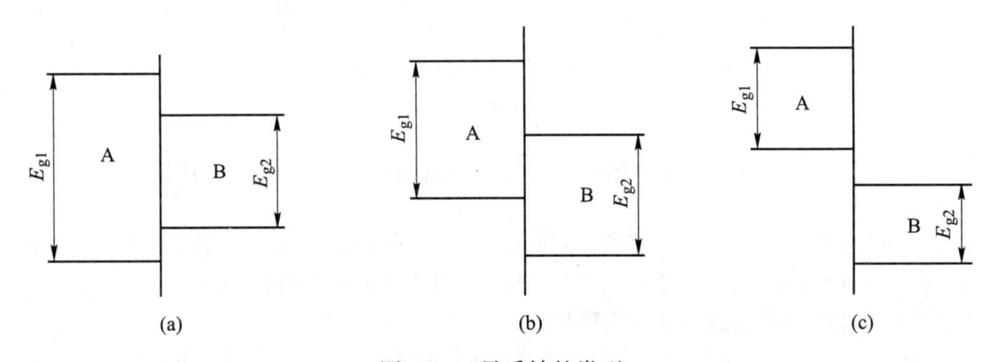

图 3.57 异质结的类型
(a) 跨骑；(b) 交错；(c) 错层

(1) 跨骑。两种半导体带隙中，其中一个的半导体带隙完全在另一个半导体的禁止带隙内，形成这样结的半导体材料包括 GaAs/AlGaAs。

（2）交错。两种半导体的带隙仅有部分重叠，形成这样结的半导体材料包括 InAs/AlSb。

（3）错层。两种半导体的带隙完全错开没有重叠，形成这样结的半导体材料包括 InAs/GaSb。

复习思考题

3-1 一种体心立方结构，其晶格常数为 $a=0.5\text{nm}$，求晶体中的原子体密度。

3-2 导体、绝缘体及半导体的能带有何区别？

3-3 试计算在不同温度情况下（可令 $T=300\text{K}$、400K、500K），比费米能级高 kT、$3kT$、$5kT$ 的能级被电子占据的概率。

3-4 已知某种硅材料费米能级处于导带能级下方 0.2eV 处。$T=300\text{K}$ 时，硅中的 $N_c=2.8\times10^{19}\text{cm}^{-3}$。求 $T=350\text{K}$ 时，该材料的热平衡电子浓度 n_0。

3-5 如图 3.58 所示为一块 n 型半导体材料中，当施主杂质的掺杂浓度 N_d 为 10^{15}cm^{-3} 时，半导体材料中的电子浓度 n 随温度的变化关系曲线。

（1）请在图上画出电导率 σ 随温度的变化关系曲线。

（2）简述在中温区电导率 σ 随温度变化而变化的原因（分析散射机制）。

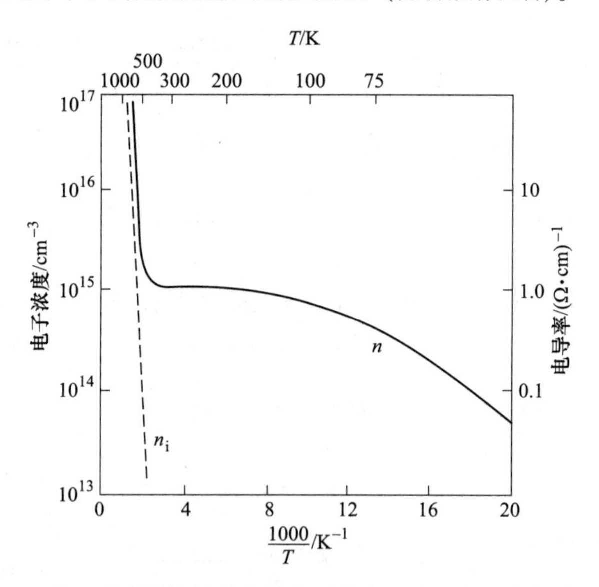

图 3.58 某 n 型半导体材料中的电子浓度 n 随温度的变化关系曲线

3-6 载流子的迁移率受多种散射机制影响。如果有三种相互独立的散射机制，散射概率分别是 P_1、P_2、P_3，则此时对于载流子总的散射概率 P 与各种散射概率之间应满足何种关系。

3-7 载流子复合过程中释放能量的方式有哪些？

3-8 $T=300\text{K}$ 时，试确定硅 pn 结中的内建电势差、反向饱和电流密度。参数如下：$N_a=N_d=10^{17}\text{cm}^{-3}$、$D_n=25\text{cm}^2/\text{s}$、$D_p=10\text{cm}^2/\text{s}$、$\tau_{p0}=\tau_{n0}=5\times10^{-7}\text{s}$。

4 太阳能电池的基本原理

4.1 半导体与光的相互作用

4.1.1 半导体的基本光学性能

光是一种电磁波，它在固体中如同在空气中一样也发生传播，相关的电磁场强度服从麦克斯韦方程。求解该方程，可同时解出材料的折射率 n 和吸收系数 α。两者都与材料介电常数和电导率有关，两者含义如下：

（1）光在该材料中的传播速度：

$$v = c/n(c \text{ 为光速}) \tag{4.1}$$

（2）光在该材料中传播 x 距离后的强度：

$$I = I_0 \exp(-\alpha x) \tag{4.2}$$

光吸收系数（Optical Absorption Coefficient）α 的物理意义是：α 相当于光在媒质中传播 $1/\alpha$ 距离时能量减弱到原来能量的 $\exp(-1) = 36.8\%$，单位 cm^{-1}；光强度 I 的单位为 $J/(cm^2 \cdot s)$。

折射率和吸收率都与入射光波长有关，有色散现象，表 4.1 为硅和砷化镓的折射率与波长的关系。一般半导体材料的折射率 n 为 3~4，吸收率约为 10^5/cm 量级。

表 4.1　硅和砷化镓的折射率与波长的关系（300K）

波长 $\lambda/\mu m$	绝对折射率 n	
	Si	GaAs
1.10	3.50	3.46
1.00	3.50	3.50
0.90	3.60	3.60
0.80	3.65	3.62
0.70	3.75	3.65
0.60	3.90	3.85
0.50	4.25	4.40
0.45	4.75	4.80
0.40	6.00	4.15

折射率还有一个重要的表观体现，如图 4.1 所示，直射光在穿越两种折射率不同的介质时，如图中两个角度 θ_1、θ_2，与折射率满足以下关系，称为光的折射现象；它在光线逆向穿越时也成立。

$$n_1\sin\theta_1 = n_2\sin\theta_2 \tag{4.3}$$

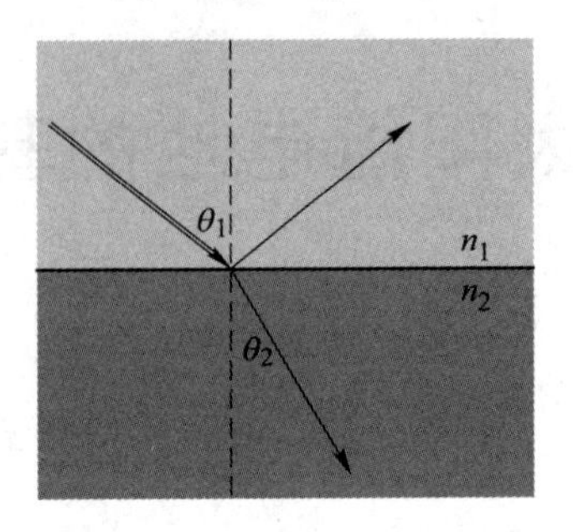

图 4.1　光的折射角与折射率

光在穿越两种不同传播媒质时，不仅从两种媒质之间界面以折射方式进入第二种媒质，还会在此界面上发生反射。反射率 R 定义为反射光强与入射光强之比，理论上可推导得出一定波长的光由空气垂直入射某一材料时，其反射率可完全由该材料的折射率和吸收系数确定。

$$R = \frac{(n-1)^2 + k^2}{(n+1)^2 + k^2}$$

式中，k 为消光系数，与吸收系数 α 有简单关系：

$$\alpha = 4\pi k/\lambda \tag{4.4}$$

对于吸收性很弱的材料，消光系数 k 很小，反射系数 R 比纯电介质稍大；但折射率较大的材料，如 n 达到 4 的半导体材料，其反射系数可达 40%左右。图 4.2 为晶体硅对不同波长垂直入射光的反射率。

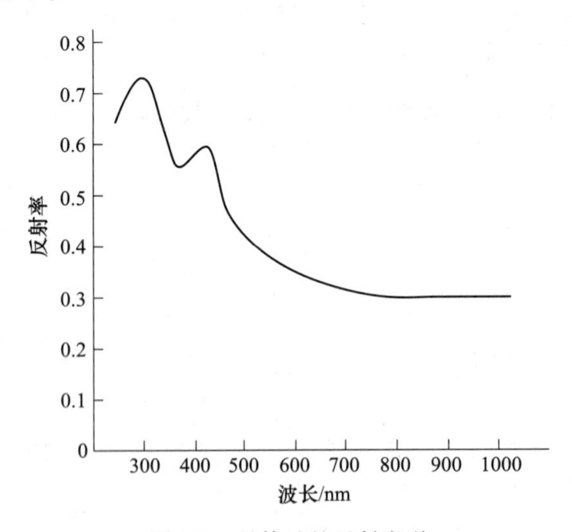

图 4.2　晶体硅的反射率谱

当垂直入射光透过一块厚度为 d 的材料时，进入材料经历过吸收的光还会在材料背面经历一次反射，反射率相同，简单推算可以得到透射系数：

$$T = \frac{I_T}{I_0} = (1-R)^2\exp(-\alpha d) \tag{4.5}$$

注意以上推导过程虽未提及材料表面形貌与粗糙度因素，但光线在表面垂直入射的条件如落实到光照所及每个点，实际已隐含表面为理想光滑面的条件。当光线为斜入射时，反射率在很大一个斜角范围（小于60°）都基本不变，只在入射光很斜，接近掠射（斜角接近90°）时反射率才急剧升到接近100%。

4.1.2 半导体的光吸收机制

孤立原子中的能级是不连续的，两能级间的能量差是定值，电子的跃迁只能吸收一定能量的光子，出现的是吸收线，而半导体中能级形成连续的能带，光吸收表现为连续的吸收带。

在半导体中最主要的光的吸收机制就是前面已经述及的光照条件下非平衡载流子激发，或非平衡载流子光注入。注意半导体在光照下的非平衡载流子的激发与相应光子能量被半导体吸收是同一件事的两种表述，并不存在先吸收、后激发的前后或因果关系。

半导体中这种最主要的光吸收机制被称为本征吸收，如图4.3所示，入射光子能量 $h\nu$ 被价电子吸收，使其能量跃迁到导带。对应于本征吸收光谱，在频率方面必然存在一个频率界限 ν_0，或者在波长方面存在一个波长界限 λ_0。当频率低于 ν_0，或波长大于 λ_0 时，不可能产生本征吸收，吸收系数迅速下降。这种吸收系数显著下降的特定波长 λ_0，或特定频率 ν_0，称为半导体的本征吸收限。能量大于两倍禁带宽度 E_g 的光子，一般不可能激发两对载流子，多余的能量只能消耗于发热。本征吸收的长波限 $\lambda_0(\mu m)$ 与禁带宽度的关系为：

$$\lambda_0 = hc/E_g = 1.24/E_g \tag{4.6}$$

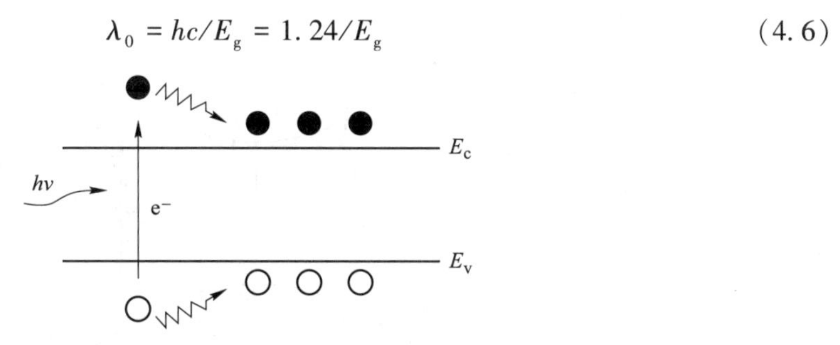

图4.3 半导体本征光吸收过程（电子跃迁）示意图

（图中振动箭头表示被激发的电子和空穴以晶格振动（放热）方式释放多余能量，分别回到导带底与价带顶位置）

根据半导体材料不同的禁带宽度，可算出相应的本征吸收长波限。半导体硅 Si 为 $E_g = 1.12\text{eV}$，$\lambda_0 \approx 1.1\mu m$；砷化镓 GaAs 为 $E_g = 1.43\text{eV}$，$\lambda_0 \approx 0.867\mu m$；硫化镉 CdS 为 $E_g = 2.42\text{eV}$，$\lambda_0 \approx 0.513\mu m$。图4.4为几种常用半导体材料禁带宽度和本征吸收长波限的对应关系。

4.1.3 直接跃迁和间接跃迁

在光照下，电子吸收光子的跃迁过程，除了能量必须守恒外，还必须满足动量守恒，即所谓满足选择定则。设波矢为 $\boldsymbol{k}$ 的电子跃迁到波矢为 $\boldsymbol{k}'$ 的状态必须满足：

$$h\boldsymbol{k}' - h\boldsymbol{k} = \text{光子动量} \tag{4.7}$$

而由于一般半导体所吸收的光子，其动量远小于能带中电子的动量，因此光子动量可忽略

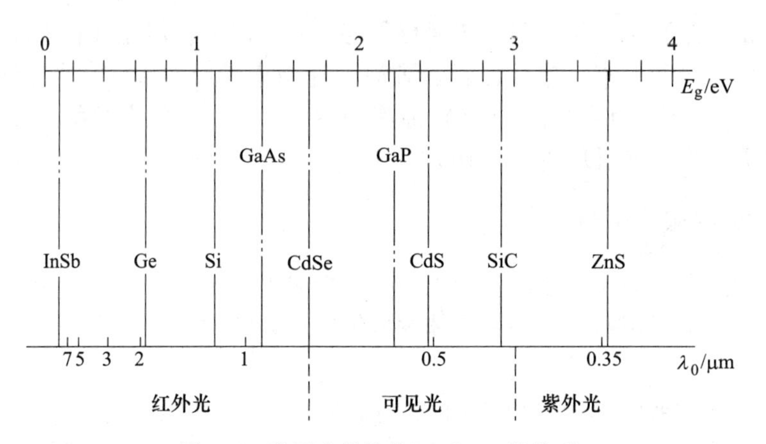

图 4.4 常用半导体的 E_g 和 λ_0 的关系

不计，上式可近似写为：

$$k' = k \tag{4.8}$$

式（4.7）说明，电子吸收光子产生跃迁时波矢保持不变，但电子能量增加。

如果价带电子仅仅吸收了一个光子发生跃迁，如图 4.5 所示，价带状态 A 的电子只能跃迁到导带中的状态 B。A、B 在 $E(k)$ 曲线上位于同一垂直线上，因而这种跃迁称为直接跃迁。

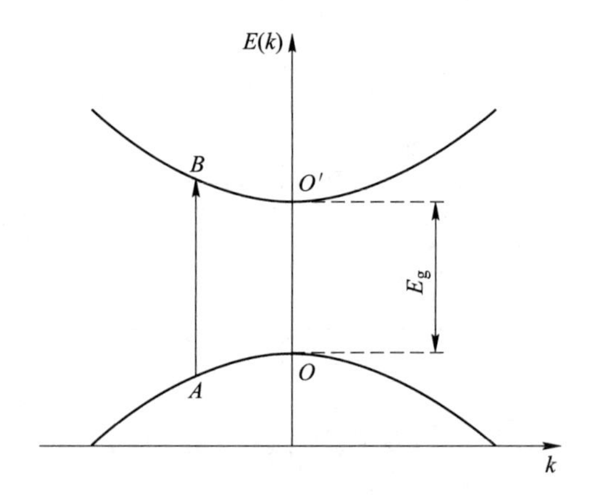

图 4.5 电子的直接跃迁

对于不同的波矢，垂直距离各不相等，就是说任何一个波矢的不同能量的光子都可能被吸收，而吸收的光子最小能量应等于禁带宽度 E_g。因此，本征吸收形成了一个连续吸收带，并具有一长波吸收限。理论计算可得，对于直接带隙半导体（GaAs），在直接跃迁中，吸收系数与光子能量的关系为：

$$\left.\begin{aligned}\alpha(h\nu) &= A(h\nu - E_g)^{1/2} & \text{当 } h\nu \geqslant E_g \\ \alpha(h\nu) &= 0 & \text{当 } h\nu < E_g\end{aligned}\right\} \tag{4.9}$$

式中，A 为与半导体自身性质及温度相关的常数。

硅（Si）、锗（Ge）半导体为间接带隙半导体，价带顶与导带底不在同一 k 空间点。如图 4.6 所示，任何直接跃迁所吸收的光子能量都比禁带宽度 E_g 大，与本征吸收的光子能量限相矛盾，所以存在另外的一种非直接带间跃迁机制。如图 4.6 中 $O \rightarrow S$ 的跃迁，波矢 $\boldsymbol{k}$ 变化大，即动量变化大，而光子的动量很小，因此仅靠光子的参与不能满足动量守恒条件。在此过程中，电子不仅吸收光子能量，同时还和晶格交换一定的振动能量，即放出或吸收一个声子，属非直接跃迁。非直接跃迁是电子、光子、声子同时参与的跃迁过程。能量关系为：

$$h\nu_0 \pm E_p = \Delta E \tag{4.10}$$

式中，ΔE 为电子能量差；E_p 为声子能量，吸收声子为"+"，发射声子为"-"，由于 E_p 非常小，可以忽略不计。因此，非直接跃迁过程中电子的能量差约等于所吸收的光子能量，符合本征吸收的光子能量限，即

$$\Delta E \approx h\nu_0 \approx E_g \tag{4.11}$$

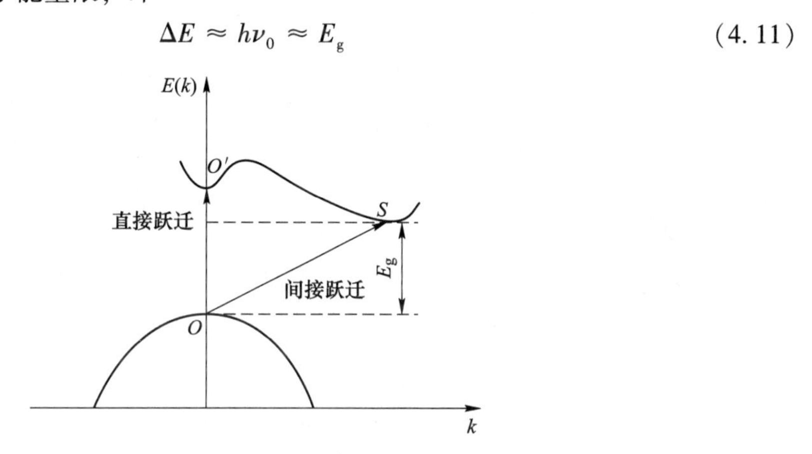

图 4.6 直接跃迁与间接跃迁

在非直接跃迁中，伴随发射或吸收适当的声子，电子的波矢 $\boldsymbol{k}$ 可以改变，而发射或吸收声子都是通过电子与晶格振动交换能量实现的。这种除了吸收光子外还与晶格交换能量的非直接跃迁，称为间接跃迁。间接跃迁的吸收过程一方面依赖于电子与光子的相互作用，另一方面依赖于电子与晶格（声子）的相互作用，这在理论上是一种二级过程。这一过程发生的概率只取决于电子与光子相互作用，比直接跃迁概率小得多。

理论分析可得，当 $h\nu > E_g + E_p$ 时，吸收声子和发射声子的跃迁均可发生，吸收系数为：

$$\alpha(h\nu) = A\left[\frac{(h\nu - E_g - E_p)^2}{\exp\left(\dfrac{E_p}{k_0T}\right) - 1} + \frac{(h\nu - E_g - E_p)^2}{1 - \exp\left(-\dfrac{E_p}{k_0T}\right)}\right] \tag{4.12}$$

当 $E_g - E_p < h\nu \leqslant E_g + E_p$ 时，只能发生吸收声子的跃迁，吸收系数为：

$$\alpha(h\nu) = A\frac{(h\nu - E_g + E_p)^2}{\exp\left(\dfrac{E_p}{k_0T}\right) - 1} \tag{4.13}$$

当 $h\nu < E_g + E_p$ 时，不能发生跃迁，吸收系数 $\alpha = 0$。

图 4.7（a）是 Ge 和 Si 的本征吸收系数和光子能量的关系。Ge 和 Si 是间接带隙半导体，光子能量 $h\nu_0 = E_g$ 时，本征吸收开始。随着光子能量的增加，吸收系数首先上升到一

段较平缓的区域，这对应于间接跃迁；随着 $h\nu$ 的增加，吸收系数再一次陡增，发生强烈的光吸收，表示直接跃迁的开始。GaAs 是直接带隙半导体，光子能量大于 $h\nu_0$ 时，一开始就有强烈吸收，如图 4.7（b）所示。对于像 GaAs 这样的直接带隙半导体材料，只要很薄的一片，1～3μm 就可大体上吸收 90%以上的入射光。而对于像 Si 这样的间接带隙半导体材料，需要 100μm 才能有效地吸收入射光。

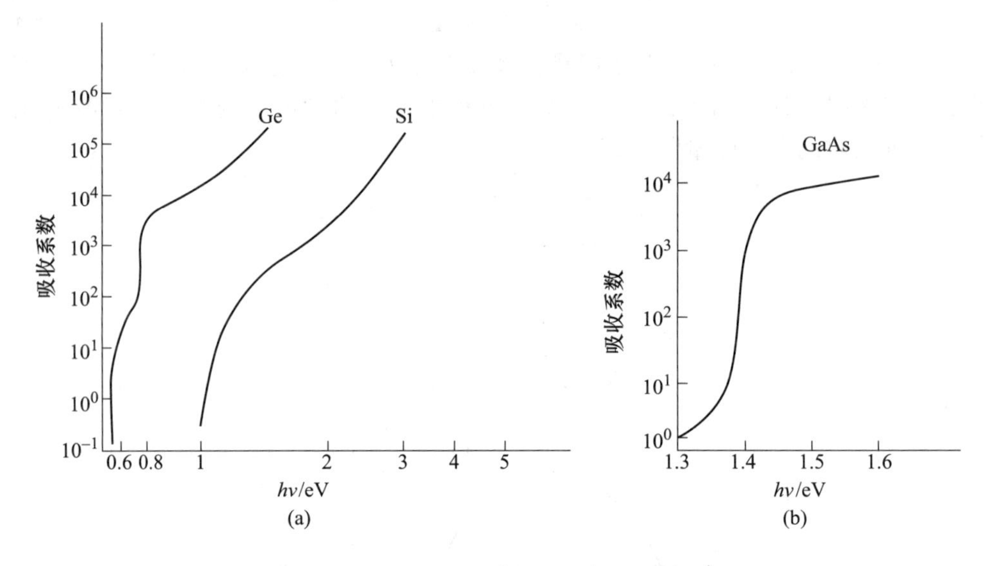

图 4.7　本征吸收系数和光子能量的关系
（a）Ge 和 Si；（b）GaAs

4.2　晶体硅太阳电池基本结构与原理

4.2.1　晶体硅太阳电池基本结构

一片实用的普通太阳电池一般是一张 156mm×156mm、约 0.18mm 厚的方形薄片，薄片材料是晶体硅，其朝光一面有密布细金属栅线和两道或三道横跨连接这些细栅线的供输出接触的粗栅线，背面则完全覆盖金属。这是肉眼所能看到的全部构造。图 4.8 为一个放大的横截面示意图，其中显示尚未看到的其他结构和组成。强调它为基本结构的原因是现在一些高效电池上增加了一些结构细节或设计上有彻底改变，图 4.8 并不代表所有实用电池的真实结构，但它所代表的基本要素和功能是所有实用太阳电池都必须具备的。

可以看到，整片电池基本上就是一个做好了电极的大面积的 pn 结，其朝光面一般为 n 型，背面相应为 p 型。原理上 p、n 对调完全可以，甚至性能上还有优点，但工艺上的原因使得迄今为止光伏业制造的硅片太阳电池绝大部分都是以 p 型硅为衬底，高温扩散施主杂质磷制得 n 型硅层，扩散的量需先补偿抵消衬底中的受主，然后才能得到 n 型。注意 n 型层极浅，一般不到 0.5μm 深，这一层常被称为“发射区”。

其他组成和构造都是辅助的，从上而下逐一介绍。

栅线：一般用银浆丝网印刷制得，收集载流子以汇成电流，其粗细与疏密的选择是光线遮挡、电流捕收与银浆消耗成本三者之间的折中优化问题。

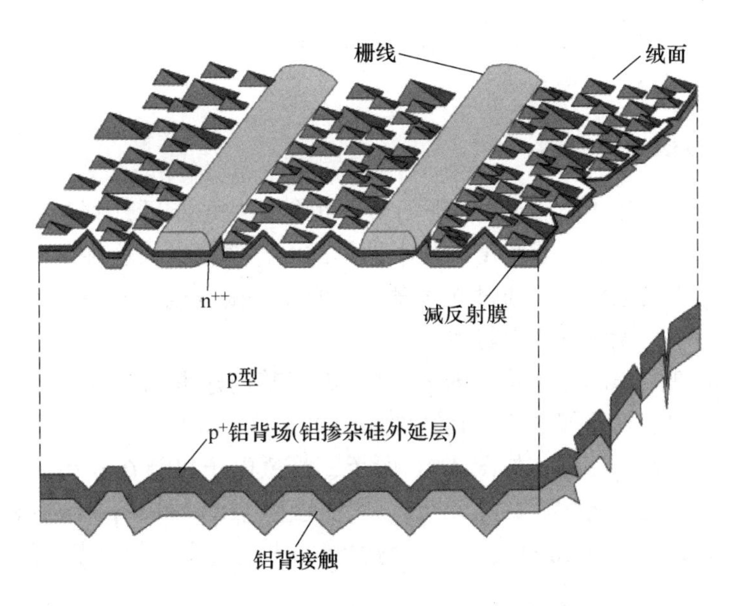

图 4.8 硅片太阳电池基本结构示意图

减反射膜：一般为几十纳米厚的氮化硅薄膜，因其适当的折射系数而具有良好的减少光反射作用，满足减反射效果所需折射系数条件的材料其实还有多种，氧化硅、氧化铝、氧化钛等，氮化硅薄膜成为产业的主流选择是其性能和工艺综合优势的结果。氮化硅减反射膜几乎无一例外地都采用等离子体增强化学气相沉积（PECVD）技术制备，过程中会产生大量 H 的注入。对硅表面及其表面附近晶体缺陷有良好的钝化作用，因此减反射膜也可称为钝化膜。

绒面：目的也是减少光反射。通过腐蚀粗糙化表面来实现。其作用基本上是纯粹几何的：粗糙表面上的一些斜面，使一次反射后的光线还能够二次入射到该斜面邻近的其他合适斜面，甚至二次反射后还发生三次入射……表观上就会体现为反射率降低。当然过于复杂的表面形貌又会令扩散制造 pn 结过程和 PECVD 制造减反/钝化膜过程困难，不能一味追求低反射率。另外，由于太阳光波长在 500nm 量级，那些尺度在几十纳米甚至几纳米尺度的微观粗糙形貌应该没有类似减反射作用。

n 型硅层/p 型硅层：为原理核心结构，下文另述。图 4.8 中 n 型层标为 n^{++}层，体现其为补偿基础上掺杂与较重的掺杂两层意思。

铝背场层：为受主杂质铝的重掺杂层，类似地标为 p^{+}层，由铝硅合金熔体在硅表面液相外延生长而成。该重掺层有两重作用：一是形成所谓背场（BSF），降低表面复合损失，加强对载流子的收集；二是改善电池背面与金属的欧姆接触。硼是更为有效的受主杂质，因此上述外延中也可用铝硼硅熔体代替铝硅熔体，实现铝和硼共掺。这一层一般称为铝背场，它能有效地提高电池电压和电流输出。

铝背接触层：为金属导电层。铝掺杂硅外延层与金属铝层在实际生产工艺中其实为一步制得，是十分精巧的天作之合。简单地说，在硅片电池背面用丝网印刷覆上一铝浆（或铝硼合金浆）薄层，加热到适当温度令铝和硅接触处通过扩散形成低熔点铝硅合金并使之发生熔融，降低温度凝固时熔体中过饱和的硅将在硅表面凝固析出，即在硅表面外延，其中将固溶饱和浓度（平衡浓度）的铝，剩余的铝-硅合金熔体则凝结为致密的铝硅合金膜层，成为电池背面对外导电接触层。

4.2.2　光生伏特效应

大多数情况下，半导体吸收入射光后，光子的能量使电子跃迁到高能级，形成非平衡载流子，提高了半导体的载流子浓度，使半导体的电导率增大。这种由光照引起半导体电导率增加的现象称为光电导。而通过光激发形成的非平衡载流子很快回到基态，因此只能提高半导体的电导率，无法形成电势差。

太阳能电池内部的非对称结构，即 pn 结，由于其内建电场的作用，使光激发的电子在返回基态前，被输运到外部电路，其结构如图 4.9 所示。受激电子和空穴受到内建电场的作用各自向相反的方向运动，如图 4.10 所示，受激电子集结在 n 型区中，而空穴集结在 p 型区，形成与内建电场相反的电动势，称为光生电压，如将 pn 结短路，则会出现电流，称为光生电流。这种由 pn 结的内建电场引起的光电效应，称为光生伏特效应。

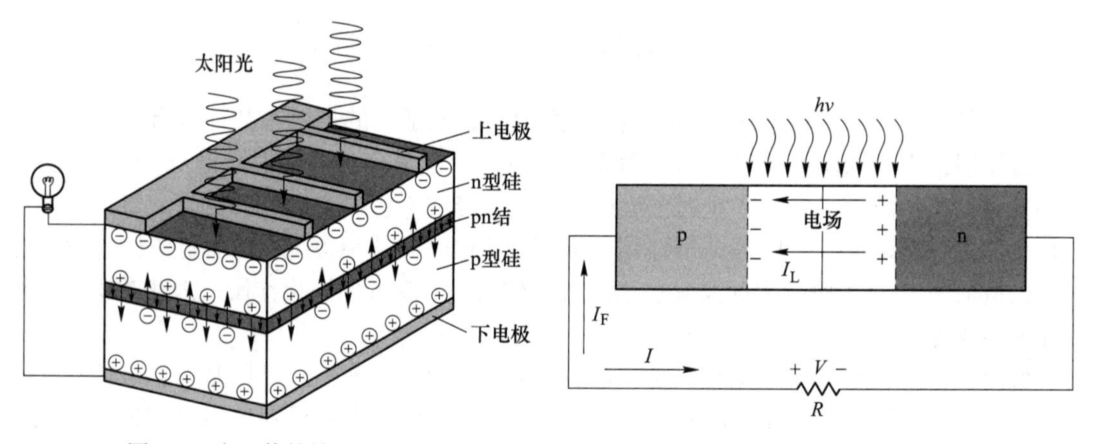

图 4.9　光生伏特效应示意图

图 4.10　带有负载的 pn 结太阳能电池

光照时的二极管特性，假设所考虑的是理想情况，即假定光照时电子-空穴对的产生率在整个器件中都相同。这相当于电池受能量接近于半导体禁带宽度的光子所组成的长波长的光照射的特殊物理情况。这样的光只能被弱吸收，因而在整个与特性有关的距离内，电子-空穴对的体产生率基本不变。应当强调，这种均匀产生率的情况与太阳能转换的实际情况并不相符。

光生电流 I_L 的预期值等于在二极管耗尽区及其两边一个少数载流子的扩散长度内全部光生载流子的贡献。耗尽区和其两边一个扩散长度范围之内的区域确实是 pn 结太阳能电池的“有效”收集区。距离 pn 结太远少数载流子被复合掉了。

半导体吸收能量 $E = h\nu$ 后，电子-空穴对的生成比例 $g(x)$（Generation Rate）为：

$$g(x) = \frac{\alpha I_V(x)}{h\nu} \tag{4.14}$$

$g(x)$ 单位为 $1/(\mathrm{cm}^3 \cdot \mathrm{s})$，即每秒在 $1\mathrm{cm}^3$ 单位体积中所产生的电子-空穴对数。光吸收系数 α 越大，电子-空穴对生成比例越高。

假设在 n 型区域每秒所产生的空穴数量的扩散长度为 L_p，即 n 型区域内所产生的光电流为：

$$I_{LN} = eAL_p g(x) \tag{4.15}$$

式中，e 为电子电荷量；A 为 pn 结的面积。

同理，位于 p 型区域中的电子及耗尽层 W 中（耗尽层内不考虑复合）的载流子所产生的光电流为：

$$I_{LP} = eAL_n g(x) \tag{4.16}$$

$$I_{LD} = eAWg(x) \tag{4.17}$$

由式（4.15）~式（4.17）可知，接收到光子的 pn 结所产生的总光电流 I_L 为：

$$I_L = eAg(x)(L_p + L_n + W) \tag{4.18}$$

pn 结二极管的输出特性，如图 4.11 所示。光照下的特性曲线仅仅是将暗特性曲线下移 I_L。因此，在该图的第四象限形成一个可以从二极管获取电力的区域。

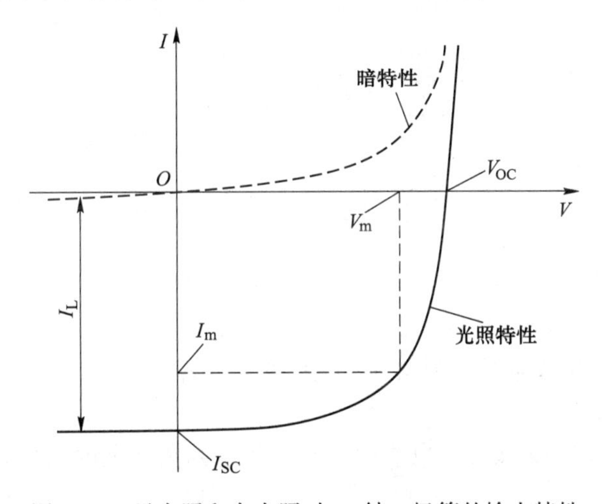

图 4.11 无光照和有光照时 pn 结二极管的输出特性

光电流 I_L 在负载上产生电压降，这个电压降可以使 pn 结正偏。这个正偏电压产生一个图 4.10 中所示的正偏电流 I_F。净 pn 结电流为：

$$I = I_L - I_F = I_L - I_S\left[\exp\left(\frac{eV}{kT}\right) - 1\right] \tag{4.19}$$

这里运用了理想二极管方程（3.70）。随着二极管加正偏电压，空间电荷区的电场变弱，但是不可能变为零或者改变方向。光电流总是沿反偏方向的电流，因此太阳能电池的电流也总是沿反偏方向的。

我们只对两种情况感兴趣。首先，当 pn 结短路，此时 $R=0$，所以 $V=0$。这时所得的电流是短路电流。

$$I = I_{SC} = I_L \tag{4.20}$$

第二种情况是 pn 结开路的情况下，即 $R\to\infty$ 时，此时，净电流是零，得到开路电压 V_{OC}。光电流正好被正向结电流抵消，因此得到：

$$I = 0 = I_L - I_S\left[\exp\left(\frac{eV_{OC}}{kT}\right) - 1\right] \tag{4.21}$$

同时还可得开路电压 V_{OC} 为：

$$V_{OC}=V_t\ln\left(1+\frac{I_L}{I_S}\right) \tag{4.22}$$

为阅读方便，通常将太阳能电池 $I-V$ 曲线画在第一象限，如图 4.12 所示。在图 4.12 中可得短路电流 I_{SC} 和开路电压 V_{OC}。对于 pn 结太阳能电池，开路电压 V_{OC} 一般比内建电势 V_{bi} 低。

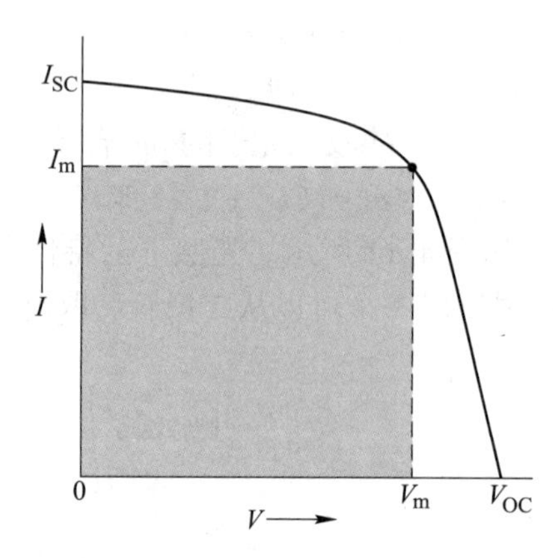

图 4.12　太阳能电池 $I-V$ 特性曲线的最大功率矩形

太阳电池输出功率 $P=I\cdot V$ 从开路时为 0，随负载电阻降低电流增大，功率逐增，至短路时又复为 0，之间有最大值 $P_m=I_m\cdot V_m$，称为最大输出功率 P_m。利用控制方法实现太阳能电池以最大功率输出运行的技术被称为最大功率点跟踪（MPPT，Maximum Power Point Tracking）技术。

目前此类技术已发展成熟而成为常规技术。传送到负载上的功率是：

$$P=I\cdot V=I_L\cdot V-I_S\left[\exp\left(\frac{eV}{kT}\right)-1\right]\cdot V \tag{4.23}$$

通过令 P 的导数为零，即 $\frac{\mathrm{d}P}{\mathrm{d}V}=0$，可以求出负载上最大功率时的电流和电压值。利用式（4.23）可得

$$\frac{\mathrm{d}P}{\mathrm{d}V}=0=I_L-I_S\left[\exp\left(\frac{eV_m}{kT}\right)-1\right]-I_SV_m\left(\frac{e}{kT}\right)\exp\left(\frac{eV_m}{kT}\right) \tag{4.24}$$

也可以将式（4.24）写成如下形式：

$$\left(1+\frac{V_m}{V_t}\right)\exp\left(\frac{eV_m}{kT}\right)=1+\frac{I_L}{I_S} \tag{4.25}$$

V_m 值可通过反复试验获得，图 4.12 中显示了最大功率矩形。

除了短路电流、开路电压外，第三个重要参数是填充因子 FF（fill factor）：

$$\mathrm{FF}=\frac{V_mI_m}{V_{OC}I_{SC}}=\frac{P_m}{V_{OC}I_{SC}} \tag{4.26}$$

其物理意义相当于 $I-V$ 曲线的“直方度”，是电池工艺质量的常用表征参数。因为串联电阻和漏电都使 $I-V$ 曲线更斜即更远离直方型，集中体现在使 FF 变小。现在一般较好

的硅片太阳电池 FF 值都在 0.75~0.85 范围。理想情况下，FF 仅由 V_{OC} 决定，为：

$$FF = \frac{eV_{OC} - \ln\left(\frac{eV_{OC}}{kT} + 0.72\right)}{eV_{OC} + kT} \tag{4.27}$$

这应看作是填充因子 FF 的上限值。

太阳电池的能量转换效率为电池最大输出功率 P_m 与照射到电池表面的光功率 P_L 之比：

$$\eta = \frac{P_m}{P_L} \tag{4.28}$$

它可以说是最具代表性的、最突出的太阳电池输出性能指标。当前硅片太阳电池商业产品的效率在 17%~22% 范围。不同材料太阳电池效率不同，目前（截止到 2022 年 12 月），最高效率的是一种钙钛矿/硅串联太阳能电池，效率高达 32.5%。

量子效率指入射光量子被太阳电池转化为电荷输出的效率，依不包含和包含光的反射影响而分为内量子效率 IQE 与外量子效率 EQE，其定义为：

$$IQE = \frac{J_L}{eQ(1 - R)} \tag{4.29}$$

$$EQE = \frac{J_L}{eQ} \tag{4.30}$$

式中，J_L 为光电流密度；Q 为单位时间、单位面积入射光子数；R 为光反射率。显然量子效率与入射光的波长密切相关，因此也被称为太阳电池的频率响应。内量子效率 IQE 便于研究者排除外界因素，直接考查电池本身对各波段光的光伏发电响应；而外量子效率 EQE 则将表面反射这一重要因素包括进来，体现电池对外来光照的总光伏响应。不同波段量子效率来自电池内部不同区域的贡献。图 4.13 为对一种 p 型硅衬底太阳电池内量子效率的

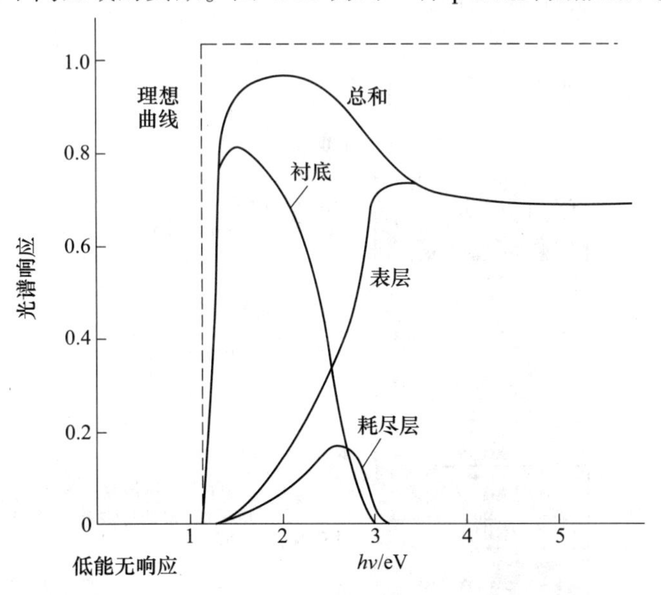

图 4.13　一种 p 型硅衬底太阳电池内部各区域（衬底，表层 n 型区，耗尽层）对内量子效率的贡献及太阳电池总量子效率的理论计算结果（虚线代表理想的内量子效率曲线）

理论计算分析结果。可以看到，在较短波长范围，量子效率主要来自表面层 n 型区；在较长波范围，量子效率主要来自衬底 p 型区；耗尽层虽然很薄，其贡献比例也很可观。这里也可清楚看到，称太阳电池正表面掺杂层为“发射区”，似意只有此处对外发射输送载流子，其实不妥，因其他区同样“发射”甚至贡献更大。

作为一种半导体器件，太阳电池各种性能都会随温度降低而提高，随温度升高而下降，在室温上下 40℃的范围这种变化基本保持线性，温度系数即为该线性系数，代表温度每升高 1℃引起的参数变化。最重要的温度系数为转化效率的温度系数，一般温度系数如不加说明即指转化效率的温度系数。对 p 型硅片太阳电池它一般约为 0.045%/℃，意味着如温度升高 22℃，电池转换效率绝对值就会下降 1%；按现有资料报告，n 型硅片太阳电池和硅薄膜太阳电池的温度系数都相对低些。

反向饱和电流 I_S 与太阳电池输出性能的关系体现在它对 V_{OC} 的影响［见式（4.22）］。反向饱和电流 I_S 越大，电池的输出电压 V_{OC} 越低，它与电池材料中两种载流子的扩散长度都呈反比关系，是材料纯度和结晶质量的重要表征。在太阳电池生产与研发中，它也是被关注和报告的太阳电池基本性能之一。

4.3 太阳能电池的效率损失与改善

为了提升太阳能电池的转换效率，应先了解太阳能电池的效率为何有一定的限制。

4.3.1 太阳能电池效率的损失原因

图 4.14 中大致说明了太阳能电池效率的损失原因。假设入射到太阳能电池的光有 100%，该损失来源可分为以下 5 种。

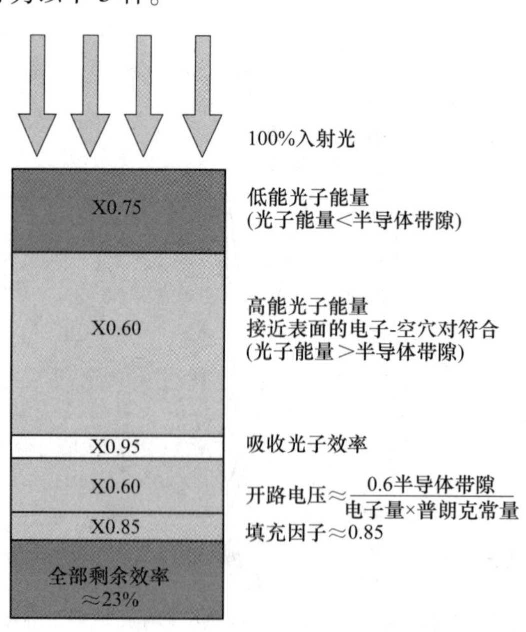

图 4.14 太阳能电池效率损失的来源

（1）低能光子能量的损失。当光子能量 $E_n = h\nu$ 小于半导体的带隙 E_g 时，光子将直接穿透半导体材料，不被吸收也不产生电子-空穴对，该部分光的能量约损失了 26%。

（2）高能光子能量的损失。当光子能量 $E_n = h\nu$ 大于或等于半导体的带隙 E_g 时，光子将被半导体材料吸收，而光子大于半导体带隙的能量（$E_n - E_g$）将以热的形式释放出来，该部分光的能量约损失了 40%，不同材料的光吸收系数如图 4.15 所示。

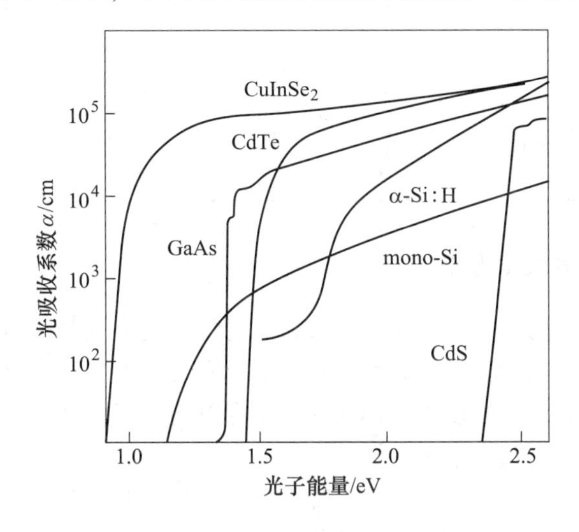

图 4.15 典型的光电半导体材料的光吸收系数

（3）吸收效率与反射的损失。并非所有的半导体材料对光都有相同的吸收能力，图 4.15 所示为典型的光电半导体材料的光吸收系数。光吸收系数较大的半导体材料以较薄的厚度所吸收到的光子量与光吸收系数较小的半导体材料以较厚的厚度所吸收到的光子量相同。入射的光子虽属于有效光，但却因表面反射造成反射损失（reflection loss）。表面反射的原因是：

1）所在电极表面的直接反射。

2）因半导体材料与空气折射率不同造成的反射。

该部分光的能量损失了 5%~7%。

（4）开路电压的损失。因光线所生成的载流子，在 pn 结中因空间电荷区的电场而移动，使得电荷两极化，并产生电压。在 pn 结中，由掺杂不纯物浓度确定的扩散电势所释放的电力无法被取出，这个损失称为电压因子损失，约为 40%。

（5）填充因子的损失。这部分损失包括：

1）由光生成的电子-空穴对，在太阳能电池表面或背面电极的边界的悬键所造成的表面复合损失。

2）在太阳能电池材料内部的电子-空穴对复合损失。

3）太阳能电池给外部负载供电时，当电流流过半导体、材料结合面或电极的电阻时所产生的以焦耳热形式释放的串联电阻损失。这部分的能量约损失 15%。

对于不同半导体材料与结构的太阳能电池，上述 5 种损失的比例不完全相同，但是其趋势是大致相同的。将以上 5 种损失去除，将每个阶段的光子能量效率相乘便可以知道一个典型太阳能电池的理论限制效率。

典型太阳能电池材料的转换效率见表4.2。

表4.2　典型太阳能电池材料的转换效率

太阳能电池材料	转换效率/%		
	理论限制效率	实验级	商业级
单晶硅	28	17	14~17
多晶硅	20	14	11~18
非晶硅	15	7~10	5~7
Ⅲ-Ⅴ族（GaAs、InP等）	35	25~35	22
Ⅱ-Ⅵ族（CdS、CdTe等）	17~18	15.8	10~12

4.3.2　改善太阳能电池效率方法

理解太阳能电池效率的损失原因，通过减少这些损失来提高转换效率是太阳能电池技术的研发重点。前述可知，造成目前太阳能电池转换效率不高的主要原因在于“低能光子能量”与“高能光子能量”的损失，两者将太阳能电池的理论限制效率限制到40%左右。以下简单说明针对各损失机制的改善方法。

（1）降低低能光子能量损失。采用低带隙的光电半导体材料。举例来说，典型结晶硅的带隙是1.12eV，因此仅能吸收波长短于1100nm的光子。

（2）降低高能光子能量损失。采用高带隙的光电半导体材料。

综合前两点，采用多带隙半导体材料的组合可以有效提高不同能量光子的使用率。例如，采用非晶硅（1.8eV）与结晶硅（1.12eV）的叠层组合，可分段吸收更多的光子。

（3）降低吸收效率与反射损失。

1）可尽量使用高光吸收系数的半导体材料。

2）减少金属电极面积，用透明导电电极来取代部分金属电极。

3）增加材料的表面粗糙程度，使用防反射层材料来降低表面反射所造成的反射损失（制绒）。

（4）降低开路电压损失。调整掺杂不纯物的浓度与原材料的费米能级位置。

（5）降低填充因子损失。

1）在太阳能电池表面或背面电极的边界使用表面钝化层来减少悬键。

2）使用高纯度(低杂质)的太阳能电池材料与较佳的制备工艺来减少器件内部的体复合。

3）使用良好导体作为电极，并采用较好的电极结构设计，降低串联电阻。

4.4　太阳能电池的等效电路

太阳能电池作为一个光电转换器件，并输出功率在负载上，所以必须考虑其等效电路。

4.4.1　理想等效电路图

理想pn结太阳能电池的等效电路如图4.16所示。由于只要光照射到太阳能电池，该

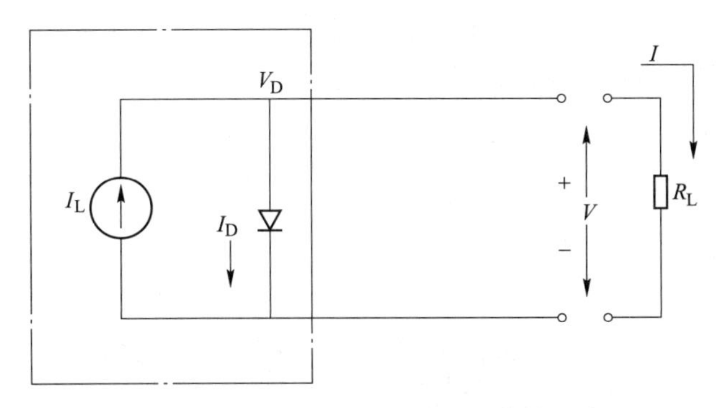

图 4.16 理想 pn 结太阳能电池的等效电路图

电池就会源源不断地产生电流，因此，光照产生的电流用一个电流源 I_L 来表示，该电流源的输出并非定值，而是受到光照条件与器件特性影响。外部不论接上多少负载，都用 R_L 表示。当外部接上负载时，该电路形成一个电流回路。在太阳照射条件下，太阳能电池所产生的电流为外加负载提供电流 I，其中，I_L 为太阳光照射产生的电流；I_D 为 pn 结太阳能电池的正向注入电流；V_D 为偏压在太阳能电池上的电压。以上参数关系如下：

$$I = I_L - I_D = I_L - I_S\left[\exp\left(\frac{eV}{kT}\right) - 1\right] \tag{4.31}$$

4.4.2 考虑到串联电阻及并联电阻的等效电路

实际上，太阳能电池都存在寄生电阻。太阳能电池内尚有串联电阻 R_s（Series Resistance）及并联电阻 R_{sh}（Shunt Resistance）的效应必须考虑。

串联电阻 R_s 主要由半导体材料的体电阻、正负电极和半导体材料的接触电阻以及电极的金属电阻组成。采用高导电率的金属导体材料可以有效地降低 R_s。通常，金属导体材料是通过印刷或镀膜的方式制作在器件表面，因此，制备条件也会影响到金属导体材料的导电性。例如，烧结温度为最佳时，金属导体材料浆料未被完全去除，则会增加导体电极的整体电阻率。一般而言，一个可用的太阳能电池的串联电阻约为 0.5Ω。

并联电阻 R_{sh} 的主要来源是太阳能电池所使用的半导体材料及其组成结构，包括太阳能电池的 pn 结处、太阳能电池的边缘与表面缺陷、掺杂浓度以及因材料的缺陷等造成的载流子复合等。并联电阻反映 pn 结的漏电流，包括电池边缘的漏电流及结区的晶体缺陷和杂质缺陷所引起的内部漏电流。

故实际太阳能电池的等效电路如图 4.17 所示，其输出的电流 I 表示为：

$$\begin{aligned} I &= I_L - I_D - \frac{V + IR_s}{R_{sh}} \\ &= I_L - I_0\left\{\exp\left[\frac{e(V + IR_s)}{nkT}\right] - 1\right\} - \frac{V + IR_s}{R_{sh}} \end{aligned} \tag{4.32}$$

式中，n 为 pn 结的理想因子，为 1~2，一般可取 $n=1$。在 pn 结的势垒区有部分载流子形成复合，成为复合电流。在小电流情况下，势垒区的复合电流占主要地位，$n=2$。随电流的增大 n 逐渐下降，在较大电流情况下，$\exp(eV_D/(kT))$ 迅速增大，复合电流可忽略，扩散电流占主要地位，$n=1$。由于势垒区的复合电流的存在，导致光生电流 I_{SC} 下降，因此，由开路电压公式可知开路电压 V_{OC} 也将下降。

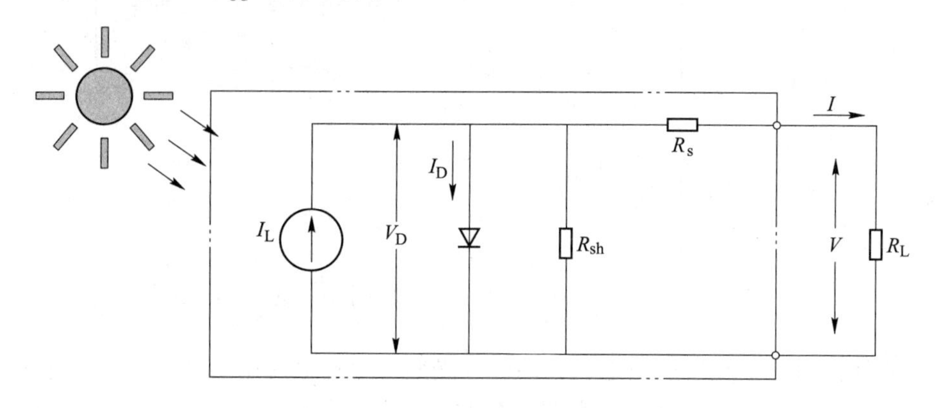

图 4.17　考虑器件寄生电阻的太阳能电池的等效电路图

太阳能电池的寄生电阻对电压-电流产生影响，如图 4.18 所示。寄生电阻以在电阻上消耗能量的形式降低了电池的发电效率、减小了填充因子。串联电阻值越接近于零或并联电阻值越接近无限大，太阳能电池的电压-电流曲线越接近理想二极管的电压-电流曲线，即 FF 值越大。

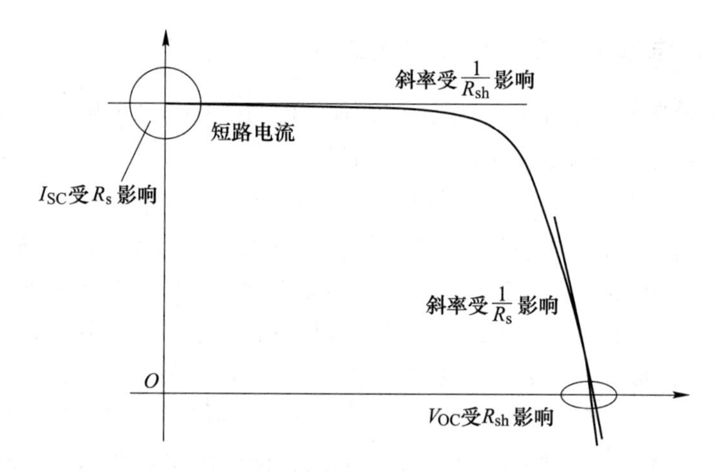

图 4.18　串联电阻 R_s 与并联电阻 R_{sh} 对太阳能电池的电压-电流曲线的影响

4.4.2.1　串联电阻 R_s 对电路的影响

假设并联电阻 R_{sh} 大到可以忽略其影响［式（4.32）第三项为零］，仅考虑串联电阻 R_s，如图 4.19 所示。太阳能电池输出的电流 I 可以表示为：

$$I = I_L - I_0\left\{\exp\left[\frac{e(V + IR_s)}{nkT}\right] - 1\right\} \tag{4.33}$$

（1）令 $V=0$，短路电流 I_{SC} 为：

$$I_{SC} = I_L - I_D = I_L - I_0\left(\exp\frac{eR_sI}{kT} - 1\right) \tag{4.34}$$

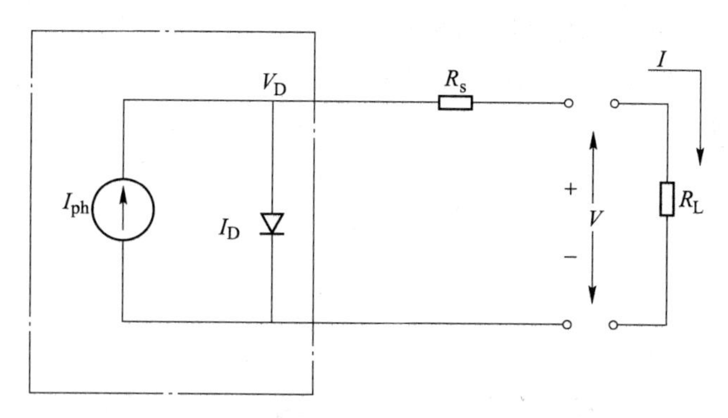

图 4.19　不考虑并联电阻，只考虑串联电阻的太阳能电池的等效电路图

（2）令 $I=0$，则式（4.33）写成：

$$0 = I_L - I_0\left(\exp\frac{eV_{OC}}{kT} - 1\right) \tag{4.35}$$

因此得到开路电压 V_{OC} 为：

$$V_{OC} = \frac{kT}{e}\cdot\ln\left(\frac{I_L}{I_0} + 1\right) \tag{4.36}$$

在式（4.36）中，开路电压与串联电阻 R_s 无关，即在不考虑并联电阻时，串联电阻的大小对开路电压没有影响。但由式（4.34）得知，串联电阻会影响短路电流及填充因子的大小。因此，利用数值分析的方式代入式（4.34），可描绘出串联电阻对太阳能电池电压-电流特性的影响，如图 4.20 所示。明显地，当串联电阻增大时，短路电流会变小，而填充因子也将变小。

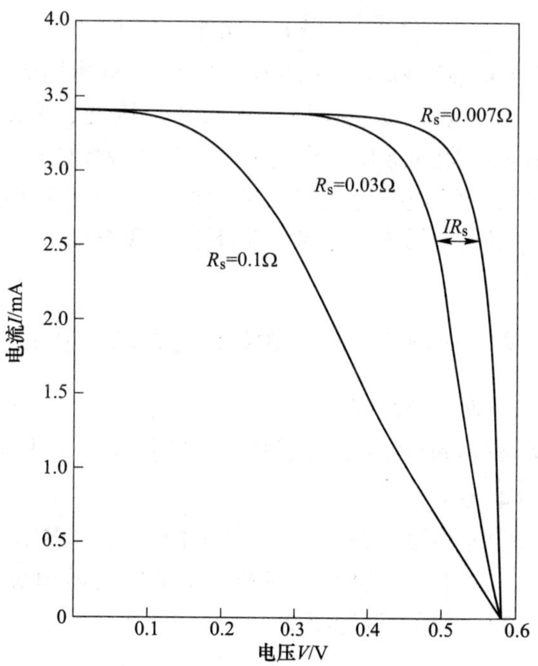

图 4.20　串联电阻对输出特性的影响

4.4.2.2 并联电阻 R_{sh} 对电路的影响

假设串联电阻 R_s 小到可以忽略，仅考虑并联电阻，如图 4.21 所示。太阳能电池输出的电流 I 可以表示为：

$$I = I_L - I_0\left[\exp\left(\frac{eV}{kT}\right) - 1\right] - \frac{V}{R_{sh}} \tag{4.37}$$

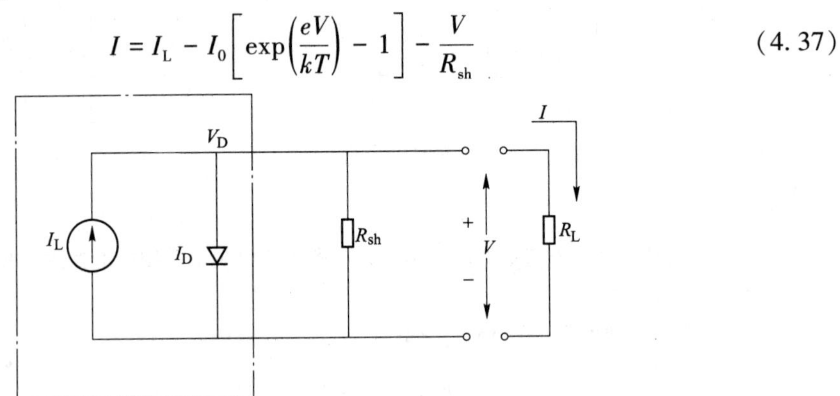

图 4.21 不考虑串联电阻，只考虑并联电阻的太阳能电池的等效电路图

（1）令 $V=0$，短路电流 I_{SC} 为：

$$I_{SC} = I_L \tag{4.38}$$

（2）令 $I=0$，则式（4.36）可写为：

$$0 = I_L - I_0\left(\exp\frac{eV_{OC}}{kT} - 1\right) - \frac{V_{OC}}{R_{sh}} \tag{4.39}$$

因此得到开路电压 V_{OC} 为：

$$V_{OC} = \frac{kT}{e}\ln\left(\frac{I_L}{I_0} - \frac{V_{OC}}{I_0 R_{sh}} + 1\right) \tag{4.40}$$

由式（4.37）和式（4.38）可知，短路电流 I_{SC} 与并联电阻 R_{sh} 无关。但由式（4.40）得知，并联电阻会影响开路电压及填充因子的大小。因此，利用数值分析的方式代入式（4.40），可描绘出并联电阻对太阳能电池电压-电流特性的影响，如图 4.22 所示。明显地，当并联电阻减少时，开路电压会变小，而填充因子也将变小。实际上，并联电阻必须小于 500Ω 以下才会有明显的影响。正常情形下，并联电阻多半大于 1kΩ，一般可视为无限大。

4.4.3 串联电阻（R_s）与并联电阻（R_{sh}）的计算（斜率测定法）

4.4.3.1 串联电阻（R_s）的计算

串联电阻 R_s 的计算可根据两组不同光强度照射所得到的 I-V 曲线求得，如图 4.23 所示，I-V 关系如前述式（4.33）。

在两条曲线与 I_{SC} 相同差距 $\Delta I(\Delta I = I_{SC1} - I_1' = I_{SC2} - I_2')$ 各取一点，其对应的值分别为（V_1'，I_1'）、（V_2'，I_2'）。由于一般制备良好的太阳能电池漏电流很小（并联电阻 R_{sh} 很大），将 ΔI 代回式（4.33）可得串联电阻 R_s：

$$R_s = \frac{V_1' - V_2'}{I_2' - I_1'}$$

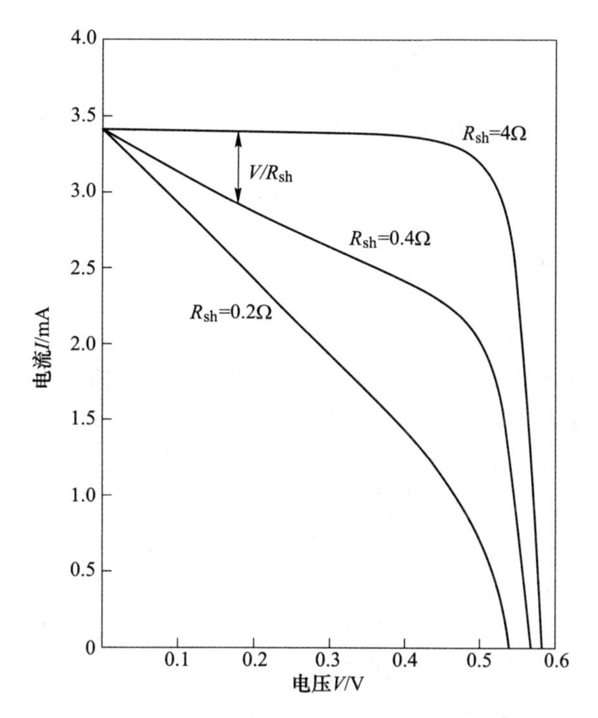

图 4.22 并联电阻对输出特性的影响

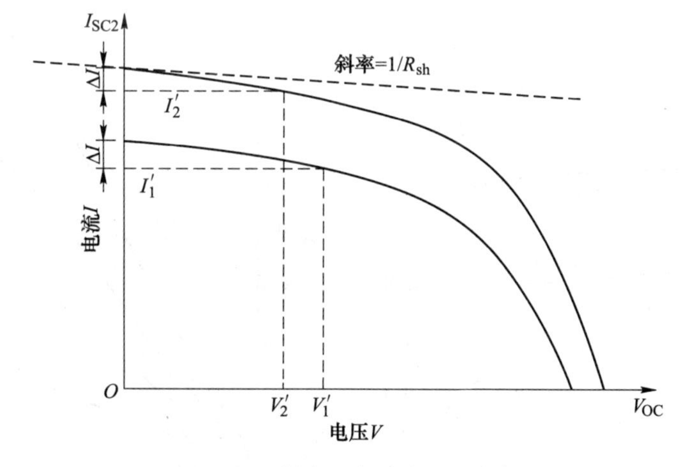

图 4.23 斜率测定法求 R_s 与 R_{sh}

4.4.3.2 并联电阻（R_{sh}）的计算

太阳能电池在零电压的情况下就有电流输出。在 $V=0$ 时($I_D \approx 0$)，式（4.32）可以改写为：

$$I = I_{SC} = I_L - \frac{IR_s}{R_{sh}} \tag{4.41}$$

临近 $V=0$ 的一点则可表示成：

$$I + \Delta I = I_L - \frac{\Delta V + (I + \Delta I)R_s}{R_{sh}} \tag{4.42}$$

且
$$\Delta I = \frac{\Delta V + \Delta I R_s}{R_{sh}} \tag{4.43}$$

由于太阳能电池特性在 $V \approx 0$ 处 $\Delta I R_s \ll \Delta V$，所以 R_{sh} 可表示为特性斜率的倒数：

$$R_{sh} = \frac{\Delta V}{\Delta I} \tag{4.44}$$

4.4.4 环境因素对电路性能的影响

4.4.4.1 照度对电性的影响

在完全没有光照的情况下，一个太阳能电池就如同一般的二极管。太阳光的照度大小，将影响太阳能电池器件的电压-电流特性。由图 4.24 可知，太阳能电池的电压-电流特性也随着光强度的不同而改变。随着光强度的变化，短路电流密度也明显地增加，光强度越弱，短路电流密度越小。一般而言，太阳能电池器件的效率必须在一个标准的阳光下（1sun）测试，其日照量是 100mW/cm^2（1kW/m^2）。太阳能电池组件也是在一个阳光下（1sun）使用，而特殊的太阳能电池组件通过反射镜组的设计，可以达到 100 个阳光的日照量，如采用聚光型太阳能电池模块等方法。在进行真实测量时，一个太阳（1sun）的光强度矫正在 100mW/cm^2 左右。太阳能电池对光电流的响应必须是线性的，这样才能够校正，若为非线性的情况，则无法校正，因此校正多使用短路电流密度的校正法。

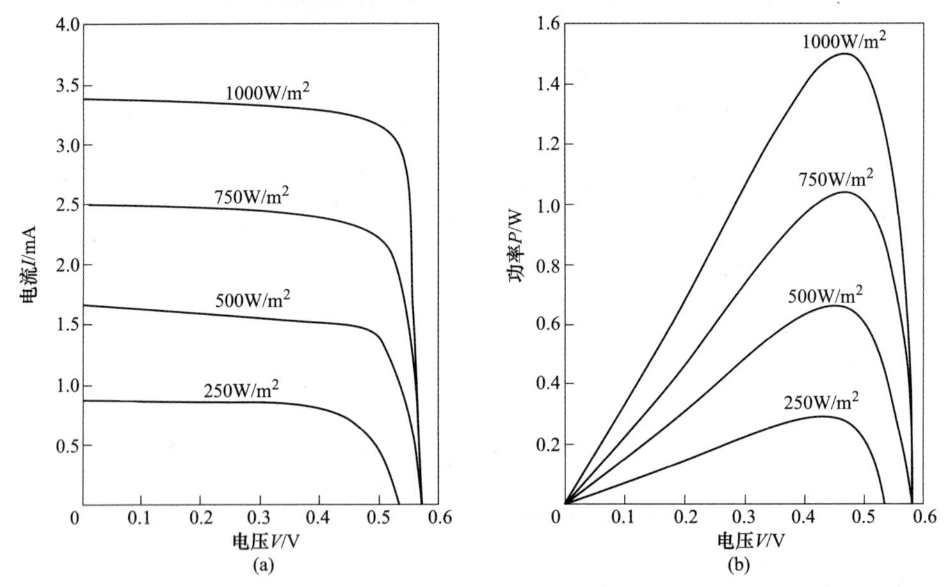

图 4.24 不同太阳辐射强度下太阳能电池板的输出特性

（a）I-V 特性；（b）P-V 特性

4.4.4.2 温度对电性的影响

一般而言，当环境温度上升时，短路电流仅有少许变动，但温度上升将造成半导体材料的带隙下降，导致暗电流上升而使得开路电压减少，进而影响到太阳能电池的转换效率，如图 4.25 所示。因此，若入射光的能量不能顺利地转换成电能时，它将会转换成热能，而使得太阳能电池内部的温度上升。若要预防能量转移效率的降低，则所产生的热能必须充分地使其释放出去。此外，根据温度规范为 25℃，受测的太阳能电池必须维持在

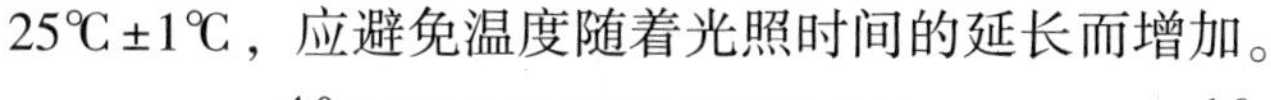

25℃±1℃，应避免温度随着光照时间的延长而增加。

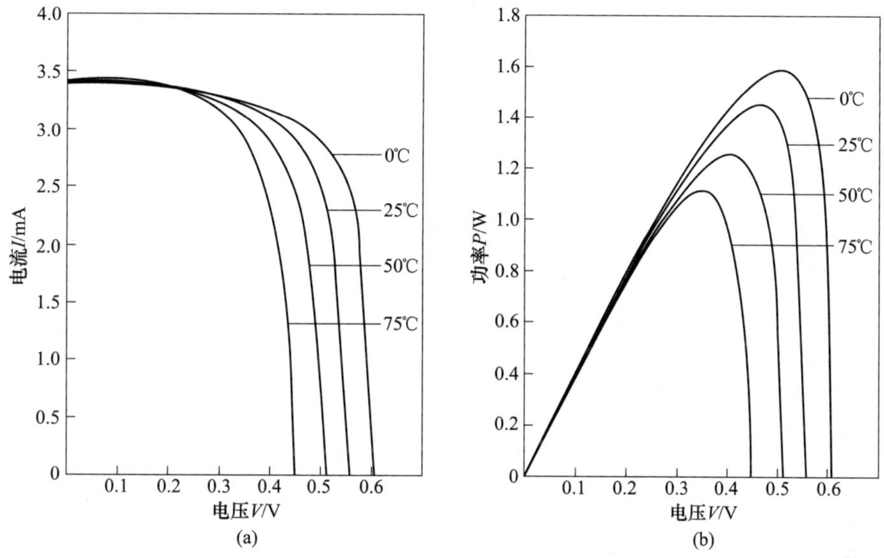

图 4.25　不同温度下晶硅太阳能电池的输出特性曲线

（a）I-V 特性；（b）P-V 特性

4.5　太阳能电池的串并联

4.5.1　平衡串并联

单个太阳能电池的额定电压、电流有限，因此在实际应用中通过将电池串并联得到所需的电压、电流等级。假设有两个特性一模一样的电池在同等条件下进行串联或并联，则容量成为两倍。串联时电流相等，输出电流为单电池电流，电压为单电池电压的两倍。而并联时电压相等，为单电池电压，输出电流为单电池电流的两倍。太阳能电池的串、并联拓扑结构及输出特性如图 4.26 和图 4.27 所示。

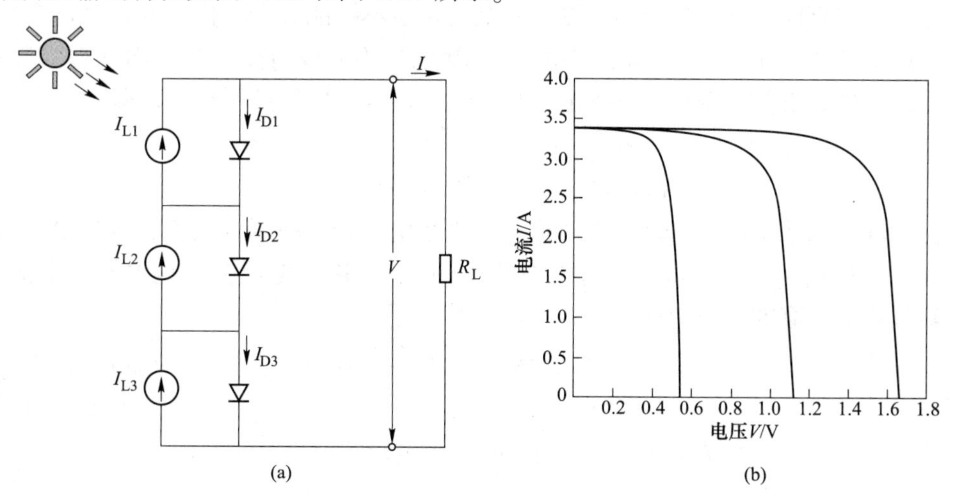

图 4.26　串联拓扑结构及输出特性

（a）拓扑结构；（b）输出特性

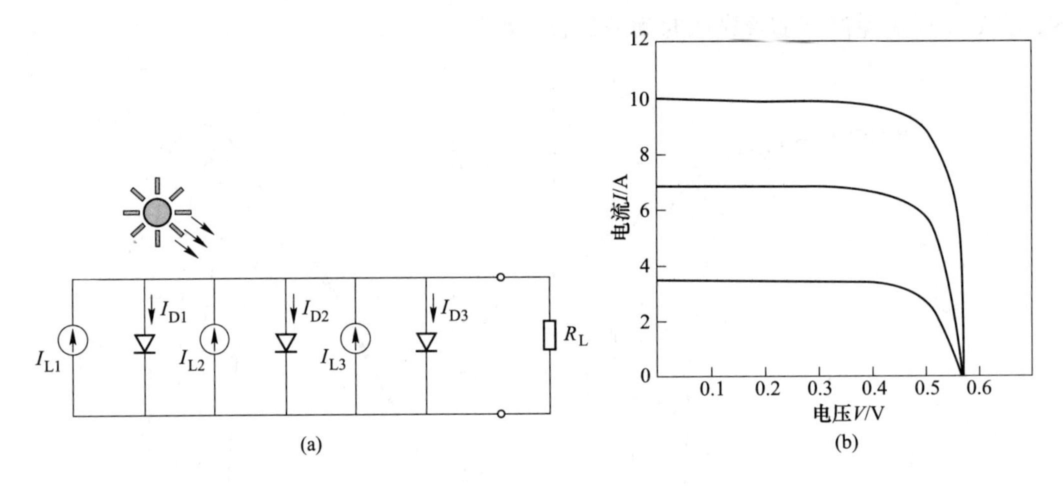

图 4.27　并联拓扑结构及输出特性
(a) 拓扑结构；(b) 输出特性

串联时电流及电压方程如式（4.45）所示，并联时如式（4.46）所示。

$$\left.\begin{aligned} I &= I_{L1} - I_{D1} = I_{L2} - I_{D2} = I_{L3} - I_{D3} = \cdots = I_L - I_D \\ V &= V_{D1} + V_{D2} + V_{D3} + \cdots = N_S V_D \end{aligned}\right\} \tag{4.45}$$

$$\left.\begin{aligned} I &= (I_{L1} - I_{D1}) + (I_{L2} - I_{D2}) + (I_{L3} - I_{D3}) + \cdots = N_P(I_L - I_D) \\ V &= V_{D1} = V_{D2} = V_{D3} = \cdots = V_D \end{aligned}\right\} \tag{4.46}$$

式中，N_S 为太阳能电池的串联数；N_P 为太阳能电池的并联数。那么将太阳能电池串并联形成 $N_S \times N_P$ 的太阳能电池方阵，则输出电流及电压为：

$$\left.\begin{aligned} I &= (I_{L1} - I_{D1}) + (I_{L2} - I_{D2}) + (I_{L3} - I_{D3}) + \cdots = N_P(I_L - I_D) \\ V &= V_{D1} + V_{D2} + V_{D3} + \cdots = N_S V_D \end{aligned}\right\} \tag{4.47}$$

4.5.2　不平衡串并联

实际上，就算同一批次生产出来的电池其特性也不可能完全一模一样，且许多情况下两个串并联电池的工作状态不一致，如两个电池温度不同或所受到的太阳辐射强度不同。不同特性或不同状态其表现形式为各电池的光生电流及光电压各不相同，即

$$\left.\begin{aligned} I_{L1} \neq I_{L2} \neq I_{L3} \neq \cdots \neq I_{Ln} \\ V_{D1} \neq V_{D2} \neq V_{D3} \neq \cdots \neq V_{Dn} \end{aligned}\right\} \tag{4.48}$$

因此，在串联系统中，其输出电流值等于光生电流最小的电池电流，输出电压为各电池电压之和，如式（4.49）所示。而在并联系统中，其输出电流为各电池输出电流之和，电压为输出电压最高的电池电压，如式（4.50）所示。

$$\left.\begin{aligned} I &= I_{L\_min} - I_{D\_min} \\ V &= V_{D1} + V_{D2} + V_{D3} + \cdots \end{aligned}\right\} \tag{4.49}$$

$$\left.\begin{aligned} I &= (I_{L1} - I_{D1}) + (I_{L2} - I_{D2}) + (I_{L3} - I_{D3}) + \cdots \\ V &= V_{D\_max} \end{aligned}\right\} \tag{4.50}$$

式中，I_{L_min}、I_{D_min} 为串联电池中光生电流最小的电池的光生电流及二极管暗电流；V_{D_max}

为并联电池中输出电压最高的电池电压。其输出特性如图 4. 28 所示。

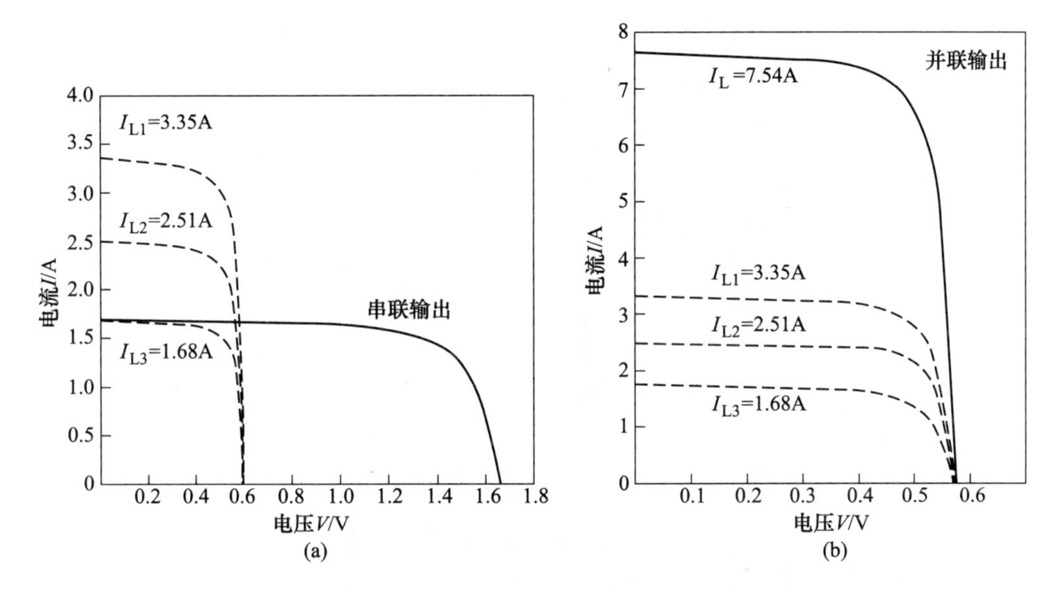

图 4. 28 不平衡串并联输出特性

(a) 串联；(b) 并联

并联系统中由于特性或状态的不一致，导致每个太阳能电池的开路电压不一致，电池间将形成环流。因此，太阳能电池组件内部全部为串联结构，避免形成环流。

不平衡串联时，由于没有其他通路，各太阳能电池的光生电流无法全部输出，降低了太阳能电池的利用率。因此，与电池并联一个二极管，称为旁路二极管，为多出的光生电流给出一个通路，可提高太阳能电池的利用率，其拓扑结构如图 4. 29 所示，输出特性如图 4. 30 所示。多出的光生电流通过并联的二极管放电，因此其 $I-V$ 特性呈现阶梯状，而 $P-V$ 特性呈现多峰。

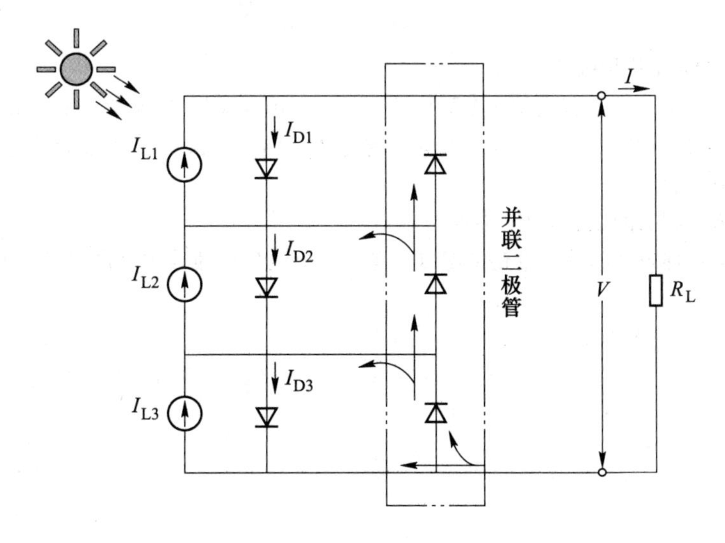

图 4. 29 带并联二极管的太阳能电池拓扑结构

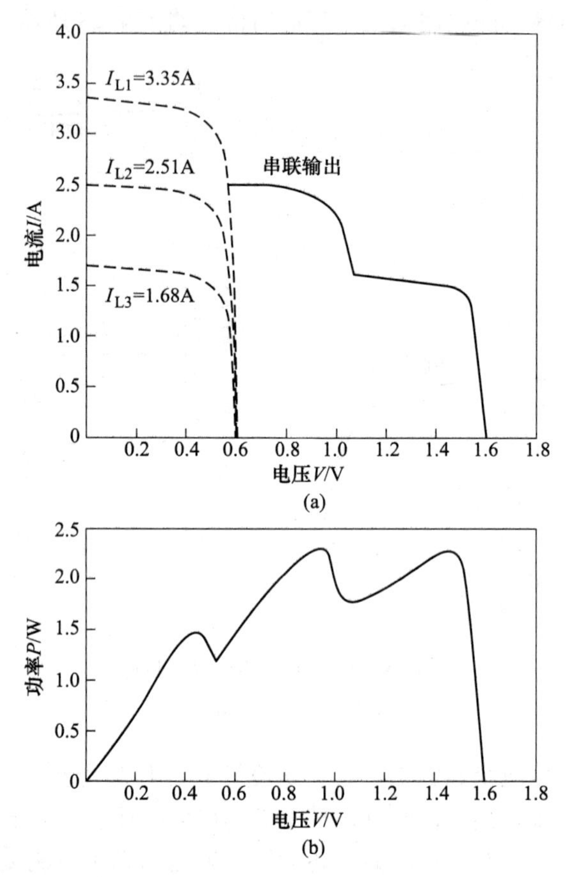

图 4.30 带并联二极管时不平衡串联输出特性

（a）I-V 输出特性；（b）P-V 输出特性

复习思考题

4-1 试说明 pn 结的光生伏特效应。

4-2 $T=300$K 时，硅 pn 结太阳能电池。参数如下：$N_a=5\times10^{18}\text{cm}^{-3}$、$N_d=10^{16}\text{cm}^{-3}$、$D_n=25\text{cm}^2/\text{s}$、$D_p=10\text{cm}^2/\text{s}$、$\tau_{n0}=5\times10^{-7}\text{s}$、$\tau_{p0}=10^{-7}\text{s}$、光电流密度 $J_L=15\text{mA/cm}^2$。计算该太阳能电池的内建电势 V_{bi}、开路电压 V_{OC}。

4-3 太阳能电池效率损失的主要原因？如何改善？

4-4 试画出理想太阳能电池的等效电路模型以及考虑寄生电阻后的等效电路模型，并说明寄生电阻的影响。

5　晶体硅太阳能光伏电池材料制造工艺

晶体硅太阳能电池具有光电转换效率高、性能稳定和寿命长等优势，已成为太阳能光伏发电的主力军。单晶硅太阳能电池和多晶硅太阳能电池是目前技术最成熟、应用最广和产量最大的两类主要晶体硅太阳能电池。我国单晶和多晶硅的产量现已占全球产量的90%以上。单晶硅太阳能电池的光电转换效率较高，但制造高纯单晶硅的过程能耗较高、制造工艺较复杂，在一定程度上限制了其应用。虽然多晶硅含有晶界、位错和杂质等缺陷，导致其光电转换效率低于单晶硅太阳能电池，但是，多晶硅锭铸造过程的成本和能耗相对较低，多晶硅太阳能电池的市场占有率已达到50%以上。太阳能电池的晶硅材料纯度应达到99.9999%以上，需要对硅石进行冶炼和提纯才能制得高纯度的多晶硅颗粒，再需经过拉单晶硅棒或铸造多晶硅锭、切片、扩散制结、印刷电极等一系列工艺才能得到所需要的太阳能电池。

扫一扫看更清楚

5.1　多晶硅原料的制造工艺

5.1.1　硅材料的理化特性

硅材料是目前世界上最主要的元素半导体材料，在半导体工业中广泛应用。硅（silicon）元素，源自拉丁文的 silex，意为“燧石”，化学符号为 Si。硅是Ⅳ族元素，原子序数为 14，核外有 14 个电子，原子核外电子排布为 $1s^2 2s^2 2p^6 3s^2 3p^2$（见图 5.1），最外层的 4 个价电子对硅原子的导电性起主导作用。硅是自然界极为常见的一种元素，但其极少以单质的形式出现，常以含氧化合物形式存在（硅酸盐或二氧化硅），于 1787 年由拉瓦锡首次发现存在于岩石中，1823 年，硅元素首次作为一种元素被永斯·雅各布·贝采利乌斯所发现。硅是地壳中第二丰富的元素，构成地壳总质量的 26.4%，广泛存在于岩石和砂砾等中。

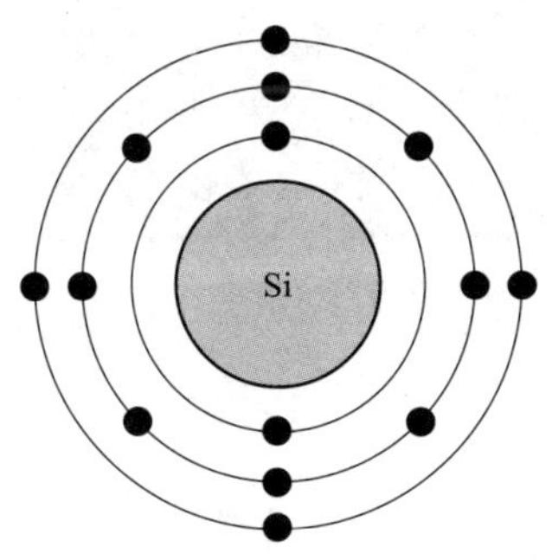

图 5.1　硅原子核外电子排布

5.1.1.1 物理性质

硅具有无定形硅和晶体硅两种同素异形体，晶体硅为灰黑色，无定形硅为黑色。其密度为2.32~2.34g/cm^3，熔点为1410℃，沸点为2355℃，莫氏硬度为7，具有金属光泽。硅在电学性质方面呈半导体性质，其本征载流子浓度为1.5×10^{10}个/cm^3，本征电阻率为1.5×10^{10}Ω·cm。温度对硅的电导率有显著影响，电导率随温度升高而增大，在1480℃左右达到峰值，而当温度超过1600℃后，电导率会随温度的升高而减小。

5.1.1.2 化学性质

硅具有明显的非金属特性，常温下不溶于水、硝酸和盐酸，可溶于氟化氢和碱金属氢氧化物溶液。加热条件下硅能同单质的卤素、氮、碳等非金属反应，也能与部分金属反应（如镁、钙、铁、铂等）。在高热温度下，硅可与氧气和水蒸气等发生反应。硅及含硅的粉尘对人体的最大危害是引起矽肺，因此，在含有硅粉尘场所的工人应采取必要的防护措施。

5.1.1.3 硅的纯度

工业上通常采用硅石矿物（主要成分是二氧化硅，SiO_2）作为原料制造晶体硅太阳能电池，如图5.2所示，而太阳能光伏电池使用的硅材料纯度应达到6N（6Nine）以上，即硅的纯度要达到99.9999%，其余0.0001%为杂质总含量。对于半导体硅材料中杂质含量的描述，通常采用“ppm”（part per million）与“ppb”（part per billion）来表示，“ppm”代表杂质含量为百万分之一（10^{-6}），而“ppb”则代表杂质含量为十亿分之一（10^{-9}）。由于太阳能电池需要高纯度的硅材料，就需要经过从硅砂到多晶硅料的一系列提纯过程才能达到相应的纯度。因为制备晶体硅太阳能电池的硅材料中杂质越少，所引入的杂质缺陷也越少，太阳能电池的转换效率越高。需要注意的是上述杂质指的是氧、碳、铁、铜等，而不是制pn结掺杂的Ⅲ族和Ⅴ族元素。

图5.2 硅石矿物

5.1.2 金属硅的制造

硅元素在自然界分布虽然较广，但主要是以氧化硅和硅酸盐的形态存在，需要进行提纯以满足不同的使用需求。金属硅（MG-Si）的制造是硅材料生产的第一步，现代工业早在20世纪初就开始采用碳热还原法规模化生产硅材料，主要是以硅石矿物（主要成分是二氧化硅，SiO_2）和碳质还原剂等为原料在大型电弧炉中经碳热还原法提炼制造硅含量为98%左右的产品，也称为冶金级硅或者工业硅（见图5.3）。全世界金属硅的年产量在100万吨左右，其主要是用于冶金、电力和化工等工业领域，仅有少量的金属硅会被进一步精炼为半导体级硅，应用于电子工业。

图5.3　金属硅

5.1.2.1　金属硅的制造原理

首先将硅石矿物和碳还原剂（煤和焦炭等）进行充分混合后，投入到石墨电极还原炉中，在约1800℃的高温下制造金属硅，工艺流程示意图如图5.4所示，反应过程的化学方程式如下：

$$SiO_2 + 2C \xlongequal{\triangle} Si + 2CO \tag{5.1}$$

而在金属硅的实际生产过程中，硅石矿物的还原反应是比较复杂的，炉内温度及炉料所在区域的变化均会导致一系列不同副反应的发生，中间产物主要包括SiC、SiO和CO_2等（涉及固、液、气三种状态）。为加快硅的还原反应速率，还会加入氧化钙、氯化钙、硫酸钡和氯化钠等催化剂提升生产效率。其中钙和钡的化合物催化效果较好，而氯化钠的催化效果稍差。研究发现，在1620℃左右加入2%氯化钙以及在1680℃左右加入3%氯化钙的催化效果最好，而继续升高温度对催化效果影响不大。

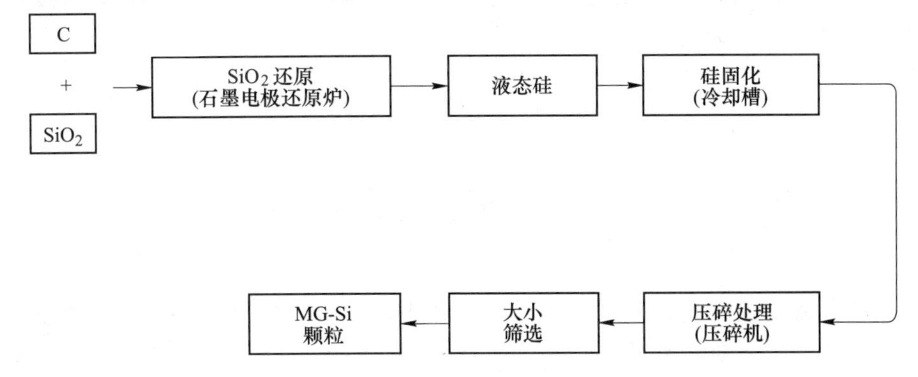

图5.4　金属硅制造工艺的流程示意图

5.1.2.2　金属硅的杂质去除方法

上述方法所制备的金属硅的杂质主要为碳、铁、铝、钙等，杂质来源主要来自两个方面：(1) 还原剂和石墨电极产生的碳杂质；(2) 硅石矿物与还原炉中的金属杂质。因此，工业上通常采用的控制杂质方法为：(1) 对还原剂进炉前清洗；(2) 在排液态硅时，采用底吹氧化性气体（氧气或氧-氮混合气体）来实现进一步的提纯；(3) 在反应炉中添加容易产生炉渣的物质，生成熔点远高于液态硅的固态氧化钙与氧化铝，炉渣将浮在液态硅表面，在浇筑时进行分离，以达到降低铝和钙杂质元素含量的目的。经过提纯后的金属硅在槽中凝固后，会经过压碎机被破碎成颗粒状，以满足后续工序的生产需要。

虽然太阳能级多晶硅（SG-Si）的纯度要求略低于半导体级多晶硅，但两者的生产主流方法基本相同。为得到太阳能级以上的高纯多晶硅，主要是采用物理或化学方法对金属硅进行提纯，其中最有效且应用最多的提纯方法为化学提纯。通过化学反应将金属硅的硅元素转化为中间化合物，再利用精馏除杂等技术提纯中间化合物，最后再将中间化合物还原成更高纯度的硅。目前主流的化学提纯方法包括：三氯氢硅氢还原法、硅烷热分解法和四氯化硅氢还原法。

5.1.3　三氯氢硅氢还原法制造多晶硅

三氯氢硅氢还原法是目前生产太阳能级以上的高纯多晶硅的主流方法，该方法主要是将固态的金属硅与氯化氢（HCl）气体反应生成三氯氢硅（$SiHCl_3$）气体，再通过氢气（H_2）的还原反应，最终获得高纯度多晶硅的技术。初期是由德国西门子（Siemens）公司于20世纪50年代发明的，因此该方法又称西门子法。西门子法存在多晶硅一次转化率低的严重问题。改良西门子法是在传统的西门子工艺的基础上增加了尾气回收和四氯化硅氢化等工艺，实现了闭环生产，显著提升了原料的循环利用率。目前，改良西门子法被世界上绝大多数厂家用来生产多晶硅。

5.1.3.1　三氯氢硅的合成与提纯

A　三氯氢硅的理化特性

三氯氢硅（$SiHCl_3$），又称硅氯仿，是一种典型的无机化合物（见图5.5），在常温常压下为具有刺激性气味的无色液体，可溶于苯、乙醚及氯仿等有机溶剂。$SiHCl_3$ 沸点在32~34℃之间，闪点为-28℃，在空气中极易燃烧。$SiHCl_3$ 与水会发生剧烈反应，人接触后会对眼睛和皮肤造成灼伤，而吸入后会刺激呼吸道黏膜，因此，生产人员需做好呼吸系统、眼睛以及身体的防护。

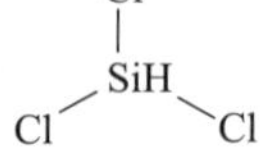

Cl
|
SiH
Cl　　Cl

图5.5　三氯氢硅的分子结构

B　三氯氢硅的合成

$SiHCl_3$ 的合成与提纯流程如图5.6所示。对硅颗粒与氯化氢（HCl）气体的反应条件的控制极为重要，主要应对硅颗粒粒径、原料水分、HCl流量、反应温度与压力等工艺参数进行严格控制。$SiHCl_3$ 的合成工艺要求硅颗粒具备颗粒粒径适中、干燥及流动性好等条件，因为在 $SiHCl_3$ 的合成过程中，金属硅颗粒的尺寸会严重影响合成工艺，虽然硅颗粒尺寸越小，越会增大与 HCl 气体的接触面积，提升反应速度，但颗粒过小，合成过程中容易形成聚式流化床，产生气泡，降低 $SiHCl_3$ 的转化率，且易造成部分微小颗粒尚未发生反应就被带出反应系统，不但易形成管路堵塞，降低设备生产效率；还会造成物料浪费。如硅颗粒过大，会减小与 HCl 的接触面积，降低反应速度，将导致生产效率下降。据相关研究报道，金属硅颗粒的粒径范围在 125~200μm 为最佳，此时的反应利用率最高，合成转化率也较高。因此，为保证生产效率，粉碎后的金属硅需首先送入球磨机球磨和过筛后再进入料池。随后需对硅颗粒进行干燥，硅颗粒将先后经过蒸汽和电感加热干燥炉，干燥的硅颗粒经计量罐计量后加入到流化床中。升温流化床，当流化床温度升高到 280~320℃时，向流化床底部通入 HCl 气体，由于合成 $SiHCl_3$ 为放热反应，此时需关闭加热电源，转入流化床的自动控制系统进行 $SiHCl_3$ 的生产，产物 $SiHCl_3$ 为气体，该生产过程的主要反应如下：

$$Si + 3HCl \xlongequal{\triangle} SiHCl_3 + H_2 \tag{5.2}$$

合成 $SiHCl_3$ 过程对温度要求较为严格。反应温度越高，生成四氯化硅（$SiCl_4$）越多，当温度高于 350℃时，将生成大量 $SiCl_4$，造成 $SiHCl_3$ 的产量降低，反应方程式为：

$$Si + 4HCl \xlongequal{\triangle} SiCl_4 + 2H_2 \tag{5.3}$$

而反应温度低于 280℃时，将生成一定量的二氯化二氢硅（SH_2Cl_2），反应方程式如下所示：

$$Si + 2HCl \xlongequal{\triangle} SiH_2Cl_2 \tag{5.4}$$

为提高产品质量，在合成过程中，不但需要将反应生成热实时带出，还需将温度严格控制在反应温度范围内。因此，合成 $SiHCl_3$ 的温度精确控制极为重要。

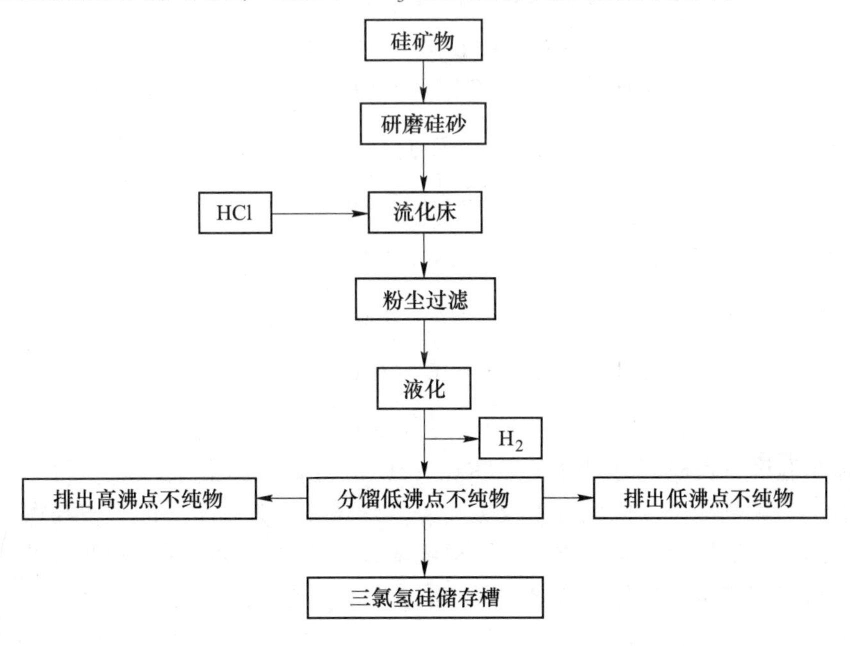

图 5.6 $SiHCl_3$ 合成与提纯的流程图

C　三氯氢硅的提纯

目前，多数企业为达到提高反应速度、提升 $SiHCl_3$ 产量、降低反应温度以及减少副产物含量等目的，会在合成反应时加入催化剂（含铜的硅合金或氯化铜）。另外，由于原料、设备和工艺过程等多重因素的影响，也难以避免的会在 $SiHCl_3$ 的产品中引入很多微量杂质。$SiHCl_3$ 中的杂质主要为铁（Fe）、铜（Cu）、铝（Al）、磷（P）、硼（B）、碳（C）等元素的卤化物，如不去除将直接影响最终生产出的多晶硅产品纯度。为获得高纯度产品，需首先通过粉尘过滤装置除去释放气体中的氯化铁（$FeCl_2$）、氯化铜（$CuCl_2$）、氯化铝（$AlCl_3$）及硅（Si）等杂质颗粒粉尘。

而合成 $SiHCl_3$ 过程产生的部分副产物和未反应完全的物质等杂质气体也会影响后续工艺流程，主要有 HCl、H_2、$SiCl_4$ 及 SH_2Cl_2 等，为获得更高纯度的 $SiHCl_3$。需进行进一步提纯。现有提纯 $SiHCl_3$ 的方法主要包括：萃取法、络合物法、固体吸附法、部分水解法和精馏法等。其中，精馏提纯是把两种或两种以上挥发度不同的液体混合物在特定温度下通过多次部分汽化，同时又使产生的蒸气多次部分冷凝，最终使混合物分离为所需高浓度产品的过程。$SiHCl_3$ 的沸点为 32~34℃之间，挥发性与沉积速度相对较高，通过精馏法提纯可得到杂质含量为 ppb 级的多晶硅。因此，精馏法是目前工业领域所采用的主流提纯方法。

5.1.3.2　三氯氢硅氢还原法制造多晶硅

A　西门子法

三氯氢硅氢还原法是由德国西门子公司于 20 世纪 50 年代发明的，因此，又被称为西门子法。该方法是将一定比例的高纯度的 $SiHCl_3$ 与 H_2 混合气体通入西门子反应炉中，将发热体硅芯通电加热，当温度升至 1080~1100℃范围内，$SiHCl_3$ 与 H_2 发生还原反应，所生成的硅会沉积在硅芯上，该过程的主要化学反应方程式如下所示：

$$SiHCl_3 + H_2 \xlongequal{\triangle} Si + 3HCl \tag{5.5}$$

与此同时，还会发生 $SiHCl_3$ 的热分解以及 $SiCl_4$、BCl_3、PCl_3 的还原反应：

$$4SiHCl_3 \xlongequal{\triangle} Si + 3SiCl_4 + 2H_2 \tag{5.6}$$

$$2SiHCl_3 \xlongequal{\triangle} SH_2Cl_2 + SiCl_4 \tag{5.7}$$

$$SH_2Cl_2 \xlongequal{\triangle} Si + 2HCl \tag{5.8}$$

$$SiCl_4 + 2H_2 \xlongequal{\triangle} Si + 4HCl \tag{5.9}$$

$$2BCl_3 + 3H_2 \xlongequal{\triangle} 2B + 6HCl \tag{5.10}$$

$$2PCl_3 + 3H_2 \xlongequal{\triangle} 2P + 6HCl \tag{5.11}$$

有效控制温度、反应混合气体的摩尔比、H_2 流量等是提升生产效率和产品质量的重要因素。由于三氯氢硅氢还原反应为吸热反应，升高温度有利于硅的生成与沉积。但温度过高时，硅的化学活性增强且杂质的还原程度增大，硅易受设备材质和杂质的污染，将降低硅的品质与沉积速率。另外，合适的反应混合气体摩尔比也是获得高品质硅与提升硅沉积速率的关键。当通入 H_2 不足时，由于副反应的发生，产品将呈非晶体型褐色粉末状，实收率降低。因此，H_2 必须比化学当量值过量，才可保证产品结晶质量，有利于提高实收率。但 H_2 和 $SiHCl_3$ 的摩尔比过大，会导致 H_2 无法充分利用，造成大量浪费；且 H_2 和 $SiHCl_3$ 摩尔比过高不利于抑制 B 和 P 析出，将影响产品质量；高摩尔比的 H_2 会稀释 $SiHCl_3$ 浓度，减少 $SiHCl_3$ 与硅棒表面碰撞的概率，降低硅的沉积速率。根据经验，$SiHCl_3$ 和 H_2 的摩尔比为 1∶(3.5~10) 较为适宜。而且硅沉积速率还受 H_2 流量的影响，一般情况下 H_2 流量越大，可加快还原反应速率，有利于提升硅沉积速率。但 H_2 流量过大会造成反应气体在还原炉中停留时间过短，转化率相对降低，增加制造成本。

然而，实际生产过程中，西门子法的 $SiHCl_3$ 一次性转化为多晶硅的效率较低（15%左右）。因此，必须对剩下的 $SiHCl_3$ 及相关副产物实行循环再利用，以降低生产成本。

B 改良西门子法

在传统西门子法的基础上，经历了三代的技术变革，现已发展出了集成三氯氢硅合成、分馏提纯、氢气还原、尾气回收以及四氯化硅氢化分离主要工艺为一体的闭环式三氯硅烷氢还原法，又称改良西门子法，具体流程如图 5.7 所示。其中，三氯氢硅的尾气回收与四氯化硅氢化分离的具体原理与过程如下：

西门子法产生的尾气主要为 H_2、HCl、$SiHCl_3$ 和 $SiCl_4$ 的混合气体，可利用不同尾气组分的液化温度、气化温度及溶解度差异，通过鼓泡、压缩-冷却、吸收塔、活性炭吸附及脱吸塔等系统对混合气体逐步回收。所得到的 $SiHCl_3$ 经提纯后，将作为多晶硅生产原料继续投入使用；分离的干燥高纯度 H_2 将提供 $SiHCl_3$ 还原工序所使用；获得的 HCl 气体可用作 $SiHCl_3$ 的合成原料继续使用。

而回收的 $SiCl_4$ 需通过加氢进行进一步氢化处理才能转变为制造多晶硅所需的 $SiHCl_3$，从而实现 $SiCl_4$ 的循环利用。目前 $SiCl_4$ 的氢化方法主要可分冷氢化和热氢化工艺。

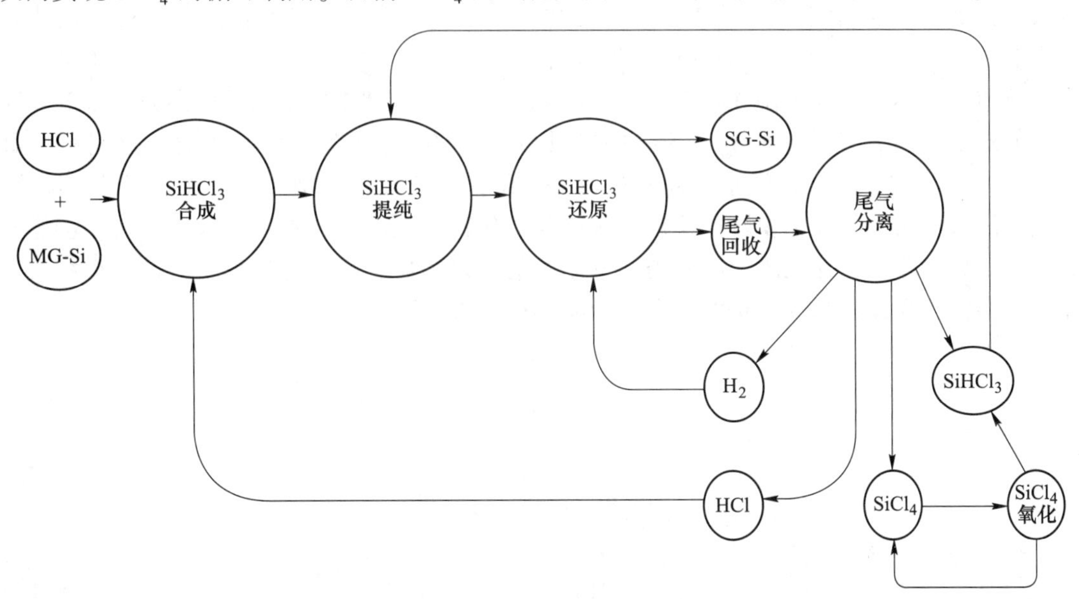

图 5.7 改良西门子法制造多晶硅的流程图

a 冷氢化工艺

冷氢化工艺的 $SiCl_4$ 转化率相对较高（20%以上），能耗较低。但该工艺的设备较为复杂，且操作具有一定的危险性。冷氢化工艺是在 500℃温度和 2~3MPa 压力的条件下，使四氯化硅与氢气、硅颗粒按照一定的摩尔配比发生反应而部分转化为三氯氢硅的方法。该方法利用的是式（5.6）的逆反应，具体反应方程式如下：

$$Si + 3SiCl_4 + 2H_2 \xlongequal{\triangle} 4SiHCl_3 \tag{5.12}$$

b 热氢化工艺

热氢化工艺的单程 $SiCl_4$ 转为率为 12%~18%，可通过多次循环提升转化效率，但该工艺的能耗相对较高。由于热氢化工艺是在一定的温度（约 1100℃）和压力（0.6~0.8MPa）条件下使 $SiCl_4$ 直接氢化为 $SiHCl_3$，因此该工艺又可称为直接氢化工艺，其反应方程式如下所示：

$$SiCl_4 + H_2 \xlongequal{\triangle} SiHCl_3 + HCl \tag{5.13}$$

虽然，改良西门子法具有工艺成熟、产品纯度高（9~11N）、节能、原料损耗少及废料污染程度低等优点；但该方法的 $SiHCl_3$ 转化率仍存在可进一步提升的空间。

5.1.4 硅烷热解法制造多晶硅

硅烷热解法是一种被国内外广泛认可制备高纯度多晶硅的方法，是以提纯的硅烷（SiH_4）为中间产物，经热分解直接制取高纯度的多晶硅。该方法由硅烷制备、提纯和热解三个主要步骤所组成。该方法具有 SiH_4 易提纯、原料分解彻底、无需回收尾气、实收率高、工艺步骤较少、操作简单、耗能小等优点，常应用于高纯度多晶硅的制备。

5.1.4.1 硅烷的理化特性

硅烷，又名甲硅烷或四氢化硅，由一个硅原子和四个氢原子组成，结构呈正四面体结构（见图 5.8），可溶于水，几乎不溶于乙醇、乙醚、苯及氯仿等有机溶剂。SiH_4 的沸点为-112℃，熔点为-185℃，是一种无色且有大蒜味的气体，在低温下，SiH_4 气体可冷凝成无色透明液体。其在常温无氧条件下较为稳定，而在 850℃ 高温下可直接分解成硅和氢气，如式（5.14）所示。SiH_4 有强烈的还原性。对氧气及空气极为敏感，极易燃，如式（5.15）和式（5.16）所示，即使在-180℃条件下也会与氧剧烈反应，甚至发生爆炸，火焰呈深黄色；会与卤化物剧烈反应，也能与氮化物发生反应。吸入对人体有害，会导致头晕、头痛、恶心，并刺激上呼吸道，甚至可能导致肺炎、肾病等疾病。因此，在相关工作环境中，需穿戴适当的防护服、手套及防毒面罩进行防护。

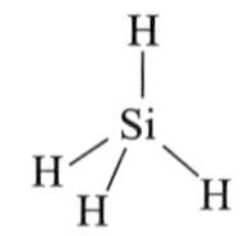

图 5.8 硅烷的分子结构

$$SiH_4 \xlongequal{\triangle} Si + 2H_2 \tag{5.14}$$

$$SiH_4 + 2O_2 \xlongequal{} SiO_2 + 2H_2O \tag{5.15}$$

$$3SiH_4 + 2N_2 \xlongequal{} Si_3N_4 + 6H_2 \tag{5.16}$$

5.1.4.2 硅烷热解工艺

硅烷自 20 世纪 60 年代开始商业应用，硅烷的制造方法已发展出三氯氢硅歧化法、硅合金分解法及四氟化硅还原法等方法。三氯氢硅歧化法为目前应用较为广泛的制备硅烷的方法，该方法是由美国联合碳化物（Union Carbide）公司研发的。该制备方法的主要工艺流程是：首先是将金属硅、H_2 和 $SiCl_4$ 作为原料通入流化床反应炉中，在 500~600℃的高温和 20~35 个大气压的条件下生成 $SiHCl_3$，精馏提纯后的 $SiHCl_3$ 在离子交换树脂不均匀反应器中发生歧化反应生成 SiH_2Cl_2，分馏提纯后的 SiH_2Cl_2 再次通过歧化反应生成 SiH_4，经提纯后的 SiH_4 既可通入西门子反应炉中热解生成多晶硅并沉积在加热硅芯上，也可采用流化床技术获得高纯度的多晶硅颗粒。该工艺的反应方程式如下所示：

$$Si + 2H_2 + 3SiCl_4 \xlongequal{\triangle} 4SiHCl_3 \tag{5.17}$$

$$2SiHCl_3 \xlongequal{} SiH_2Cl_2 + SiCl_4 \tag{5.18}$$

$$2SiH_2Cl_2 \xlongequal{} SiH_3Cl + SiHCl_3 \tag{5.19}$$

$$3SiH_3Cl \xlongequal{} SiHCl_3 + 2SiH_4 \tag{5.20}$$

$$SiH_4 \xlongequal{\triangle} Si + 2H_2 \tag{5.21}$$

为生产太阳能级的多晶硅，美国的埃西尔（Ethyl）公司于 1987 年研发了利用流化床技术制造多晶硅颗粒的方法，如图 5.9 所示，进入流化床反应器中的 SiH_4 热解生成的硅原子会沉积在漂浮的硅籽晶颗粒上，晶体逐渐生长，最终沉落在反应器底部，从而可以在出口处收集到高纯度的多晶硅颗粒。相比于西门子法，流化床技术的整个工艺流程是连续的，但该方法所得到的多晶硅颗粒表面易吸附氢气，且颗粒与反应器壁碰撞后易产生金属污染，所得到的多晶硅纯度稍差。

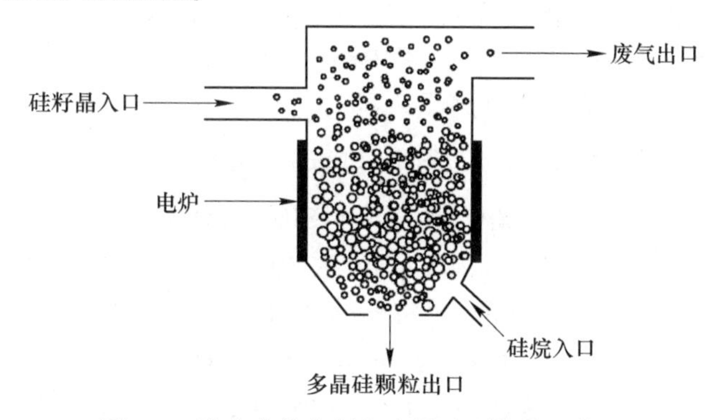

图 5.9　流化床技术制备多晶硅颗粒的示意图

5.1.5　多晶硅的其他制造方法

由于采用西门子法或硅烷热解法生产多晶硅的同时，还会产生大量的有害气体，如 SiH_3Cl、SiH_2Cl_2、$SiCl_4$、SiH_4 等，此类气体普遍具有强腐蚀性，如不妥善处理或发生泄漏，将会对生态环境造成严重破坏。因此，冶金法、碳热还原法、盐熔电解法、等离子体还原法、氯硅烷还原法等方法已得到工业界和学术界的关注，希望可以在不断的工艺改进下，能够在不远的将来替代西门子法或硅烷热解法而被广泛应用。本节将对几种典型的方法进行简单介绍。

5.1.5.1　冶金法制造多晶硅

冶金法最早是川崎制铁株式会社（Kawasaki Steel Corp）1996 年在日本新能源・产业

技术综合开发机构（NEDO）的支持下研发的。该方法是以金属硅为原料生产太阳能级多晶硅的一种制造方法，是类似于金属冶炼提纯的多晶硅提纯方法。与以化学原理为主的西门子方法和硅烷热解法相比，冶金法是以物理方法为主、化学方法为辅的提纯方法，常又被称为物理提纯法。其主要特点是硅材料在提纯工艺过程中的状态会发生改变，但成分始终保持不变，无需转化为中间产物，也不参与任何化学反应。

该方法经过多年来的改进与发展，目前已有多项技术被应用于冶金法制造太阳能级多晶硅，主要有酸洗、吹气精炼、真空熔炼、电子束熔炼、等离子束熔炼、定向凝固、造渣精炼、合金化等方法。工业上常采用适宜的几道工序相结合以去除金属硅中的杂质，从而达到太阳能级硅的要求，由于各工序没有严格的顺序要求，因此各企业的冶金法制造太阳能级多晶硅的工艺路径存在一定的差异，但均有其共性。一般要经过炉外精炼、酸洗、真空提纯、定向凝固等几个主要工序，先通过炉外精炼、酸洗、吹气精炼、造渣精炼、真空熔炼等工序去除金属硅中的 Fe、Ti、Al、Ca 等金属杂质以及 B、P、C、O 等非金属杂质，最后通过定向凝固工序，利用分凝效应将杂质富集到硅锭的两端并予以去除，使最终产品的硅纯度达到 6N 以上，完全可满足太阳能电池的使用需求。相比西门子方法和硅烷热解法，冶金法制备太阳能级多晶硅具有低成本和低能耗等优势，现已引起光伏产业的广泛关注。

5.1.5.2　碳热还原法制造多晶硅

碳热还原法是近年来发展起来的一种制备太阳能级多晶硅的方法，目前相关研究较少，在实验室中已取得较好的多晶硅提纯效果，尚未应用于工业生产。该方法主要是利用高纯碳还原高纯二氧化硅，再进行脱碳，从而得到较高纯度的多晶硅。碳热还原法的反应机理如式（5.22）所示，但实际反应过程中还会产生碳化硅（SiC）和一氧化硅（SiO）的中间产物［式（5.23）~式（5.27）］。

$$SiO_2 + 2C \xlongequal{\triangle} Si + 2CO \tag{5.22}$$

$$SiO_2 + C \xlongequal{} SiO + CO \tag{5.23}$$

$$2SiO_2 + SiC \xlongequal{} 3SiO + CO \tag{5.24}$$

$$SiO_2 + Si \xlongequal{} 2SiO \tag{5.25}$$

$$SiO + 2C \xlongequal{} SiC + CO \tag{5.26}$$

$$SiO_2 + SiC \xlongequal{} 2Si + CO_2 \tag{5.27}$$

5.1.5.3　熔盐电解法制造多晶硅

熔盐电解法制造硅材料历史较为悠久，法国化学家德维尔（Deville）早在 1854 年就已采用熔盐电解法成功制取了硅材料。经过多年的研究与发展，已衍生出多种盐熔电解法，其中能够用于太阳能级多晶硅制造的方法分为：熔盐电解二氧化硅法、熔盐电解氟硅酸盐法、熔盐电解-三层电解精炼-真空蒸馏法等。但此类方法因能耗高、效率低、流程复杂等原因尚未被工业界所应用。

5.2　单晶硅棒的制造工艺

单晶硅太阳能电池凭借转换效率高、技术成熟、良品率高等优势一直被大规模应用。而单晶硅棒的制造工艺，也经历了改进与发展。目前，根据晶体生长方法划分，单晶硅的制备方法可以分为直拉法、悬浮区熔法及薄层外延法三类。其中以直拉法和悬浮区熔法应用最为广泛，直拉法所制造的单晶硅主要用于半导体集成电路和太阳电池硅片等应用，而由于悬浮区熔法制造的单晶硅纯度较高，其主要应用高压大功率可控整流元器件领域。本节对工业上常用的直拉法和悬浮区熔法及其衍生方法进行详细介绍。

5.2.1 直拉法制造单晶硅棒

直拉法是利用旋转的单晶硅籽晶从硅熔体中直接提拉制造单晶硅棒的方法。该方法凭借设备简单，易于操作，掺杂方便，对多晶硅原料的几何尺寸和形状要求低等优势已成为单晶硅生长应用最多的一种技术。直拉法是 20 世纪初由波兰的切克劳斯基（J. Czochralaki）所发明的，又被简称为 CZ 法，起初是用于从熔融金属中拉制细灯丝的一种方法，后经 Teal，Little 和 Bueheler 等人的改进与发展，20 世纪 50 年代初直拉法才应用于单晶硅的制造。而由该方法制造的硅又称为 CZ 硅，主要应用于微电子集成电路和太阳能电池等领域，是目前太阳能电池市场的单晶硅太阳能电池使用最多的原材料，占整个单晶硅产量的 85%。

5.2.1.1 直拉单晶炉

直拉单晶炉是一种在惰性气体环境中，利用石墨加热器熔化多晶硅，并采用直拉法生长单晶硅的设备。直拉单晶炉的结构大致可以分为炉室、真空与气体控制系统、晶体及坩埚旋转升降装置、单晶硅棒生长控制系统四个主要部分。

A 炉室

炉室是单晶硅生长的地方，根据空间位置又可分为上炉室和下炉室。上炉室是单晶硅棒冷却的地方，而下炉室则是硅棒产生的场所，主要包括可以升降和旋转的石墨托及中轴、石墨坩埚、石英坩埚、石墨加热器、绝热元件、炉壁和炉壁冷却系统等部分。石墨部件具有致密、坚固、耐用、变形小、无孔洞、气孔率低、弯曲强度较大、无裂纹、纯度高等优点，较为适合作为炉室部件的材质，可满足长期处于高温工作状态下的使用需求。当炉内温度达到多晶硅熔点时，石英坩埚会发生软化现象，因此必须在石英坩埚外侧包裹石墨坩埚，以防止石英坩埚软化变形。通常，石墨坩埚高度应略低于石英坩埚，以防止碳杂质进入硅熔体中。

B 真空与气体控制系统

真空与气体控制系统的主要作用是可有效降低单晶硅棒在生长过程中 O 和 C 杂质的引入。氧杂质会以过饱和间隙状态存在于硅晶体中，在一定的热处理条件下形成“热施主”，会对硅晶体提供电子，从而影响载流子浓度，而且氧杂质还会降低少数载流子的寿命。而碳杂质在硅中不会产生施主或受主效应，但碳原子因原子半径小，易造成晶格畸变。如碳杂质过多将会与硅原子反应生成碳化硅，碳化硅沉淀会导致晶格位错，形成深能级载流子复合中心，从而影响硅晶体的少数载流子寿命。

因为在高温环境下，石英坩埚壁会与硅熔体发生反应，生成 SiO。

$$SiO_2 + Si \xlongequal{\triangle} 2SiO \tag{5.28}$$

同时，高温下石英坩埚自身也会发生脱氧反应，反应方程式如下所示：

$$SiO_2 \xlongequal{\triangle} SiO + O \tag{5.29}$$

产生的氧原子绝大多数（大约98%）会以 SiO 的形式存在，仅少量的氧原子会溶于熔硅中，这就是单晶硅棒中氧杂质的主要来源。SiO 比较容易从硅熔体表面挥发，SiO 气体会在较冷的炉壁作用下凝结成颗粒并附着在炉壁表面（见图 5.10）。随着凝结颗粒的增多，不可避免地会有少量 SiO 落入硅熔体中，不但会增加单晶硅棒中的氧杂质含量，还会破坏晶体的周期性生长。为避免 SiO 的凝结，通常会持续通入氩气作为保护气，在保护气的输运下将 SiO 利用机械泵抽走。当炉内气压远大于 SiO 饱和蒸汽压，则上述现象更严重。但是，炉内气压若为高真空状态，则 SiO 从硅熔体表面挥发会出现沸腾现象，将导致硅熔体的飞溅损失，不利于单晶硅的生长。一般情况下，要求炉内的真空压力应不小于650Pa。溶解在硅熔体中的氧传输方式主要包括对流和扩散，而氧在硅中的扩散系数很小，因此氧主要是通过对流来传输到硅单晶与熔硅的固液界面或自由表面的。除了利用氩气（Ar）去除 SiO 来减少氧杂质外，强制调节熔体流动来控制经由熔体流动而传输的氧杂质也是一个重要途径。比如降低坩埚的旋转速率、籽晶的转速和采用较大直径的坩埚可以有效降低氧杂质的引入。

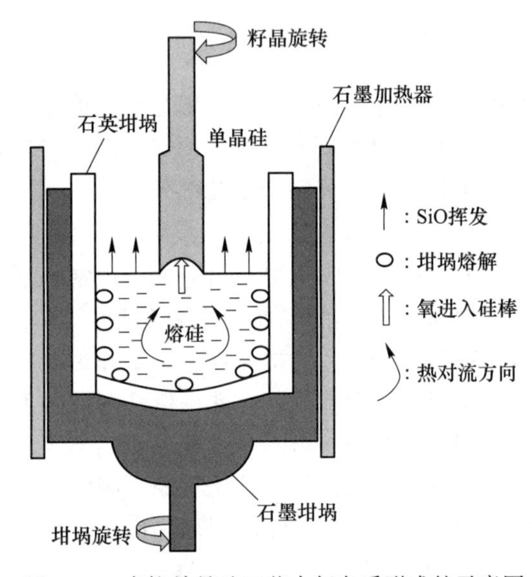

图 5.10　直拉单晶硅工艺中氧杂质形成的示意图

在高温环境下，炉体的加热器、石墨坩埚和绝热元件等石墨部件会与石英坩埚发生脱氧反应，并产生一氧化碳（CO），反应方程式如式（5.30）所示。因此，通入氩气还可以带走 CO 气体，以降低单晶硅棒中的碳杂质含量。另外，石墨部件会与 SiO 气体反应产生碳化硅（SiC）颗粒和 CO，反应方程式如式（5.31）所示。石墨元件也会与炉内残存的其他杂质气体（H_2O 和 O_2 等）反应生成 CO 和 CO_2，如式（5.32）和式（5.33）所示。上述含碳成分如溶入硅熔体中，将会造成硅熔体的碳污染。而减少碳污染除了利用氩气带走上述气体外，还可以利用化学气相沉积（CVD，Chemical Vapor Deposition）技术在石墨部件表面沉积一层致密的 SiC，以减少碳氧化合物产生。

$$C + O \xlongequal{} CO \tag{5.30}$$

$$2C + SiO \xlongequal{} SiC + CO \tag{5.31}$$

$$C + H_2O \xlongequal{} CO + H_2 \tag{5.32}$$

$$C + O_2 \xlongequal{} CO_2 \tag{5.33}$$

C 晶体及坩埚旋转升降装置

晶体及坩埚旋转升降装置可分为晶体拉升旋转机构与坩埚旋转升降机构。在工作状态下，晶棒与坩埚的拉升速率需维持较高的准确性才能保持液面在同一位置，以精确控制单晶硅棒的生长速度。

晶体的拉升机构主要由卷线辊筒和限位杆等部件组成，其作用是使悬挂籽晶的软轴始终保持在同一个固定的对中位置，并可实现升降移动。而晶体的旋转机构则主要由旋转轴、支承座、滑线环组件、磁流体密封座、旋转直流无刷电机系统等部件组成，可保证晶体轴实现平稳地转动。晶体拉升与旋转机构所使用的电机均采用直流伺服编码器进行反馈，能够精确显示晶体的生长长度。

坩埚轴的旋转是由直流无刷电机配合减速器与多带驱动坩埚轴旋转的。坩埚轴的升降采用滚珠直线导轨副和滚珠丝杠副，带动坩埚轴升降。慢速升降的动力是由直流无刷电机通过大速比减速器和齿轮驱动精密滚珠丝杠副转动提供，使坩埚轴平稳运动。而坩埚轴的快速升降的动力是由直流无刷电机通过涡轮减速器驱动精密滚珠丝杠副转动实现的。

D 单晶硅棒生长控制系统

单晶硅棒生长控制系统也可以看作是直拉单晶炉的电气部分。单晶硅的拉晶全过程采用可靠性高和重复性好的可编程逻辑控制器（PLC，Programmable Logic Controller）控制，利用触摸屏电脑与PLC可进行实时数据交换，通过屏幕可以对单晶棒拉制过程中的各种工艺参数进行控制（温度、转速、拉速和硅棒直径等）。控制系统配备高像素的电荷耦合元件（CCD，Charge Coupled Device）相机实时测量单晶硅棒直径，并配备直径控制系统保证晶体直径精度。控制系统是通过计算机控制的闭环式回馈系统，即设定某一参数，控制系统会给出其他参数最佳的设置，如拉速、温度、保护气流量等，还可以进行自动的校正。而单晶硅拉制过程的电流、电压、功率、温度、硅棒直径、坩埚位置与转速、晶体位置与转速等参数都会进行实时记录，以便后续操作人员进行数据分析和工艺调整。直拉单晶炉供电电源为三相交流电源（(380±38)V，50Hz），经过变压器三相全波整流形成低电压、大电流的直流电源作为主加热功率电源。要求电源具有谐波补偿、无谐波污染、无大功率变压器功率损耗等特点。电源控制系统会采用高精度CPU控制板独立控制的电源装置。另外，直拉单晶炉还需要对设备运行中的异常现象进行检测。当异常发生时，需亮起相应指示灯且发出报警声，如重锤上限位、坩埚上下限位、加热器过流、冷却水温过高、欠水压等情况都应该设有状态报警。

目前，国际上的直拉单晶炉的设备厂商主要以美国的KAYEX公司和德国的CGS公司为代表。我国科研单位与企业也很早就对单晶硅的制造设备进行了研究。如1961年，中科院半导体物理所和北京机械学院工厂（西安理工大学工厂的前身）共同研制出我国第一台人工晶体生长设备——TDK-36型单晶炉，并成功拉制出我国第一根无位错的单晶硅棒，产品质量接近当时的国际先进水平。1988年，西安理工大学工厂承担国家“七五”科技公共项目，又成功研制出TDR-62系列软轴单晶炉，投料量可达到30kg。2005年，上海汉虹精密机械公司开始从事自动化控制单晶炉的研制，通过不断的技术革新与发展，现已研发出FT-CZ系列的半导体级单晶炉（见图5.11），可生产6~12in（1in=2.54cm）的单晶硅棒制品。近年来，国内直拉单晶炉制造企业通过在大装料、高拉速、多次拉晶等工艺技术上的突破，研发了多个系列的拥有自主知识产权的直拉单晶炉，显著提升了单炉产量，并大幅降低了生产成本，并已占据了一定市场份额。

图 5.11　上海汉虹精密机械有限公司生产的 FT-CZ1400Se 型 12in 半导体级单晶炉

5.2.1.2　直拉单晶硅工艺

直拉单晶硅的工艺主要包括装料、熔化、种晶、引晶、放肩生长、等径生长、收尾及冷却等步骤，具体工艺流程如图 5.12 所示。

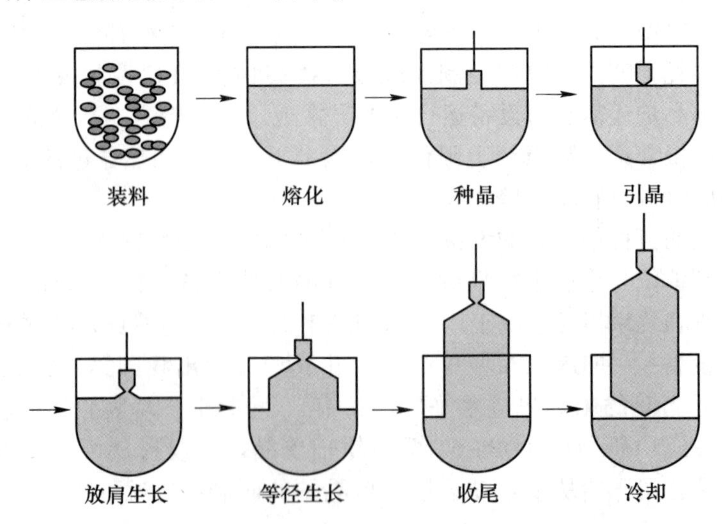

图 5.12　直拉单晶硅的工艺流程

（1）装料：首先，利用硝酸（HNO_3）和氢氟酸（HF）的混合溶液清洗高纯多晶硅颗粒及生产单晶硅产生的回收料（头尾料、边角料及破损料等），以去除可能存在的金属杂质。再根据计量配比，将掺杂剂装入坩埚底部，随后按照碎料铺底、大料铺中、小料填缝及中料铺上的顺序，向坩埚中装入晶硅原料。装料时应尽量填满坩埚底部，以防止上层多晶硅变软滑落到底部，造成硅熔体外溅，从而发生坩埚破裂。另外，多晶硅不应装得太满，且上层硅料尽量避免紧贴坩埚壁，以防止硅原料熔化时，发生硅料因挤压而粘在坩埚壁或上层硅块在熔硅中相互粘接等现象，而破坏单晶生长。装料过程中，需轻拿轻放，防止坩埚损伤，装完料后，需吸取硅料碎屑。

装入多晶硅原料之前加入的掺杂剂，主要可分为元素掺杂剂和合金掺杂剂，两种掺杂剂分别用于低电阻和高电阻的单晶硅的拉制。在多晶硅熔化时熔入硅熔体，通过晶体生长进入到硅晶体，达到掺杂的目的。晶硅太阳能电池通常以 p 型硅晶体为基础材料，再通过扩散 n 型杂质制成 pn 结。而为获得 p 型硅晶体，一般需要掺入Ⅲ族元素，其中 B 元素是目前硅晶体最常用的 p 型掺杂剂。

（2）熔化：装料完成后的石英坩埚将置于直拉单晶炉的石墨坩埚中，随后关闭炉门，将炉室抽真空。当真空度达到要求时，关闭真空阀和氩气阀进行炉体检漏。检漏合格后通入保护气（氩气），当炉内气氛达到所需压力时（一般为 1000～1500Pa），打开冷却系统。随后，开启石墨加热系统，需要逐步增加功率，避免加载功率过高或过低，将温度加热到超过硅的熔点后，硅原料开始熔化。同时，掺杂剂也将熔化在硅熔体中。

（3）种晶：籽晶（Seed Crystal）是具有和所需晶体相同晶向的小晶体，是生长单晶的种子，因此也可被称为晶种。用不同晶向的籽晶，会拉制出不同晶向的单晶。籽晶的种类较多，按照用途可分为 CZ 直拉单晶籽晶、区熔籽晶、蓝宝石籽晶等；按照横截面形状可分为圆形和方形籽晶。CZ 直拉单晶硅工艺常选用直径为 5～10mm 的圆形籽晶。

当硅原料全部熔化后，调整好工艺参数（气体流量、加热器功率、坩埚位置、籽晶和坩埚转速等），使硅熔体温度和流动性达到合适拉晶的稳定状态。再将籽晶固定在旋转的籽晶轴上，下降至距硅熔体表面数毫米处进行预热（烤晶），使籽晶与熔体温度差距减小，以减少籽晶接触液面时可能引起的热冲击，避免形成晶体缺陷。当两者温度接近时，将籽晶缓慢浸入硅熔体中，使籽晶少量熔解形成固液界面。随后缓慢提升，与籽晶相连的少量硅原子，离开硅熔体后温度降低，因而形成硅单晶。上述过程称为种晶。

（4）引晶：引晶是指种晶完成后籽晶边旋转边从熔体中拉出的过程。由于起初的提升速度较快，晶体生长较细，小于籽晶直径，该过程又可被称为“缩颈”。“缩颈”使得位错很快滑移出硅单晶表面，防止位错向晶体体内延伸，可使直拉单晶硅无位错生长。晶颈直径越小，越容易消除位错。但缩颈时晶颈直径受单晶硅棒晶体长度和直径限制（质量限制）。因此，在晶颈能够承受单晶硅棒质量的前提下，晶颈越细长越好。而在引晶过程中，温度与坩埚的位置是影响晶颈质量的关键因素。

（5）放肩生长：“缩颈”完成后，晶硅拉升速度降低，而直径急速增加，直至达到单晶硅棒直径，这个阶段被称为放肩生长。放肩角度会影响单晶硅棒的品质，通常放肩角度应控制在约 150°。而直径增加速度是放肩过程中最需要控制的工艺参数。直径增加速度过快可能会产生位错；速度过慢则将影响生产效率。

（6）等径生长：当放肩直径接近所需直径（相差约10mm），可以加快提升速度，进入转肩阶段。该阶段晶体生长速度变慢。转肩完成后，拉速和温度需不断进行调整，硅晶体以固定的直径生长，进入等径生长阶段。由于单晶硅片来自硅棒的等径生长部分，所以等径生长过程非常重要。

（7）收尾：在晶体等径生长结束后，加快硅晶体的提升速度，同时升高硅熔体的温度，使得硅晶体的直径快速变小，最终单晶硅棒底部形成圆锥状而离开硅熔体，该过程被称为收尾阶段。收尾的目的也是为了避免位错的产生及其反向延伸。收尾时间可根据晶体的生长长度、晶体质量、剩余硅料来决定。

（8）冷却：收尾过程结束后，单晶硅棒要在晶体炉中随炉冷却。在冷却过程中，仍需通入氩气，加热功率需经过一段时间再调至零，停炉一定时间后，关闭氩气阀，继续抽真空至10Pa以下，再关闭真空阀，并停止机械泵工作。直至冷却到接近室温，才可打开炉门，取出单晶硅棒。

5.2.2　连续加料直拉法

在直拉单晶硅过程中，如向熔硅中不断补充多晶硅和掺杂剂，使熔硅液面和温度条件基本保持不变，当一根单晶硅棒完成生长后，将其移出炉外，再装上籽晶进行新的单晶硅棒生长，这样晶体硅就可以实现连续生长，所以该方法被称为连续加料直拉法。

目前，连续加料技术主要有以下三种：（1）连续固态加料。在晶体生长时将多晶硅颗粒直接加入到熔硅中。（2）连续液态加料。该技术的晶体生长设备包括熔料炉和生长炉两个主要部分，熔料炉用于熔化多晶硅，以实现连续加料；生长炉则用于晶体生长。两炉由输送管连接，通过两炉间的压力差异来控制熔硅由熔料炉不断地向生长炉中输入，同时保证生长炉中熔硅液面高度基本保持不变。（3）双坩埚液态加料。在外坩埚内放置一个底部有洞的内坩埚使二者保持连通，向外坩埚不断加入硅原料，使内坩埚的液面始终保持不变，以利于内坩埚内的单晶硅生长。

由此可知，连续加料直拉单晶硅技术虽然可以节约生产时间、降低生产成本、节省坩埚费用，但此类设备复杂度高将导致设备的成本也随之增加，严重限制了连续加料直拉法制造单晶硅的应用。

5.2.3　磁控直拉法

在晶体硅生长过程中，硅熔体内的热对流将导致在晶体硅生长界面处温度的波动和起伏，使硅晶体中产生杂质和缺陷条纹。另外，热对流还会加剧硅熔体与石英坩埚的作用，增大硅熔体中的氧杂质浓度，从而影响晶体硅质量。因此，抑制热对流对改善单晶硅的质量影响较大。而在磁场作用下，具有导电性的硅熔体在移动过程将受到与其运动方向相反的作用力，运动受到阻碍，可抑制硅熔体的热对流。因此，在直拉单晶硅生长炉上增加磁场可抑制硅熔体的热对流，提升产品质量。

从1980年开始，索尼（Sony）公司借鉴美国麻省理工学院Gatos教授的研究成果研发磁控直拉法制造单晶硅。在1981年召开的国际第四届半导体硅会议上，横向磁场中直拉生长硅晶体工艺被详细介绍。1982年，Hoshikawa等人在与轴对称的垂直磁场中成功生长出无条纹的单晶硅。

在直拉单晶硅的过程中，磁场方向对抑制热对流的作用影响较大。根据磁场与硅熔体间的位置关系，所施加的磁场大致可分为横向磁场、纵向磁场和会切磁场。(1) 横向磁场是在炉体外围水平放置磁极，可抑制与磁场方向垂直的轴向熔体对流，而与磁场平行方向的熔体对流不受影响。横向磁场是通过电磁铁产生的，技术简单，操作方便，有助于提高晶体生长速率，所获得的单晶硅的氧浓度低，均匀性好，但横向磁场破坏了自然对流的轴对称性，容易在晶体中形成漩涡条纹。(2) 纵向磁场则是在炉体外围设置感应线圈，产生中心磁力线垂直于水平面的磁场，可抑制径向的熔体对流，而不对纵向的熔体对流造成影响，所获得的单晶硅中氧浓度高。纵向磁场会破坏系统的横向对称性，使得晶体中的杂质浓度径向分布不均。

为克服横向和纵向磁场的缺点，科研人员研究了利用一对通入相反电流的线圈产生磁场抑制熔体对流，该磁场在熔体表面呈横向，而在熔体内为纵向。此磁场不会破坏熔体系统的轴对称性和横向对称性，对熔体起到较好的抑制作用，紊流程度降低。不但能够有效降低单晶硅中的氧含量，还可改善氧杂质的径向分布情况。

虽然磁控直拉法可以在一定程度上改善单晶硅的产品质量，但是该方法增加了生产成本。因此，磁控直拉法主要应用于制造超大规模集成电路用单晶硅，很少用于制造太阳能级单晶硅。

5.2.4 悬浮区熔法制造单晶硅棒

悬浮区熔法是 1952 年提出的一种制造超纯半导体材料及高纯金属的物理方法，1953 年由 Kech 和 Golay 将该方法应用于晶体硅制备技术。该方法不使用石英坩埚熔融硅熔体，而是将圆柱形的高纯度多晶硅棒垂直固定于悬浮区熔单晶炉上部，在感应线圈中通过高功率射频电流激发的电磁场在多晶硅柱中引起涡流，产生焦耳热，在氩气或真空环境中，利用所产生的焦耳热局部熔化多晶硅棒。熔区依靠熔硅表面的张力和电磁力支撑而悬浮于多晶硅和下方长出的单晶之间，所以该方法被称为悬浮区熔（Float Zone）法，简称 FZ 法。悬浮区熔法使用的单晶炉主要由炉室、真空与气体供给控制系统、机械传动装置、电气控制系统和高频发生器几个部分所组成。

悬浮区熔法的制备工艺相对简单。在原料准备阶段，需将高品质的多晶硅棒表面打磨光滑，并将其一端切割打磨成锥形，锥形下截面面积应与籽晶上表面面积相同，然后对其进行腐蚀清洗，以去除杂质，最终应达到区熔单晶硅所要求的直径，多晶硅棒的直径通常小于所要制造的单晶硅棒。在安装阶段，硅棒被垂直安装在感应线圈上部，而在单晶炉下部放置具有一定晶向的籽晶，并保证硅棒和籽晶可保持同轴且相反旋转方向的工作状态。生长阶段需在真空或氩气等惰性气体（氮气或氮氢混合气体）保护条件下进行，通过高频加热线圈加热多晶硅棒，当多晶硅棒底端出现熔滴时，与籽晶熔接，单晶硅便从多晶硅棒与籽晶结合处开始生长。随后硅棒或线圈上升，快速拉出细长的晶颈，然后放慢拉速，降低温度，放肩至目标直径。在单晶硅的生长过程中，感应线圈需配合晶体的生长速度缓慢向上移动，逐步完成多晶硅向单晶硅的转变。当感应线圈完全通过多晶硅棒后，可获得一根单晶硅棒。图 5.13 是悬浮区熔法制备单晶硅棒的原理示意图。目前，悬浮区熔单晶炉的感应线圈大多为单匝。

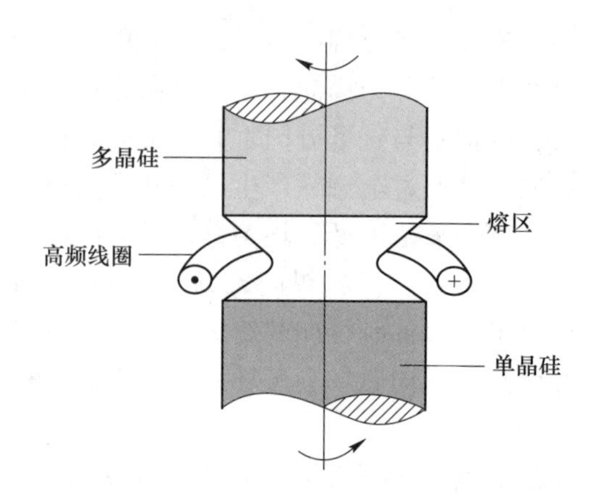

图 5.13 悬浮区熔法制备单晶硅棒的原理示意图

悬浮区熔法制造单晶硅的掺杂方法较多，主要有以下几种类型：（1）将三氧化二硼（B_2O_3）或五氧化二磷（P_2O_5）溶于乙醇，再将溶液涂抹在多晶硅原料棒表面。（2）将易挥发的磷化氢（PH_3）或乙硼烷（B_2H_6）通过保护气体稀释后吹入多晶硅棒熔区，该方法目前应用较为普遍。(3) 在多晶硅棒锥形部分处钻孔，进行填埋掺杂，并基于分凝效应使杂质在单晶硅的轴向均匀分布。

相比于直拉法，悬浮区熔法不使用坩埚，其熔区呈悬浮状态，且可以反复提纯，所制备的单晶硅具有较高的纯度和均匀的电学性能，主要可用于大功率器件的制造；该方法生产速率较快，约为直拉法的2倍。但是，悬浮区熔法的设备与生产成本较高，对多晶硅棒的几何形状要求非常严格，产品的机械加工性能差，受熔区稳定性和加热线圈制约难以生产大直径单晶硅棒。因此，严重限制了悬浮区熔法单晶硅在太阳能电池领域的应用。

5.3 多晶硅锭的铸造工艺

直到20世纪90年代，光伏发电产业还是主要建立在单晶硅的基础上。但是单晶硅太阳能电池的成本较高，其竞争力远低于常规电力。自20世纪80年代以来，铸造多晶硅凭借较低的原料质量要求、低成本和高效率等优势，使得多晶硅太阳能电池迅速发展，成为最有发展潜力的太阳能电池材料。自20世纪80年代末至21世纪初，多晶硅太阳能电池材料由10%左右的市场份额扩张到50%以上，现已成为最主要的太阳能电池材料。其主要原因是：（1）单晶硅片通常为圆形，会对太阳能电池组件的有效空间造成浪费，相对增加了太阳能电池组件的成本。（2）如果将单晶硅片切成方形，会造成大量的材料浪费，也将显著增加太阳能电池组件的成本。而铸造多晶硅铸造过程能耗相对较小，对原料纯度容忍度比直拉单晶硅高，易于生长出大尺寸方柱形的多晶硅棒，可直接切成方形硅片，太阳能电池组件的有效空间的利用率较高，且材料损耗小，使用多晶硅电池片代替单晶硅电池片可大幅降低太阳能电池组件成本。虽然铸造多晶硅由于包含晶界、高密度位错和高浓度杂质导致多晶硅太阳能电池的光电转换效率相对较低。但由于价格优势，多晶硅太阳能电池依然成为了当代光伏发电的主力军。经过多年的发展，多晶硅材料的生长方法发展出了布里奇曼法（Bridgman Method）、热交换法（Heat Exchange Method）、浇铸法（Casting Method）和电磁铸造法（Electro-Magnetic Casting Method）等。本节将对上述生长方法进行介绍。

5.3.1 多晶硅锭的铸造原理

利用铸造技术制造的硅多晶体，被称为铸造多晶硅（MC-Si，Multicrystalline Silicon）。1975 年，德国的瓦克（Wacker）公司首次利用浇铸法制备太阳能电池用多晶硅材料。同一时期，美国和日本的相关企业也纷纷提出了利用结晶法、热交换法、模具释放铸锭法铸造多晶硅材料。上述方法主要是基于定向凝固（Directional Solidification）技术所研发的。

定向凝固技术又被称为定向结晶技术。是通过控制温度场变化，在铸型中构建特定方向的温度梯度，形成单向热流，从而获得垂直于固-液界面定向生长的柱状晶体，典型的多晶硅锭铸造流程如图 5.14 所示。该过程应具备以下条件：（1）单向散热，且无侧向散热，凝固系统需要一直处于柱状晶生长方向的正温度梯度作用下，以避免界面前方型壁及其附近的形核和长大；（2）提高熔体纯净度，可减小熔体的异质形核能力，以避免界面前方的形核现象；（3）需要避免熔体的对流，以阻止界面前方的晶粒游离，而避免自然对流的最好方法是自下而上地进行单向结晶。定向凝固法制造的柱状多晶硅会伴有分叉，这是由于硅是小平面相，不同晶面自由能不相同，表面自由能最低的晶面会优先生长，而由于存在杂质，晶面吸附杂质改变了表面自由能，会出现分叉现象。

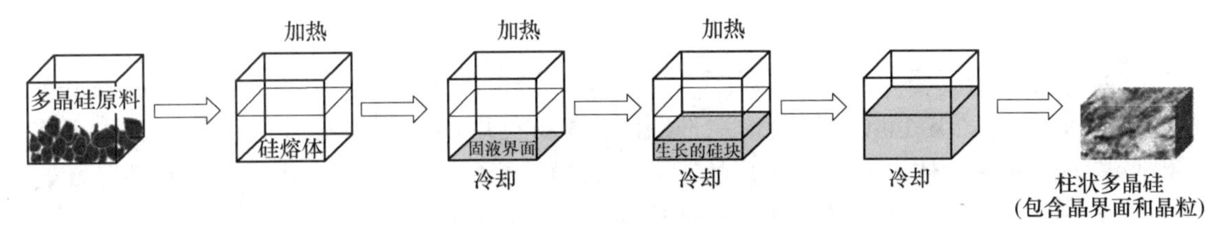

图 5.14 多晶硅锭铸造流程的示意图

多晶硅的定向凝固过程可以简化为一维的传热模型进行分析，假设硅熔体的凝固方向为 Z 方向，在热平衡条件下，多晶硅的传热过程可由公式（5.34）表示：

$$\lambda_s \Delta T_{sz} - \lambda_l \Delta T_{lz} = \rho L v \tag{5.34}$$

式中，ρ 为熔体密度；L 为相变潜热，即单位质量物质在等温等压情况下，由一个相转变为另一个相所吸收或放出的热量；$v = \frac{dz}{dt}$ 为熔体的凝固速率；λ_s 和 λ_l 分别为固相和液相硅的热导率；$\Delta T_{sz} = \frac{dT_s}{dz}$ 和 $\Delta T_{lz} = \frac{dT_l}{dz}$ 分别为固相和液相硅的温度梯度。由公式可知，假设 λ_s 和 λ_l 为常数，且凝固速率 v 确定时，ΔT_{sz} 与 ΔT_{lz} 成正比。因此，可通过增大 ΔT_{sz} 来增强固相散热，提高 ΔT_{lz}，以提升结晶速率。增大 ΔT_{lz} 有利于抑制成分过冷，从而提高晶体品质。但是过大的 ΔT_{lz}，可能导致熔体温度过高，致使剧烈挥发及分解等现象的发生；而 ΔT_{sz} 过大，晶体内部则会产生较大的内应力，导致晶体内部出现位错，甚至发生晶体碎裂。高质量的多晶硅锭应无裂纹、孔洞、硬质沉淀、细晶区等宏观缺陷。而且，晶锭正面的晶界和晶粒应当清晰可见。

5.3.2 布里奇曼法

布里奇曼法是一种经典的定向凝固技术制造多晶硅的方法，该方法是以美国哈佛大学的物理学家珀西·布里奇曼与麻省理工学院的物理学家唐纳·史托巴格的名字命名的，简称为布里奇曼法。该方法是在坩埚内直接将多晶硅加热至熔点以上温度，使其形成熔体，然后将坩埚从热场中逐渐下降或从坩埚底部进行热交换（多为水冷方式），以形成一定的温度梯度冷却熔体，从而使固-液界面从坩埚底部向上移动而形成柱状晶锭。因此，该方法又称为直接熔融定向凝固法，简称为直熔法。布里奇曼法铸造多晶硅锭工艺操作简单，所需人工少，晶体生长过程易于控制和自动化。而且该方法铸造的晶锭质量较好，晶体内的位错密度较低。因此，布里奇曼法在太阳能级多晶硅的铸造领域被广泛应用。

布里奇曼法铸造多晶硅的工艺技术路线主要包括：装料、加热、化料、晶体生长、退火和冷却等几个主要工序。具体情况如下：

（1）装料工序：在带有涂层的方形石英坩埚中，放入适量经过腐蚀清洗后的多晶硅原料和掺杂剂，启动真空系统将炉内抽真空，当真空度达到设定值后通入保护气体。

（2）加热工序：启动加热器加热炉体，去除坩埚与原料所吸附的湿气。然后继续加热，使石英坩埚的温度达到1200~1300℃，该过程一般需要4~5h。

（3）化料工序：逐渐提高加热功率，加热至坩埚内温度达到约1500℃时，多晶硅原料开始发生熔化。熔化过程需要9~11h，该过程的坩埚内温度需始终保持在1500℃，直至化料结束。

（4）晶体生长工序：多晶硅原料完全熔化后，降低加热功率，使石英坩埚温度降低至硅的熔点附近（1420~1440℃）。随后，逐渐下降石英坩埚或逐渐拉升加热装置，坩埚将缓慢脱离加热装置。使坩埚脱离加热的部分与周围环境形成热交换，并且坩埚底部冷却装置开始通冷却水，自底部开始降低硅熔体温度，底部硅熔体温度降低出现凝固结晶，晶体硅率先在坩埚底部形成。多晶硅锭呈柱状向上生长，生长过程中固-液界面始终保持垂直上移，直至多晶硅锭生长完成，该过程所需时间较长，需要20~22h。

（5）退火工序：多晶硅锭生长完成后，需保持在硅熔点附近2~4h，进行退火，使多晶硅锭温度均匀，以减少晶锭内部的热应力。因为多晶硅锭生长完成后，晶锭顶部与底部存在较大的温度梯度，导致多晶硅锭中存在热应力，如不消除热应力，在后续的硅片加工及电池的制备过程中容易出现硅片碎裂。

（6）冷却工序：退火工序结束后，要关闭加热功率，完全下降晶锭，炉内通入大流量保护气体，使晶锭温度缓慢降低至室温；同时，逐渐上升炉内气压，直至达到大气压后，从坩埚中取出晶锭，最终得到多晶硅锭。

布里奇曼法铸造多晶硅的主要特点是：（1）固-液界面交界处的温度梯度大于0，且温度梯度接近于常数；（2）晶体生长速度接近于常数，受坩埚下降速度及冷却水流量控制，可以调节；（3）多晶硅锭的生长高度主要受坩埚高度限制。而在布里奇曼法制造多晶硅锭的过程中，会出现硅熔体附着石英坩埚壁及与石英坩埚壁反应等情况，将会出现晶锭损伤或氧浓度升高等问题。为避免上述问题，通常会采用化学气相沉积法在石英坩埚内壁涂上一层 Si_3N_4 或 $SiC-Si_3N_4$ 等材料的薄膜，以隔离硅熔体与石英坩埚的接触。

5.3.3 热交换法

热交换法是由美国的 Crystal System 公司在布里奇曼法基础上研发的一种多晶硅铸造方法。热交换法的炉体结构较为简单，国内企业应用较多。热交换法的主要特点是石英坩埚与热源在熔化和凝固过程中均无相对位移。通常采用侧壁和上加热板加热，并在坩埚底部设置散热装置，在熔化时散热装置处于关闭状态；晶体结晶时散热装置开始启动，以增强坩埚底部散热强度，通过控制坩埚底部散热强度控制晶体生长速率。

热交换法铸造多晶硅的结晶速率和固液温度梯度是变化的。结晶速率受温度梯度的影响，底部刚结晶时温度梯度远大于零，随后逐渐减小，直到结晶结束时变为零。而随着多晶硅锭的生长，热场温度（大于熔点温度）逐步上移，而且在保证热源和坩埚相对静止的条件下，只能是单方向热流（散热），径向温度梯度为零（径向不散热）。因此，多晶硅锭长度越大，热场温度越难控制，严重限制了利用热交换法制造较大尺寸的多晶硅锭，如要扩大容量只能通过增大晶锭的截面积来实现。

5.3.4 浇筑法

浇铸法操作较为简单，采用熔炼坩埚和凝固坩埚将熔化和结晶两个过程分开。首先是在熔炼坩埚内熔化多晶硅原料，然后利用机械手把硅熔体浇铸到经过预热的凝固坩埚中进行冷却，通过控制冷却速率，形成大晶粒的方形铸造多晶硅锭。在铸造过程中，为减少径向散热，除在凝固坩埚底部加装散热装置外，其他位置均需加装隔热板。与布里奇曼法相似，凝固坩埚内壁也需要涂 Si_3N_4 保护层，但熔炼坩埚则不需要特殊处理。

由于浇铸法具有较快的结晶速率，而且在硅熔体结晶过程中，熔炼坩埚可以再次填料熔化，使得浇铸法基本上可以实现半连续性生产，有效地提高了生产效率，降低了能源消耗。但是，因为浇铸法所制造的多晶硅锭均匀性较差，而且人工成本较高，国际上现已基本不使用浇铸法铸造多晶硅。

5.3.5 电磁铸造法

在多晶硅铸造过程中，采用的石英坩埚会对晶锭的质量造成影响。电磁铸造法可避免石英坩埚与硅熔体接触而产生的杂质污染和坩埚耗损问题。电磁铸造法是连续将块状或颗粒状多晶硅原料经电磁铸造炉顶部的加料器投入铜坩埚中，利用已形成的硅熔体温度预热多晶硅原料，同时利用电磁感应加热原料，使其完全熔化转变成新的硅熔体，然后通过向下移动的支撑结构对熔体底部进行冷却，以实现硅熔体从底部开始结晶，已固化的硅晶体被连续下拉，最终定向凝固形成多晶硅锭。

电磁铸造法所使用的是铜坩埚，为避免温度过高对硅熔体造成污染，需要对铜坩埚也施加一交变电流，其频率与加热硅熔体的感应电流相同且方向相反。在电磁斥力作用下，可避免坩埚壁与硅熔体的接触，有效防止了容器对熔体的污染。另外，由于电磁力的搅拌作用，可避免由杂质分凝效应所导致的晶锭头部和尾部质量较差的情况。因此，该方法所制造的多晶硅锭的性能较为均匀。

电磁铸造法的优点是在硅熔体定向凝固的同时，可持续添加多晶硅原料，从而可实现连续生产，以提高生产效率。但是，采用电磁铸造法制造的多晶硅锭位错密度较大，将导致所制造的太阳能电池的光电转换效率较低。因此，电磁铸造法在太阳能级多晶硅制造领域应用较少。

5.3.6　多晶硅锭的掺杂

多晶硅的铸造也需要进行有意的掺杂，使其具有一定的电学性能。与单晶硅相同，实际产业上也主要制备 p 型的多晶硅，多晶硅的掺杂同样多选用 B 作为掺杂剂，这是由于 B 属于不易蒸发的杂质，可以采用共熔法进行掺杂。

无论是直熔法或是其他方法均是将 B_2O_3 与多晶硅原料一同加入坩埚进行熔化，熔化后 B_2O_3 将发生分解，使硼元素融入硅熔体中，最终完成多晶硅的 p 型掺杂。但在该过程中，硅晶体中的两个间隙氧原子组成的双氧分子将会与替位硼结合形成硼氧复合体，该物质将会对最终的多晶硅太阳能电池效率起到衰减作用。因此，近年来科研人员开始研究利用镓（Ga）元素和磷（P）元素作为掺杂剂铸造 p 型和 n 型多晶硅的相关方法。

5.4　晶硅材料的切割工艺

制造晶硅太阳能电池组件需要片状的电池片，而单晶硅棒一般为圆柱形，多晶硅锭通常为方柱状，所以制造太阳能电池片前，需要对晶硅原料进行切割加工。由于单晶硅棒与多晶硅锭的形状差异，它们的初始加工过程也应有所区别。在初始加工过程中的切片工艺较为主要，因此，本节对单晶硅和多晶硅太阳能电池片的切片工序进行了详细的介绍，而所涉及的其他前期处理工序也进行了适当的介绍。

5.4.1　晶体硅片的规格

由于单晶硅棒多是由直拉法拉制而成的，单晶硅片则需要通过对单晶硅棒进行切断、滚圆、修边和切片等工序而制成。滚圆后的单晶硅棒通过切片机切成厚度为 150~300μm 的硅片，以便进行后续处理。而为充分利用太阳能电池组件的有效面积及避免硅片浪费，会利用划片机切去硅片的四边，但四个角需保留圆弧状，最终成为准方形片。目前，常见的单晶硅太阳能电池片的尺寸是 125mm×125mm 或 156mm×156mm。自 2010 年以后，156mm×156mm 的单晶硅片的制造比例不断增大，现已成为行业主流规格。

而多晶硅锭主要是通过定向凝固法铸造而成的大尺寸方柱，多晶硅锭需先去除质量较差区域后再按规定尺寸进行切方，形成方柱硅块，然后通过切片机切割成厚度为 150~300μm 的多晶硅方形片。常见的多晶硅太阳能电池片的尺寸主要有 100mm×100mm、125mm×125mm、156mm×156mm 和 210mm×210mm 等几种规格。

5.4.2　切片前的处理过程

5.4.2.1　单晶硅棒的切断与修边

由于单晶硅棒的头部（主要是单晶硅籽晶和放肩部分）和尾部的尺寸小于规格要求，因此，这些非等径部分需要切除，该过程称为切断。如采用外圆切割机进行切除，会在出刀处留下台阶，而去除台阶则会造成约 10mm 厚的损失。为降低切削损失，现多采用内圆切片机进行切断。内圆切片机的刀片是在基体的内圆部分电镀一层金刚石颗粒，外圆部分通过小孔固定在刀盘上面，基体相对硅棒作径向运动。通过刀盘上的专用外力机构将刀片张紧，切割时刀盘高速转动从而达到切割的目的。内圆切断的损失仅为0.4~0.5mm。切割过程中，切断面应与单晶硅棒的轴线保持垂直状态，并采用水冷却方式，冷却水不但可以带走刀片与硅棒摩擦产生的热量，还可以带走切割产生的碎屑。

由于在拉制过程中，单晶硅棒的直径会存在不均匀的情况，因此，在单晶硅棒切断后，需要利用金刚砂轮对硅棒进行滚圆，使其直径规格达到标准，成为标准的圆柱体。在滚磨过程中，也需要进行水冷却，既能冷却硅棒又能带走产生的碎屑。为尽可能地利用单晶硅棒的面积，还需要对硅棒等径四周进行修边，形成带有圆角的方柱体，所切掉的部分可以进行回收，并再次用于单晶硅棒的拉制。通过切段、滚圆及修边得到单晶硅方形晶柱，如图5.15所示。

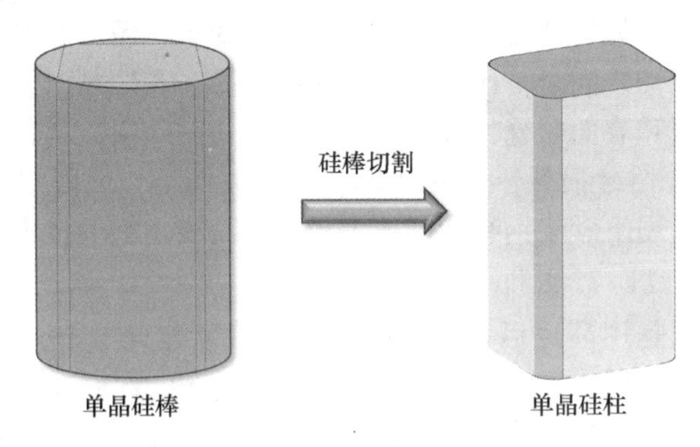

图5.15　切割单晶硅棒

5.4.2.2　多晶硅的切方与倒角

铸造的多晶硅锭是尺寸较大的长方体，而且顶部、底部及四周部分较为粗糙，这些部分存在高浓度的杂质和缺陷，将严重影响太阳能电池片中的少数载流子的寿命。因此，需先切除晶锭的边料后，才能对其进行切方，最终切成标准规格体积的方柱，如图5.16所示。

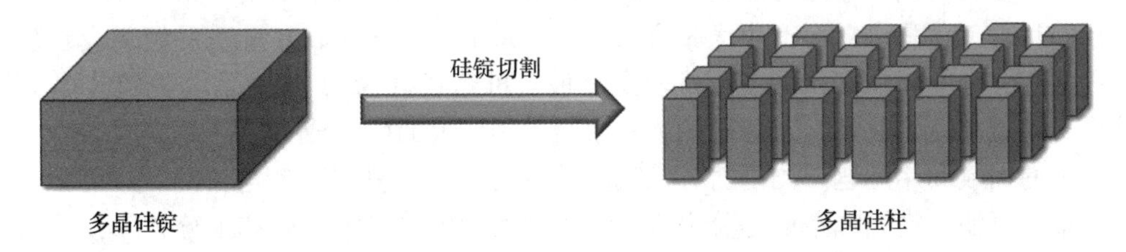

图5.16　切割多晶硅锭

由于切方后的多晶硅柱边缘较为尖锐，所切成的电池片在后续的制作工序中极易造成硅片崩边或产生缺陷，因此，需要对多晶硅柱进行倒角处理，将其边缘变圆，以降低硅片的破裂概率，并有效地释放边缘应力。多晶硅柱的倒角处理多采用高速运转的金刚石磨轮对边缘进行磨削，使其边缘变为钝圆形，以至于切片后的多晶硅片具有小倒角。

5.4.3 切片工艺

切片工艺是太阳能电池加工的重要工序之一，该工序将直接影响硅片的表面晶向、厚度、表面粗糙度及翘曲度等参数，并最终影响太阳能电池片的品质和成品率。经过硅片切割技术不断革新与发展，现主要有外圆切割技术、内圆切割技术、多线切割技术及电火花线切割技术等。早期的单晶硅片多采用外圆切割技术和内圆切割技术进行切割。外圆切割技术的切割直径受限、切损较大、切割效率低、所切晶面不平整，导致该技术现已很少被用于硅片的切割。而内圆切割技术同样具有切割直径受限、切割效率低、损伤层大等问题，但由于该技术具有切片精度高、切片成本低及切割损失小等优势，现多用于小批量的小尺寸硅片的生产。无论是单晶硅片还是多晶硅片，现多应用多线切割技术进行切割。多线切割技术的原理是：切割机有四个转轮，每个轮上都均匀地分布着数个沟槽，而切割线则通过一个转轮一侧绕向另一转轮同一侧，一直绕满四个转轮。切割线施加在磨粒上的力带动磨粒沿切削表面滚动，同时挤压磨粒嵌入切削表面，在切割时马达带动切割线高速运动，便可产生剥落片屑和表面裂缝，最终形成宏观的切割效果。与传统的外圆和内圆切割技术相比，该方法具有切缝损耗小、晶片薄、表面损伤小、表面加工精度高等优势。目前，多线切割技术已发展出砂浆钢线切割技术和金刚石线切割等技术。

5.4.3.1 砂浆钢线切割技术

砂浆钢线切割技术是用高速运动的钢线带动附着碳化硅（SiC）的切割液共同运动，利用三者间的相互摩擦作用，以达到切割效果。其中，SiC 颗粒在硅锭和钢线间会产生滚动和压裂的作用，是核心切割物质，硅片切割的主要切削介质需要使用硬度高、粒度小且粒径分布集中的碳化硅微粉，在切削过程中需要 SiC 分散均匀。所采用的金属线的直径一般在 120μm 左右，切削损失的厚度为 150～180μm。切割液通常为油溶性的聚乙二醇（PEG）或水，主要起到切削、黏滞和冷却的作用，可有效提高硅片的切割效率和质量。因此，SiC 颗粒与切割液需要按照一定比例混合，配置成均匀且稳定的切割砂浆，用于硅片切割。在切割硅锭的过程中，随着大量硅粉以及少量金属屑进入到切割液中会导致切割液的性质逐渐发生变化，当固体杂质含量达到一定数量时，将包覆 SiC 磨料，以致减少 SiC 与硅锭的接触，降低切割效率。最终，切割液将无法满足切割要求，成为切割废砂浆。在硅片加工过程中，会产生大量含有 20%～50%（质量分数）硅粉的切割废砂浆。目前，我国相关企业对切割机的使用量较大（最多可达数百台），而一台切割机产生的切割废砂浆每年就高达上百吨，未处理的废砂浆会占用较大的生产成本，因此，需要解决硅切割废砂浆的回收利用问题。国内对硅切割废砂浆的回收利用方法多是利用沉降离心、化学清洗、絮凝过滤、精馏和萃取等分离方法，将硅切割废砂浆中杂质和水分去除，得到切割液和碳化硅微粉。但是，这些方法存在回收效率低、能耗高和环境污染大等问题。

5.4.3.2 金刚石线切割技术

与传统的砂浆钢线切割方法相比，金刚石线切割技术具有切割薄、加工效率高、表面损伤少、切口损失小和废浆料生成少等优势，可降低硅片成本。该技术是利用表面带有金刚石的钢线，通过高速运转不断对硅柱进行磨削而实现的切割效果，在该过程中同样需要使用切割液将切割产生的热量带走。自 2015 年，就已实现金刚石线替代砂浆钢线切割单晶硅了。目前，金刚石线切割硅片技术已经广泛应用于单晶硅片的加工，并逐步应用于多晶硅片的加工。

现在商用的金刚石线主要有电镀金刚石线和树脂金刚石线两大类。电镀金刚石线是用电镀金属作为结合剂，用金属的电沉积作用将金刚石磨料固结在钢线上，其中金刚石磨料的尺寸一般为数微米到数十微米。树脂金刚石线是将树脂和金刚石粉末均匀混合后，再使其均匀附着于钢线上，最后利用特殊技术处理制成。其中，电镀金刚石线中的金刚石与钢线结合力强、耐磨性好、切割能力强，但是生产金刚石线的废料处理成本高、环境污染大。这是因为采用电镀法生产金刚石线，原材料处理会用到大量的强碱、强酸、盐类和有机溶剂等，在生产过程中，会散发出许多有毒及有害气体、酸洗废液、电镀污泥和酸雾等。在金刚石线切割硅片过程中，采用的切割液是以聚乙二醇和工业纯水冷却助剂为主的混合溶液。在切割过程中冷却液携带的硅粉含量会逐渐增大。当硅粉过多时，会影响到切割液的润滑及冷却效果，从而降低加工质量。该技术所用的切割液几乎无法循环利用，需要不断更换新液，不但会造成严重的污染，还会损失有回收价值的硅粉。

5.4.3.3　电火花线切割技术

电火花线切割技术的基本原理是利用快速移动的细金属导线（多为铜丝或钼丝）作电极，通过计算机控制实现加工进给，并配合水基乳化液等工作液对工件进行冷却排屑，从而实现对工件的脉冲火花放电和切割成形。其电极丝做高速往复运动，走丝速度可达到8~10m/s，电极丝可重复使用，加工速度高，加工成本低，加工硅片的厚度变化、弯曲度与多线切割技术效果几乎一样。但快速走丝容易造成电极丝抖动和反向时停顿，使加工质量下降。理论上该技术切割硅片的厚度可以很薄，而在目前试验条件下，所切割硅片的厚度可以控制在120μm以内，实际的硅片切缝宽度约为200μm，如图5.17所示。高速走丝电火花线切割硅片是我国首创的加工模式。该项技术现已成为一种非常有竞争力的硅片切割技术。

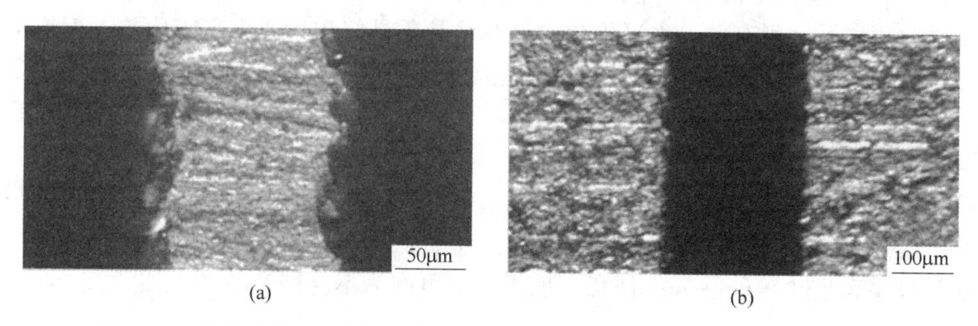

图5.17　电火花线切割技术切割的硅片厚度截面图（a）和硅片切缝图（b）

无论是哪种切割方法都会造成硅片的表面损伤，损伤层的厚度一般为5~15μm。而太阳能电池片仅需100μm左右的厚度就足以吸收太阳光中大部分的可吸收波长。因此，减小硅片的厚度、降低切削损失和表面损伤厚度是切片工艺亟待解决的薄弱环节。

5.4.4　多晶硅片的直接制造技术

对于多晶硅来说，由于原始的硅锭要去掉一定量的边角料，而且切割工艺所切割的多晶硅片较厚，造成原料损失也较大，导致了硅片成本较高。为降低生产成本，直接制成薄片型多晶硅片（带状硅）的技术得到了科学界与工业界的广泛关注。多晶硅片的直接制造技术主要可分为垂直提拉式成型法和水平提拉式成型法两大类。

5.4.4.1 垂直提拉法（Vertical Pulling）

垂直提拉法的制备原理类似于单晶硅棒的直拉法，首先是将高纯度多晶硅原料在坩埚中加热至熔融状态，再通过加入晶种直接生成多晶硅片。虽然垂直提拉法制造的多晶硅片质量较高，但生长速度较慢，成本较贵，此类技术仍有进一步发展与改进的空间。目前，主要的垂直提拉式成型法包括：定边喂膜生长法、枝网法和线卷带法。

（1）定边喂膜生长法（EFG，Edge-defined Film-fed Growth）。定边喂膜生长法与单晶硅的直拉法基本相同，以石墨为模具，利用虹吸力的作用，可直接从硅熔体中向上拉出与模具具有相同宽度和厚度的多晶硅带。该方法可以同时拉出数条多晶硅带，生长周期短，生产率较高；但产品的结晶质量差、晶粒较小，将导致所制成的太阳能电池效率较低。定边喂膜生长法的技术较为成熟，现应用于商业化生产多晶硅带。

（2）枝网法（Dendritic Web）。枝网法与定边喂膜生长法相类似，其特点是无需模具，首先将硅做成枝网状的支撑枝晶，放入硅熔体中，通过控制温度梯度调控多晶硅片沿枝网状结构生长。支撑枝晶从硅熔体中拉出时，熔硅薄膜会附着在枝网上，凝固后形成与枝晶连结在一起的硅带。该方法制造的多晶硅带仅需通过简单的切割加工，便能获得所需尺寸，再进行掺杂，以便后续工序加工。但是，枝网法制造多晶硅带的生产率较低，限制了其应用。

（3）线卷带法（String Ribbon）。线卷带法是利用两条相对向上提拉的纤维线，使硅熔体沿两条纤维线向上冷却而形成多晶硅片。多晶硅片的生长速度受到纤维线的提拉速度、硅熔体的表面张力和散热效果的共同影响。

5.4.4.2 水平提拉法（Horizontal Pulling）

水平提拉法是通过将硅熔体涂在衬底上，冷却后而形成多晶硅片的工艺。主要的水平提拉法包括卷式成长法和硅薄片法。此类方法所获得的多硅晶片的晶粒生长模式与衬底的表面性质、材质及纯度有关。水平提拉法具有结晶质量好和生产率高等优势，但产品的宽度尺寸难以控制。

5.4.5 硅片的等级标准

硅片生产企业的等级标准存在差异。表5.1为某企业针对厚度为220μm的硅片质量判定标准，硅片等级可分为优等品（Ⅰ类片）、合格品（Ⅱ类片）和等外品（Ⅲ类片）。其中，硅片只要满足“等外品”的任意一项指标就可判为不合格产品。

表5.1 针对厚度为220μm的硅片质量判定标准

项目		优等品（Ⅰ类片）	合格品（Ⅱ类片）	等外品（Ⅲ类片）
物理化学特性	型号	p晶向<100>±1°	p晶向<100>±1°	p、n晶向<100>±3°
	氧含量/at·cm^{-3}	≤1.0×10^{18}	≤1.0×10^{18}	>1.0×10^{18}
	碳含量/at·cm^{-3}	≤5×10^{16}	≤5×10^{16}	>5×10^{16}
	少子寿命（测试电压≥20mV）/μs	1.3~3.0	1.0~1.2	<1.0
	电阻率/Ω·cm	0.9~1.2、1.2~3、3~6	0.5~0.8	<0.5
	位错密度/个·cm^{-2}	≤3000	≤3000	>3000

续表 5.1

<table>
<tr><th colspan="2">项目</th><th>优等品（Ⅰ类片）</th><th>合格品（Ⅱ类片）</th><th>等外品（Ⅲ类片）</th></tr>
<tr><td rowspan="7">几何尺寸</td><td>边长/mm</td><td>156±0.5</td><td>125±0.5</td><td>125±1.0</td></tr>
<tr><td>对角/mm</td><td>219.2±0.5</td><td>150±0.5</td><td>150±1.0</td></tr>
<tr><td>同轴度/mm</td><td>任意两弧的弦长之差≤1</td><td>任意两弧的弦长之差≤1.5</td><td>任意两弧的弦长之差>1.5</td></tr>
<tr><td>垂直度/(°)</td><td>任意两边的夹角 90±0.3</td><td>任意两边的夹角 90±0.3</td><td>任意两边的夹角 90±0.5</td></tr>
<tr><td>厚度/μm</td><td>200±20（中心点厚度≥195，边缘四点厚度≥180），180±20（中心点厚度≥175，边缘四点厚度≥160）</td><td>200±20（中心点厚度≥195，边缘四点厚度≥180），180±20（中心点厚度≥175，边缘四点厚度≥160）</td><td><160</td></tr>
<tr><td>总厚度变化/μm</td><td>≤20</td><td>≤30</td><td>无</td></tr>
<tr><td>弯曲度/μm</td><td>≤30</td><td>≤40</td><td>无</td></tr>
<tr><td colspan="2" rowspan="3">表面指标</td><td>无可视线痕</td><td>无明显线痕、触摸无凹凸感</td><td rowspan="3">有明显线痕、触摸有凹凸感</td></tr>
<tr><td>目视表面，无沾污、无水渍、无染色、无白斑、无指印等</td><td rowspan="2">崩边范围：崩边口不是V形、长×深≤1mm×0.5mm，个数≤1个/片，无可视裂纹、边缘光滑、目视无翘曲</td></tr>
<tr><td>无崩边、无可视裂纹、边缘光滑、目视无翘曲</td></tr>
</table>

5.5　晶硅太阳能光伏电池片的制造工艺及质量控制

太阳能电池片是太阳能光伏组件的核心，本节主要介绍晶硅太阳能电池片的制作工艺，主要包括：表面处理、扩散、边缘刻蚀、去磷硅玻璃、等离子增强化学气相沉积、印刷电极、烧结、测试分选、检验入库等工序。

5.5.1　表面处理

硅片是晶硅太阳能电池的基础材料，经过切断、修边、滚圆、切方和切片等工艺后，会对硅片表面造成机械切割损伤（损伤层厚度约为5~15μm），并会残留金属、有机物及其他杂质。硅片表面质量对太阳能电池性能是至关重要的。如果硅片的表面质量达不到要求，无论后续加工工艺如何控制，都会严重影响少数载流子寿命和表面的电学性能。因此，在制造太阳能电池片前，必须要对硅片表面进行处理。硅片的表面处理主要包括表面清洗、表面腐蚀和表面制绒等步骤。

5.5.1.1　表面清洗

硅片的表面清洗需去除在切割加工过程产生和表面吸附的有机物、金属、离子、无机化合物及灰尘等杂质。硅片常用的表面清洗方法较多，主要可以分为溶液浸泡清洗、机械擦洗、超声波清洗、兆声波清洗、旋转喷淋清洗、干法清洗、等离子体清洗、汽相清洗、束流清洗、金属离子清洗及化学清洗等方法。目前，工业上最常用的硅片表面清洗方法为化学清洗法。

由于有机物杂质多为油脂类，具有疏水性，会对其他类型的杂质去除起到阻碍作用，所以应先清除此类杂质。有机物杂质主要来源于加工中的有机物（如油脂、松香、蜡等）。分子型杂质与硅片表面间的吸附力较弱，去除较为容易。表面清洗主要利用的是“相似相溶”原理，通常采用有机溶剂去除有机物杂质，常用的有机溶剂主要有甲苯、丙酮、酒精等。去除有机物杂质后，用无机酸去除硅片表面的镁、铝、铜、银、金、氧化铝及二氧化硅等杂质，常用的无机酸清洗液主要有盐酸、硫酸、硝酸、氢氟酸和王水。然后，再用 H_2O_2 的酸性和碱性溶液对硅片表面一些难溶性物质（硫化砷和二氧化锰等）进行清洗，H_2O_2 在酸性环境中可作为还原剂，而在碱性环境中则作为氧化剂。最后用去离子水冲洗硅片表面，经加温烘干或甩干便可得到表面清洁的硅片。另外，也可以采用由苛性碱、磷酸盐、硅酸盐、碳酸盐、螯合剂和表面活性剂等组成的碱性清洗液对硅片表面进行化学清洗。

5.5.1.2 表面腐蚀

经过表面清洗后，需要对硅片进行表面腐蚀，以消除切割造成的损伤层。硅片的表面腐蚀液主要有酸性和碱性两大类。

A 酸腐蚀

酸腐蚀是一种各向同性的化学腐蚀工艺，硅片的各个结晶方向均会受到均匀的化学腐蚀。该工艺主要使用硝酸（NHO_3）和氢氟酸（HF）的混合溶液作为腐蚀液，其中硝酸作为氧化剂用，而氢氟酸则作为反应溶解剂。酸腐蚀的原理是首先利用硝酸对损伤层进行氧化，形成一层致密的二氧化硅薄膜，此薄膜虽不溶于水和硝酸，但可与氢氟酸反应，生成溶于水的氟硅酸（H_2SiF_6），最后再对硅片进行多次的去离子水冲洗，除去氟硅酸，以达到去除损伤层的目的，该腐蚀过程的化学反应式如式（5.35）和式（5.36）所示。

$$3Si + 4HNO_3 = 3SiO_2 + 2H_2O + 4NO \tag{5.35}$$

$$SiO_2 + 6HF = H_2SiF_6 + 2H_2O \tag{5.36}$$

硅片的酸腐蚀为放热反应，腐蚀过程中不需要加热，但酸腐蚀反应所生成的氮化物需要特殊处理。酸腐蚀的腐蚀速率较快，腐蚀后的硅片表面光亮，不易吸附杂质，但平面度差，如控制不当会形成两边薄中间厚的形状。当酸腐蚀混合溶液中氢氟酸含量较高时，硅片的腐蚀速率由硝酸含量决定；当酸腐蚀混合溶液中硝酸含量较高时，腐蚀速率则由氧化物的溶解速率决定。因此，工业上常向混合腐蚀液中添加醋酸（CH_3COOH）或磷酸（H_3PO_4）作为缓冲剂来控制腐蚀反应速率。当混合腐蚀液的配方为 $HNO_3:HF:CH_3COOH=5:3:3$ 时，在室温下腐蚀 10min，硅片单面的腐蚀深度可达 30μm。酸腐蚀混合溶液中的缓冲剂不仅可以起到缓冲腐蚀速率的作用，还可以作为有效的界面活性剂。而醋酸的蒸气压较高，在酸腐蚀混合溶液中的含量较不稳定；磷酸能够较好地改善硅片的表面粗糙度，但会降低腐蚀速率。为了减少金属扩散进硅片表面，腐蚀温度需控制在 18～24℃范围内。

B 碱腐蚀

碱腐蚀则是一种各向异性的化学腐蚀工艺，硅片的各个结晶方向的腐蚀速率有所不同。碱腐蚀原理是选用浓度为 10%～30% 的氢氧化钠（NaOH）或 30%～45% 氢氧化钾（KOH）等碱性溶液作为腐蚀液，在温度为80~100℃的条件下，与硅片发生反应生成硅酸盐，并释放出氢气。碱腐蚀通常在热碱环境下发生，所以腐蚀过程需要加热。碱腐蚀过程的化学反应式如式（5.37）和式（5.38）所示。碱腐蚀后的硅片经过去离子水冲洗后才能进行后续处理。

$$Si + H_2O + 2NaOH = Na_2SiO_3 + 2H_2 \tag{5.37}$$

$$Si + H_2O + 2KOH = K_2SiO_3 + 2H_2 \tag{5.38}$$

虽然碱腐蚀的速率较慢，但可以保证硅片表面平坦。碱腐蚀的速率初期会随碱性物质的浓度增加而加快；但当到达极值后，碱腐蚀的速率则会随碱性物质的浓度的增加而减慢。因此，选择合适的碱性物质浓度是控制碱腐蚀速率的关键。而由于在碱腐蚀过程中会放出氢气，碱腐蚀法腐蚀的硅片表面没有酸腐蚀的表面光亮平整，表面粗糙易吸附杂质，将最终影响太阳能电池的性能。因此，目前工业上大多采用酸腐蚀法。

5.5.1.3 表面制绒

硅片完成表面腐蚀后，将进入表面制绒工序，该工序是太阳能电池片制造的核心工序之一。因为当太阳光照射到硅片表面上时，一部分光线会被光滑的硅片表面反射出去，将导致太阳光能量的吸收效率偏低，如图5.18（a）所示。晶硅材料对不同波长太阳光的反射率均高于30%，如此高的反射率将不利于太阳能电池片对入射光的充分吸收与利用。基于"陷光效应"，可在硅片表面制造起伏不平的绒面，以减少对太阳光的反射，提升对太阳光的吸收效率。图5.18（b）为硅片表面绒面"陷光效应"原理的示意图，由图可以看出，太阳光入射到一定角度的斜面时，会被反射到另一个角度的斜面上，经多次反射和吸收，光逐渐减弱，显著增加了硅片对光的吸收率。因此，目前已有多种表面制绒的技术被开发和利用。表面制绒技术又被称为表面织构化技术，是指利用某种特定方法在硅片表面制造出凹凸不平的形状，达到通过增加太阳光在硅片表面的反射次数（至少两次反射）及对光的吸收效率，以提升晶硅太阳能电池片对入射太阳光利用率的目的，从而增强光生电流密度，提升太阳能电池的光电转化效率。现有制绒技术主要可以分为干法制绒和湿法制绒两大类。

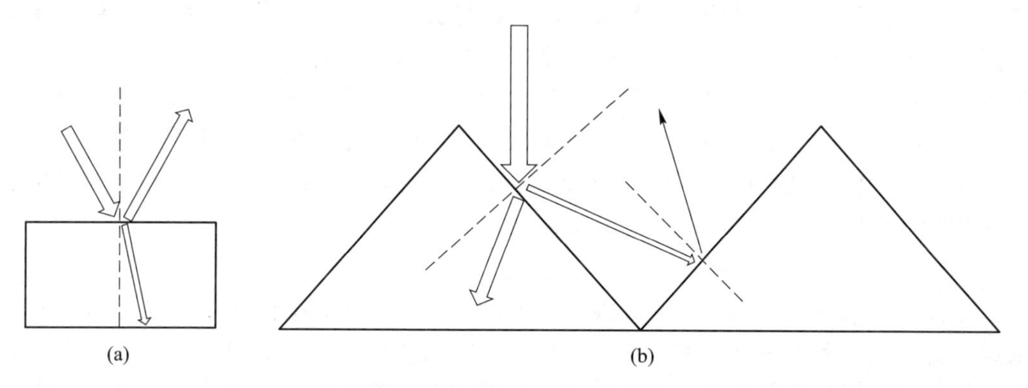

图5.18 硅片光滑平面与绒面对光反射效果的对比示意图

（a）光滑平面；（b）绒面

A 硅片的表面制绒方法

目前，干法制绒的方法已经发展出机械刻槽、等离子刻蚀和光刻等制绒方法。干法制绒的硅片绒面非常均匀，且可以精确控制刻蚀位置和深度。但是，此类方法也存在产量低、成本高、设备复杂及价格昂贵等缺点，限制了其大规模应用。

a　干法制绒技术

机械刻槽法是将一系列刀片固定在一个轴上，刀片的顶角可发生变化（35°～180°范围内），从而在硅片表面形成V型沟槽的技术。该技术具有工艺简单、刻槽速度快、形状均匀等优点，但是所形成的沟槽深度较大（约为50μm），造成的原料浪费较多，适合较厚硅片加工。由于该方法不适合较薄硅片的刻槽，在加工薄硅片过程中的碎片以及表面较深的沟槽会影响太阳能电池电极制作，而晶硅太阳能电池片正呈现越来越薄的发展趋势，因此，制约了机械刻槽技术的应用潜力。

等离子刻蚀技术的刻蚀方式可以分为物理刻蚀和化学刻蚀。物理刻蚀指的是加速通过鞘层的离子对硅片表面进行撞击，以损失离子的能量为代价，将硅片表面的原子溅射出来，形成刻蚀效果。但是，物理刻蚀会在阻蚀层上刻蚀出小台面和在硅片表面上刻蚀出深槽，并破坏侧壁的陡直度。因此，在等离子刻蚀过程中应尽量减少物理反应，使化学刻蚀产生的腐蚀起主要作用。等离子刻蚀技术能够通过控制工艺条件精确地控制刻蚀位置和深度，所获得的绒面比较均匀，刻蚀过程与晶体取向无关，硅原料浪费较少。但是，该方法刻蚀速度慢、产量低、成本高、硅片表面的载流子复合概率较大、刻蚀设备复杂且价格昂贵。因此，等离子刻蚀技术尚未在硅片的表面制绒工艺中得到广泛应用。

光刻技术是先在硅片表面沉积一层氮化硅或二氧化硅作为掩膜，该膜与硅交替出现。然后采用酸性腐蚀液对硅片表面进行腐蚀，腐蚀液与硅发生腐蚀反应，将腐蚀出一种具有较好陷光作用的蜂窝状结构，有效地降低硅片表面的反射率。但是，该技术的工艺较为复杂、生产成本较高，目前难以实现工业化。

b　湿法制绒技术

湿法制绒是一种较为传统的硅片表面制绒方法，也是现在应用较为广泛的晶硅太阳能电池片制绒方法，该方法又被称为湿化学腐蚀法。该方法具有设备简单、工艺简单、成本低、生产效率高、便于大规模生产等优点，较适用于工业生产。湿化学腐蚀法制绒是一个局部电化学的过程，主要是依靠硅片表面电位差形成的微电池反应进行腐蚀，最终在硅片表面形成绒面结构的。因为硅片表面的各个区域在电解质溶液中都会出现电位差，它主要来源于微区域的杂质浓度差异、缺陷和损伤。杂质浓度高的区域、缺陷以及损伤处的电位较低，而其他区域的电位较高，在电解质溶液的环境中硅片表面便形成了微电池。湿化学腐蚀法制绒难以做到精确控制，也难免会出现绒面不均匀的情况。目前，硅片的湿化学腐蚀主要有酸性液腐蚀、碱性液腐蚀和有机溶液腐蚀。

B　单晶硅片的表面制绒

由于碱性溶液具有价格便宜、废液易于处理、制出的绒面结构质量好等优点，所以碱性液腐蚀是目前工业界主要的单晶硅片表面制绒方法。在碱性溶液中，单晶硅片不同晶向的腐蚀速率存在着较大的差异，导致单晶硅片的碱性腐蚀是一种各向异性腐蚀，通常把晶体硅的（100）和（111）晶面的腐蚀速率称作各向异性腐蚀因子（AF，Anisotropic Factor）。当AF等于1时，硅片各晶面的腐蚀速率相同，会得到具有平坦且光亮腐蚀表面的硅片；而当AF大于1时，硅片各晶面的腐蚀速率存在差异，腐蚀面将形成由4个（111）面构成的体积较小且均匀的金字塔绒面结构，如图5.19所示。碱性腐蚀的反应方程式如下所示：

$$Si + 2NaOH + H_2O \xlongequal{} Na_2SiO_3 + 2H_2 \tag{5.39}$$

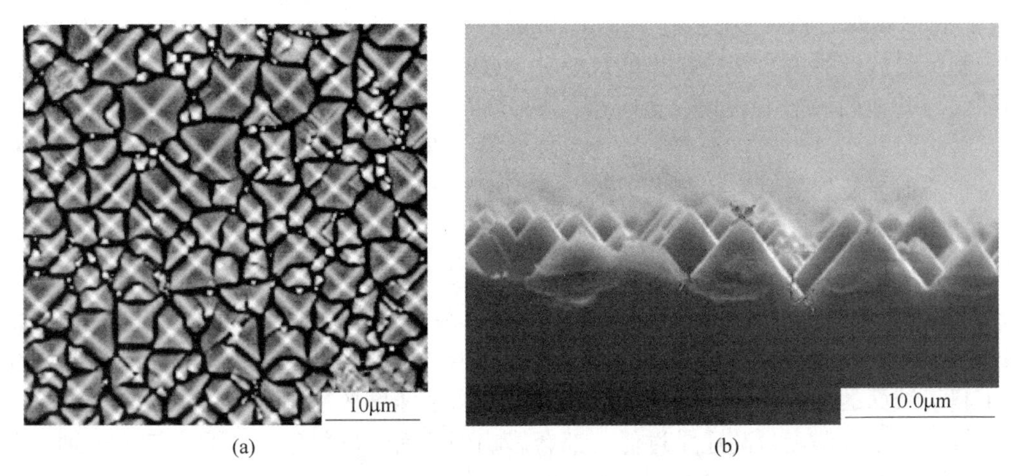

图 5.19 单晶硅片绒面的微观结构
(a) 俯视图;(b) 侧视图

理想的单晶硅片表面绒面的标准是“小、匀、净”。“小”是指绒面高度应在 3~5μm 之间,“匀”指的是金字塔结构要覆盖整个硅片表面,“净”则指的是硅片的绒面不应有任何花斑。而影响单晶硅表面绒面质量的因素较多,如碱性物质种类和浓度、缓蚀剂种类和浓度、制绒槽中的 Na_2SiO_3 浓度、制绒时间与腐蚀液温度等都会对单晶硅片的绒面质量造成影响。

不同的碱性物质会影响单晶硅片表面的绒面质量。氢氧化钠(NaOH)、磷酸钠(Na_3PO_4)和碳酸钠(Na_2CO_3)的溶液水解后均呈碱性,这些溶液均可被用于单晶硅片的表面制绒。图 5.20 分别是采用 NaOH、Na_3PO_4 和 Na_2CO_3 溶液在 85℃下分别制绒 10min 和

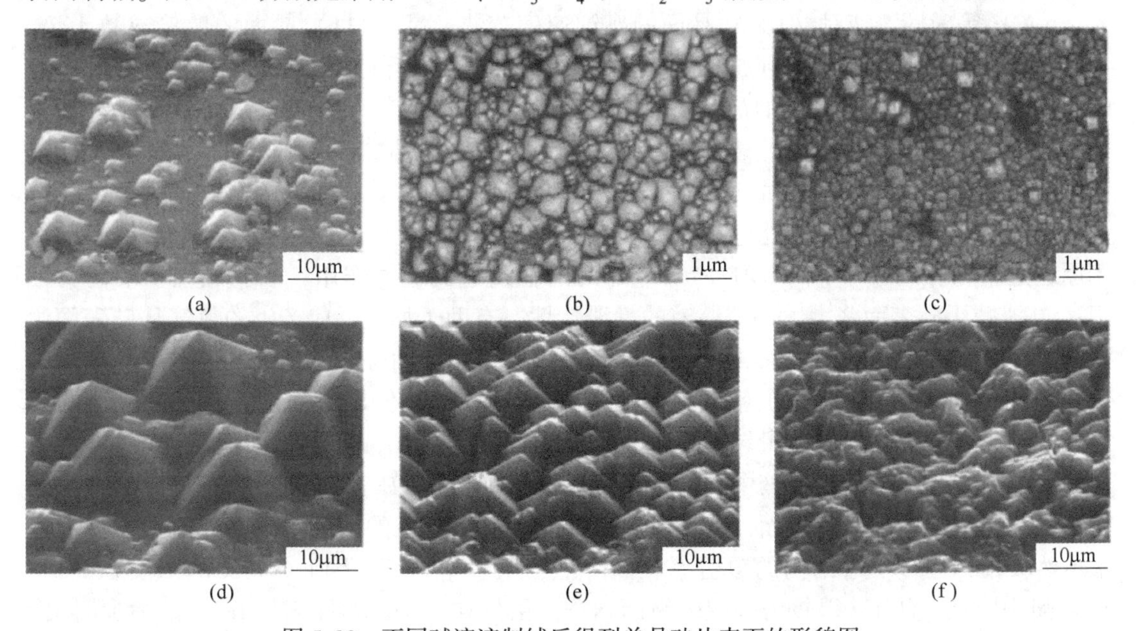

图 5.20 不同碱溶液制绒后得到单晶硅片表面的形貌图
(a) NaOH, 10min; (b) Na_3PO_4, 10min; (c) Na_2CO_3, 10min; (d) NaOH, 30min; (e) Na_3PO_4, 30min; (f) Na_2CO_3, 30min

30min 后硅片表面的微观形貌图，由该图可以看出不同溶液形成的金字塔结构差异较大。相同的制绒时间产生的金字塔结构的尺寸为 $NaOH>Na_3PO_4>Na_2CO_3$。另外，NaOH 溶液腐蚀的绒面与其他两种溶液相比，金字塔结构分布较为稀疏。其中，Na_2CO_3 溶液腐蚀的绒面金字塔相对较小且致密，金字塔结构出现层叠。具有尺寸均匀、独立完整金字塔结构的绒面对于降低光反射更具有优势。因此，在单晶硅制绒工艺中，NaOH 溶液是工业中最常用的碱性溶液。

碱性物质的浓度对硅片表面的腐蚀性影响较大，不同浓度 NaOH 溶液制绒表面形貌如图 5.21 所示。碱性物浓度越高，反应速度越快，金字塔形绒面形成也越快。当浓度超过界限值时，溶液的腐蚀性过大，溶液反应的各向异性会被降低，金字塔形绒面会发生兼并，不利于绒面的形成。而碱性物浓度较低时，腐蚀速率放慢，金字塔绒面生长减缓，制绒效率较低。不管浓度过高还是过低，都会影响到绒面的反射率。因此，工业上通常采用 1%~2%浓度范围的 NaOH 溶液。

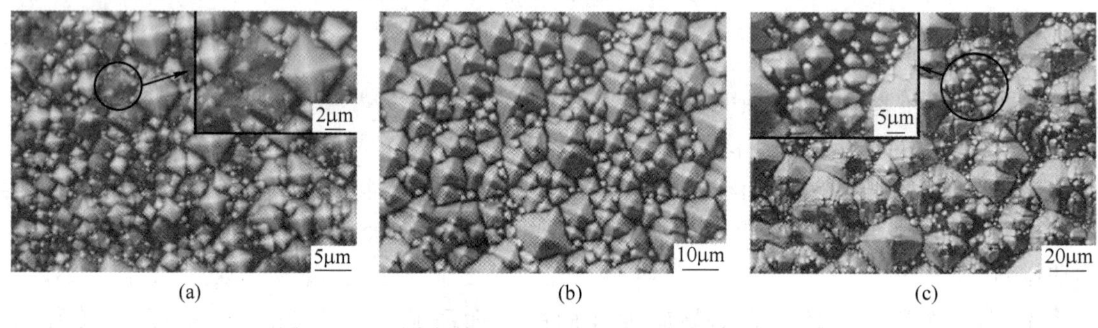

图 5.21　不同浓度的 NaOH 溶液 40min 制绒表面形貌

(a) 0.7%；(b) 1.2%；(c) 2.2%

NaOH 等碱性溶液对（100）晶面的腐蚀速度较快，是（111）晶面的数倍或数十倍，在某些弱碱溶液中甚至可达到 500 倍，因此，需加入异丙醇（IPA，Isopropyl Alcohol）、乙醇或者 $Na_2SiO_3 \cdot 9H_2O$ 等添加剂对腐蚀速率进行控制。

异丙醇或乙醇在碱性腐蚀液中不但可以起到缓蚀剂作用控制腐蚀速率和绒面大小，还可以起到络合剂的作用解决绒面表面会出现不均匀和气泡印等问题。因此，异丙醇或乙醇作为添加剂，对单晶硅太阳能电池片的表面制绒具有较为重要的作用。异丙醇或乙醇的作用原理是：(1) 对腐蚀液中 OH^- 向反应界面的输运起到缓冲作用，减弱碱性物质的腐蚀度；(2) 减小硅表面张力，调节溶液的黏滞特性，有助于加快反应产生的氢气从硅表面脱附的速度；(3) 增强硅片表面的浸润性。碱性腐蚀液中异丙醇或乙醇的浓度对单晶硅片的表面制绒质量具有一定程度的影响，如图 5.22 所示。如不使用 IPA 时，NaOH 与 Si 的反应较为剧烈，表面会形成数量较少且稀疏的金字塔结构，金字塔的覆盖率低会导致硅片表面的反射率较大。碱性腐蚀液中的 IPA 浓度不断增加，NaOH 与 Si 的反应速率减缓，金字塔结构有序地覆盖在硅片表面，致使反射率降低。而当 IPA 的浓度超过临界值后，反应速率虽然较慢，但金字塔结构的覆盖率反而降低，反射率升高。因此，IPA 的浓度在 3%~20%范围内时，均可获得较为理想的绒面结构。虽然在 NaOH 腐蚀剂与 IPA 缓蚀剂协同作用下，能够腐蚀出较好的绒面结构，但是异丙醇成本较高，对环境的污染较大。目前，多数企业已采用乙醇代替 IPA 作为缓蚀剂对单晶硅进行表面制绒。乙醇在最佳使用量的浓度

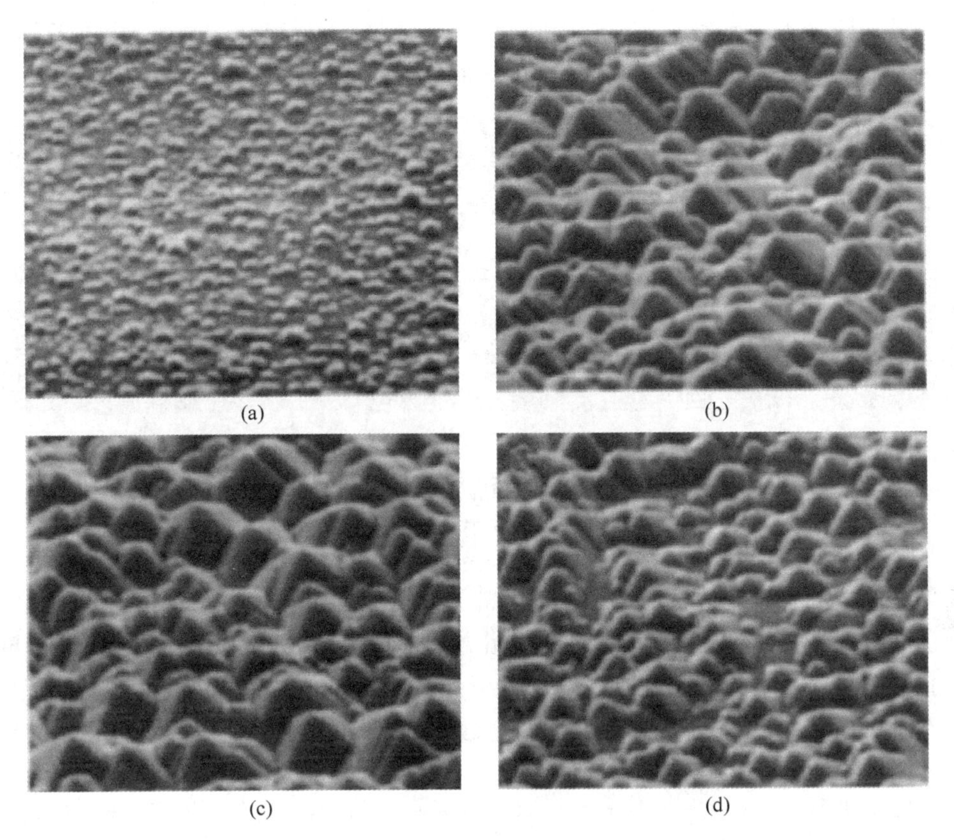

图 5.22 不同浓度的异丙醇形成的绒面形貌
（a）0；（b）3%；（c）10%；（d）30%

范围内（5%~10%），也可以得到比较理想的绒面。

硅酸钠（Na_2SiO_3）的浓度也会对单晶硅片的制绒质量造成影响。Na_2SiO_3 在腐蚀液中呈现胶体状态，将增加溶液黏稠度，对 OH^- 离子从溶液向反应界面的运动起到减缓作用。使得批量制作单晶硅片表面绒面时腐蚀液中的 NaOH 含量具有较宽的工艺容差范围，可提高制绒工艺的产品加工质量的稳定性和溶液的可重复利用性。在初始的腐蚀液中，通常会加入少量硅酸钠，使腐蚀液具有较好的择向性，硅片表面可以形成被金字塔结构完全覆盖的绒面。随着腐蚀反应的不断进行，腐蚀液中的 Na_2SiO_3 含量逐渐增加，腐蚀液的黏稠度也随之增大，会对硅片的表面质量造成不良影响，如产生水印和亮点等。一般所允许的硅酸钠含量在 2.5%~30%的范围内。Na_2SiO_3 只能通过排放溶液方式调节其浓度，而如要调节腐蚀液的黏稠度，可向腐蚀液中加入异丙醇或乙醇。Na_2SiO_3 水解后也呈现较强的碱性，但是所腐蚀的绒面的表面反射率和均匀性均较差。

腐蚀时间是影响单晶硅片绒面质量的又一个重要因素，如图 5.23 所示。当腐蚀时间较短时，腐蚀液与硅表面未能充分接触，制绒不充分，硅片表面仅能形成少量的金字塔结构，金字塔结构的体积较小，覆盖率也较低。随着腐蚀时间的增加，硅片表面的金字塔结构逐渐变密。当腐蚀时间过长时，金字塔结构互相兼并，体积增大，最终金字塔结构会逐渐消失。因此，只有在合适的腐蚀时间范围内，单晶硅片表面才能布满大小均匀的金字塔结构，有效地降低表面反射率。虽然不同太阳能电池片制造商的生产工艺存在差异，但单晶硅片的制绒时间通常都控制在 10~40min 之间。

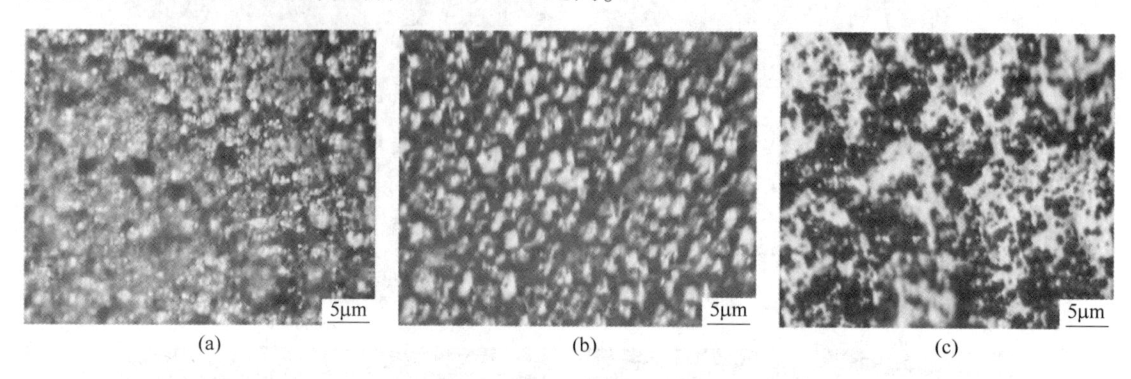

图 5.23 不同腐蚀时间得到的单晶硅片表面的微观结构
（a）10min；（b）25min；（c）30min

当单晶硅片进入腐蚀液中，待腐蚀的硅片表面会吸附 Na^+、H^+、OH^- 和 SiO_3^{2-} 等离子。如要保证腐蚀反应的持续进行，需不断从硅片表面带走 Na^+ 和 SiO_3^{2-} 离子，并不断提供 OH^- 离子与 Si 继续反应。因此，在常温条件下，碱性溶液对单晶硅片表面的腐蚀反应很难进行。而各类离子的输运过程主要是通过热运动完成的，温度升高会加快离子的输运速率，保证腐蚀反应的顺利进行。虽然提高反应温度可以加快腐蚀反应的速率，但是仍需要在适当温度下进行，如图 5.24 所示。当温度过低时，腐蚀反应速率较慢，制绒周期较长，效率较低。而当温度过高时，腐蚀速率较快，且较难控制，乙醇等添加剂挥发较快，不利于腐蚀液成分的控制，部分金字塔结构形成后会被继续腐蚀，出现较光滑的新表面，绒面连续性降低，单晶硅片表面的金字塔结构覆盖率下降，反射率增强。通过研究表明，理想的腐蚀温度为 75~90℃。

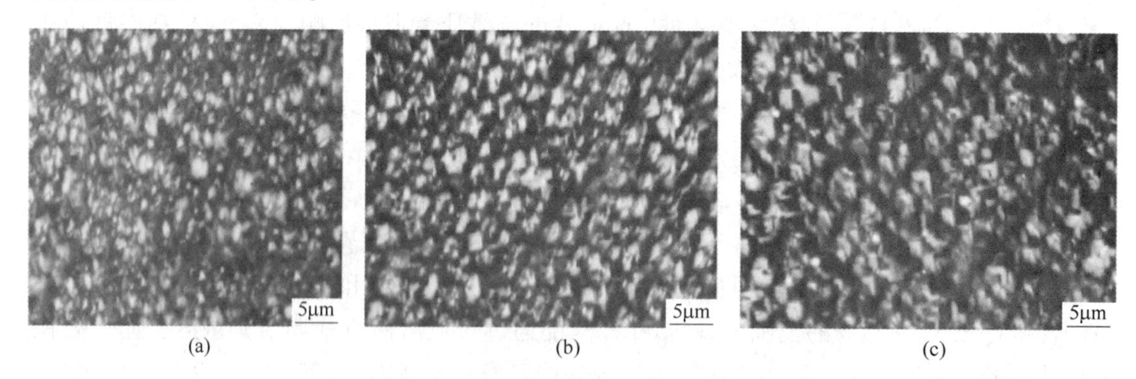

图 5.24 不同腐蚀温度得到的单晶硅片表面的微观结构
（a）70℃；（b）80℃；（c）85℃

除碱及碱性无机盐类物质外，一些有机物也可凭借其各向异性的腐蚀特性作为单晶硅片的腐蚀剂。如高浓度的四甲基氢氧化铵腐蚀液可腐蚀出较高品质的绒面，但是该腐蚀液消耗量较大，腐蚀速率较低。邻苯二酚水溶液的腐蚀性能也较好，但它是一种剧毒物质，腐蚀反应可控性较差。有机物由于存在制绒成本高、对环境污染大等问题，近年来在单晶硅片制绒工艺中已较少被使用。

C　多晶硅片的表面制绒

由于多晶硅是由不同晶粒构成的，硅片表面的晶粒取向是随机分布的，如采用各向异性的碱性腐蚀液在多晶硅片表面制绒，将无法得到质量良好的绒面，如图 5.25（a）所示。采用 HNO_3 和 HF 混合酸溶液对多晶硅片表面腐蚀，腐蚀速率与硅片表面的晶向无关，所以这种腐蚀被称为各向同性腐蚀。各向同性腐蚀会在多晶硅片表面腐蚀出较深的条状凹坑，太阳光入射后会在凹坑两侧多次反射，产生陷光效应。因此，多晶硅片通常会用各向同性的酸性腐蚀液在表面制出理想的绒面结构，如图 5.25（b）所示。虽然多晶硅片的绒面只有部分区域可以实现二次吸收，但其反射率可降低至 20%左右。

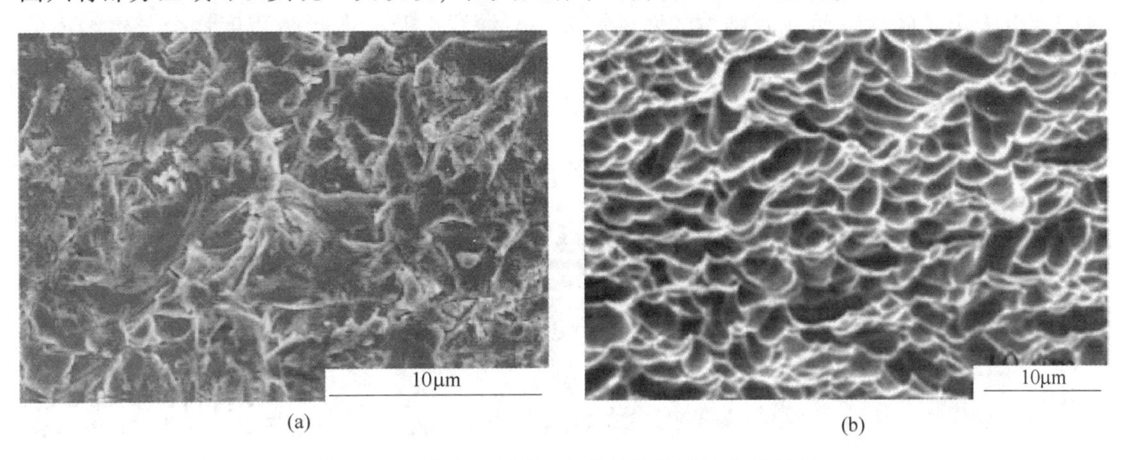

图 5.25　不同方法制作的多晶硅片绒面微观结构
（a）各向异性腐蚀；（b）各向同性腐蚀

多晶硅各向同性腐蚀的原理是：混合酸液中的 HNO_3 作为氧化剂可与 Si 发生氧化还原反应，在多晶硅片表面形成致密的 SiO_2 膜；混合酸液中的 HF 作为络合剂可与 SiO_2 反应，生成易溶于水的 H_2SiF_6 络合物，随着 H_2SiF_6 的不断生成，将离解出更多的 H^+，促进腐蚀反应的进行。上述两个反应是同时进行的，实现了多晶硅片表面的各向同性腐蚀，在多晶硅片表面形成了随机分布的绒面结构。各向同性腐蚀反应的化学方程式如式（5.40）和式（5.41）所示。在多晶硅的表面绒面生成过程中，酸性腐蚀液的配比、腐蚀液的温度、缓蚀剂的种类、腐蚀时间等因素都会对多晶硅片的绒面质量有很大影响。

$$Si + 2HNO_3 = SiO_2 + NO + NO_2 + H_2O \tag{5.40}$$

$$SiO_2 + 6HF = H_2SiF_6 + 2H_2O \tag{5.41}$$

HNO_3 和 HF 混合酸溶液中酸配比的变化会影响各向同性腐蚀的进行。如混合腐蚀液中的 HNO_3 浓度高，由于 HF 的含量不足，HNO_3 与 Si 的反应生成物 SiO_2 很难被 HF 快速溶解，会阻碍 HNO_3 与 Si 的进一步反应。虽然，多晶硅与硝酸的氧化还原反应一般会首先发生在机械损伤处或晶界处，这些位置的初始反应速度很快，但随着反应的进行，由于反应物在硅片表面的堆积，机械损伤处或晶界处的反应速率下降，使这些悬挂键密度较高的区域的腐蚀反应也很难向纵深进行；其他位置的初始反应速率较慢，但没有发生反应物堆积，可继续维持一定的反应速率。综合两种位置的反应过程，会在多晶硅片表面形成较浅的凹坑。而随着 HNO_3 比例的不断增大，所形成的凹坑尺寸孔径也不断增大，但不会形成较深的腐蚀凹坑，如图 5.26 所示。如 HF 的浓度较高，易形成较深的暗纹。因为 HNO_3 的含量相对不足，由于机械损伤处或晶界处的表面缺陷存在，这些区域的悬挂键密度较高，反应激活能较低而被优先氧化。HNO_3 与 Si 的反应生成物能够很快地被 HF 所溶解，并迅速带离硅片表面，促进腐蚀反应的继续进行，导致这些区域的反应速率高于附近区域，会使这些位置向纵深扩展，从而在多晶硅表面上很容易形成相对较深的凹坑。其中晶界等较长的线缺陷会形成长而宽的暗纹，而在深腐蚀凹坑分布密集的区域，许多凹坑会连成短暗纹。而随着 HF 比例的增大，所形成的凹坑尺寸孔径会随之不断增大，腐蚀出凹坑深度不断增加，所形成的暗纹也会越发明显，如图 5.27 所示，最终将影响多晶硅片表面的光反射率。由于多晶硅片表面绒面结构的腐蚀坑大小、深浅以及分布稀疏程度均会导致绒面的不同区域对光线的反射强弱程度差异，因此，选择适合的 HNO_3 和 HF 配比对制造质量良好的绒面结构较为重要。企业采用的多晶硅片制绒混合酸溶液的配比通常为 $V_{HNO_3}:V_{HF}:V_{H_2O}=3:1:2.7$ 或 $1:2.7:2$。

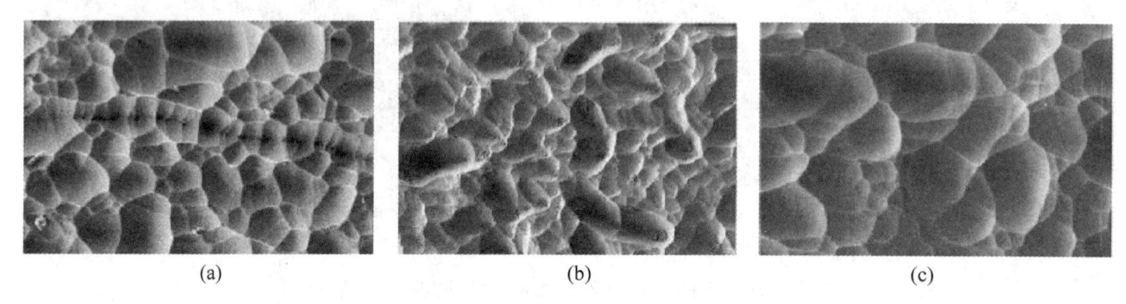

(a) (b) (c)

图 5.26 不同 HNO_3 和 HF 体积比的混合酸液腐蚀多晶硅片表面的绒面结构（一）

(a) $V_{HNO_3}:V_{HF}=3:1$；(b) $V_{HNO_3}:V_{HF}=4:1$；(c) $V_{HNO_3}:V_{HF}=5:1$

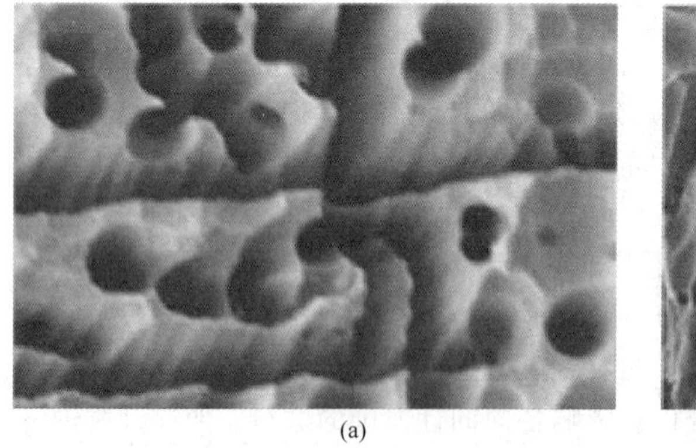

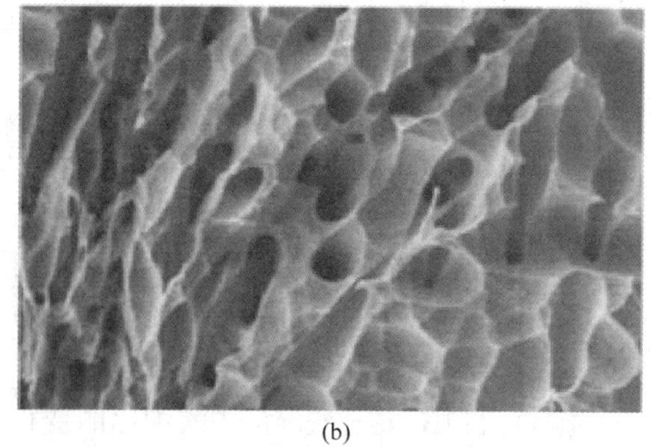

(a) (b)

图 5.27 不同 HNO_3 和 HF 体积比的混合酸液腐蚀多晶硅片表面的绒面结构（二）

(a) $V_{HNO_3}:V_{HF}=1:10$；(b) $V_{HNO_3}:V_{HF}=1:7$

由于多晶硅片的各向同性腐蚀反应属于放热反应，温度越高混合酸液的黏度和密度越低，反应越剧烈，绒面结构形成得越快，反应速率较难控制。因此，多晶硅片的各向同性腐蚀制绒温度一般需要控制在 3~8℃之间。而且，在多晶硅片的表面制绒过程中，也通常会采用乙酸（CH_3COOH）或磷酸（H_3PO_4）作为缓蚀剂降低反应速率。因为仅通过添加水稀释混合酸液来减缓反应速率，只能起到降低酸溶液浓度的效果，而对气泡在硅片表面的脱离没有促进效果，导致各区域的气泡分布不均，从而会出现多晶硅片表面腐蚀不均匀的现象。如将 CH_3COOH 作为缓蚀剂加入混合酸液中，不但可以稀释 HNO_3 和 HF 的浓度，降低反应速率；还能够减小多晶硅片表面的张力，有助于附着的气泡脱离表面，以促进反应的持续进行，使腐蚀凹坑分布更加均匀。H_3PO_4 也是一种可用于多晶硅表面制绒工艺的缓蚀剂。与 CH_3COOH 的作用原理不同，H_3PO_4 是通过提升混合酸液黏度，以阻碍物质的传输，降低 HNO_3 和 HF 向硅片表面的移动速率，从而减缓反应速率。但是，混合酸液的黏度增大不利于气泡脱离硅片表面，也会导致绒面结构的不均匀。

腐蚀时间是影响多晶硅片表面制绒质量的又一重要因素。腐蚀时间并非越长越好，只有腐蚀时间适宜，才能在硅片表面形成较深的腐蚀凹坑，入射光才能在此形貌的腐蚀凹坑内发生多次反射，从而降低硅片表面对光的反射率，最终提高太阳能电池对光的吸收利用率。在 HNO_3 和 HF 的体积比一定的条件下，随着时间的增加，硅片表面的腐蚀凹坑的孔径、深度和数量均会发生改变，如图 5.28 所示，在多晶硅腐蚀初期，由于腐蚀时间较短，腐蚀凹坑开始形成，分布较少，凹坑小而浅。随着腐蚀反应的继续进行，腐蚀凹坑不断长

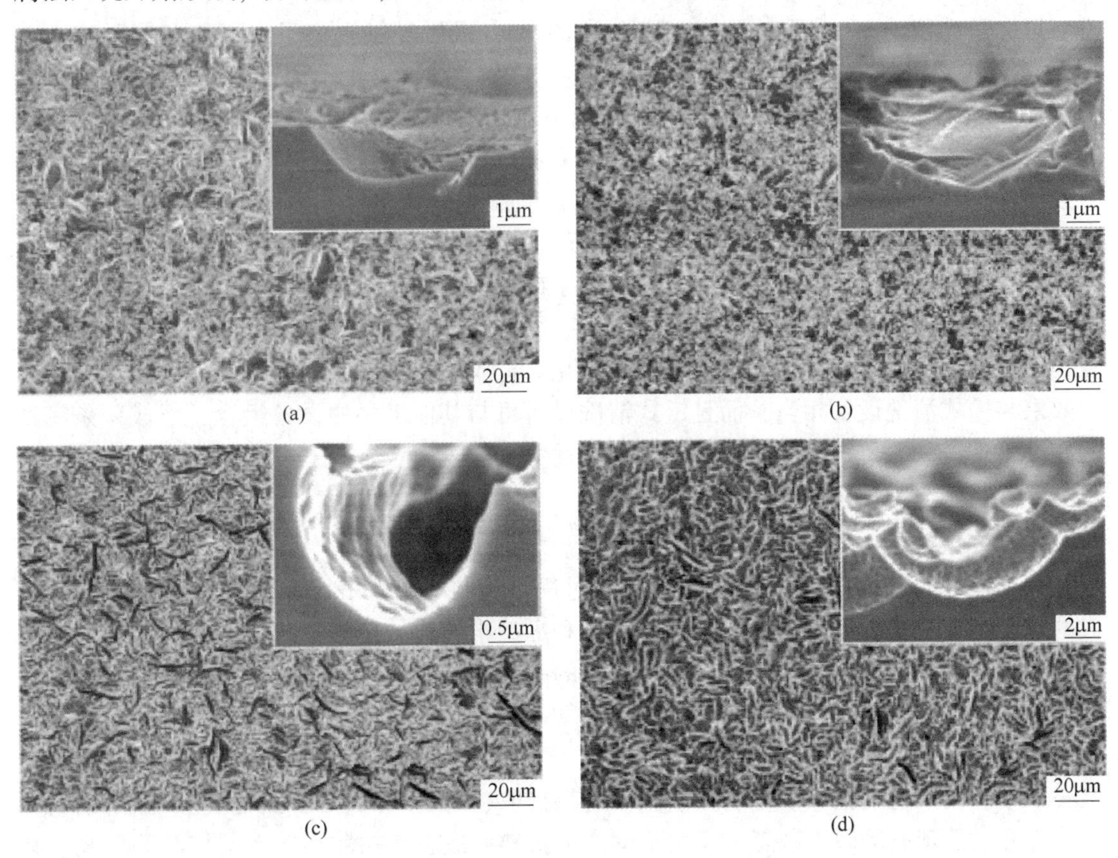

图 5.28 在体积比为 $V_{HNO_3}:V_{HF}:V_{H_2O}=5:1:2$ 的混合酸液中，不同腐蚀时间产生的多晶硅表面及断面的微观形貌

（a）1min；（b）2min；（c）3min；（d）4min

大，凹坑的宽度及深度均有所增大，微小的腐蚀凹坑零散地分布在绒面上，对降低绒面反射率贡献不大。随着腐蚀时间的进一步增加，生成的微裂纹开始缓慢扩展，裂纹首尾互相连接并不断长大，腐蚀坑也随之变宽、变深、变长，从而出现明显的腐蚀坑，腐蚀凹坑接近半球形，有利于入射光能够在腐蚀凹坑中尽可能多的发生内反射，从而降低硅片表面对光的反射率。而腐蚀时间也不易过长，如腐蚀时间过长，随着反应的继续进行，相邻的半球形腐蚀凹坑会发生兼并，导致形成的凹坑变宽、变浅，出现过度腐蚀现象，使入射光在腐蚀凹坑中的反射次数减少，反而导致硅片表面的反射率升高。因此，控制腐蚀时间在合理的范围内，才能得到陷光效果较好的表面形貌，有效地降低多晶硅片表面对太阳光的反射率。

D　硅片制绒后的清洗

无论是单晶硅片还是多晶硅片制绒后，表面都会残留酸性或碱性的腐蚀性液体，硅片需要经过清洗后，才能满足后续工序的加工需求。

单晶硅片使用的是碱性腐蚀液进行表面制绒，所残留的碱性物质可通过酸碱中和反应进行去除。通常会采用盐酸和氢氟酸进行漂洗，首先利用盐酸酸洗，去除残留的碱性物质及部分杂质。酸洗结束后，再通过在去离子水中溢流清洗约 3min。随后再进行氢氟酸漂洗，以去除残留的 SiO_2 层，漂洗时间约为 10min，最后经过去离子水溢流和喷淋清洗各 5~6min，再烘干硅片表面残留的水。

而多晶硅片采用的是酸制绒，可在常温下利用浓度为 5% 的 KOH 溶液进行碱洗 30s，以去除硅片表面残留的酸性溶液。再利用盐酸和氢氟酸的混合酸液酸洗 1min，以中和碱洗后残留在硅片表面的碱液，并去除硅片表面可能形成的氧化层。再置入纯水中进行清洗，最后对硅片进行烘干。

实际上，目前大型的清洗设备已经集成了硅片表面处理的所有环节，因此，切割后硅片表面的清洗、腐蚀和制绒又可以被统称为一次清洗。硅片的一次清洗多采用槽式清洗设备，但是此类设备难以实现生产线的全自动化。近年来，所研制的链式清洗设备，它的制绒效果与槽式清洗设备相当，而且链式清洗设备可与其他工序的设备组合，形成一条完整的连续生产线，比传统的槽式清洗设备更具优势。

5.5.2　扩散制结

太阳能电池的核心是 pn 结，它不是通过简单地将 p 型和 n 型半导体接触在一起所形成的，而是在一块半导体晶体内部实现 p 型和 n 型半导体的接触，即晶体的一部分为 p 型区域，另一部分则是 n 型区域。目前，商用的晶体硅片多为掺硼的 p 型硅片，如在其表面上渗透较薄的一层磷，使表面区域转变为 n 型，便可以制成太阳能电池所需的 pn 结，工业上一般多采用扩散工艺来制 pn 结。因此，扩散制结是整个太阳能电池片生产过程中的核心工序。太阳能电池片的制结方法主要有热扩散、离子注入、外延、激光以及高频电注入等方法。而现有的磷扩散工艺又包括固态磷扩散、液态磷扩散和气态磷扩散等形式。其中，液态三氯氧磷（$POCl_3$）的热扩散法具有生产效率高、pn 结厚度均匀和扩散层表面质量好等优点，被广泛应用于晶体硅太阳能电池片的制 pn 结工序，液态 $POCl_3$ 的热扩散法原理如图 5.29 所示。

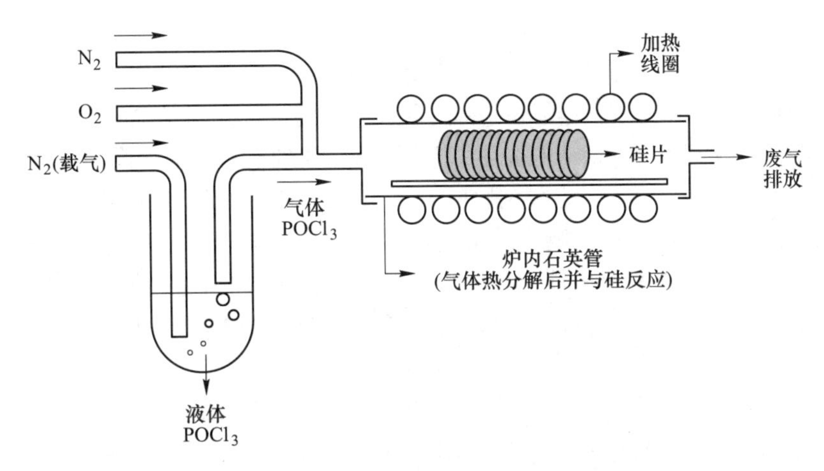

图 5.29 液态 $POCl_3$ 的热扩散法的原理示意图

5.5.2.1 扩散原理

扩散是一种杂质原子通过半导体晶格格点的无规则运动完成的输运过程。当固体、液体或气体内部的杂质存在浓度不均匀时，杂质就会从高浓度区域向低浓度区域扩散，从而使杂质浓度均匀。而固体中粒子间的相互作用较强，扩散运动较慢，为增强杂质的扩散运动，需要采用高温促进扩散。因此，硅片的扩散制 pn 结工序必须要在高温环境下进行。

5.5.2.2 三氯氧磷的理化特性

$POCl_3$ 是一种易燃、易爆的无色透明液体，具有刺激性气味。其密度在室温下为 $1.645g/cm^3$，熔点为 1.25℃，沸点为 105.3℃，闪点为 105.8℃。易发生水解，且极易挥发，在潮湿的空气中会发烟。室温下，具有较高的蒸汽压，为保持蒸汽压稳定，通常会把源瓶放在 0℃的冰水混合物中。$POCl_3$ 有剧毒性，遇水会发生猛烈反应，在接触时，应穿戴适当的防护服、手套、眼镜，进行面部保护，避免引起灼伤。

5.5.2.3 扩散制结的原理与工艺

液态 $POCl_3$ 的热扩散法是用加热的方法，促进扩散过程的进行，使 5 价的磷杂质掺入含硼的 p 型硅，以形成 pn 结。扩散制结工艺是先利用高纯度的氮气（N_2）作为携源气体（载气），流经装有液态 $POCl_3$ 的容器，携带气态的 $POCl_3$ 进入扩散炉的石英管中，将硅片装入石英舟中，推入恒温区。$POCl_3$ 气体在一定温度下（600℃），施主杂质磷就会从 $POCl_3$ 中分解出来，生成五氧化二磷（P_2O_5）和五氯化磷（PCl_5），反应方程式如式（5.42）所示。如果在无氧环境下，所生成的 PCl_5 不易发生分解，将对硅片产生腐蚀，破坏原有的表面状态。因此，需要通入一定量的氧气（O_2）与 PCl_5 反应生成 P_2O_5，并放出氯气（Cl_2）；所生成的 P_2O_5 会沉淀在硅片表面，生成的 P_2O_5 将进一步与 Si 反应，生成 SiO_2 和 P 原子，在硅片表面形成一层磷硅玻璃，该过程的反应方程式如式（5.43）和式（5.44）所示。然后，还原出的 P 原子在高温作用下（800~950℃），通过 Si 原子间的空隙，向硅片中扩散。

$$5POCl_3 \xlongequal{\triangle} 3PCl_5 + P_2O_5 \tag{5.42}$$

$$4PCl_5 + 5O_2 = 2P_2O_5 + 10Cl_2 \tag{5.43}$$

$$2P_2O_5 + 5Si = 4P + 5SiO_2 \quad (5.44)$$

扩散制结工艺的目的是获得适合于太阳能电池 pn 结所需的结深。由于晶体硅太阳能电池对高辐射强度的短波长光有较大的吸收系数，因此，在电池表面产生的光生载流子较多。为尽可能多地收集到达 pn 结的光生载流子，pn 结到硅片表面的距离（结深）应尽量浅，在实际电池制作中，结深一般控制在 300~500nm 之间。因为如果结过深，死层较为明显，少子寿命较低，将严重影响太阳能电池的光电转换效率。而浅结的表面浓度低，电池的短波响应好，但还会引起串联电阻的增大。因此，为保持电池具有较低的串联电阻，还需要增加上电极的栅线密度，才能有效地提高太阳能电池的填充因子，如此又将增大阻挡光线的面积，两者需综合考虑，并予以兼顾。

目前，国内的多数太阳能电池制造企业均采用石英管扩散炉进行扩散制结。石英管扩散炉主要由控制部分、退舟净化部分、电阻加热炉部分和气源部分等所构成。石英管扩散炉的扩散工艺过程较为复杂，主要包括石英管清洗、石英管饱和、装送片、扩散、关源卸片、石英管拆洗等工序。在扩散制结过程中，需要注意工艺参数的及时调整，影响扩散效果的主要因素包括管内扩散源浓度、扩散温度和扩散时间。如扩散源的浓度将影响扩散区 P 杂质的浓度，而扩散时间和扩散温度对 pn 结深有较大的影响。

5.5.3　刻蚀与去除磷硅玻璃

在扩散制结的过程中，硅片在石英舟中无论是水平放置或是竖直放置，其侧面均处在毫无保护的环境中，扩散制结后的硅片侧面会由于磷原子扩散而形成 n 型层。该 n 型层会降低电池的并联电阻值，导致太阳能电池的正面电极与背面电极的直接导通，形成局部短路，影响电池的转换效率。因此，需要对扩散制结后的硅片侧面的 n 型层进行去除，即边缘刻蚀，如图 5.30 所示。而硅片表面的磷硅玻璃层不但会对太阳光起到阻挡作用，还会影响后续减反射膜的制备，所以也需要去除。在实际生产中通常会先采用等离子体刻蚀法去除电池片侧面的扩散层，然后再采用化学腐蚀法去除电池片表面的磷硅玻璃层。

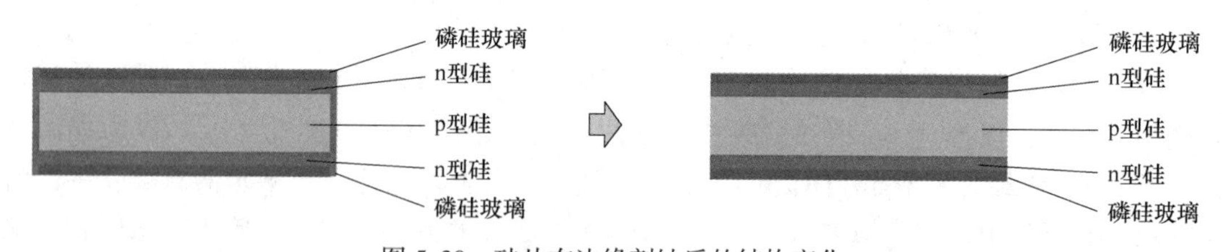

图 5.30　硅片在边缘刻蚀后的结构变化

5.5.3.1　边缘刻蚀

目前硅片的边缘刻蚀可以采用激光切割和等离子体刻蚀等方法。如采用激光切割的方法，边缘刻蚀则可以在太阳能电池的电极印刷和烧结工序后进行。该方法是利用高能量的激光把硅片熔化而实现边缘绝缘的，切割时激光束需照射在背阴极上，且不应割穿硅片，所以对于激光强度及移动速度的控制至关重要（见图 5.31）。如激光强度过大或移动速度过慢均易造成硅片的割穿，熔化的 p 型和 n 型硅可能会与阳极形成电流通路，从而降低电池的并联电阻，甚至造成短路；而激光强度不足或移动速度过快，会导致切割不充分，无法完全去除 n 型层。由于激光切割会造成电池的有效面积减小，而等离子体刻蚀具有刻蚀速度快及刻蚀后不改变硅片的形貌等优势，因此，太阳能电池片的生产常采用等离子体刻蚀的方法刻蚀电池周边扩散层。

图 5.31 激光刻蚀后硅片的表面形貌

等离子体（Plasma），又称为电浆，它是由部分电子被剥夺后的原子及原子团被电离后产生的由正负离子所组成的离子化气体状物质，是不同于固体、液体和气体的物质第四态。如在较高的温度下，原子或分子间运动十分剧烈，原子中电子因具有较大的动能而摆脱原子核的束缚，成为自由电子，而原子失去电子成为带正电的离子，该物质则变成了由自由电子和带正电的离子组成的混合物，且正负电荷相等，故此得名为等离子体。等离子体的运动主要受电磁力支配，并表现出显著的集体行为。等离子体广泛存在于宇宙中，99%的宇宙都是由等离子体组成的，常见的太阳、闪电、极光、日光灯和霓虹灯中的发光气体、电弧等均可以被看作是等离子体。根据温度情况，等离子体可分为高温等离子体和低温等离子体。等离子体的温度分别用电子温度和离子温度所表示，两者相等称为高温等离子体；不相等则称为低温等离子体。高温等离子体只有在温度足够高时产生；低温等离子体则是在常温下产生的等离子体。低温等离子体通常被用于氧化和改性等表面处理，或是应用于有机物或无机物的沉淀涂层。低温等离子体又可以分为热等离子体和冷等离子体。热等离子体是由稠密气体在常压或高压下电弧放电或高频放电产生，温度能够使分子或原子发生电离、化合反应；而冷等离子体通常是利用激光、射频或微波激励的作用使稀薄气体在低压下发生辉光放电而形成的等离子体。

等离子体刻蚀硅片扩散层就是利用高频辉光放电将反应气体四氟化碳（CF_4）激活成活性原子、自由基或离子，F 原子扩散到硅片边缘，与其反应生成挥发性的四氟化硅（SiF_4）后排出，从而完成边缘刻蚀，如图 5.32 所示。实际生产中通常会在 CF_4 中掺入少量的 O_2，以提高边缘刻蚀速率，该过程如下列反应式所示：

$$e^- + CF_4 \longrightarrow CF^{3+} + F + 2e^- \tag{5.45}$$

$$e^- + CF_4 \longrightarrow CF_3 + F + e^- \tag{5.46}$$

$$e^- + CF_3 \longrightarrow CF_2 + F + e^- \tag{5.47}$$

$$e^- + O_2 \longrightarrow 2O + e^- \tag{5.48}$$

$$Si + 4F \longrightarrow SiF_4 \tag{5.49}$$

$$3Si + 4CF_3 \longrightarrow 4C + 3SiF_4 \tag{5.50}$$

$$SiO_2 + 4F \longrightarrow SiF_4 + O_2 \tag{5.51}$$

$$2C + 3O \longrightarrow CO + CO_2 \tag{5.52}$$

图 5.32　等离子体刻蚀后硅片的形貌

在等离子体边缘刻蚀过程中，应注意以下问题：(1) 确保硅片正反面不被刻蚀，通常会将待刻蚀的硅片两侧用大小相同的玻璃夹具夹紧，以达到保护目的。(2) 采用适当的刻蚀参数，主要是刻蚀时间和功率。当刻蚀时间过长时，会对硅片表面造成损伤，如延伸至结区，则会造成电池的高复合；当刻蚀时间过短时，并联电阻将降低，从而产生漏电流。当刻蚀功率过高时，硅片边缘会形成高能量粒子的轰击损伤，边缘区域的电性能变差，将导致电池性能下降；当刻蚀功率过低时，等离子体的稳定性较差，离子密度分布不均，难以刻蚀均匀，部分区域会出现刻蚀不足或过度的情况。通常刻蚀后的硅片边缘明显会比中间部分亮白，如观察到刻蚀后的边缘有发黑的情况，则表示刻蚀失败，需对该硅片重新进行刻蚀。

5.5.3.2　去除磷硅玻璃

边缘刻蚀后需继续去除磷硅玻璃层，以降低其对太阳光的阻挡作用及对减反射膜效果的影响。磷硅玻璃层的去除采用的是化学腐蚀法，采用对磷硅玻璃和硅有选择性反应的 HF 溶液，只腐蚀磷硅玻璃层的主要成分 SiO_2，而不对硅片造成腐蚀（见图 5.33）。去除磷硅玻璃层的原理是 HF 与 SiO_2 反应生成络合物六氟硅酸（H_2SiF_6），该过程的反应方程式，H_2SiF_6 可溶于水，从而脱离硅片表面而溶解在溶液中。由于 HF 对 SiO_2 的腐蚀速率较快，为较好地控制腐蚀效果，通常在室温下采用浓度为 3%～10%的 HF 稀溶液或添加缓蚀剂氟化铵（NH_4F）进行腐蚀。去除磷硅玻璃的工艺流程主要包括 HF 酸洗、去离子水漂洗、去离子水喷淋和甩干等步骤。

$$6HF + SiO_2 = H_2SiF_6 + 2H_2O \tag{5.53}$$

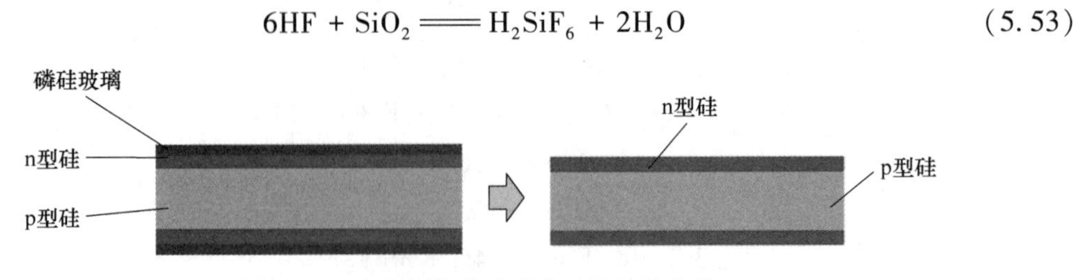

图 5.33　硅片去除磷硅玻璃后的结构变化

去除磷硅玻璃通常也采用链式清洗设备，其与表面处理设备的外观基本相同，只是内部构造稍有不同，因此，去除磷硅玻璃的工艺又称为二次清洗。去除磷硅玻璃层的效果可通过观察硅片表面的疏水性进行判断，如硅片脱水，说明去除磷硅玻璃效果好；而表面残留有水渍，则说明未完全去除磷硅玻璃，需对工艺参数进行调整（增加 HF 浓度）。在去除磷硅玻璃的工艺中需要注意的事项：(1) 防止 HF 溶液对人体的伤害。(2) 两槽之间移动硅片的间隔时间切勿过长，以防止硅片氧化。(3) 保证硅片清洁，防止污染。

5.5.4　镀减反射膜

虽然通过绒面结构对入射光的多次反射可以增加硅片表面对光的吸收，但是仍然存在一部分的反射损失（单晶硅约为 10%，多晶硅约为 20%）。如果利用光的干涉原理，在硅片表面上镀一层或多层高折射率的介质膜，可以进一步减少光的反射，使入射光的反射率从制绒后的 10%~20%降低至 3%~5%，而吸收更多的入射光，将增大太阳能电池的短路电流，最终提高电池的转化效率。这种能够起到降低太阳光在硅片表面反射作用的介质膜被称为减反射膜（ARC，Antireflection Coating），又可以称为抗反射膜。

5.5.4.1　减反射的原理

如果在硅片表面沉积一层透明的介质膜，光线将在介质膜的下表面形成反射光，会返回到介质膜的上表面。当返回光线与上表面的反射光的相位差为 180°时，则其会与在上表面形成的反射光在一定程度上抵消，从而降低太阳能电池片的反射率，如图 5.34 所示。因此，减反射膜的厚度和折射率将对硅片表面的反射效果有重要影响。

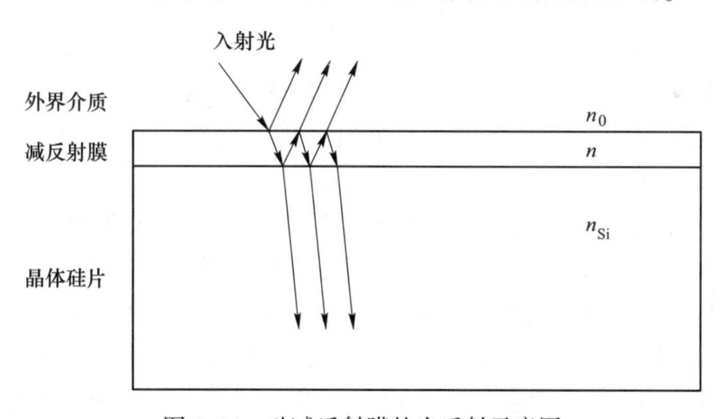

图 5.34　硅减反射膜的光反射示意图

其中，减反射膜的光学厚度应如式（5.54）所示：

$$nd = \frac{\lambda_0}{4} \tag{5.54}$$

式中，n 为减反射膜的折射率；d 为减反射膜的实际厚度；nd 为减反射膜光学厚度；λ_0 为入射光的特定波长。

可得到此时的反射率为：

$$R_{\lambda_0} = \frac{n^2 - n_0 n_{Si}}{n^2 + n_0 n_{Si}} \tag{5.55}$$

式中，n_0、n、n_{Si} 分别为外界介质、减反射膜和硅的折射率。

为将反射损失降至最小，则针对特定波长 λ_0 的反射率应为零，即 $R_{\lambda_0}=0$，此时减反射膜的折射率如式（5.56）所示：

$$n = \sqrt{n_0 n_{Si}} \tag{5.56}$$

由上述公式可知，完美单层减反射膜条件是减反射膜的光学厚度应为四分之一的入射光波长，且折射率为外界介质与硅片折射率乘积的平方根。而无论当波长大于或是小于 λ_0 时，减反射膜的反射率都将增大。一般的晶体硅太阳能电池的可吸收波长为 0.3~1.1μm，而减反射效果最好的波长为 0.6μm 左右，因此，通常选择 0.15μm 的减反射膜光学厚度。在实际应用中，会对晶体硅太阳能电池进行封装，电池片表面会覆盖一层 EVA 膜（折射率 $n_0=1.4$），而硅片的折射率（n_{Si}）为 3.9，因此，所选用的减反射膜的折射率（n）约为 2.35。

5.5.4.2 减反射膜材料

除要考虑减反射膜的折射率之外，减反射膜材料的选择还需要遵循以下准则：首先是减反射膜要有较大的透光率。只有透过减反射膜而被晶体硅片吸收，并且能够产生电子空穴对的光子才是有用的。因此，不仅要减反射膜对光的反射率低，而且对光的吸收也要较低，要具有较大的透光率。其次减反射膜要有稳定的理化性能，太阳能电池在长期的室外环境使用过程中，会经受复杂的自然环境考验，如温度、湿度、风沙、雨雪和酸碱腐蚀等。因此，要求减反射膜材料要具有一定的机械强度，以及耐温、耐湿与耐酸碱的特性，并且其与硅片表面的黏附性应当较为稳定。最后需要考虑工艺的复杂程度和经济问题。如果减反射膜的制备工艺较为复杂或制造成本较高，将会大幅提高太阳能电池的生产成本，限制其广泛应用。所以要求减反射膜的制备工艺应较为简单，且成本较低。随着材料科学的飞速发展，可作为晶体硅太阳能电池片的减反射膜材质种类较多，目前较为常用的减反射膜材料主要有二氧化钛、二氧化硅、非晶氮化硅、氧化铝（Al_2O_3）、氧化铯（Cs_2O）和硫化锌/氟化镁（ZnS/MgF_2）等。

（1）二氧化钛（TiO_2）是一种白色固体或粉末状的两性氧化物。它具有熔点高、折射率高（2.1~2.4）、较好的机械加工性能、耐化学腐蚀性、可在常温常压下制备等特点，常被用于制造耐火玻璃和耐高温的实验器皿等耐高温器件，早期也被作为晶体硅太阳能电池的减反射膜材料。但是，TiO_2 减反射膜中含有较多在短波范围内有严重光吸收的低价氧化物，易与硅片发生剥离，不具备钝化作用，所以 TiO_2 逐步被其他种类的材料所取代。

（2）二氧化硅（SiO_2）是一种化学性质比较稳定的无机化合物，它具有耐高温、线膨胀系数小、强绝缘、耐腐蚀以及其独特的光学性能等特点。SiO_2 作为晶体硅的减反射膜不仅可起到降低入射光反射的作用，还具有优良的钝化性能（见图 5.35）。但是，SiO_2 的折射率仅为 1.46，减反射效果较差，而且在紫外光的照射下，还会影响晶硅材料的载流子寿命。

（3）氮化硅（Si_3N_4）具备硬度大、结构致密、高折射率（2.0）、耐磨损、抗高温氧化、抗冷热冲击、强绝缘、耐湿性和耐腐蚀等优异特性，已成为近年来发展较为迅速的一类减反射膜材料，如图 5.36 所示。而在氮化硅减反射膜的制备过程中会有游离态的氢溶入其中，所以该薄膜富含氢（H），而且它的 Si 与 N 的比例不确定，形成无定型的非晶氮化硅减反射膜，因此，非晶氮化硅减反射膜通常会被写作 $\alpha-SiN_x$：H，还可以简写为 SiN

图 5.35 不同粒径二氧化硅形成的减反射膜微观形貌

（a）20nm；（b）35nm；（c）50nm；（d）100nm

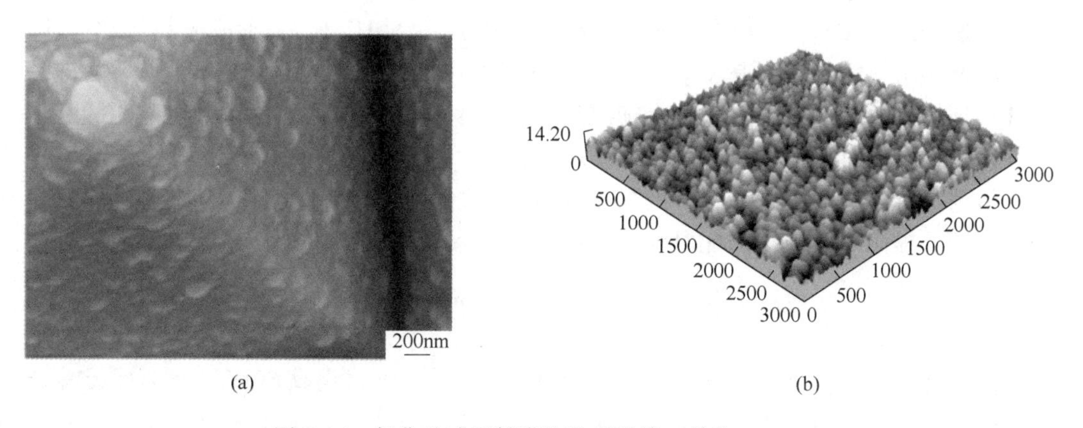

图 5.36 氮化硅减反射膜的微观形貌（单位：mm）

（a）SEM；（b）AFM

或 SiN_x。非晶氮化硅薄膜不仅可以起到高效的光学减反射效果（反射率可降至 3%~5%），还有良好的钝化效果，能够有效地降低表面的复合速率，增加少数载流子寿命，从而提高太阳能电池的光电转换效率，所以它是目前晶体硅太阳能电池应用最多的减反射膜材料。

5.5.4.3 镀非晶氮化硅减反射膜工艺

目前，镀氮化硅减反射膜的方法主要有直接氮化、物理气相沉积（PVD，Physical

Vapor Deposition）、化学气相沉积（CVD，Chemical Vapor Deposition）等技术。其中多数企业采用 CVD 技术镀减反射膜，该技术是利用加热、等离子体或紫外光等作为热源，使含有构成薄膜元素的一种或几种气相单质或化合物气体，在衬底表面发生化学反应沉积薄膜的方法。近年来，CVD 技术又衍生出常压化学气相沉积、低压化学气相沉积及等离子体增强化学气相沉积（PECVD，Plasma Enhanced Chemical Vapor Deposition）等。其中，采用 PECVD 技术沉积的非晶氮化硅减反射膜的减反射作用与钝化效果好，而且制造过程具有沉积速率高、沉积温度低、工艺稳定性好、厚度均匀性好、形成的薄膜致密、气相形核引起颗粒污染概率小、可连续生产等优点被诸多企业所采用。

A PECVD 的原理

PECVD 是一种利用射频辉光放电物理过程和化学反应相结合的低压、低温的气相沉积技术。通常需要在高温条件下才能实现的许多化学反应，利用 PECVD 技术在低温下即可实现。在沉积氮化硅时，需要在沉积室内建立高压电场，反应气体在一定气压和高压电场的作用下，会产生辉光放电，反应气体被激发成非常活泼的分子、原子、离子和化学性质十分活泼的活性基团（如 SiH、NH 等基团）构成的等离子体，大大降低了沉积的反应温度，提高了沉积速率。在沉积过程中，并不是等离子体中所有 SiH 和 NH 都能反应形成减反射膜，只有表面反应才能形成所需的薄膜。SiH 和 NH 活性基团被传输到衬底表面，发生反应生成 SiN 网络，其中还会结合成一定量的 SiH 和 NH 基团，从而起到钝化的作用。

B 制备非晶氮化硅膜的化学反应

沉积非晶氮化硅减反射膜主要通过硅烷（SiH_4）与氨气（NH_3）作为反应气体，在高频交变电场的作用下发生分解反应来完成，分解反应会产生一定量的活性基团（SiH_3、SiH_2、SiH、NH_2、NH 等）及少量的离子基团（$Si_mH_n^+$、$N_mH_n^+$ 等），形成非晶氮化硅薄膜，该过程涉及多个化学反应，其反应过程可以简写为式（5.57）。沉积减反射膜后的硅片表面通常呈现均匀的深蓝色，颜色也会随减反射膜厚度不同而改变。非晶氮化硅薄膜并不是严格按 3∶4 的化学计量比构成的，其中氢原子的含量也较高。在高温下氢原子会对硅片表面和体内进行钝化，由于晶界上的悬挂键可被氢原子饱和，将减弱复合中心的作用，可在一定程度上提高晶体硅太阳能电池的光电转换效率。

$$SiH_4 + NH_3 \xrightarrow{\text{辉光等离子体}} SiN_x: H + H_2 \tag{5.57}$$

C 减反射膜质量的影响因素

在沉积减反射膜过程中，影响其质量的因素较多，主要包括射频功率、反应气体比例、气体总流量、反应压力和极板间距等。（1）射频功率的增加通常会改善非晶氮化硅薄膜的质量，但功率密度过大会对器件造成严重的射频损伤。（2）反应气体 SiH_4 和 NH_3 的比例会对减反射膜的组分及物化性质造成影响，通常会通过调节反应气体的比例来控制非晶氮化硅薄膜的折射率（$n=1.8\sim2.3$）。（3）气体总流量会直接影响减反射膜的均匀性。为防止反应区下游反应气体因耗尽而降低沉积速率，通常采用较大的气体总流量，以保证沉积的均匀性。（4）在沉积过程中，反应室内气体的总压力增大会导致沉积速率增大，为保证膜厚的均匀性，减反射膜制备工艺中的反应压力应保持在合理范围内（27～270Pa）。（5）极板间距对减反射膜的均匀性也有较大的影响。当射频电源频率较低时，极板间距过大，会加强电场的边缘效应，靠近极板边缘处的电场较弱，沉积速度较中间区域低，将会影响到减反射膜的均匀性。

5.5.5 印刷电极

当光照射太阳能电池时，会在pn结两侧形成正、负电荷的积累，从而产生光生电动势。在实际应用中，一般会在太阳能电池片的两面都镀上导电的金属电极，光照面的正面电极需要收集电子，通常呈栅线形状；背面电极要尽量布满电池片的背面，以减少电池的串联电阻，而且还要有利于焊接以及制成太阳能电池组件，如图5.37所示。在高效的太阳能电池制作中，金属电极需要与电池的设计参数相匹配，设计参数主要包括：表面的掺杂浓度、pn结的深度、金属材料的种类等。实验室目前常采用光刻和蒸发法制作最高效率的太阳能电池的电极，但这些方法的制作效率较低，不利于大规模生产。工业上早期采用真空蒸镀或化学电镀的方法，但这些方法均存在工艺成本较高、耗能大、批量小以及不适宜自动化生产等难以避免的问题。因此，为降低生产成本和提高生产效率，目前工业上普遍采用丝网印刷的方法制作晶体硅太阳能电池的电极。

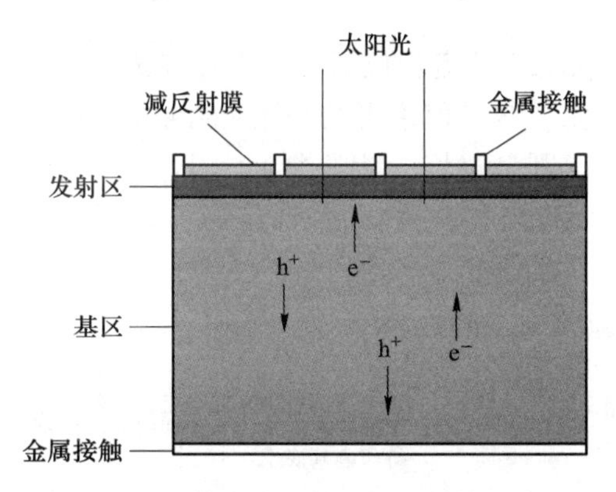

图5.37 晶体硅太阳能电池的结构示意图

5.5.5.1 丝网印刷技术的工作原理

早在20世纪50年代丝网印刷技术就开始应用于电子元器件、印刷电路板和厚膜集成电路等领域，丝网印刷技术的原理如图5.38所示。丝网印刷技术是利用印刷网版上的网孔渗透浆料与非网孔部分不渗透浆料协同作用的原理进行印刷的。在印刷时，需预先在网版上加入形成电极所需的浆料，再利用刮刀在网版一端的网孔施加一定的压力，并同时向网版另一端移动刮刀，在此过程中，浆料会透过网孔挤压到硅片表面形成所需图样。当刮

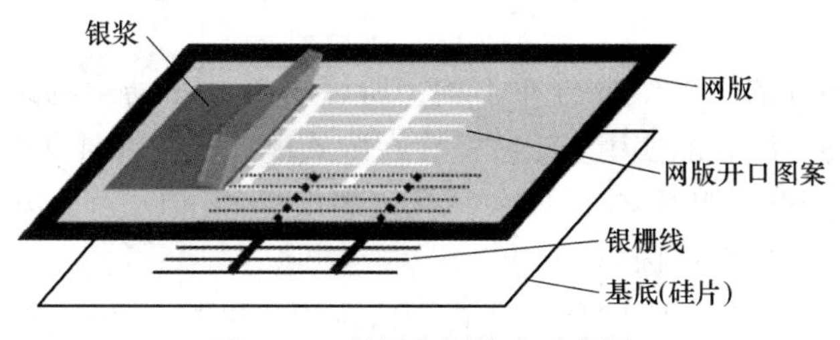

图5.38 丝网印刷技术示意图

刀刮过整个印刷区域后，抬起刮刀，且丝网也脱离硅片，工作台返回至起始位置，便完成一个丝网印刷的行程（见图 5. 39）。采用丝网印刷技术具有工艺简单、易操作、设备及材料成本低等优点，因此，在规模化印刷晶体硅太阳能电池电极方面优势显著。

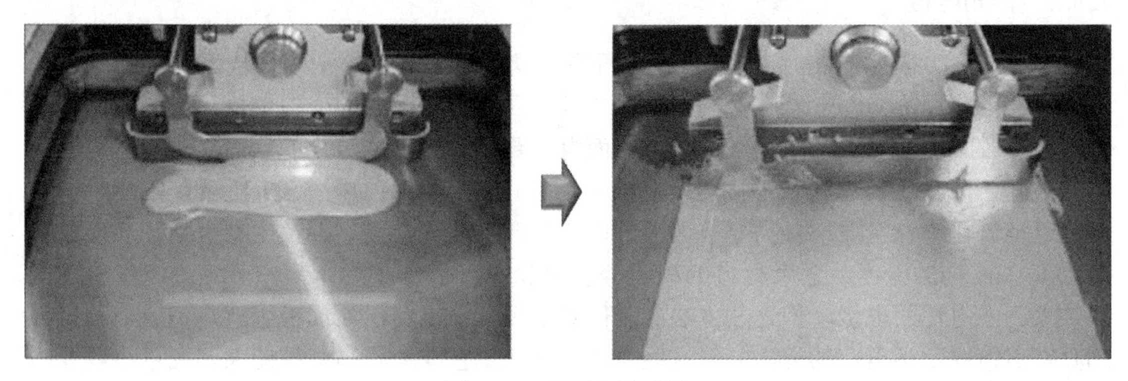

图 5. 39　丝网印刷过程

5. 5. 5. 2　印刷电极工艺

太阳能电池片印刷电极的工艺流程包括三个主要步骤：对检查确认没有问题的硅片进行母线（背面电极）的印刷，该过程采用的是银/铝混合浆料，印好后进行烘干。检测背面电极位置合格后，开始印刷背电场（铝浆料），印好后烘干。检测背电场位置合格后，翻转电池片，开始印刷正面电极（银浆料），印好后，进行烘干排焦，等待进入下一步烧结工序，如图 5. 40 所示。

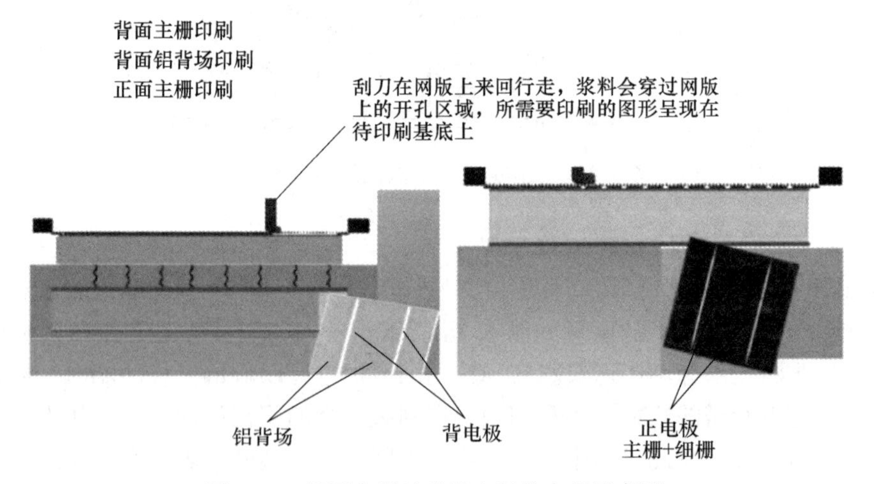

图 5. 40　丝网印刷过程及电极状态的示意图

由于长期存放导致的浆料组分分布不均，所以密封在容器中的浆料不能直接用于印刷，需将浆料搅拌均匀后方能使用。银浆需要在卧式搅拌机中搅拌 24h 以上；铝浆在立式搅拌机中搅拌 0. 5h 即可；银/铝浆需要在搅拌机中搅拌 4h 以上。以用上料刀往上撩起而浆料自然往下流动为搅拌合格标准。

背面电极的作用是通过在太阳能电池背面印刷引出电极，收集并导出背面场的电流。由于背面电极的银/铝浆料与硅片的线膨胀系数显著不同，在高温处理时会使硅片发生弯曲变形，所以背面电极采用的是网状结构。

由于铝浆料的价格远低于银浆料，所以太阳能电池用背面丝网印刷一整层的铝浆作为背电场（见图 5.41）。烧结后的铝会进入硅片中，与 p 型硅能够形成良好的接触，可以去除背面 pn 结，相当于对硅的铝重掺杂，铝为 p 型杂质源，能去除背面 n 型区，产生重掺杂层，与电池基底 p 型区形成浓度结，从而形成自建电场，此自建电场称被为背电场。背电场不但可以作为背反射器，反射部分未吸收的长波光子，以提升短路电流和开路电压；还可以作为背面电流收集器，从而导出电流。

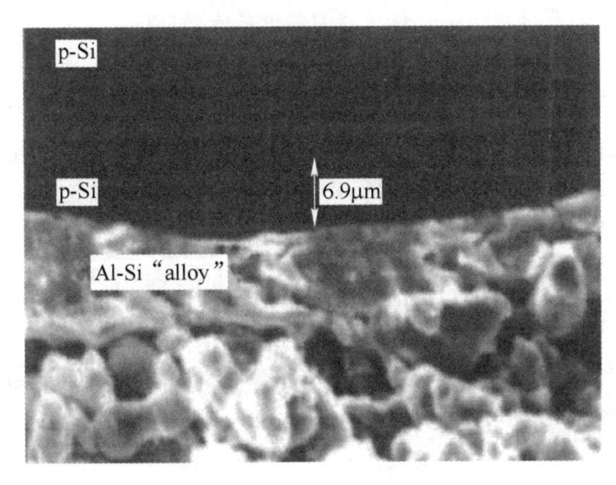

图 5.41　背电场的微观形貌

为减少金属电极的阻光面积，正面电极通常制成栅线状，包括主栅线和副栅线两个部分，两条平行电极称为主栅线，两侧延伸的栅线称为副栅线或格子线，正面电极印刷使用的是银浆料。正面电极的栅线根数、宽度以及栅线之间距离的不同会导致太阳能电池片的性能差异。正面电极的设计需要考虑电极遮挡和串联电阻间的平衡，而栅线图形的设计则需要考虑栅线本身的串联电阻及电流横向流过扩散层的电阻，这两方面的电阻是太阳能电池串联电阻的最大组成部分。太阳能电池正面电极图形的设计要求栅线窄且厚度大，并要均匀布满正面 n 型区，这样可增大受光面积，并减少光生载流子扩散距离，提高收集率，并保持良好的导电性。

5.5.5.3　影响丝网印刷质量的主要因素

影响丝网印刷质量的因素较多，主要有刮刀、印刷压力、印刷速度、网间距、网版参数、浆料成分及浆料流变性等。实际生产中，可通过调节上述参数控制丝网印刷质量。

（1）刮刀的作用是以一定的速度和角度将浆料压入网版的网孔中，以形成印刷效果。刮刀材料一般为耐磨的聚氨酯橡胶或氟化橡胶，刃口要有很好的直线性，以保持与丝网的全线性接触，刮刀的硬度和角度均会对印刷效果造成影响。如果刮刀硬度较低，且印刷图形的厚度较大，易造成栅线边缘印刷模糊；虽然提高刮刀硬度有助于提升印刷分辨率，但如果硬度过高，则会导致印刷不均匀，甚至造成碎片。刮刀角度是指沿印刷方向衬底平面与刮刀侧面所成的角度，如图 5.42 所示。刮刀角度的设定与浆料黏度有关，黏度越高，刮刀角度应越小，一般刮刀角度要在 45°~75°范围内进行调节。

（2）印刷压力是指刮刀对网版施加的压力。在整个印刷过程中，刮刀对网版需保持一

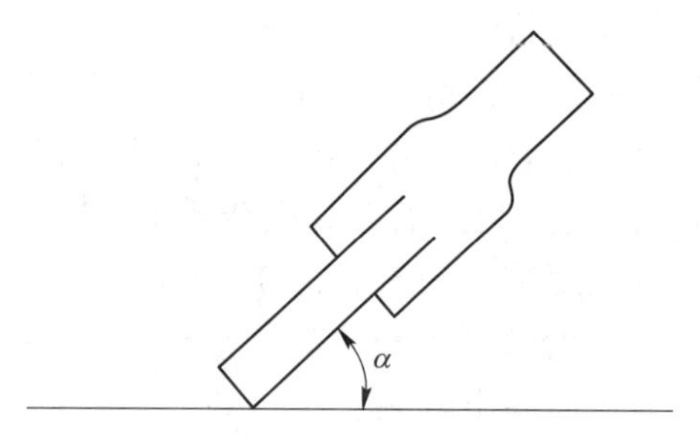

图 5.42 刮刀角度的示意图

定的压力，以补偿网间距，从而将浆料压入硅片表面。刮刀施加的压力在应用范围内。如压力过小，印刷后的丝网上会存在残留浆料，造成印刷线模糊，导致碎末效应，降低电池效率。而当压力过大时，会导致丝网变形，印刷图形与丝网图形不一致；另外，会加剧刮刀和丝网的磨损，降低使用寿命，甚至造成硅片碎裂。

（3）印刷速度指的是刮刀的水平移动速度。印刷速度的设定取决于印刷图形及浆料黏度，印刷速度将影响电极的高度和印刷效率，在印刷过程中应保持恒定的速度，速度的波动会导致图形厚度的不一致。在一定范围内，速度越高，刮刀作用于浆料的横向剪切速率越大，会导致浆料的黏度降低，透墨量增加，电极高度增大；刮刀带动浆料进入丝网漏孔的时间变短，填充性变差。

（4）网间距指的是在无受力的情况下网版与硅片间的距离。网间距决定了刮刀经过的网版在垂直方向上移动的距离，刮刀的水平移动可使浆料从网孔出来，增大网间距可增大电极高度。如网间距过小，浆料将无法从网版上漏下来；而网间距过大时，需施加更大的印刷压力，会导致网版的张力下降，缩短网版的使用寿命。

（5）网版是由网框、丝网和掩膜图形三部分所构成的。网框的作用是支撑丝网，在印刷时保持丝网与承载待印刷基片的工作台之间相对位置的固定，网框材料必须坚固到能维持丝网张力而不会发生弯曲变形。丝网是掩膜图形的载体，对印刷的精度和质量起决定性作用。丝网的目数及丝径会决定网版的开孔率，并影响透墨量，从而限定可印刷的图形宽度。而网版的开孔尺寸决定了可通过浆料的粒径，为避免颗粒团聚造成的堵塞，通常开孔尺寸应至少比浆料粒径大 3 倍。

（6）丝网印刷浆料决定于太阳能电池对接触电极的要求，通常是由导电的金属粉末、溶剂、不挥发的树脂、玻璃料、改良剂等成分组成的。适合的浆料要保证所印刷的电极满足线分辨率高、线电阻低、可焊性好、与硅片的接触电阻低且附着能力强等要求。浆料的黏度则会影响印刷速度、网间距及网版参数的选择，从而影响印刷形成的电极性能。

5.5.6 烧结工艺

烧结是制造晶体硅太阳能电池片的最后一步工序，将印刷电极后的硅片，经过传送带传到烧结炉中，经过烘干、烧结、冷却三个阶段，最终可获得具有稳定电极的太阳能电池片。烧结过程不是单纯的烘干过程。烧结时会使浆料颗粒由与硅片接触转变为与硅片结合。烧结的目的是通过高温烧结工艺干燥硅片上的浆料，燃尽浆料的有机组分，使铝硅、铝银、银硅之间形成良好的欧姆接触，使扩散在背面形成的 p 型层返回至 n 型层。

烧结的原理可以看作是原子从系统中不稳定的高能位置迁移至自由能最低位置的过程。浆料中的颗粒是高度分散的粉末系统，尺寸较小的颗粒具有很高的表面自由能。由于系统总是要力求达到最低的表面自由能状态，所以在烧结过程中，粉末系统总的表面自由能势必要降低，这就是烧结的动力学原理。浆料中的颗粒具有较大的表面积和不规则的复杂表面状态，以及在颗粒制造与细化等加工过程受到的机械、化学、热作用所造成的严重结晶缺陷等，均会使粉末系统具有很高自由能。在烧结过程中，颗粒由接触到结合，自由表面的收缩、空隙的排除及晶体缺陷的消除等都会降低系统的自由能，系统将转变为热力学更稳定的状态，这是浆料中的颗粒能够在高温下烧结成密实结构的原因。

由于印刷电极的浆料中除含有金属颗粒外，一般还会含有有机的溶剂、树脂、改良剂及无机的玻璃粉料等。因此，烧结工艺的过程可分为以下几个主要阶段：（1）100～200℃，浆料中有机溶剂的挥发阶段。（2）200～400℃，树脂黏合剂等有机成分的分解与排出阶段。（3）400～600℃，玻璃粉料熔化阶段。（4）600～800℃，形成合金电极阶段，熔融的玻璃和银开始刻蚀减反射膜和极薄的硅片表面层，银和铝单质会渗入硅片表面形成电极或电场。（5）降温冷却阶段，金属颗粒在硅表面层结晶析出，形成密实结构的电极，如图 5.43 所示。

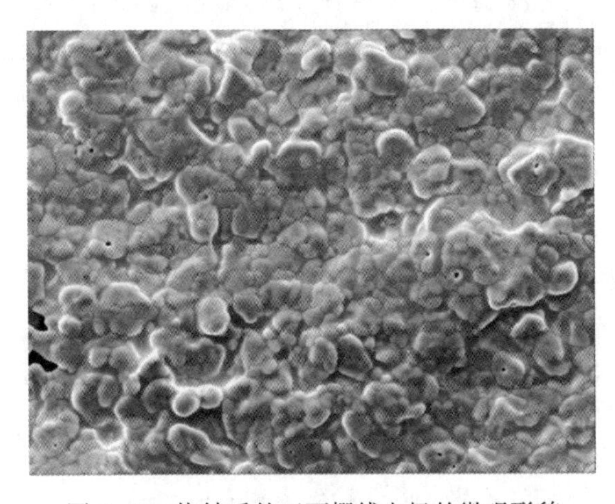

图 5.43　烧结后的正面栅线电极的微观形貌

由于电池片表面的非晶氮化硅减反射膜中包含有氢原子，在烧结过程中，高温为 α-SiN_x：H 中 N—H 和 Si—H 键的断裂提供了热能，释放出的氢原子会扩散到硅片中，不仅能钝化硅材料界面的悬挂键，而且能深入硅体中进行钝化。因此，适当的烧结温度应控制在 700℃左右，此时的钝化效果较好。如烧结温度过高，氢原子会全部逸出，将降低表面的钝化效果。

5.5.7　质量检测方法

单晶硅片和多晶硅片经过表面制绒、扩散制结、边缘刻蚀、去磷硅玻璃、镀减反射膜、印刷电极及烧结等工序的处理后，将其封装成晶体硅太阳能电池组件的电池片。为减少不必要的原材料浪费及使制造的太阳能电池组件具备优异的光电转换效率，除了需要对最终电池片的质量进行把关，对于晶体硅片前期处理的各工序的质量检测也极其重要。

5.5.7.1　表面制绒工序的质量控制

表面制绒工序是晶体硅片的第一步处理工序，表面绒面结构的质量将会直接影响太阳能电池片对太阳光的吸收率，从而最终影响太阳能电池组件的光电转换效率。

A　表面绒面的质量要求

由于单晶硅片与多晶硅片绒面结构的微观结构和表面形态差异较大，因此，两者的质量评价要求也不尽相同。

单晶硅片的绒面结构是通过各向腐蚀异性的碱性腐蚀液在硅片表面形成的金字塔结构绒面。理想质量的单晶硅片绒面标准应该是“小、匀、净”，所谓“小”指的是绒面的高度应在一个适当范围（一般应在 3~5μm 之间），高度过大，硅片对太阳光线的利用率不但不会增大，还会严重影响材料的机械加工性能；“匀”则指的是金字塔状的绒面结构要大小一致，且均匀地铺满整个硅片表面；而“净”指的是硅片的绒面结构没有任何花斑。

而多晶硅片的绒面是通过各向腐蚀同性的酸性腐蚀液在硅片表面形成的绒面结构，它的微观形貌通常是圆弧形的腐蚀凹坑。对于多晶硅片绒面的质量要求是：腐蚀凹坑分布要均匀；由微裂纹和气泡状腐蚀坑交织在一起形成的腐蚀凹坑既不能过大，也不能过深，这是由于过大的腐蚀坑底会反光，而过深的腐蚀坑不但会影响后续工序质量，如在扩散制结过程中可能会被磷硅玻璃所填满；还会影响硅片的机械加工性能，甚至造成硅片的碎裂。

B　绒面质量检测方法

目前，实验室与生产企业常用的绒面质量检测方法主要有扫描电子显微镜观察法，腐蚀量（或腐蚀深度）检测法，反射率测量法和目检法。四种方法各有特点，适用环境有所不同。

扫描电子显微镜（SEM，Scanning Electron Microscope）是一种实验室较为常用的观察材料微纳结构的仪器设备，由真空系统、电子束系统以及成像系统三个主要部分所组成，如图 5.44 所示。扫描电子显微镜利用聚焦的高能电子束扫描样品，通过入射电子和试样表面物质相互作用产生二次电子和背散射电子，并对电子收集和处理来形成图像，以达到对材料微观形貌表征与分析的目的。扫描电子显微镜具有分辨率高（1nm）、放大倍数高

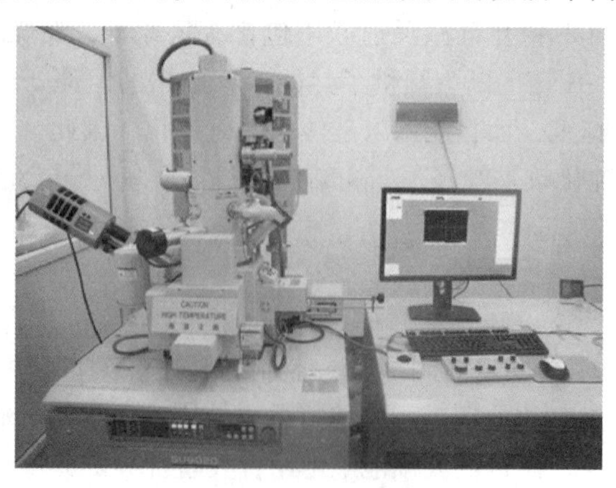

图 5.44　扫描电子显微镜

且连续可调（30 万倍及以上）、景深大、成像立体效果好等优点，而被广泛应用。通过扫描电子显微镜可以直接观察硅片绒面结构的微观形貌。在研发新产品时，会应用扫描电子显微镜以直接观察绒面，因为在此过程中需要详细了解工艺参数对绒面微观结构的影响规律。扫描电子显微镜观察法的检测要求是绒面结构要大小均匀，且需布满硅片表面。虽然该方法能够直观且清晰地观察绒面的微观形貌，但是观察过程需要抽真空、对焦、扫描等多个步骤，存在耗时较多，效率较低，对于根据扫描图像判断绒面质量存在主观因素（因为观察的视野范围比较小）等缺点，因此，该方法只适用于产品研发和确定最优工艺环节。

腐蚀量（或腐蚀深度）检测法是一种较为方便快捷且直观的检测方法，其原理是利用硅片腐蚀前后的质量差或腐蚀深度来判断该工序的产品质量，适用于生产线使用。硅片腐蚀量和腐蚀深度计算公式如式（5.58）和式（5.59）所示。

$$\text{硅片的腐蚀量} = \text{硅片的初始质量} - \text{制绒后硅片的质量} \tag{5.58}$$

$$\text{硅片的腐蚀深度} = \text{硅片的腐蚀量} \times \text{腐蚀深度系数} \tag{5.59}$$

式中，腐蚀深度系数通常用 K 表示，为硅片单位深度质量的倒数。

实际生产中腐蚀量的检测规范是：每批硅片的腐蚀量均需要检测，应防止搞混批次等情况的发生；每批次需抽取非连续排列的几片硅片，要注意选片的均衡性，以便于检测设备稳定性以及腐蚀溶液的均匀性，测量完后应及时输入统计系统；当腐蚀量出现异常时，要求生产及时进行工艺调整。该方法是利用电子天平进行测量的，测量时要使用树脂镊子将硅片夹入电子天平内，以防对硅片造成损伤及污染。腐蚀量检测法的质量判定标准是：要求腐蚀量要适中，如 156mm×156mm 的多晶硅片的密度为 2.33g/cm^3，其减薄质量范围应为（65.27±8.82)g，最佳腐蚀深度范围为（3.7±0.5)μm。

反射率测量法是利用反射率测试仪对硅片进行表面反射率的测定方法，需要通过多点测量进行判定。反射率测量法的质量判定标准是：要求单晶硅片的反射率应不高于 10%，而多晶硅片反射率应不高于 15%。由于该方法较为耗时，多用于产线抽检。

生产线上的每一片硅片完成制绒后都需要操作工人进行目检。目测绒面外观的要求是绒面要连续均匀，无白斑和亮斑，表面无手指印、划痕以及其他污染物，表面颜色应均匀等。绒面质量有问题的硅片常会出现表面有花篮印、气泡印、碱液残留、部分区域发白和存在大块亮斑等。典型的硅片表面外观不良情况，如图 5.45 所示。

5.5.7.2 扩散制结工序的质量控制

在规模化生产制作晶体硅太阳能电池过程中扩散制结工序是晶硅太阳能电池片生产中的核心工序，其作用是在硅片表面制 pn 结，控制扩散制结的质量是提升太阳能电池组件质量和效率的关键。扩散制结工序的质量要求是结深与掺杂要平衡，且要有较好的均匀性。要求结深与掺杂平衡是因为扩散制得 pn 结的结深与掺杂区的掺杂浓度对太阳能电池基本特性（开路电压和短路电流）的影响是对立的。例如，浅结和发射区轻掺杂可获得较高的短路电流；发射区重掺杂可获得较高的开路电压，而且重掺杂的发射区与电极间会形成良好的欧姆接触，可降低串联电阻，提高填充因子。因此，需要通过调节合适的结深和发射区掺杂浓度来调控短路电流和开路电压，使太阳能电池获得最佳的转换效率。扩散制结工艺质量的另一个评价指标是均匀性。扩散的均匀性会影响电池片电性能参数相对于正态分布的偏离。均匀性越差，偏离越大，会导致低效电池片的比例越多；均匀性越好，偏

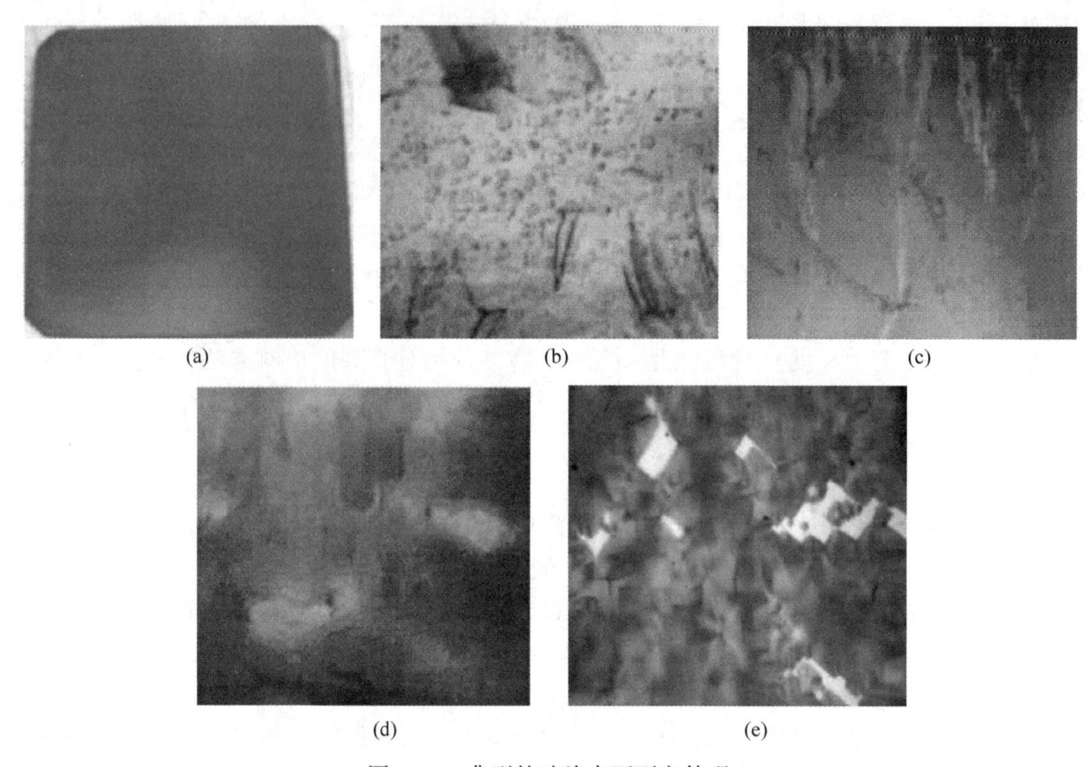

图 5.45 典型的硅片表面不良外观

（a）花篮印；（b）气泡印；（c）碱液残留；（d）部分区域发白；（e）大块亮斑

离越小，高效电池片的比例越多。方块电阻是表面扩散薄层在电流方向上所呈现出来的电阻。方块电阻越大，则结深越浅；方块电阻越小，则结深越深。由于测量扩散层的结深成本较高，一般通过测量方块电阻来检验。因此，扩散制结的均匀性可以通过计算电池片方阻的均匀性来衡量，如式（5.60）所示。

$$\text{方阻的均匀性系数}(M) = \frac{R_{\max} - R_{\min}}{R_{\max} + R_{\min}} \times 100\% \tag{5.60}$$

扩散工序的质量检测方法主要有三种：方阻测量法、少子寿命测量法和目检法。

A 方阻测量法

方阻指的是一个正方形区域对边之间的电阻。方阻的大小不受正方形区域大小的影响，仅与材料、膜厚等因素相关。材料的方阻与厚度的乘积即为电阻率，方阻不但是衡量半导体材料内扩散掺杂浓度的重要参数，还是衡量扩散质量是否符合工艺要求的重要指标。通常采用四探针法测量材料的方阻，测量设备常用四探针测试仪。在实际生产中，方阻测量法的检测规范是按 3 片/批次进行测量，取片位置分别为炉口、炉中、炉尾部分；每片扩散后的硅片需要测试 5 个点的方块电阻来检验扩散质量，5 个测试点分别为硅片中央和 4 个角。通过式（5.60）计算而获得电池片方阻的均匀性。

如果硅片的方阻测量值出现异常，则需要进行二次处理。如果测量数值略超出规定范围，则需要重新扩散，而严重超出规定范围时，则需要重新制绒；当方阻偏低或硅片表面出现污染情况时，则需要去除磷硅玻璃后重新制绒。生产线也可以根据方阻的测量结果对现有的工艺参数进行调整。如方阻偏高，则说明扩散制结不充分，需要调整 N_2 和 O_2 的通入量，并延长扩散时间；而当方阻偏低时，需要降低扩散温度，缩短扩散时间；当方阻不均匀时，则需要调整气流量。

B 少子寿命测量法

少子寿命长有利于提高电池的短路电流和开路电压，从而提升光电转换效率。因此，可以通过测量少子寿命来检测杂质浓度，以反映扩散的稳定性和均匀性。该方法一般会采用少子寿命测试仪进行测试，如图 5.46 所示。由于检测成本较高，通常多用于抽检。

图 5.46 少子寿命测试仪

少子寿命测试仪不仅适用于硅片的少子寿命测量，也适用于硅棒、硅芯和籽晶等不规则形状硅的少子寿命测量，测试过程为全程动态曲线监控，是晶硅材料企业必不可少的测量仪器。硅片少子寿命的评价标准是：少子寿命应不小于 10μs，如少子寿命过低，则应通知工艺人员对原硅片进行检测，并对扩散工艺可能出现的问题进行排查。

C 目检法

完成扩散制结后，操作人员可通过目检硅片扩散前后的颜色变化来确定扩散质量。扩散后硅片的扩散面相比于扩散前颜色会均匀地变深；扩散后硅片的非扩散面的边缘应比中心部分颜色略黑。而扩散后的硅片出现蓝色、黄黑色的色斑，即为“烧糊”片，则需要通知工艺人员做出相应的处理。滴落偏磷酸导致的“烧糊”片数量一般较少，若整批硅片电阻无异常，可继续生产，烧糊片则需进行二次处理；而受污染硅片较多时，则需重新清洗石英管。由于硅片制绒清洗不净造成的“烧糊”片，其表面会出现白色粉末或硅胶等污染物，需立即解决制绒清洗存在的问题。出现在硅片与石英器件接触位置的“烧糊”片是由石英舟污染所导致的，应对受污染的石英舟进行重新清洗。

5.5.7.3 刻蚀与去磷硅玻璃工序的质量控制

A 刻蚀工序的质量检测方法

刻蚀工序的目的是要去除在硅片周边形成的 pn 结，减少电池片正负极之间的漏电流。而刻蚀过程中要确保硅片正反面不被刻蚀；刻蚀时间与功率要是适当，刻蚀时间不足，会导致并联电阻下降，产生漏电流；刻蚀时间过长，会损伤硅片正反面；刻蚀功率较低，会导致离子密度分布不均匀，从而造成刻蚀不均匀；而刻蚀功率过高，会导致硅片边缘高能量粒子的轰击损伤，从而降低电池性能。因此，刻蚀工序的质量要求是：刻蚀后的硅片扩散面和非扩散面间应是基本绝缘的，硅片周边的导电类型应与衬底保持一致；要有较好的刻蚀均匀性。因此，刻蚀工序的质量检测不但需要测定硅片边缘的导电类型，还要测量硅片的刻蚀量。目前，刻蚀工序检测方法主要有以下三种：即边缘导电类型检测法，边缘电阻测量法和目检法。而硅片的刻蚀量测量较为简单，可用电子天平对刻蚀后的硅片进行抽检即可。

判断硅片边缘的导电类型一般可采用冷热探针法或单探针点接触整流法进行检测。由于温差电动势会随着掺杂浓度的增大而减小，冷热探针法通常被用于低电阻率材料的测量。该方法是利用半导体材料的温差电效应来测量材料的导电类型，主要可分为测量温差电流方向和电势极性两种方法。测量时，要保证冷、热探针之间的温差保持在30~40℃范围内，此时两个表笔的接触区域间可以体现出温差。例如一个n型半导体材料，由于热端的电子热运动速度较冷端要快很多，热端有较多的电子向冷端扩散，将导致热端电子浓度低于平衡时浓度，而冷端电子浓度则相反。因此，虽然两端均会出现电荷累积，但是热端电势要高于冷端电势。结合检流计测量温差电流方向或极性检测仪测量温差电动势，便可判断出半导体材料的导电类型。单探针点接触整流法的工作原理是半导体与金属的接触，会导致半导体的能带发生弯曲，形成多数载流子的势垒，呈现整流特性，从而可根据检流计偏转的方向判断半导体边缘的导电类型。由于金属与低电阻率的材料间易出现隧穿效应而破坏整流特性，单探针点接触整流法仅适用于高电阻率材料。例如一个p型材料，当外加电压（U）为零时，半导体与探针间由于金属与半导体的接触会存在一个阻挡空穴的势垒；而当外加电压小于零时，势垒将增高，接触界面处无电流（忽略反向漏电流），检流计将不发生偏转；但是当外加电压大于零时，势垒将降低，空穴会从半导体流向探针，检流计则会向左发生偏转。

边缘电阻测量法是利用万用表测量刻蚀后硅片边缘的电阻。该方法的操作要求是：测量绝缘电阻时需配戴防尘手套，以防止油脂和水分对测量数据的干扰；测量前应将万用表档位调至电阻档；硅片的4个边缘均需要测量。边缘电阻测量法判断刻蚀效果的标准是：当硅片边缘的电阻大于1kΩ时，说明刻蚀正常；而当电阻小于1kΩ时，则说明刻蚀异常。

刻蚀工序的目检法要求刻蚀宽度要小于1.5mm，刻蚀过的硅片边缘均会比中间部分白，硅片外观如果出现刻蚀黑边和刻蚀线异常，都说明刻蚀异常（见图5.47），则需要重新刻蚀。

B　去磷硅玻璃工序的质量检测方法

去磷硅玻璃工序的检验主要采用目测方式进行，方法较为简单，主要是通过观察硅片表面的疏水性来判断去除磷硅玻璃的效果。如硅片脱水，则说明去除磷硅玻璃效果较好；如表面残留水渍，则说明二氧化硅去除不彻底，需要增加去磷硅玻璃工序的氢氟酸用量。而硅片甩干后发现表面有水痕或白斑，该硅片则需重新处理。

5.5.7.4　镀减反射膜工序的质量控制

为达到最佳的减反射效果，在减反射膜材料具有适合折射率的条件下，当薄膜厚度为1/4入射光波长时，由于反射光发生相消干涉，反射率最小。因此，在实际生产中，通常将非晶氮化硅减反射膜厚度制成此厚度。对于镀减反射膜工序的质量要求是：膜厚要适

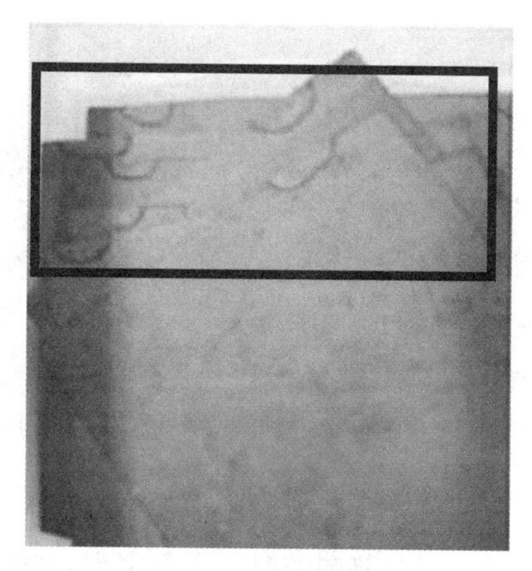

图 5.47 刻蚀黑边

宜（80nm 左右），薄膜呈深蓝色，可有效降低反射率；单片硅片（片内）和不同硅片（片间）的薄膜层厚度要保证均匀。片内色差是指单一硅片表面颜色的不一致，主要由厚薄不匀、绒面颗粒大小不均匀、镀膜期间硅片受热弯曲等因素所造成；片间色差则指的是同一批次的硅片镀膜后，相邻硅片间的颜色差异，主要是由气流参数设置不合理等因素造成的。镀减反射膜工序的质量检测方法主要是目检法和椭偏仪检测法。

A 目检法

每一片镀减反射膜后的硅片都需经过目检，主要是观察薄膜层的颜色和均匀性，以及是否存在缺角和崩边等现象。不同膜厚的硅片对光的反射率不同，所以膜层厚度的不均匀就会导致颜色的不均匀。镀减反射膜工序的检测标准是：薄膜层的颜色应为蓝色且颜色均匀，无典型的外观不良。较为常见的硅片外观异常情况主要有双面镀膜、膜层发白、白斑、彩虹片、镀膜异常、色差、镀膜划痕和黑边等。这些缺陷是 PECVD 过程中的保护不到位，镀膜不完全，温度过高及镀膜前硅片存在缺陷、药液残留、未完全干燥等原因造成的。对于外观不良的硅片，应及时留存，以便后续做返工处理。

B 椭偏仪检测法

椭偏仪是一种用于探测透明或半透明状态薄膜的厚度及光学特性等参数的光学测量仪器，被广泛应用于薄膜材料的研究中，如图 5.48 所示。椭偏仪的工作原理是偏振光在经过样品表面反射后，光的偏振状态发生变化，线偏振光变为椭圆偏振光，通过对椭圆偏振光偏振状态的分析可以得到薄膜厚度、折射率、消光系数等参数。通过选用不同的模型对相关参数进行模拟分析，最终可得到所需的薄膜厚度和折射率等参数。在镀减反射膜工序的质量检测过程中，通常会采用椭偏仪检测法来测量减反射膜的厚度和折射率，以判断片间的均匀性。该检测方法具有测量精度高和对薄膜无破坏性等优点。检测过程需要在每批样品中均随机取一横排的 3~5 片硅片，并测量这些硅片中间点的膜厚和折射率。为防止污染，检测过程中需要使用小花篮转移硅片。

镀减反射膜工序的质量评定标准是：一般情况下，石墨舟中间硅片的膜厚会比两侧相对厚一些，所以中间硅片的折射率相对较小，如相关数值在正常范围内，可判定为正常

图 5.48　椭偏仪

片。当单侧膜厚或是折射率超出正常范围值时，则判定为异常片，需要经过二次处理后，方能进入下一工序。

5.5.7.5　丝网印刷和烧结工序的质量控制

太阳能电池片上需要印刷正面电极、背面电极和背电场三类电极。对于丝网印刷工序的质量要求是：(1) 正面电极为减少遮光面积和降低接触电阻，要求电极栅线宽度尽可能窄，且要保证具有一定的厚度，粗细要均匀且无节点，而且要无断线、虚印和毛边等不良情况。影响正面电极质量的因素主要有浆料的质量和栅线设计的高宽比等。(2) 背电极应在保证接触良好的前提下，其尺寸应尽量薄且窄，无断线、缺失、扭曲及突出等不良情况的出现。(3) 背电场所印刷铝浆的厚度是保证质量的关键因素。铝浆的厚度主要受印刷压力、印刷速度、丝网密度、网线直径以及浆料黏性等因素影响。背电场应完整、厚薄均匀、无漏浆和漏印情况、电极位置要准确（距电池边缘的宽度小于 1.5mm)、所用浆料的湿重要适宜。

烧结工序的目的是加热丝网印刷后的湿电极而形成具有良好欧姆接触的稳定电极，从而有效地收集光生电流。烧结工序的质量要求是电池片的表面颜色均匀，电极附着牢固，电极完整；无污染和明显的色差，电极无断线，背电场均匀无铝珠或铝包，电池片翘曲度不超过限定范围（2mm)，背电场和背面电极未发生偏移。

丝网印刷和烧结工序的质量检测方法主要有湿重测量法和目检法。(1) 湿重测量法指的是随机抽检硅片在每道印刷后的浆料消耗量。该方法通常是使用电子天平称量硅片在每道印刷后的增重。在称量前，需确定电子天平的水平和归零状态；取片称重时，硅片不可接触到电子天平的四壁，以免影响测量的准确度；为防止对电池片的污染，操作过程需全程戴手套。当印刷增重超出规定范围时，需再次测量同台面印刷增重加以判定。(2) 每片经过丝网印刷和烧结工序后的硅片电极外观均需经过目检，不得出现以下外观不良情况：网版与硅片位置间不匹配导致的印刷偏移现象；浆料不足产生的缺印现象；网版堵塞或硅片表面有杂物造成的断栅现象；印刷压力不足或版间距过大等因素导致的虚印现象；印刷后网版抬起不及时造成的粘网；网版破裂或刮刀压力过大等原因造成的漏浆现象（正面和边缘)；铝浆湿重过大、烧结温度过高或烧结冷却效果不好等原因导致的弓片（翘曲度过大)；干燥时间过短、浆料使用前搅拌不充分和烧结不完全等原因产生的背电场铝包，如图 5.49 所示。

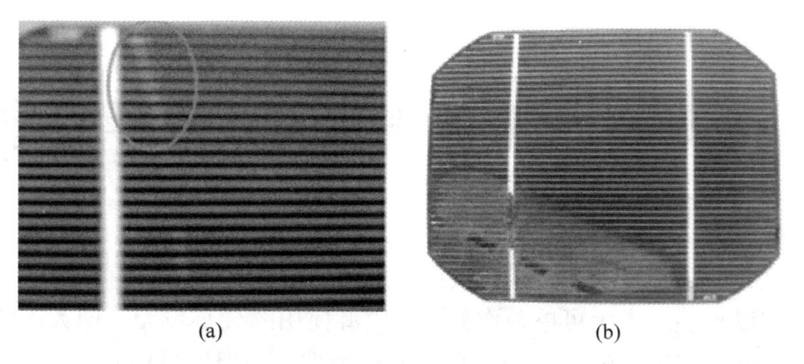

(a) (b)

图 5.49 丝网印刷和烧结工序后电池片的典型不良形貌
（a）漏浆；（b）断栅

5.5.7.6 测试分选

太阳能电池片串联使用时，如存在电流较小的电池片将会降低整个回路中的电流，从而使总输出功率小于各电池片的输出功率之和。因此，测试分选工艺是太阳能电池片生产的最后一个环节，必须对每一片电池片产品的电学性能进行测试，并根据测试出的电流或输出效率对电池片进行分档。最常用的分档方式主要有按效率分档；按电流分档；按结合效率和电流分档。目前，多数企业采用的是按效率分档；而结合效率和电流进行分档可最大程度地降低性能损失，提高组件输出效率的一致性，但是此种方式的操作相对复杂，限制了其应用。

测试分选工序是在标准条件下，通过模拟太阳光照射对电池片进行测试，以获得电池片的 *I*–*V* 输出特性曲线，经计算后可得电池片的各电性能参数，将某一电学性能相近的电池片进行分档。国际上规定的光伏器件地面标准测试条件（STC）是测试温度为25℃、辐射照度为1000W/m^2、光谱分布为AM1.5。分档标准为：如按效率分档，则需以0.1%或0.2%的间隔进行分档；如按电流分档，则以最大输出点电流或者操作点电流进行分档。

复习思考题

5-1 直拉法和悬浮区熔法制造单晶硅棒的工艺有什么区别？

5-2 单晶硅片和多晶硅片的绒面结构都是什么形状的？

5-3 太阳能电池片的减反射膜是利用什么原理来减少反射的？

5-4 太阳能电池片测试分选工序的目的是什么？

6 晶体硅太阳能光伏电池组件制造工艺

封装过程是将太阳能电池片转换成太阳能电池组件的过程。该过程通常会串联一定数量的电池片并加以封装，成为可单独作为光伏电源使用的最小单元，即太阳能光伏电池组件，简称光伏组件（PV Module）。封装后的光伏组件，不但通过串联的方式解决了单片电池片的输出电压较低，无法满足终端用户使用需求的问题，还可以有效防范安装和使用过程中造成的机械损伤及环境因素对电池片的腐蚀和氧化。

6.1 太阳能光伏电池组件的主要封装材料

太阳能电池组件是太阳能发电设备能够正常工作的源头。太阳能光伏电池组件是一种具有内部连接、外部封装且能单独提供直流电输出的最小不可分割的太阳能电池组合装置，实际上就是将多个太阳能电池片通过电极进行串联，并结合多层结构加以封装到盒子中，接出外连电线所形成的。它的主要结构依次是顶表面、胶质材料、电池片、胶质材料、背表面，如图 6.1 所示，各结构所用的封装材料主要包括钢化玻璃、电池片、EVA、TPT、铝合金边框和接线盒等。

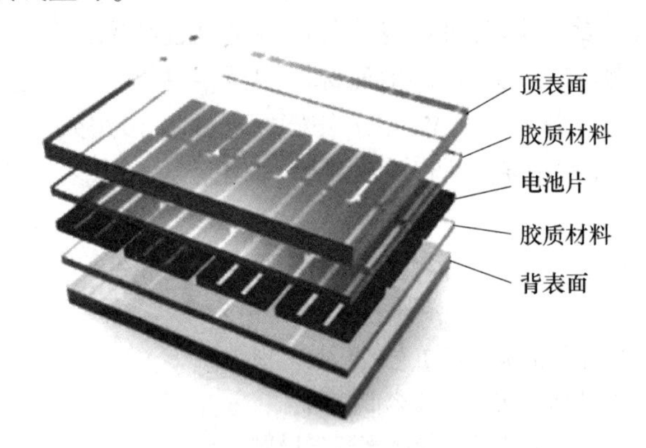

图 6.1 太阳能光伏电池组件的结构示意图

6.1.1 电池片

光伏组件的发电核心来源于单晶硅电池片或多晶硅电池片，两种电池片均较薄，厚度通常在 200μm 以下；硅材料为脆性材料，极易发生破碎，不能经受撞击，且易受酸碱腐蚀，所以需要较好的防护。目前，多数光伏组件采用 125mm×125mm 或 156mm×156mm 的单晶硅片及 156mm×156mm 的多晶硅片，不但要将在工作电压下具有相同电流的电池片串联连接，以获得所需电压和功率；还要将旁路二极管与电池片并联，提供额外的电流通路，以防止由于光伏组件被遮蔽，反向电压超过负击穿电压造成的光伏组件损伤。

6.1.2 钢化玻璃

钢化玻璃要透光率高，尽量减少入射光的损失。在光伏组件的结构设计中，由于顶表面结构处于最顶层，是保护电池的主要部分，所用的材料需要具备透光、防水、耐腐蚀、热阻低、优异的机械性能、抵抗冲击能力、强绝缘性能和使用寿命长等优势。可用于光伏组件顶表面的材料通常为高透光率的玻璃材质，主要有超薄玻璃、表面镀膜玻璃、低铁含量的（超白）玻璃三种类型。低铁含量的钢化玻璃，简称为低铁钢化玻璃，具有高透光率、强度高和颜色均一等优点，是光伏领域应用最多的玻璃种类，如图 6.2 所示。铁在普通玻璃中属于杂质。由于铁杂质的存在，不但会使玻璃着色（普通玻璃呈绿色）；还会增大吸收率，降低玻璃的透光率。因此，低铁钢化玻璃从侧面观察呈白色。低铁钢化玻璃的铁含量通常在 0.008%~0.02%范围内，而普通浮法玻璃的铁含量一般为 0.2%，所以其对可见光中的绿色波段吸收较少，颜色一致性较好。

图 6.2 低铁钢化玻璃

低铁钢化玻璃具有优异的光学特性。首先，低铁钢化玻璃的光透过率较高，如国内应用最多的 3.2mm 和 4mm 低铁钢化玻璃，其可见光的透射比通常可达到 90%~92%。其次，低铁钢化玻璃对于大于 1200nm 的红外光的反射率也较高，可减弱红外光引起的电池升温，避免转换效率的降低。另外，在紫外光的辐射下，不会导致该材料透光率降低，如普通玻璃的光谱透过率在波长 700~1100nm 范围内有明显下降，而低铁钢化玻璃的透过率在 300~1100nm 范围内基本保持稳定。

由于在实际使用过程中，可能时常会经受雨水、风沙、飞石和冰雹等冲击，所以要求玻璃具有较高的强度，通常会对玻璃进行钢化。一般的钢化过程是将熔融的玻璃迅速风冷使其表面为压力，且内部为张力，以达到钢化的目的。其强度要求为使用低铁钢化玻璃做成的组件可承受直径为 25mm 的冰球以 23m/s 速度的撞击。另外，低铁钢化玻璃的自爆率较低，这是由于其原材料中含有的杂质较少，在原料熔化过程中控制较为精细，相对于普通玻璃，其内部杂质也更少，成分均一，所以显著降低了低铁钢化玻璃的自爆概率。

在低铁钢化玻璃使用前必须要保证洁净度，要做到无灰尘、无污染，从而不将杂质带入组件中而影响太阳能光伏电池组件的转换效率。

6.1.3 EVA 胶膜

太阳能光伏电池组件中通常会在玻璃与电池片以及电池片与背板材料间加入两层胶质密封材料，起到粘接和缓冲的作用。胶质材料应具有耐高温、抗紫外老化、高透光率、热阻低等特性。目前，商用的胶质材料多采用 EVA 胶膜。EVA 是乙烯和乙酸乙烯共聚物（EVA，Ethylene Vinyl Acetate Copolymer），是一种热融胶黏剂，该材料不但在常温条件下没有黏性，还具有抗黏性，便于裁切操作；而在一定温度下通过热压成型工艺，EVA 胶膜会发生熔融粘接与交联固化，冷却后会产生永久性的黏合密封，并形成稳定而透明的胶层。固化后的 EVA 胶膜具有较好的弹性，不仅为太阳能电池片组提供较好的保护，还可以将电池片组与顶表面的钢化玻璃以及背板材料粘接在一起。

单纯的 EVA 胶膜由于结晶度较低，所以其具有高黏着力、低熔点、易流动性、高透明性、柔韧性及耐冲击性等独特的性能，非常适用于光伏组件的封装。但是 EVA 也存在耐热性差、弹性低、内聚强度低、易热收缩、易紫外老化等缺点，会导致 EVA 胶膜出现龟裂、变色等现象，从而将导致光伏组件的密封性失效、转化效率降低，电池使用寿命缩短等问题。因此，实际应用的多为改性后的 EVA，主要是在其制备过程中添加交联剂、抗紫外剂、抗氧化剂和热稳定剂等外加剂，使其具备可以抵抗高温、潮气、电击穿和紫外线老化的能力。

光伏组件所用的 EVA 胶膜（见图 6.3）的主要性能指标如下：

（1）厚度通常在 0.3~0.8mm 之间，应具有弹性，表面需平整，厚度要均匀。

（2）在 130~145℃ 的固化温度下即可进行交联反应，交联度较高；透光率应大于 90%；与接触材料要有较高的剥离强度（EVA 与钢化玻璃间的剥离强度要大于 30N/cm，EVA 与背板材料间的剥离强度要大于 15N/cm）。

（3）在-40~90℃ 的工作温度范围内性能要保持稳定，还需要具有优异的抗老化、耐紫外辐射、热稳定性和电气绝缘等特性。

（4）与钢化玻璃黏合后能提高玻璃的透光率，起着增透的作用。

图 6.3 EVA 胶膜

6.1.4 TPT 背板

可用于太阳能光伏电池组件的背板材料的种类较多，如小型的光伏组件多采用电路板、耐温塑料或玻璃钢板材作为背板材料；由于具有高强度、阻燃性、热阻低、防潮性、抗湿性、耐老化、耐腐蚀等优点，聚氟乙烯复合薄膜在大型光伏组件中应用最多。聚氟乙烯复合膜（TPT，Tedlar/PET/Tedlar），简称为TPT膜，TPT膜的两侧为聚氟乙烯（PVF，Poly Vinyl Fluoride），而Tedlar是杜邦公司生产的一种PVF薄膜的商品名；中间层为聚对苯二甲酸乙二醇酯（PET，Poly Ethylene Terephthalate）。TPT膜呈现白色，不仅可以通过对太阳光较强的反射作用来提升组件效率，还会对红外线形成较强的反射，可降低组件的工作温度，进一步提升组件效率。

TPT膜中各结构的功能有所不同：(1) 外层的Tedlar层为保护层，具有优异的抗环境侵蚀能力。(2) 中间的PET层为绝缘层，具有良好的绝缘性能。(3) 内层的Tedlar为黏合层，其经过特殊的表面处理后可与EVA胶膜具有一定的粘接性能。

光伏组件所用的TPT膜的主要性能指标为：(1) 薄膜内无间隙，表面硬度高，抗划伤性好，与EVA胶膜的粘接效果良好。(2) 应具有优异的耐老化、耐腐蚀、疏水性能等特性。(3) 应具有优异的机械加工性能、阻隔性能和低吸收性，可抵抗外部复杂环境等对光伏组件的影响。(4) 击穿电压应大于20kV。

虽然TPT膜具有诸多优异的性能，但其价格较高，而且与EVA胶膜的结合性不足，会导致光伏组件的成本增加和存在稳定性隐患。因此，价格相对便宜，且与EVA胶膜结合性好的TPE复合薄膜正在逐步代替TPT膜被应用于太阳能光伏电池组件的封装。TPE复合薄膜是在TPT膜的基础上发展而来的，主要由Tedlar、聚酯和EVA三层材料所构成。

6.1.5 其他材料

除低铁钢化玻璃、电池片、EVA胶膜和TPT背板等主要部件外，太阳能光伏电池组件的封装还需要外部边框、电极接线盒、连接条、硅胶黏合剂等辅助部件及材料。

太阳能光伏电池组件的外部框架不但需要具有良好的抗氧化性和耐腐蚀性，还要具有较好的机械强度。通常会选用铝合金边框作为外部框架结构，可为钢化玻璃边缘提供有效的保护，提高组件的机械强度，增加密封性；而且还有利于组件的安装和运输，为方便与太阳能电池阵列连接，需在边框的适当部位开孔，以便于与支架固定。

为使光伏组件所产生的电能顺利导出，需将其正极和负极从背板引出，连接到用硅胶黏结在TPT背板上的接线盒中，可实现与外接电路的连接，以提升组件的连接强度和可靠性。为了保证接线盒的使用寿命，其通常是由具有抗老化和抗紫外线辐射特性的工程塑料制作而成。图6.4为多晶硅太阳能光伏电池组件。

图6.4 多晶硅太阳能光伏电池组件

6.2 组件的封装工艺

封装工艺是太阳能光伏电池组件生产过程中的关键步骤。封装工艺不但会使光伏组件具有优异的机械加工性能、抗冲击性能、绝缘性能及耐腐蚀性能等特性，使组件的寿命得到保证；还可以增强组件对于太阳光的吸收能力。晶体硅太阳能光伏电池组件的主要封装工艺包括以下几个步骤：(1) 激光划片，将太阳能电池片切割成所需尺寸；(2) 电池检测，对电池片进行分选；(3) 电极焊接及检验，将多片电池片串接在一起及汇流带焊接；(4) 叠层，包括玻璃清洗、材料（TPT、EVA）检验、玻璃的预处理和敷设；(5) 层压，使组件的各个主要结构黏结为一体；(6) 修边机装边框，包括修边、涂胶、装角键、冲孔、装框、擦洗余胶等步骤；(7) 焊接接线盒，使光伏组件所产生的电能顺利导出；(8) 组件性能测试，检测组件的产品质量；(9) 成品检验及包装入库，如图 6.5 所示。在太阳能光伏电池组件的封装过程中，主要会采用激光划片机、电池片分选、层压机、电阻率测试仪等制造和测试设备。

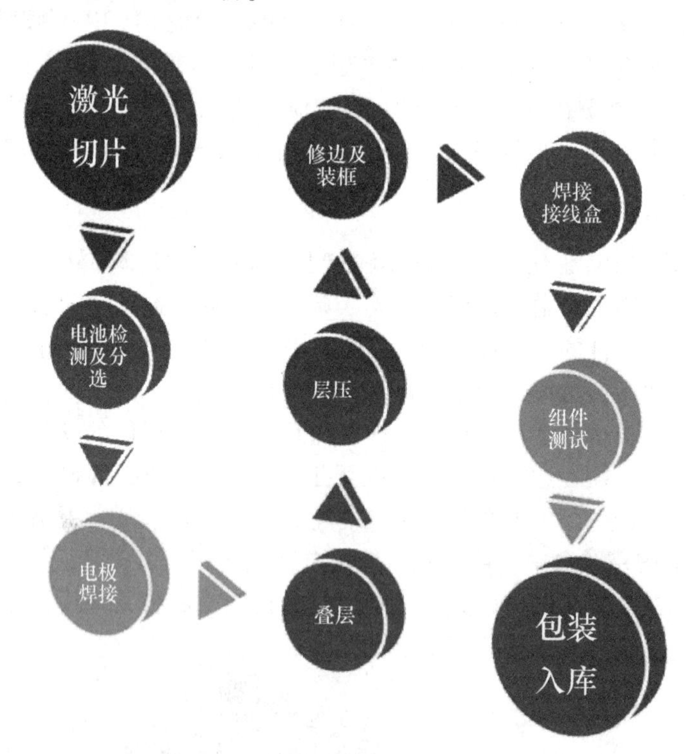

图 6.5 晶体硅太阳能光伏电池组件的封装工艺流程图

6.2.1 激光划片

电压相同的太阳能电池片的输出功率与面积成正比。光伏组件可根据所需的电压与功率，计算出所需电池片的面积及要使用的片数。通常太阳能电池片尺寸有几种确定的规格，当电池片的面积过大时，功率会超出组件的使用需求，此时则需要采用激光切割机对电池片进行切割。激光划片机主要由激光晶体、电源系统、冷却系统、光学扫描系统、聚焦系统、真空泵、控制系统等部分构成，如图6.6所示。激光切割晶体硅太阳能电池片是通过将激光束聚焦在硅片表面而形成极高的功率密度，使硅片形成沟槽，基于沟槽处的应力集中，硅片很容易沿沟槽线整齐断裂，以达到切割的效果。激光切割属于非接触加工形式，是通过表层的物质蒸发出深层物质或是通过光能作用导致物质的化学键断裂而形成的切割痕迹，不会对硅片造成损伤和污染，具有较高的硅片利用率，有利于提高成品率。切割前，应预先设计好切割线路，其设计宗旨是要尽量产生可利用的边角料，以提高对于电池片的利用率，从而降低生产成本。激光切割机具有速度快、精确度高，加工效率高、加工材料消耗小和成本低等优点，被广泛地应用于晶体硅太阳能电池片的生产中。

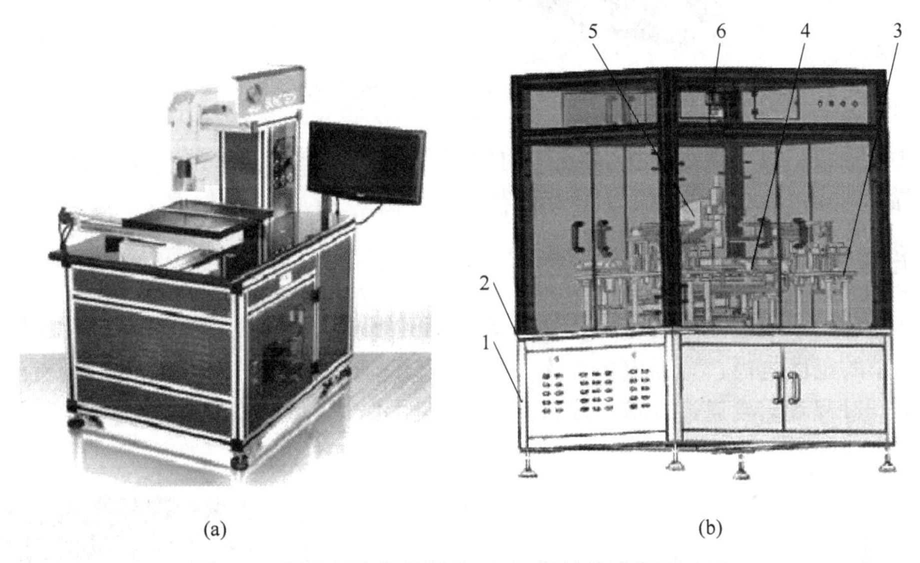

图6.6　激光切片机的照片（a）及结构示意图（b）
1—方钢架；2—底板；3—上下料装置；4—切割工作台装置；5—激光切割装置；6—工业相机

6.2.2　电池片检测与分选

由于电池片的材料和生产工艺存在差别，会导致生产出来的电池性能不尽相同，即使是同一厂家的相同批次电池片的性能参数也会有所差别。如果将工作电流不同的太阳能电池片串联在一起，电池组的总电流将与其中工作电流最小的电池片相同，将造成较大的浪费。因此，在组件封装时必须通过太阳能电池分选机先检测电池片的电学性能（见图6.7），并根据性能参数对电池片进行分选，然后选用性能一致或相近的电池片串联成电池组，以保证光伏组件的转换效率。不能对电性能差异较大的电池片进行封装。在工业化生产线上，通常会采用自动的电池分拣设备，将不同性能参数的太阳能电池片分成几档，以用于不同功率的太阳能光伏电池组件的封装。

检测与分选的步骤是：首先要对电池片进行目检，将存在缺陷的电池片按照缺陷类别分区放置，并记录缺陷类型；为使最终光伏组件较为美观，还会对电池片的色差进行分选。然后对外观分选合格的电池片进行电性能测试，用太阳能电池分选机根据电池片的电流、电压、功率和转换效率等输出参数进行测试和分选，通常会按照光伏组件所需电池片

图 6.7 太阳能电池片分选机

的数量进行分包，以保证后续光伏组件的生产质量。分档时，通常会以 0.05W 的功率差别为间隔分档或以 0.5%的效率差异为间隔进行分档。

6.2.3 电极焊接

由于单片太阳能电池片的电压及功率无法满足终端的设备使用需求，因此，就需要将多片电池片的正面电极、背面电极按设计要求依次串联连接起来，然后由汇流带进行并联焊接，这个过程就需要通过焊接工序来完成，如图 6.8 所示。太阳能电池片的焊接可分为正面焊接和背面串联焊接。

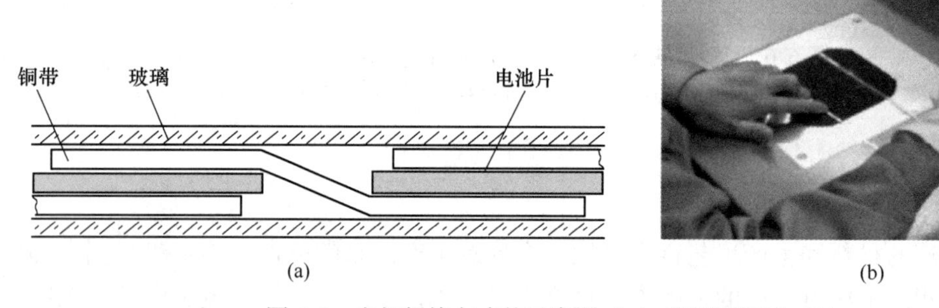

图 6.8 电极焊接方式的示意图（a）和正面焊接（b）

正面焊接是将汇流带焊接到电池片正面主栅线上的过程。汇流带通常会选用涂锡的铜带，是一种由铜基材和外部涂锡层所构成的金属复合带材。焊带质量将直接影响到光伏组件的电流收集效率，从而影响组件功率。焊带规格的选择需根据电池片的厚度与短路电流来确定，焊带宽度应与主栅线宽度保持一致，焊带的软硬程度应根据电池片的厚度和焊接工具来选择。在焊接过程中，选择长度约为电池边长 2 倍的焊带，利用焊接机将二分之一的焊带以多点焊接的形式点焊在主栅线上；以便后续在背面焊接时，余下的二分之一焊带可与另一块电池片的背面电极相连，使两块电池形成串联。手工正面焊接时，汇流条应平放在电池片表面的主栅上，使烙铁头与被焊电池片保持 45°的角度，沿某一方向均匀地压焊焊带，单焊焊接时间通常不应超过 5s，焊接温度应控制在 320～

350℃范围内。露出的焊带一端朝向同一个方向，并落在下一电池片的背面电极内，两块电池片的间距应控制在（1.5±0.5）mm。手工焊接过程中需严格控制电烙铁的温度与焊接时间，尽量一次完成，避免反复焊接或焊接时间过长导致的电极脱落或电池片破损等现象的发生。

焊接前，需检查电池片间的间距是否均匀。背面串接是将多片电池片依次串接在一起形成一个电池组件。在背面串联过程中，利用剩下的二分之一的焊带，将前一电池片的正面电极焊接到后一电池片的背面电极上，而形成串联连接，最后还需在电池片组的正极与负极焊接出引线。焊接过程要求焊接牢固，接触良好无虚焊、过焊、漏焊的情况；间距均匀一致，焊点均匀；表面平整，无锡珠或毛刺，不存在焊锡渣或其他异物；电池片无损伤，无裂片和缺角等现象的发生；焊带偏离主栅的距离要符合设计要求，单片焊接的距离偏差小于0.05mm，串联焊接的距离偏差小于1mm。

当光伏组件产量较小时，使用手工焊接便可满足生产需求。而对于生产规模较大的企业来说，多数会采用自动焊接机进行电极焊接，目前主要的自动焊接机会采用传统的电热焊接技术、红外焊接技术和超声波焊接技术等形式进行生产，如图6.9所示。

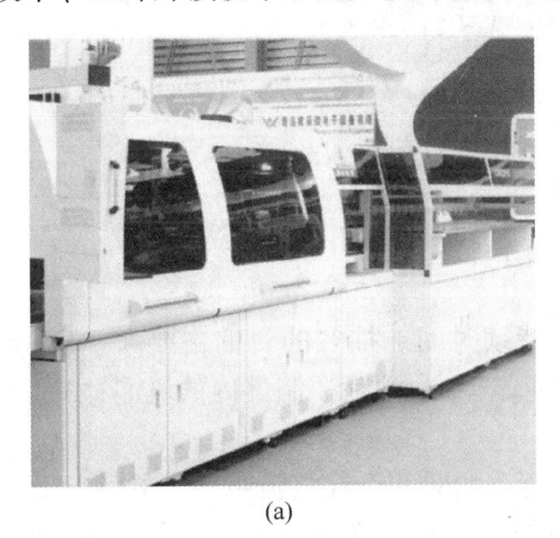
(a)

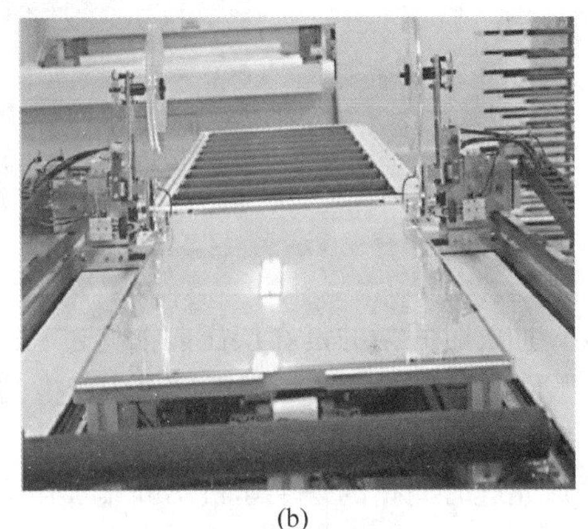
(b)

图6.9 电热焊接技术（a）和超声波焊接技术（b）的焊接机

6.2.4 叠层

在层压工序之前，焊接后电池片组需先利用万用表来检查是否存在短路或断路等情况，然后清洗并干燥钢化玻璃，最后将钢化玻璃、胶膜（EVA）、电池片组、背板材料（TPT或玻璃等）按照一定的顺序依次进行敷设，以便于层压工序使用。实际生产中，钢化玻璃在敷设前需预先涂一层试剂（Primer底漆）来增强与EVA胶膜间的粘接强度；EVA胶膜和TPT背板材料的裁剪尺寸一般会按略大于钢化玻璃面积。叠层工序的敷设层次顺序由下向上应是：钢化玻璃、EVA胶膜、电池片组、EVA胶膜和TPT背板材料。在敷设时，应保证各层的相对位置，调整好电池片间的距离，各层材料之间保持清洁，不能混入杂物，以免造成组件缺陷。另外，还需要将电池片组的引出电极从背板的切口处伸出，以便于后续接线盒的连接。叠层完成后，需对待层压件检测电压和电流，并检查其内部是否存在异物，当一切正常后，便可转入下一步层压工序。

6.2.5 层压

层压工序是晶体硅太阳能光伏电池组件生产过程中比较关键的一步。首先将待层压件放入层压机内（见图6.10），打开真空系统将光伏组件内的空气排出。然后，再通过层压机的加热板进行加热，当达到一定温度时，EVA胶膜会发生熔化；在挤压作用下，流动状态的EVA将充满顶表面与背表面间的整个空间，使电池片组与钢化玻璃和TPT背板粘接在一起；层压过程中需要排除组件中的气泡，以免形成缺陷。最后，对组件进行冷却，并取出压制件。抽气时间、充气时间、层压温度和时间等工艺参数需根据EVA胶膜的性质来确定。层压工序需要控制的主要参数如下。

图6.10 层压机

（1）抽气时间指的是在层压前抽气过程的持续时间。抽气的目的主要为：1）排出层压前待压件各层间的空气和层压过程中产生的气体；2）消除压制件内的气泡；3）产生压力差，为层压过程提供部分所需压力。

（2）充气时间指的是层压机不断施加压力所需的时间。在气流量一定的情况下，充气时间越长，则压力越大，有利于EVA与钢化玻璃和TPT背板间的黏合，固化后形成的EVA膜层越致密，力学性能越好，产品质量越好。

（3）层压时间是指施加在压制件上的压力保持时间。

（4）层压温度是指层压期间的加热温度。

压制件中的空气会与EVA发生交联反应，而产生的氧气会在压制件中形成气泡缺陷，因此，在层压过程中，需要特别注意对于EVA中气泡的消除。如层压件中出现气泡，则说明抽气时间过短或层压温度过高，应对相关工艺参数进行重新设置。另外，层压过程中的抽真空步骤也是为了防止层压件中气泡的产生。为减少气泡的产生，还可以在层压机中加入两层耐高温的玻璃布，对EVA的升温速率起到减缓作用，也可防止熔融后的EVA污染加热板。

6.2.6 修边及装框

压制好的组件后续需要进行修边及装框，以提高光伏组件的密封性和机械强度，从而提升使用寿命。在层压时，EVA胶膜熔化后会呈现可流动状态，在压力的作用下，会向外延伸，固化后则形成毛边，所以层压工序结束后应对压制件进行修边，将毛边切除，以便后续进行装框。装框过程类似于给镜子装镜框，先在去除毛边后的压制件四周加上密封橡胶带；然后再涂密封黏合剂；最后再给光伏组件装上边框（铝合金或不锈钢材质），以增加组件的强度；为延长电池的使用寿命，需进一步对电池组件与边框间的缝隙进行密封，通常采用硅胶（硅酮树脂）进行填充。在工业化生产工艺中，为提高生产效率，通常会采用专门的装边框设备进行生产。

6.2.7　接线盒焊接

在装框工序结束后，就可以在光伏组件背面引线处焊接接线盒，以便于组件与其他设备间的连接，如图6.11所示。接线盒焊接过程中，焊接面积应大于总面积的80%，并分别将光伏组件的正极和负极与接线盒的输出端相连接；焊接后的接线盒需要通过涂覆黏结剂来固定在光伏组件的背面，而为方便安装，用于与建筑相结合的光伏组件的接线盒通常会固定在组件的侧面。一般情况下，接线盒内还会装有旁路二极管，以对光伏组件进行保护。对于接线盒的质量要求是要防潮、防尘、密封、连接可靠、接线方便。

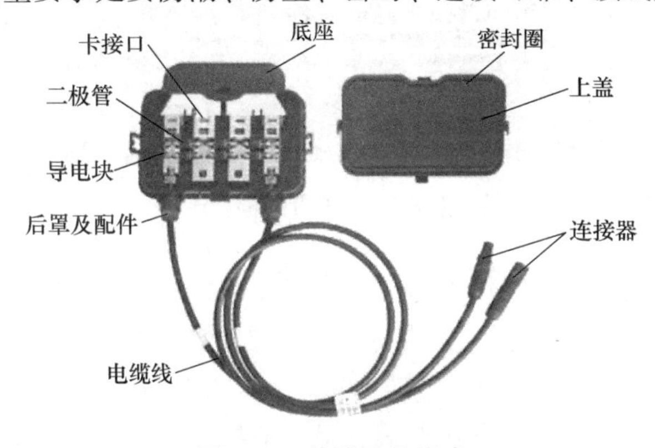

图6.11　接线盒的组成

6.2.8　组件测试

由于光伏电池组件在日常的使用中会遇到较为恶劣的自然环境侵扰，如防护措施不达标，将严重影响其使用寿命。因此，在光伏组件完成封装后，要对其电性能、绝缘性能、耐候性、抗冲击性能和抗老化性能等进行检测，需要做的工作有对基本性能检测、绝缘性能检测、热循环试验、湿热和湿冷试验、机械载荷试验、冰雹试验、老化试验等。

6.2.9　包装入库

光伏组件完成性能测试后，将进行成品检验和包装入库。为使组件产品质量满足相关要求，需对组件成品进行全面的检验，主要是对组件型号、类别及各种电性能参数的确认以及对优劣等级的判定和区分。最后，只有满足要求的合格产品，才可以包装入库。

6.3　组件的质量检测

为确保太阳能光伏电池组件在实际应用中的使用寿命，必须控制好封装工序的产品质量。在封装工序中，主要通过目检法、电致发光测试、绝缘性能测试、组件基本性能测试、热循环实验等检测方法来确定产品质量。

6.3.1　目检法

封装工序的目检主要包括层压前的外观目检和层压后的目检。在层压前，需要进行焊接目检和叠层目检；而层压后则要对光伏组件的整体进行目检。

对于焊接目检的要求是：（1）焊接后电池片应保证无毛刺、虚焊、脱焊、锡珠、黄斑、高点、锡外流或划伤等现象出现。（2）焊接的焊带应光滑平整，且无漏铜或焊带发绿等不良情况。（3）焊接起点距电池片边缘应在 3~5mm 范围内，正面电极焊接的焊带偏移主栅线的宽度不得超过主栅线宽度的三分之一（见图 6.12），负面电极焊接的焊带偏离主栅线的露白要小于 0.5mm。（4）电池片的片间距应保持均匀［(2±0.5)mm］，每个电池串的长度偏差应为设计标准长度的±0.5mm。

图 6.12　焊带的偏移

叠层目检的检查标准是：（1）电池片应无明显色差、色斑、裂纹、碎片、缺口等不良情况；电池片定位准确，电池片排列不得有整体移位，横排和纵排错位要不大于 1mm，电池片的片间距与电池串的串间距均要保持均匀一致［(2±0.5)mm］，电池片与钢化玻璃边缘的距离应为设计标准的±1mm。（2）钢化玻璃、EVA 胶膜、电池片、TPT 背板铺盖面和层叠次序均要正确，玻璃内无杂物，背板无划伤和褶皱等情况，背板的开口尺寸应满足设计要求。

层压后目检的检查要求是组件内无气泡存在和各层间无剥离情况。

6.3.2　电致发光测试

晶体硅太阳能光伏电池组件的生产工艺较为复杂，且流程较为繁多，因此，在生产过程中，电池片将难免受到损伤，造成虚焊、过焊、隐裂、断栅等问题，如图 6.13 所示，将严重影响光伏组件的转换效率和使用寿命。电致发光（EL，Electro Luminescence）测试是探测光伏组件中电池片缺陷较为重要的技术手段。电致发光检测仪凭借精度高、识别速度快、成本低等优势被广泛应用于组件封装工序的质量检测环节。通常需要对电池片进行层压前 EL 测试和层压后 EL 测试。层压前 EL 测试的目的是排除电池片自身缺陷和焊接缺陷，避免问题电池片进入层压工序，从而造成损失。而层压后 EL 测试的目的是排除层压过程中造成的组件缺陷，避免问题组件进入后续工序。在对组件产品质量检测中，会在产品没有包装时进行入库前的最后一次检测，以确保无问题产品入库。

电致发光测试仪的测试原理是晶体硅太阳能电池处在正向偏置，模拟电池工作状态时产生的等效直流电流，给单片电池通入 1~40mA 的正向电流；电池片被注入电能后，将基态原子激发，使其处于激发态；激发态原子不稳定，会自发辐射出光子，并回到基态。此

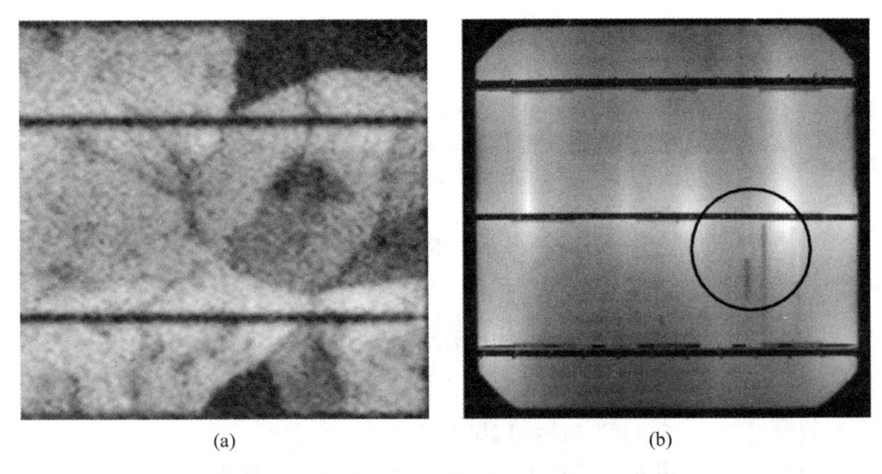

(a) (b)

图 6.13 隐裂（a）和断栅（b）的 EL 图像

时可利用 CCD 探头测出辐射光子，并根据电致发光亮度正比于少子扩散长度与电流密度等来判断电池片中是否存在缺陷。因此，电致发光测试可通过给组件通电使其发光，再根据电池片的发光亮度差异来显示裂片、劣质片和焊接缺陷等问题。电致发光测试仪通常由直流稳压电源、CCD 探头、图像处理系统和载物台等几部分组成。直流稳压电源用于连接待测组件的电极，以提供激励电流；CCD 探头主要用于收集辐射产生的光信号；图像处理系统的作用是处理 CCD 探头所收集到的光信号，并转变为图像；载物台用于放置待测组件。

晶体硅太阳能光伏电池组件的缺陷主要有隐裂、黑斑、栅线漏电、同心圆、黑线、断栅、短路黑片、网格片、明暗片等，几种典型的电池片不良的 EL 图像，如图 6.14 所示。

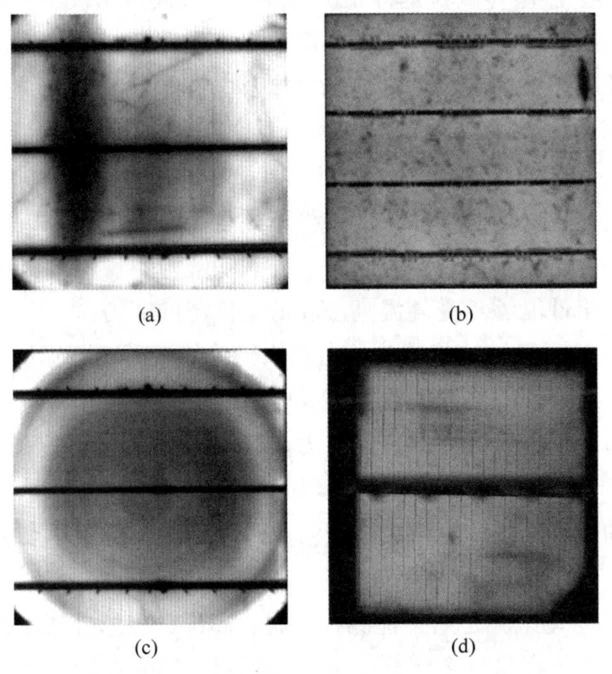

(a) (b)

(c) (d)

图 6.14 典型电池片缺陷的 EL 图像

（a）黑斑；（b）漏电电池片；（c）同心圆；（d）黑线

6.3.3 总装检测

主要是检查总装工序中边框打胶量控制、背板补胶效果、接线盒打胶安装效果以及边框尺寸控制等情况。

6.4 光伏组件的性能检测

为满足光伏组件在恶劣自然环境中的使用需求，在光伏组件完成封装后，要对电学性能和稳定性等进行检测，主要包括基本性能检测、绝缘性能检测、热循环试验、湿热和湿冷试验、机械载荷试验、冰雹试验、老化试验等。

（1）基本性能检测。基本性能检测首先要在标准测试条件下，对组件的输出功率进行标定，并测试其输出特性，确定组件的质量等级。在不同光源的光谱、辐照及光伏组件温度的条件下，对组件的短路电流、开路电压、填充因子及最大输出功率等基本性能参数进行检测。

（2）电绝缘性能检测。电绝缘性能检测是检验和评定电工设备绝缘耐受电压能力的一种技术手段。因为绝缘结构局部范围内的破坏都会使整个设备丧失绝缘性能，为保证光伏组件在恶劣条件下能正常使用，需在出厂前对其电绝缘性能进行测试。电绝缘性能检测是将 1kV 的直流电通过组件边框与电极引线来测量绝缘电阻。测试要求组件的绝缘电阻应大于 2000MΩ，才能确保光伏组件在应用过程中边框无漏电现象出现。

（3）热循环试验。热循环试验是将光伏组件置于气候室系统中，使组件在 40~85℃的温度范围内完成规定循环次数，并在极端温度下保持规定的时间，检测试验过程中组件是否会出现短路、断路、外观缺陷等不良情况，以及电性能衰减与绝缘性能的变化，以判定由温度重复变化所引起的组件热应变能力。

（4）湿热和湿冷试验。与热循环试验相类似，湿热和湿冷试验同样是将光伏组件置于气候室系统内，使组件在一定温度和湿度条件下往复循环规定次数，并保持一定的恢复时间，在试验过程中检测是否出现短路、断路、外观缺陷等不良情况及电性能衰减率与绝缘性能的变化，以确定组件能够承受高温高湿和低温低湿的能力。

（5）机械载荷试验。机械载荷试验是在光伏组件的表面逐渐施加载荷，同样检测组件是否出现短路、断路、外观缺陷等不良情况及电性能衰减率与绝缘性能的变化，以判定组件可承受风雪、雨雪及冰雪等静态载荷的能力。

（6）冰雹试验。冰雹试验是从不同角度用具有一定速度的钢球代替冰雹撞击光伏组件，检测组件出现的外观缺陷和电性能衰减情况，以确定组件可承受冰雹、飞石等动态撞击的能力。

（7）老化试验。老化试验是用于检测在高温、高湿、强紫外线辐照的使用环境中光伏组件性能抗衰减的能力。在暴晒老化试验中，太阳能电池电性能的衰减是不规则的，且与 EVA/TPT 光的损失无比例关系。

复习思考题

6-1　太阳能光伏电池组件的生产工艺流程是什么？

6-2　胶质材料的作用是什么？

6-3　背板材料通常选用什么材质，其作用是什么？

6-4　EL 测试仪的测试原理是什么？

7 太阳能光伏电池发电系统

7.1 光伏发电系统的组成

光伏发电系统的规模和应用形式各异，系统规模跨度很大，但其组成结构基本相同，主要由太阳能电池方阵、汇流箱、蓄电池、控制器、逆变器等设备组成，如图 7.1 所示。

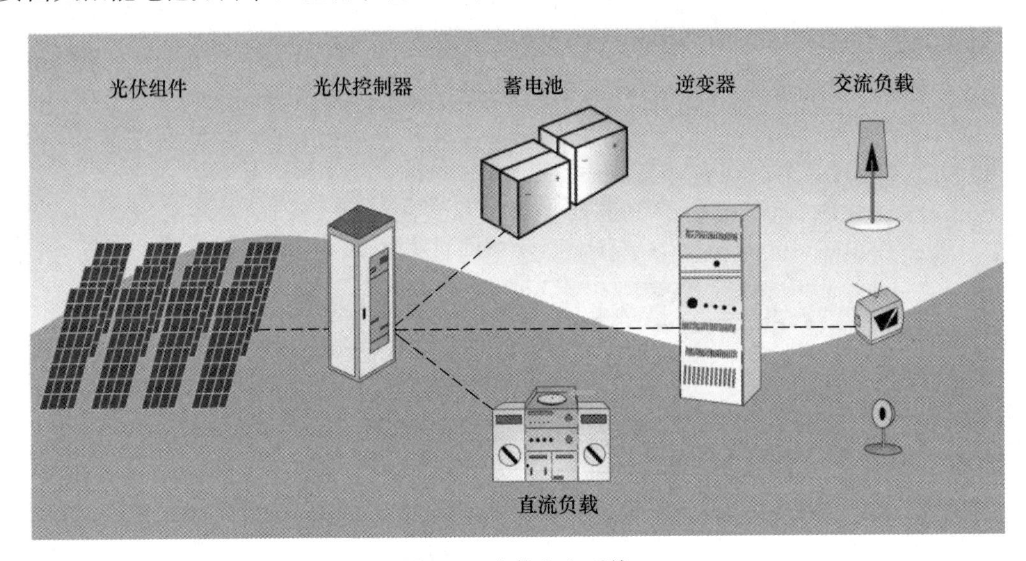

图 7.1 光伏发电系统

7.1.1 太阳能电池方阵

7.1.1.1 太阳能电池方阵结构

光伏电池是具有光伏效应的最基本原件。光伏组件是具有完整的，环境防护措施的，内部相互连接的最小太阳电池组合体。光伏组串是一个或多个光伏组件串联形成的电路。光伏子方阵是由并联的光伏组串组成，是光伏方阵的电气子集。光伏方阵是光伏组件、光伏组串或光伏子方阵内部电气连接的集合。图 7.2 为太阳能电池阵列的层次结构。

一个太阳能单体电池只能产生大约 0.5V 电压，远低于实际应用系统所需要的电压，因此需要将太阳能单体电池通过互连带（涂锡铜带）连接成组件。多晶硅组件的规格主要有 60 片多晶电池片组件和 72 片多晶硅电池片组件。当需要更高的电压和电流时，可以将多个组件按照系统逆变器输入电压的需求串、并联组成太阳能电池方阵。太阳能电池方阵是光伏发电系统的核心部分，也是光伏发电系统中价值最高的部分，其作用是将太阳的辐射能转换为电能，或送往蓄电池中储存起来，或带动负载工作。目前主流的晶硅电池组件

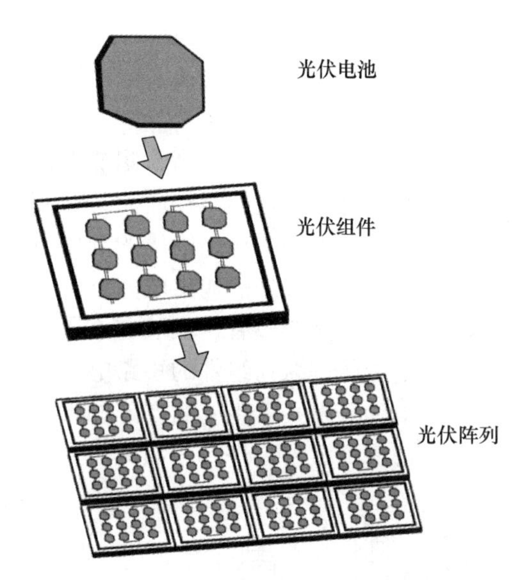

图 7.2 太阳能电池阵列的层次结构

额定功率为 255~325W，其中，单晶硅电池组件的转换效率大约为 16%，多晶硅电池组件的转换效率大约为 15%。要安装太阳能电池方阵需要占用一定的面积，例如 3kW 的太阳能电池阵列占 20~30m²。

太阳能电池方阵的电路图如图 7.3 所示，由太阳能电池组件构成的纵列组件、逆流防止元件（防逆流二极管）VD_s、旁路元件（旁路二极管）VD_b 以及端子箱体等组成。纵列组件是根据所需输出电压将太阳能电池组件串联而成的电路。各纵列组件经逆流防止元件并联而成。

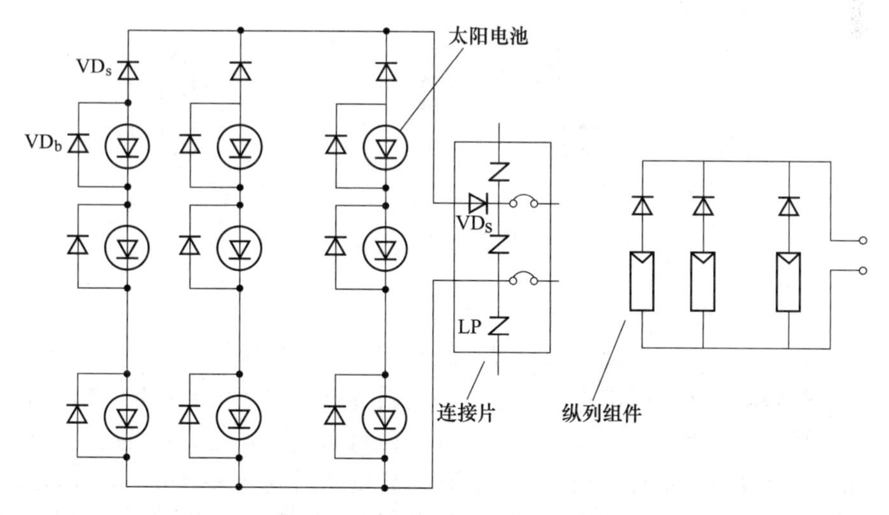

图 7.3 太阳能电池方阵电路图

当某一太阳能电池组件被树叶、日影覆盖的时候，几乎不能发电。此时，方阵中各纵列组件之间的电压会出现不相等、不平衡的情况，引起各纵列组件间、阵列间环流以及逆变器等设备的电流逆流情况。为了防止逆流现象的发生，需要在各纵列组件上串联防逆流

二极管 VD_s。防逆流二极管一般装在接线盒内，也有安装在太阳能电池组件的端子箱内的。选用防逆流二极管时，一般要考虑所在回路的最大电流，并能承受该回路的最大反向电压。

另外，各太阳能电池组件都接有旁路二极管。当太阳能电池方阵部分被日影遮盖或组件的某部分出现故障时，电流将不流过未发电的组件而流经旁路二极管 VD_b，并为负载提供电力。如果不接旁路二极管，各纵列组件的输出电压的合成电压将对未发电的组件形成反向电压，出现过热部分，还会导致电池方阵的输出电能下降。

一般来说，1~4 块组件并联一个旁路二极管，安装在太阳能电池背面的端子盒的正负极之间。选择旁路二极管时应使其能通过纵列组件的短路电流，反向耐压为纵列组件的最大输出电压的 1.5 倍以上。图 7.4 所示为太阳能电池方阵的实际构成图，左侧所示为纵列组件，右侧所示为根据所需容量将多个纵列组件并联而成的太阳能电池方阵。

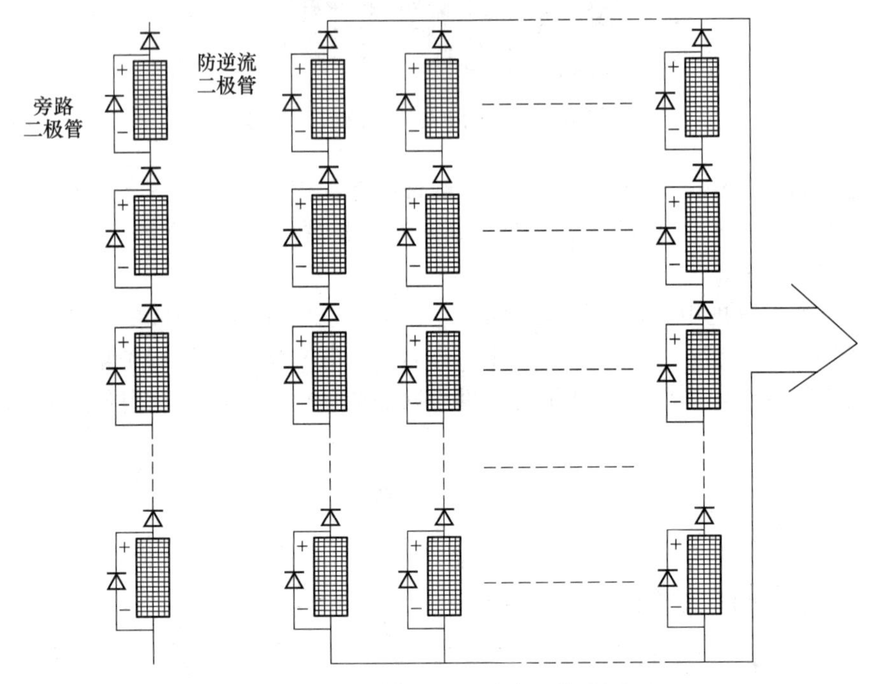

图 7.4 太阳能电池方阵实际构成图

7.1.1.2 太阳能电池方阵安装

电池方阵安装方式主要有地面固定式、跟踪式、聚光光伏等。

地面固定式安装：地面固定式光伏电站是利用金属支架，按照一定的方位角、倾角和一定的前后间距，把光伏组件串、方阵固定排列在地面上。固定式布置时，最佳倾角设计应综合考虑站址当地的多年月平均辐照度、直射分量照射度、散射分量辐照度、风速、雨水、积雪等气候条件，并符合下列要求：对于并网发电系统，光伏方阵的倾角宜使倾斜面上受到较高的照射量；对于离网光伏发电系统，光伏方阵的倾角宜使最低辐照度月份倾斜面上受到较高的辐照量；对于有特殊要求或土地成本较高的光伏发电站，可根据实际需要，经技术经济比较后确定光伏方阵的设计倾角和方阵行距。

光伏发电的跟踪系统一般可分为单轴跟踪系统和双轴跟踪系统，而单轴跟踪系统又可分为水平单轴、倾斜单轴和斜面垂直单轴三种，且倾斜单轴的倾斜角度可根据实际情况有不同的取值，但不应大于当地的纬度角。一般来说，当安装容量相同时，固定式、水平单轴跟踪、倾斜单轴跟踪和双轴跟踪发电量依次递增，但其占地面积也同时递增。

如果光伏电池能够承受高辐照度，并且能大大提高其输出功率，那么采用阳光聚集（Solar Concentration）技术增加同样一块电池板接受的阳光辐照度从而提高其输出功率就是很自然的一个选择。但是能否采用聚光技术或聚光到何种程度，这取决于光伏电池的物理特性。聚光光伏是利用折射、反射等方式增加同样一块电池板接受的阳光辐照度从而提高其输出功率。聚光电池方阵必须采用跟踪系统，且聚光方阵还必须采用双轴自动跟踪系统。阳光聚集装置可采用抛物面反射镜、多平面镜、菲涅尔透镜、光漏斗等装置。

7.1.2 汇流箱

汇流箱是光伏发电系统中将若干个光伏组件串并联汇流后接入的装置。汇流箱输入路数分为 2 路、4 路、6 路、8 路、10 路、12 路、14 路、16 路不等。

汇流箱在光伏电气系统中作用如图 7.5 所示。

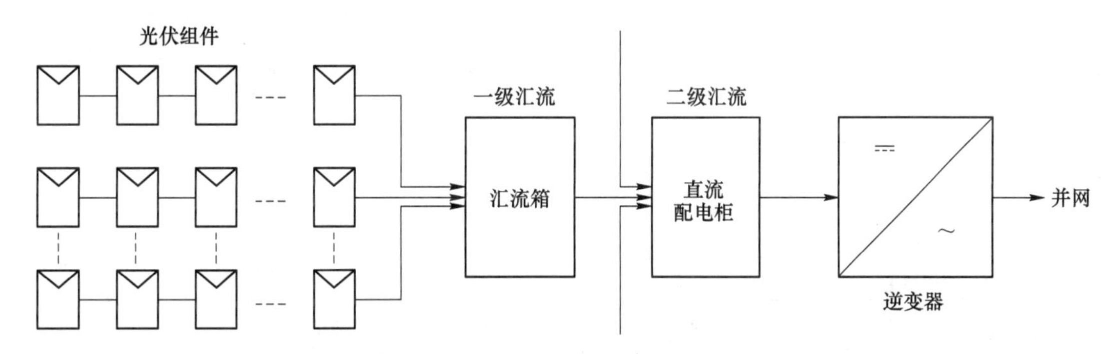

图 7.5 汇流箱在光伏电气系统中作用

汇流箱是保证光伏组件有序连接和汇流功能的接线装置。该装置能够保障光伏系统在维护、检查时易于分离电路，当光伏系统发生故障时减小停电的范围，将光伏子方阵连接，实现光伏子方阵间并联的箱体，并将必要的保护器件安装在此箱体内。一般大型方阵由多个光伏子方阵构成，而小型方阵由光伏组串构成，不包含子方阵。

汇流箱基本功能应具有汇流、保护功能，宜具备智能监控功能。理论上来说汇流箱就是将若干个光伏组串接入箱内，通过光伏熔断器和光伏断路器以及防雷保护后输出至光伏直流柜，当然这其中还要涉及监测、防雷等一些功能的实现。

光伏阵列汇流箱（简称汇流箱）为室外设备，其主要作用是将多路纵列组件汇总到一块实现并联，该装置主要包括太阳能电池方阵输入回路、汇流输出回路、浪涌保护装置、防逆流保护装置、输出控制装置、光伏监控单元等，如图 7.6 所示。

7.1.3 蓄电池

储能单元是离网太阳能光伏发电系统不可缺少的部件，其主要功能是存储光伏发电系统的电能，并在日照量不足、夜间以及应急状态时给负载供电。目前太阳能光伏发电系统中，常用的储能电池及器件有铅酸蓄电池、镍镉蓄电池、锂离子蓄电池、镍氢蓄电池及超

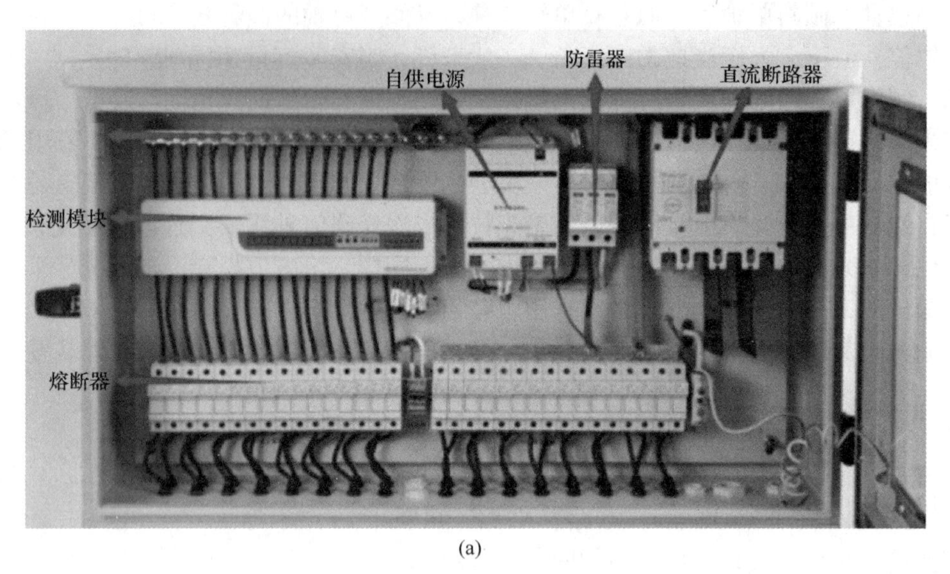

(a)

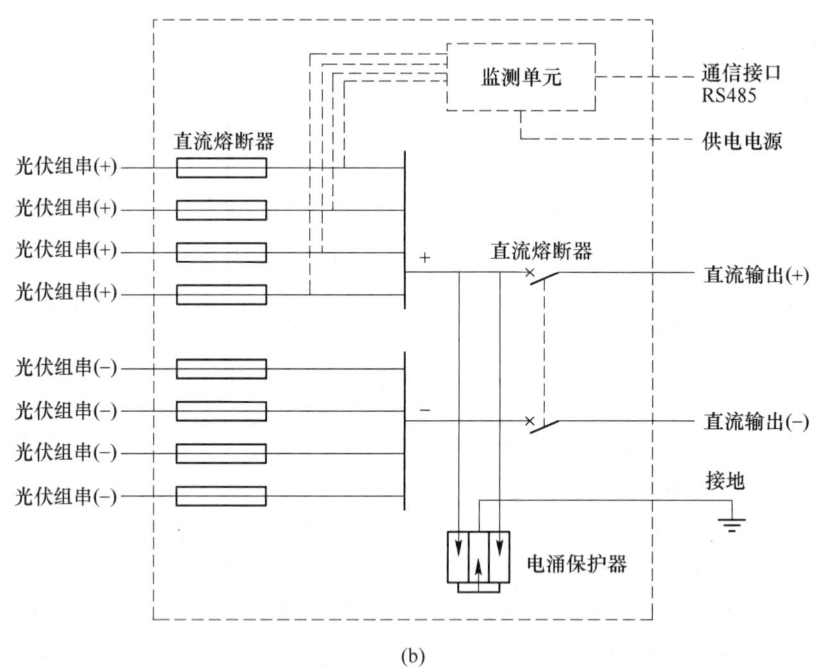

(b)

图 7.6 带监测功能的智能型汇流箱

（a）实物图；（b）原理接线图

级电容器等，它们分别应用于太阳能光伏发电的不同场合或产品中。由于性能及成本的原因，目前应用较多、使用较广泛的还是铅酸蓄电池。太阳能光伏发电系统对储能部件的基本要求是：自放电率低；使用寿命长；深放电能力强；充电效率高；少维护或免维护；工作温度范围宽；价格低廉。

蓄电池作为太阳能光伏发电系统中的储能装置，从以下三个方面可以提高系统供电质量。

(1) 剩余能量的存储及备用。当日照充足时，储能装置将系统发出的多余电能存储，在夜间或阴雨天将能量输出，解决了发电与用电不一致的问题。

(2) 保证系统稳定功率输出。各种用电设备的工作时段和功率大小都有各自的变化规律，欲使太阳能与用电负载自然配合是不可能的。利用储能装置，如蓄电池的储能空间和良好的充电与放电性能，可以起到光伏发电系统功率和能量的调节作用。

(3) 提高电能质量和可靠性。光伏系统中的一些负载（如水泵、割草机和制冷机等），虽然容量不大，但在启动和运行过程中会产生浪涌电流和冲击电流。在光伏组件无法提供较大电流时，利用蓄电池储能装置的低电阻及良好的动态特性，可适应上述感性负载对电源的要求。

目前，太阳能光伏离网系统使用的蓄电池主要有铅酸蓄电池、镍镉蓄电池、镍氢蓄电池和锂电池等。铅酸蓄电池可靠性强，可提供高脉冲电流，价格便宜，是光伏发电系统储能器的主力。镍镉电池自放电损失小，耐过充放电能力强，但价格较贵，一般少量用于高寒户外系统、小型的太阳能草坪灯和便携式太阳能供电系统中等。锂电池由于成本以及对充放电控制要求较高的原因，目前在太阳能光伏系统中应用还很少。近年来推出的阀控式密封铅酸蓄电池、胶体铅酸蓄电池和免维护蓄电池已被广泛采用。

光伏发电系统中的蓄电池的选型主要指铅酸蓄电池的选型。衡量铅酸蓄电池性能的参数主要有冷起动电流、储备容量以及20h放电容量等指标。它们都要求在特定的条件下检测，其中冷起动电流是在满足SAEJ537试验条件下评测的结果，即蓄电池在气温-18℃时短时间内可输出的最大电流值；储备容量指蓄电池充电系统失效时，可提供给机器正常工作的最短时间，即新充满的蓄电池以一固定的放电电流（25A）放电达到终止电压的持续时间；20h放电容量表示蓄电池在27℃以下气温时，在20h内可放出的电量。配套200A·h以上的铅酸蓄电池，一般选用固定式或工业密封式免维护铅酸蓄电池，每个蓄电池（单体）的额定电压为DC 2V；配套200A·h以下的铅酸蓄电池，一般选用小型密封免维护铅酸蓄电池，每个蓄电池的额定电压为DC 12V。

7.1.4 光伏发电系统控制

7.1.4.1 控制器

控制器能对蓄电池的充、放电条件加以规定和控制，并按照负载的电源需求控制太阳能电池组件和蓄电池对负载输出电能。它是整个系统的核心控制部分，随着光伏产业的发展，控制器的功能越来越强大，而且有将传统的控制、逆变部分集成在一起的趋势。

在光伏发电系统中，通过太阳能电池将太阳辐射转化为电能时容易受到天气和其他因素的影响，太阳能电池输出电流并不稳定，直接提供给负载使用将影响其稳定性，甚至会导致负载不能使用以及烧毁等情况。因此在离网光伏发电系统、并网光伏发电系统以及光伏-风力混合发电系统中，需要配置储能装置（蓄电池）、控制器等。光伏控制器是光伏发电系统中非常重要的组件，其性能直接影响到整个系统的寿命，特别是蓄电池组的使用寿命。光伏控制器应该具有以下功能：

(1) 防止蓄电池过充、放电，延长蓄电池使用寿命。

(2) 防止太阳能电池方阵、蓄电池极性接反。

(3) 防止负载、控制器、逆变器和其他设备内部短路。

（4）具有防雷电的击穿保护。

（5）具有温度补偿的功能。高温时，自动降低充电电压，避免电池过热。

（6）光伏系统工作状态显示，包括：蓄电池荷电状态 SOC 显示和蓄电池端电压显示、负载状态（耗量等）、太阳能电池方阵工作状态（显示充电电压、充电电流、充电量等）、辅助电源工作状态、环境状态（太阳辐射能、温度、风速等）、故障报警等。

离网光伏发电系统，不论系统大小，几乎都要用到控制器。以离网家用光伏控制器为例，典型外形及系统参数，如图 7.7 所示，液晶屏上带有电池电量、充放电、负载、正常/故障、控制模式等标识。

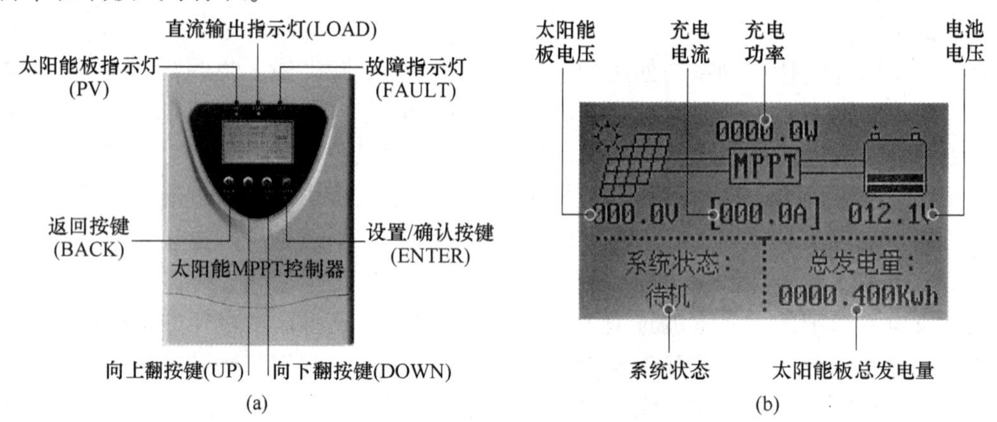

图 7.7 离网家用光伏控制器实物

（a）面板图；（b）面板液晶屏

7.1.4.2 控制方法

由前面章节介绍可知，太阳能电池的利用率除了与电池的内部特性有关外，还受光照强度、环境温度和负载等情况的影响。太阳能电池的 U–I 和 P–U 特性如图 7.8 所示。显然，太阳能电池由于受外界环境温度、辐射度等因素的影响，具有典型的非线性特征。在一定的外界条件下，太阳能电池可以工作在不同的输出电压下，但只有在某一输出电压值时，太阳能电池的输出功率才能达到最大功率值。这时太阳能电池的工作点就达到了输出功率曲线的最高点，称为最大功率点，图 7.8 中用圆黑点所示，图中四条曲线分别表示在不同的辐射度（300～1000W/m^2）时的 U–I 和 P–U 曲线。因此，在光伏发电系统中，要想提高系统的效率，应当实时调整太阳能电池的工作点，使之始终工作在最大功率点附近，最大限度地将光能转化为电能。利用控制方法实现太阳能电池以最大功率输出运行的技术被称为最大功率点跟踪（MPPT，Maximum Power Point Tracking）技术。

MPPT 控制器的目的是将太阳能电池阵列产生的最大直流电能及时地尽可能多地提供给负载，使光伏发电系统的利用效率尽可能高。理论上，当太阳能电池的输出阻抗和负载阻抗相等时，太阳能电池的输出功率最大。可见，MPPT 的过程实质上就是使太阳能电池的输出阻抗和负载阻抗相匹配的过程。由于太阳能电池的输出阻抗易受到外界因素的影响，如果能通过控制方法实现对负载阻抗的实时调节，并使其跟踪太阳能电池的输出阻抗，就可以实现 MPPT 控制。

太阳能电池的 U–I 特性与负载特性如图 7.9 所示。在光照强度 1 的条件下，电路的实际工作点正好位于负载 1 与 U–I 特性曲线的交点 a 处，而 a 点又是太阳能电池的最大功率

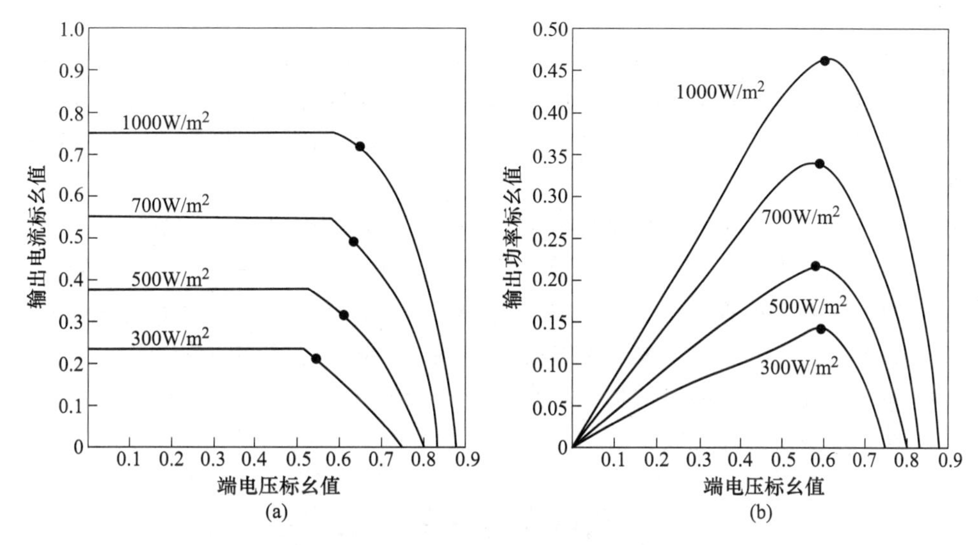

图 7.8　太阳能电池输出特性曲线

（a）*U*–*I* 特性；（b）*P*–*U* 特性

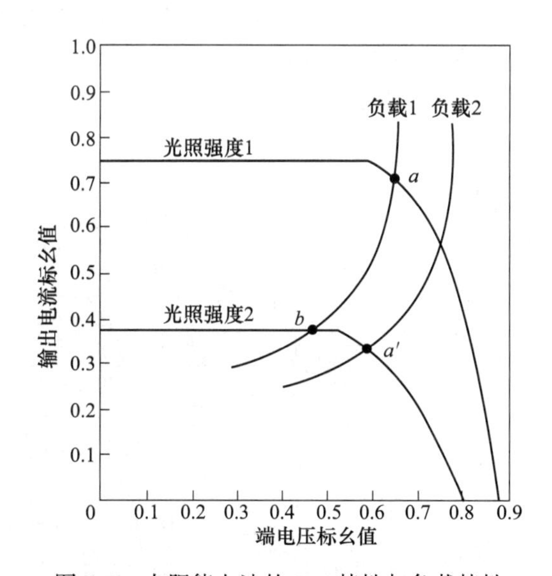

图 7.9　太阳能电池的 *U*–*I* 特性与负载特性

点，那么这个时候太阳能电池的 *U*–*I* 特性与负载阻抗特性相匹配。如果光照强度 1 变化为光照强度 2，电路的实际工作点位于 *b* 处，此时的最大功率点则在 *a*′处。因此，需要调节负载阻抗由负载 1 变化为负载 2，使电路的实际工作点位于最大功率点 *a*′处。

MPPT 控制方法，依据判断方法和准则的不同被分为开环和闭环 MPPT 方法。外界温度、光照和负载的变化对光伏电池输出特性曲线的影响呈现出一些基本的规律，比如光伏电池的最大功率点电压 U_{mpp} 与光伏电池的开路电压 U_{oc} 之间存在近似的线性关系等。基于这些规律，可提出一些基于输出特性曲线的开环 MPPT 方法，如定电压跟踪法，这一类方法简便易行，减少了工作点振荡以及在远离最大功率点区域的 MPPT 时间，但对光伏电池的输出特性有较强的依赖性，只是近似跟踪最大功率点，由于开环 MPPT 方法效率较低，实际应用较少。

闭环 MPPT 方法则通过对光伏电池输出电压和电流值的实时测量与闭环控制来实现 MPPT，使用的最广泛的自寻优类算法即属于这一类，典型的自寻优类 MPPT 算法有扰动观测法和电导增量法。另外，随着非线性智能算法的发展，包括模糊算法、粒子群算法等 MPPT 新算法也不断被研究和应用。

MPPT 控制电路。通过改变加载在光伏阵列两端的负载 R 阻值，从而改变光伏阵列的工作点，达到跟踪最大功率点的目的。最大功率点跟踪就是为了完成阻抗匹配的任务。光伏阵列的 MPPT 控制一般都是通过 DC-DC 变换电路来完成的。在光伏系统 MPPT 控制器中使用的 DC-DC 变换电路主要拓扑结构有降压型（Buck）、升压型（Boost）、升-降压型（Boost-Buck）等。对于给定的振荡周期，适当调整 T_{on} 就可以调整变换器的输入电压 U_i，从而使其接近于太阳能电池方阵的最大功率点电压。

7.2 光伏发电系统的分类

将一系列单体太阳电池进行串联形成串联电池组可以获得较高的输出电压；将一系列单体太阳电池进行并联可以获得较大的输出电流；将多组串联电池组进行并联可以获得较高的输出电压与较高的输出电流。太阳电池经过串并联并封装后，就可以组成大面积的光伏组件，多个光伏组件构成光伏阵列后，配合功率变换器、连接和汇流线缆、配电开关和保护装置等就形成了光伏发电系统。光伏发电系统可按供电方式（是否与电网连接）、太阳能采集方式及建筑应用方式等多种方式进行分类，如图 7.10 所示。

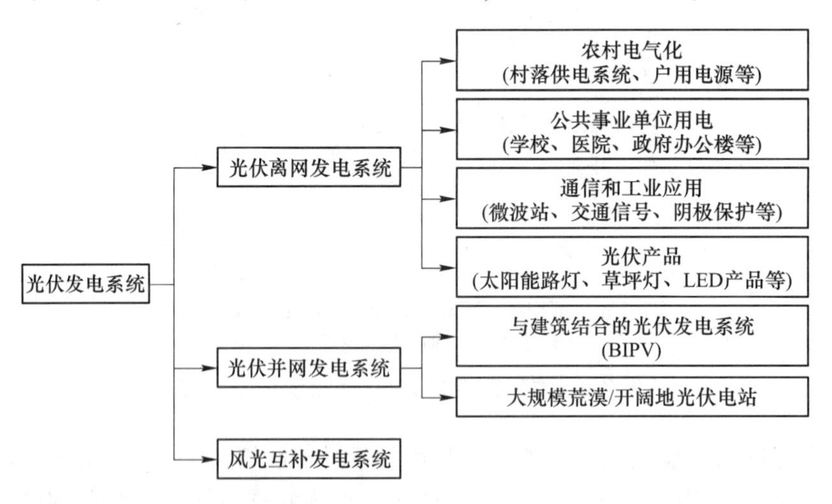

图 7.10 光伏发电系统分类

在图 7.10 中，按照是否与电网连接，可将光伏发电系统分成独立运行的离网光伏系统和与电网相连的并网光伏系统。其中，并网光伏系统按照其并网电压等级、规模和安装特征等，还可以分为集中式并网光伏系统和分布式并网光伏系统两类。目前，全球光伏发电系统的主流应用方式是并网光伏发电，即太阳电池通过并网逆变器与电网相连，并通过电网将光伏系统所发电能进行再分配。离网光伏系统不与电力系统相连，主要用于为边远无电地区供电，或作为备用电源使用。以下简要介绍几种典型的光伏发电系统。

7.2.1 离网型光伏发电系统

离网型光伏发电系统是一种不与电网相连的独立光伏发电系统，其典型特征为不与电网连接，完全靠自身的能力为用户电网供电。一般由太阳能电池组件组成的光伏方阵、太阳能控制器、逆变器、蓄电池组、负载等构成。光伏方阵在有光照的情况下将太阳能转换为电能，通过太阳能控制器，逆变器（或逆控一体机）给负载供电，同时给蓄电池组充电；在无光照时，由蓄电池通过逆变器给交流负载供电。图 7.11 为离网型光伏发电系统结构。

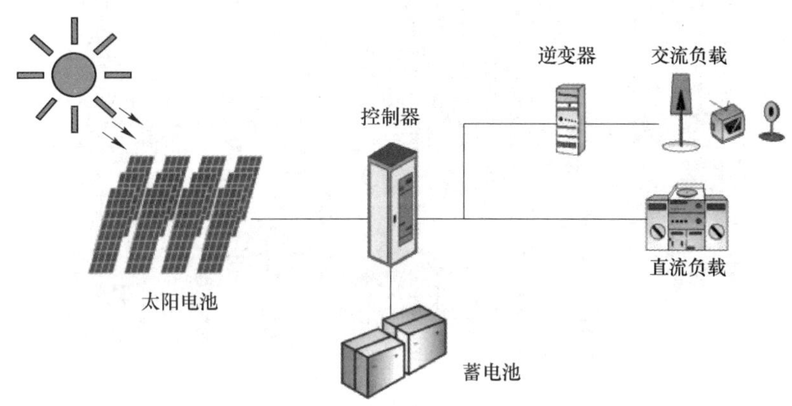

图 7.11　离网型光伏发电系统结构

离网型光伏发电系统主要应用于解决边远山区、海岛、通信基站等地的基本用电需求，虽然设计容量一般不大，但是在国家脱贫攻坚中起到了重要作用。

2013 年 12 月，当时世界上最大规模离网光伏电站，在青藏高原三江源核心区域平均海拔 4500m 以上的青海省玉树州曲麻莱县建成并试运行。此电站可全部解决曲麻莱县城常住户 3866 户、11429 人以及企业、寺院等用电大户无电、缺电问题。2015 年 12 月，随着青海省最后 3.98 万无电人口实现通电，我国全面解决无电人口用电问题。2022 年 9 月，青海省已通过大电网和离网光伏满足脱贫群众用电需求，广播电视综合人口覆盖率达到 98.8%。图 7.12 为青海无电人口光伏电源发放仪式。

图 7.12　青海无电人口光伏电源发放仪式

曾经由“时代楷模”王继才、王仕花夫妇所驻守的江苏连云港灌云县开山岛，于2019年6月建立起包括光伏等在内的离网型海岛智能微网工程，充分利用绿色能源，解决守岛人员的用电用水需求。日均发电量约420度（1度=1kW·h），日产淡水量近10t，年发电量是江苏一户普通居民家庭年均用电的50倍，即便在台风、暴雨等极端情况下，660kW·h储能设备也可保障全岛3天的正常用电，彻底解决开山岛用水用电难题。目前，江苏全省有人居住岛屿已实现稳定供电全覆盖。图7.13为开山岛离网型发电系统。

图7.13 开山岛离网型发电系统

7.2.2 集中式并网光伏系统

集中式光伏电站是在太阳能充足的地区利用荒漠、山区等集中建立的大型光伏电站，通常都具有相当大的容量与规模，离负载点较远，所发电量全部输入电网，并由电网统一调配向用户供电，接入方式大多使用中压或高压接入。

集中式并网光伏系统结构如图7.14所示。该系统中，由多组光伏组件串并联构成的光伏阵列通过汇流箱与大功率集中式光伏逆变器相连，光伏逆变器实现光伏阵列MPPT控制，并将光伏阵列输出的直流电转换成交流电，再经过升压变压器传输给高压电网。

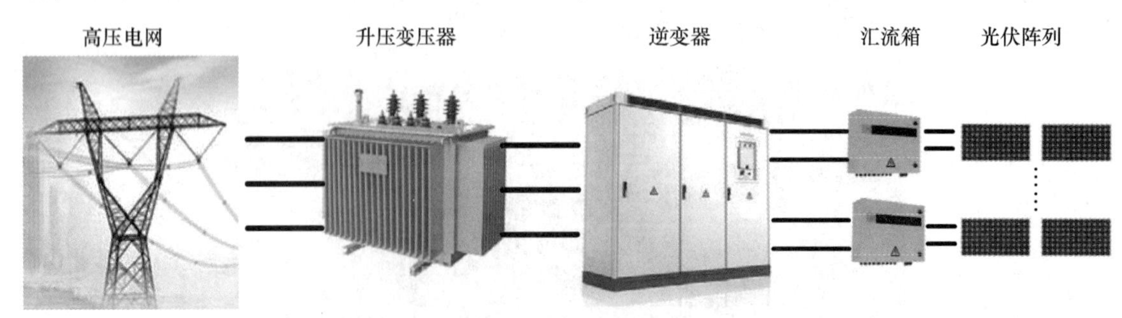

图7.14 集中式并网光伏系统结构

中国最大的沙漠集中式光伏发电基地——2018年12月，内蒙古达拉特旗库布齐沙漠境内光伏发电领跑奖励激励基地（见图7.15）实现并网发电。该基地规划建设规模为200

万千瓦，占地面积 10 万亩（1 亩=666.7 平方米）。另外，该项目在设计上采用了“林光互补”的模式，能够实现清洁能源环保效益和作物栽种经济效益的双优化，项目基地外围栽植了绿化植物以及红枣、黄芪等经济作物，其中经济作物的种植面积达 4.8 万亩，既保护了环境，又能增加当地贫困居民的经济收入，为脱贫致富提供有力的支持。基地 100 万千瓦规模建成后，年发电量可达 20 亿度，实现产值 6.2 亿元，节约标煤 66 万吨、减排二氧化碳 165 万吨、减排粉尘 45 万吨，可有效治理沙漠 5 万亩以上。

图 7.15　达拉特旗光伏电站由 19.6 万块蓝色光伏板拼接形成的“光伏骏马”

全球装机容量最大的光伏发电园区——青海省海南州塔拉滩生态光伏园（见图 7.16），占地面积达到了 609km²，接近于一个新加坡的国土面积。据统计，当前园区已入驻企业 46 家，总装机量为 15730MW，年均发电量达到 100 亿千瓦时，年节约标准煤 311 万吨，减排二氧化碳 780 万吨。一根根高压线路，将光电从光伏园区输出，直连 50 多公里外的龙羊峡水电站，组成了青海装机容量最大的水光互补电站。通过专为清洁能源外送建设的特高压通道——西电东送青豫直流特高压，将当地的绿色电力输送至河南，流向企业、工厂和千家万户。

图 7.16　塔拉滩生态光伏园“牧光互补”

目前世界上最大的单体光伏电站——2022 年 11 月，由中国机械工业工程集团有限公司总承包的阿联酋艾尔达芙拉 PV2 太阳能电站项目成功实现首次并网发电，如图 7.17 所示。坐落于阿布扎比的艾尔达芙拉太阳能电站，是目前世界上最大的单体光伏电站，该项目的主要设施包括：装机容量 2100MW 的光伏发电区、33/400kV 升压站和配套的开关站。项目建设完成后可供 16 万户居民用电，帮助阿布扎比每年减少碳排放量 240 万吨，使清洁能源在阿联酋总能源结构中的比重提高到 13%以上，将有利于推进阿联酋国家的能源转型和可持续发展，助力该国的“2050 能源战略规划”；也将是我国“一带一路”倡议下绿色能源领域里程碑式的光伏项目，能够进一步提升中国品牌在国际光伏发电市场的影响力和竞争地位，对整个光伏行业起到技术示范和标杆的作用。

图 7.17　阿联酋艾尔达芙拉 PV2 太阳能电站

全球单体最大水上漂浮式光伏电站——2018 年 12 月，山东省德州市丁庄水库 320MW 项目全容量并网发电，如图 7.18 所示，8000 亩湖面上，有一个由 60 多万块蓝色光伏板组

图 7.18　德州丁庄水库光伏项目

成的超大“太阳鸟”图腾方阵。提高发电效率是水上漂浮光伏电站的重要优势之一。由于光伏模块温度越高自身耗能越大，因此在水域环境下，水的蒸发冷却可以降低光伏组件的工作温度，从而提高组件工作的效率。所以相比于地面式光伏，它不仅节省了土地、更易于搭建，发电效率也提高了，而且经过实验论证，可以有效减少水量蒸发。同时该项目所有部件、浮体都是安全环保的，对周边生态植被不会有任何影响。

7.2.3　分布式并网光伏系统

分布式并网光伏系统通常在不同地点接入配电网，以满足特定用户的需求，支持现存配电网的经济运行。分布式光伏并网系统主要基于厂区、公共建筑物表面、户用屋顶以及其他分散空闲场地。

图7.19为光伏用户并网系统效果图，这种光伏用户并网系统利用太阳能光伏发电，就近解决用户的用电问题，并可通过并网实现供电差额外送，是一种典型的分布式并网光伏系统。在图7.19中，放置在屋顶的太阳能电池阵列供吸收光能，并通过功率变换器（户用式光伏逆变器）为家庭负载供电或者将电能输入电网。

图7.19　分布式光伏用户并网系统效果图

这类分布式并网光伏系统接入电网时有两种计量发电量和使用电量的方式。一种是“全额上网”方式，该方式将光伏系统所发电能全部传输到电网中；另一种称为“自发自用，余电上网”方式，该方式的光伏系统所发电量供用户负载使用后，多余电量再经户用双向智能电表输送到电网。一般来说，光伏电量的价格高于电网电量的价格，使得光伏发电用户可以得到收益，也体现了政府鼓励发展可再生能源的政策导向。分布式并网光伏系统属于自给自足的发电运行模式，对电网的依赖程度少于其他并网方式，从而可以减少对线路的损害程度，降低损耗。另外安装在建筑物表面和屋顶等的分布式并网光伏系统，实现一地两用，有效减少了光伏系统的占地面积，是今后大规模光伏发电的重要应用形式。

2022年前三季度，全国光伏新增并网容量中，分布式光伏35.3GW，占比超三分之二。其中，工商业分布式又以新增容量18.74GW，同比大增278%，成为新增容量的绝对主力。随着“双碳目标”向前推进，工商企业加快低碳转型，绿色用能需求旺盛，分布式光伏的市场潜能将持续释放，属于“+光伏”的时代已经来临。分布式光伏场景复杂、光照资源不一，为不同场景匹配“一案一策”的分布式光伏方案尤为重要。阳光新能源凭借水泥平屋顶、彩钢瓦屋顶、光伏建筑一体化、光伏停车场、阳光房、园区储能、光储充电站等丰富的分布式全场景方案，可以全面契合业主多场景用能需求，匹配各类企业屋顶、园区场景，助力构建绿色生态的零碳工厂、零碳园区。

随着分布式光伏的发展光伏发电与建筑的结合越来越受到人们的重视。在城市里应用光伏发电系统，只能利用建筑物的有效面积安装太阳能电池。安装在建筑物上的光伏发电系统，统称为建筑光伏。建筑光伏的优点为：可就地发电、就地使用，一定范围内减少了电力运输过程产生的费用和损耗；有效利用了建筑物外表面积，不需占用地面空间，节省了土地资源；由于光伏阵列吸收太阳能，降低了屋顶或墙面的温度，改善了室内环境，降低了空调负荷，有效地减少了建筑物的常规能源消耗；白天是城市用电高峰期，利用此时充足的太阳辐射发电，缓解高峰电力需求，解决了电网峰谷供需矛盾。在上述各类光伏发电系统中，太阳能的转换与控制均离不开电力电子功率变换器，如实现光伏直流-直流变换、光伏直流-交流变换等，而太阳电池的 MPPT 也需要由功率变换器来实现控制，从而最大限度地利用太阳能，以实现高效光伏发电。

建筑光伏的光伏组件与建筑物的结合形式主要有两种，一种是附着于建筑物上，称为 BAPV（Building Attached Photovoltaic），一般在现有建筑物上安装光伏发电系统的时候采用这种形式，也称为建筑后光伏，如屋顶与外挂幕墙。另一种是与建筑物同时设计、同时施工和安装并与建筑物形成完美结合的太阳能光伏发电系统，称为光伏建筑一体化（BIPV，Building Integrated Photovoltaic）。BIPV 作为建筑物外部结构的一部分，既具有发电功能，又具有建筑构件和建筑材料的功能，减少了建筑材料和人工，降低了成本，甚至还可以提升建筑物的美感，与建筑物形成完美的统一体。目前推进过程中，前期会以 BAPV 为主。从长远来看，在光伏建筑一体化领域，BIPV 是确定性的发展方向。

近年来，国家逐步加强支持光伏建筑一体化。2021 年 10 月，住房和城乡建设部颁布强制性标准《建筑节能与可再生能源利用通用规范》，要求自 2022 年 4 月 1 日起新建建筑应安装太阳能系统。2022 年 3 月印发的《“十四五”建筑节能与绿色建筑发展规划》，提出推进新建建筑太阳能光伏一体化建设、施工、安装，鼓励政府投资公益性建筑加强太阳能光伏应用。并明确提出“十四五”期间，累计新增太阳能光伏装机容量 0.5 亿千瓦的目标，逐步完善太阳能光伏应用政策体系、标准体系、技术体系。2021 年 6 月，国家能源局印发《关于报送整县（市、区）屋顶分布式光伏开发试点方案的通知》，推进屋顶分布式光伏发展。2021 年底，9 部委联合印发《“十四五”可再生能源发展规划》，提出大力推动光伏发电多场景融合开发。“十四五”期间，新建工业园区、新增大型公共建筑分布式光伏安装率达到 50%以上。国家电网积极支持含光伏建筑一体化在内的整个分布式光伏发展，截至 2021 年底，国家电网公司经营区分布式光伏装机规模突破 1 亿千瓦，并实现就近就地高效消纳。

国家机关等公共机构在能源资源节约方面率先起到示范作用。从 2011 年起，国管局就已经开始推动中央级别的公共机构安装光伏了。人民大会堂屋顶光伏项目（84kW）——该项目总装机容量 84kW，如图 7.20 所示为国家金太阳示范项目，主要安装在人民大会堂可利用屋顶上，以自发自用为主。光伏组件面积 850m^2，总容量 84.6kW。

年发电量约为9.8万度。内部收益率10%。25年可节约标煤约988t，减少二氧化碳排放约2569t，减少二氧化硫排放约21.74t，减少氮化物排放约9.8t，减少粉尘排放约16.8t。

图7.20 人民大会堂屋顶光伏（北京市，84kW）

全国面积最大柔性屋顶光伏电站在镇江并网发电（30MW）——2023年1月，江苏省镇江市，利用孚能科技（镇江）有限公司21万平方米柔性屋顶，历时2年建成的总容量为30MW的全国最大柔性屋顶分布式光伏项目实现全容量并网，如图7.21所示。该项目年均发电量可达2857.6万千瓦时，按照25年运营期测算，合计可节约标准煤21.4万吨。柔性屋顶是指以沥青、油毡等柔性材料铺设和黏结，或将高分子合成材料为主体的材料涂抹于屋顶形成防水层的屋顶，具有良好的耐候、耐压及防水性能。由于柔性屋顶无法直接通过打洞来固定支撑传统的屋顶光伏发电设备，国网公司研发出了柔性屋顶专用底座和夹具，在不破坏柔性屋面材质的前提下，通过热焊接工艺和铝合金支架进行固定，解决了柔性屋顶分布式光伏发电设备安装施工的难题。随着该项目的成功并网，镇江地区光伏发电

图7.21 全国面积最大柔性屋顶光伏电站（江苏省镇江市，30MW）

总容量达到了 1326MW，约占当地最大负荷的四分之一，将大力促进“碳达峰、碳中和”目标早日实现。

全国最大的单体分布式光伏车棚项目（63.05MW）——2022 年 9 月，江西省南昌市江铃汽车分布式光伏车棚项目全容量并网发电，如图 7.22 所示。该项目在不占用土地资源的前提下，科学合理利用江铃汽车厂区内现有停车场，新建车棚分布式光伏电站，采用优先就地消纳，余量上网模式，并网总容 63.05MW，建设光伏阴影面积约 36 万平方米。作为目前全国最大的单体分布式光伏项目，项目投产后，预计年发电量约 6403.3 万千瓦时，每年可节约标准煤 19850t，减少二氧化碳排放量约 52122t。该项目二期计划装机容量约为 100MW，助力企业节能降耗，降低碳排放，早日实现碳中和。

图 7.22　江铃汽车分布式光伏车棚（江西省南昌市，63.05MW）

全球单体容量最大的 BIPV 项目（120MW）——2022 年 6 月，江西省高安市建陶基地屋顶分布式光伏发电项目，第一阶段顺利并网发电，如图 7.23 所示。陶瓷生产企业均为高耗能企业，经济腾飞的背后，环境污染也成为了不容忽视的问题，屋顶光伏是当前企业实现低碳转型的主要解决方案。作为目前全球最大 BIPV 光伏屋顶，该项目全部为旧厂房

图 7.23　建陶基地屋顶分布式光伏发电项目（江西省高安市，120MW）

屋顶改造，总屋面面积约 66.5 万平方米，建设装机容量为 120MW，共计 22 个 10kV 并网点。项目建成后，可节省标准煤约 110 万多吨，减少二氧化碳排放约 300 万吨，25 年光伏发电约 30 亿度，可满足江西高安建陶基地 11 家建筑陶瓷企业的有序绿色用电。

7.3 光伏并网逆变器

7.3.1 光伏并网逆变器分类

光伏并网逆变器是将太阳电池所输出的直流电转换成符合电网要求的交流电再输入电网的设备，是并网型光伏系统能量转换与控制的核心。光伏并网逆变器其性能不仅是影响和决定整个光伏并网系统是否能够稳定、安全、可靠、高效地运行，同时也是影响整个系统使用寿命的主要因素。因此，掌握光伏并网逆变器技术对应用和推广光伏并网系统有着至关重要的作用。根据有无隔离变压器，光伏并网逆变器可分为隔离型和非隔离型等，具体详细分类关系如图 7.24 所示。

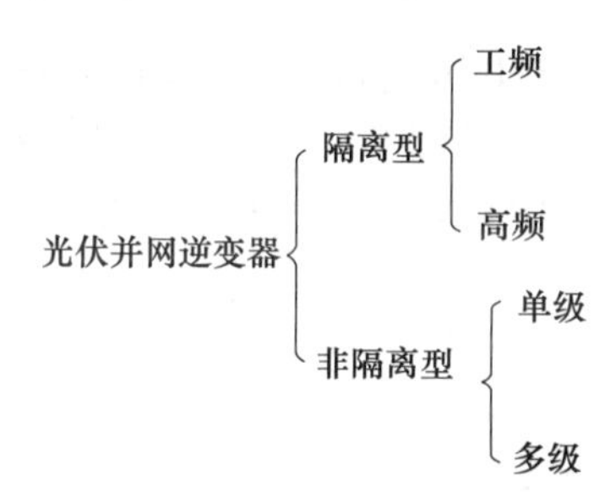

图 7.24 光伏并网逆变器分类

7.3.1.1 隔离型

工频隔离型是光伏并网逆变器最常用的结构，也是目前市场上使用最多的光伏逆变器类型，其结构如图 7.25 所示。光伏阵列发出的直流电能通过逆变器转化为 50Hz 的交流电能，再经过工频变压器输入电网，该工频变压器同时完成电压匹配以及隔离功能。由于工频隔离型光伏并网逆变器结构采用了工频变压器使输入与输出隔离，主电路和控制电路相对简单，而且光伏阵列直流输入电压的匹配范围较大。由于变压器的隔离，一方面，可以有效地降低人接触到光伏侧的正极或者负极时，电网电流通过桥臂形成回路对人构成伤害

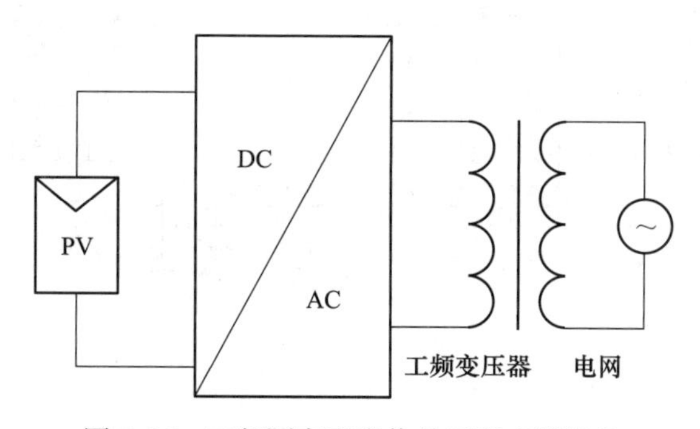

图 7.25 工频隔离型光伏并网逆变器结构

的可能性，提高了系统安全性；另一方面，也保证了系统不会向电网注入直流分量，有效地防止了配电变压器的饱和。

然而，工频变压器具有体积大、质量重的缺点，它约占逆变器总重量的50%左右，使得逆变器外形尺寸难以减小；在隔离型并网系统中，变压器将电能转化成磁能，再将磁能转化成电能，显然这一过程将导致能量损耗；工频变压器的存在还增加了运输、安装等方面的难度。

工频隔离型光伏并网逆变器是最早发展和应用的一种光伏并网逆变器主电路形式，随着逆变技术的发展，在保留隔离型光伏并网逆变器优点的基础上，为减小逆变器的体积和质量，高频隔离型光伏并网逆变器结构便应运而生。

工频隔离型光伏并网逆变器常规的拓扑形式有单相结构、三相结构以及三相多重结构等，如图 7.26 所示。

单相结构，如图 7.26（a）所示，常用于几个千瓦以下功率等级的光伏并网系统，其中直流工作电压一般小于600V，工作效率也小于96%。

三相结构一般可采用两电平或者三电平三相半桥结构，如图 7.26（b）和（c）所示。这类三相结构常用于数十甚至数百千瓦以上功率等级的光伏并网系统。其中，两电平三相半桥结构的直流工作电压一般在450~820V，工作效率可达97%；而三电平半桥结构的直流工作电压一般在600~1000V，工作效率可达98%，另外，三电平半桥结构可以取得更好的波形品质。

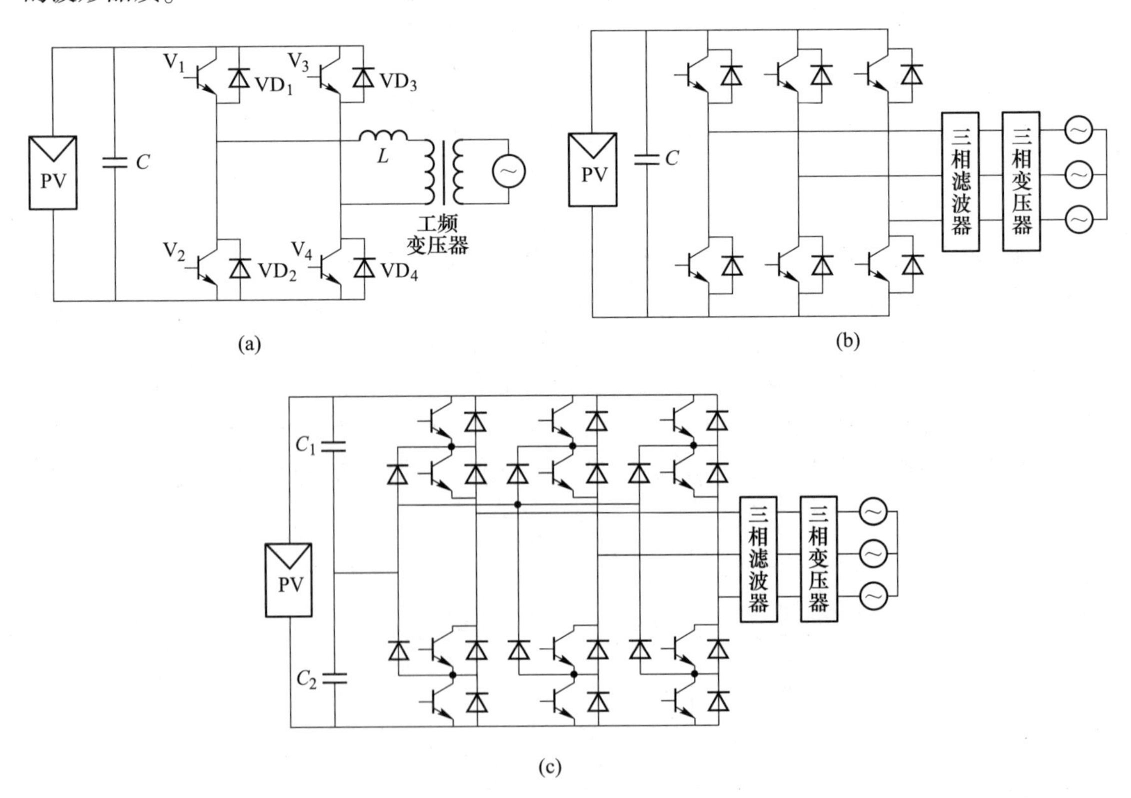

图 7.26 工频隔离系统

（a）单相全桥式；（b）三相全桥式；（c）三相三电平桥式

与工频变压器相比，高频变压器具有体积小、质量轻等优点，显著提高了逆变器的特性，因此高频隔离型光伏并网逆变器也有着较广泛的应用。

在光伏发电系统中，已经研究出多种基于高频链技术的高频光伏并网逆变器。按电路拓扑结构分类的方法来研究高频链并网逆变器，主要包括 DC/DC 变换型（DC/HFAC/DC/LFAC）和周波变换型（DC/HFAC/LFAC）两大类。

7.3.1.2 非隔离型

为了尽可能地提高光伏并网系统的效率和降低成本，在不需要强制电气隔离的条件下，可以采用不隔离的无变压器型拓扑方案。非隔离型光伏并网逆变器由于省去了笨重的工频变压器，所以具有体积小、质量轻、效率高、成本较低等诸多优点，因而这使得非隔离型并网结构具有很好的发展前景。非隔离型光伏并网逆变器，如图 7.27 所示，按结构可以分为单级型和多级型两种。

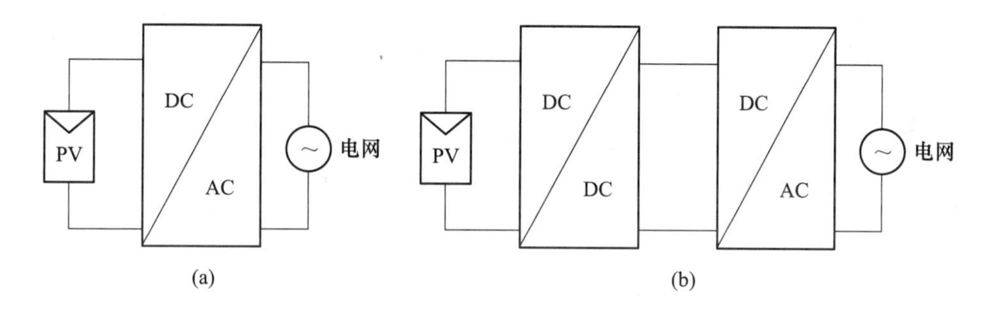

图 7.27 非隔离型光伏并网逆变器结构

（a）单级非隔离型光伏并网逆变器；（b）多级非隔离型光伏并网逆变器结构

单级光伏并网逆变器只用一级能量变换就可以完成 DC/AC 并网逆变功能，它具有电路简单、元器件少、可靠性高、效率高、功耗低等诸多优点。实际上，当光伏阵列的输出电压满足并网逆变要求且不需要隔离时，可以将工频隔离型光伏并网逆变器各种拓扑中的隔离变压器省略，从而演变出单级非隔离型光伏并网逆变器的各种拓扑，如：全桥式、半桥式、三电平式等。虽然单级非隔离型光伏并网逆变器省去了工频变压器，但常规结构的单级非隔离型光伏并网逆变器其网侧均有滤波电感，而该滤波电感均流过工频电流，因此也有一定的体积和质量；另外，常规结构的单级非隔离型光伏并网逆变器要求光伏组件具有足够的电压以确保并网发电。

在传统拓扑的非隔离式光伏并网系统中，光伏电池组件输出电压必须在任何时刻都大于电网电压峰值，所以需要光伏电池板串联，来提高光伏系统输入电压等级。但是多个光伏电池板串联常常可能由于部分电池板被云层等外部因素遮蔽，导致光伏电池组件输出能量严重损失，光伏电池组件输出电压跌落，无法保证输出电压在任何时刻都大于电网电压峰值，使整个光伏并网系统不能正常工作。而且只通过一级能量变换常常难以很好地同时实现最大功率跟踪和并网逆变两个功能，对此可以采用多级变换的非隔离型光伏并网逆变器来解决这一问题。

通常多级非隔离型光伏并网逆变器的拓扑由两部分构成，即前级的 DC/DC 变换器以及后级的 DC/AC 变换器，如图 7.27（b）所示。

多级非隔离型光伏并网逆变器的设计关键在于 DC/DC 变换器的电路拓扑选择，从 DC/DC 变换器的效率角度来看，Buck 和 Boost 变换器效率是最高的。由于 Buck 变换器是降压变换器，无法升压，若要并网发电，则必须使得光伏阵列的电压要求匹配在较高等级，这将给光伏系统带来很多问题，因此 Buck 变换器很少用于光伏并网发电系统。Boost 变换器为升压变换器，从而可以使光伏阵列工作在一个宽泛的电压范围内，因而直流侧电池组件的电压配置更加灵活；由于通过适当的控制策略可以使 Boost 变换器的输入端电压波动很小，因而提高了最大功率点跟踪的精度；同时 Boost 电路结构上与网侧逆变器下桥臂的功率管共地，驱动相对简单。可见，Boost 变换器在多级非隔离型光伏并网逆变器拓扑设计中是较为理想的选择。

基本 Boost 多级非隔离型光伏并网逆变器的主电路拓扑图如图 7.28 所示，该电路为双级功率变换电路。前级采用 Boost 变换器完成直流侧光伏阵列输出电压的升压功能以及系统的最大功率点跟踪（MPPT），后级 DC/AC 部分一般采用经典的全桥逆变电路完成系统的并网逆变功能。

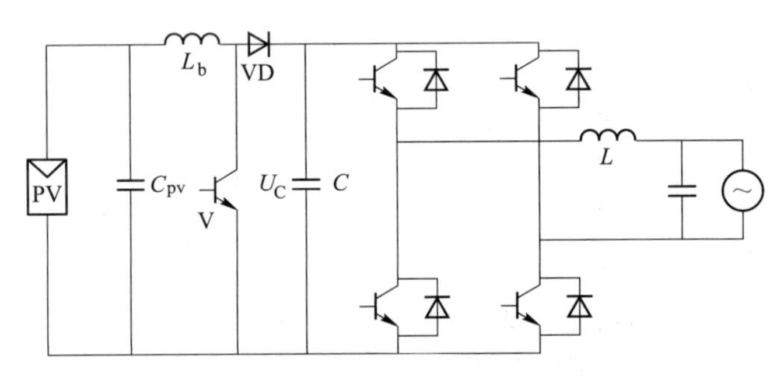

图 7.28　基本 Boost 多级非隔离型光伏并网逆变器主电路拓扑

7.3.2　光伏并网逆变器电气保护功能要求

7.3.2.1　过电压/欠电压保护

（1）直流输入侧过电压保护。

（2）交流输出侧过电压/欠电压保护。

（3）操作时过电压保护。

7.3.2.2　交流输出过频/欠频保护

当逆变器输出频率超出允许范围时，逆变器将自动减小输出功率或调整输出频率到允许范围，以避免设备损坏和安全事故的发生，确保输出的稳定性。

7.3.2.3　相序或极性错误

（1）直流极性误接。

（2）交流断相保护。

7.3.2.4　直流输入过载保护

（1）若逆变器输入端不具备限功率的功能，则当逆变器输入侧输入功率超过额定功率的 1.1 倍时需跳保护。

（2）若逆变器输入端具有限功率功能，当光伏方阵输出的功率超过逆变器允许的最大直流输入功率时，逆变器应自动限流工作在允许的最大交流输出功率处。

（3）具有最大功率点跟踪控制功能的光伏并网逆变器，其过负荷保护通常采用将工作点偏离光伏方阵的最大功率点的方法。

7.3.2.5 短路保护

逆变器开机或运行中，检测到输出侧发生短路时，逆变器应能自动保护。逆变器最大跳闸时间应小于0.1s。

7.3.2.6 反放电保护

当逆变器直流侧电压低于允许工作范围或逆变器处于关机状态时，逆变器直流侧应无反向电流流过。

7.3.2.7 防孤岛效应保护

孤岛效应问题是包括光伏发电在内的分布式发电系统存在的一个基本问题，所谓孤岛效应是指：在分布式发电系统中，当电网供电因故障事故或停电维修而跳闸时，各个用户端的分布式并网发电系统（如光伏发电、风力发电、燃料电池发电等）未能及时检测出停电状态从而将自身切离市电网络，最终形成由分布电站并网发电系统和其相连负载组成的一个自给供电的孤岛发电系统。

一般来说，孤岛效应可能对整个配电系统设备及用户端的设备造成不利的影响，包括：危害电力维修人员的生命安全；影响配电系统上的保护开关动作程序；孤岛区域所发生的供电电压与频率的不稳定性会对用电设备带来破坏；当供电恢复时造成的电压相位不同步将会产生浪涌电流，可能会引起再次跳闸或对光伏系统、负载和供电系统带来损坏；并网光伏发电系统因单相供电而造成系统三相负载的缺相供电问题。由此可见，作为一个安全可靠的并网逆变装置，必须能及时检测出孤岛效应并避免其所带来的危害。从用电安全和电能质量来考虑，孤岛效应是不允许出现的。孤岛效应发生时必须快速、准确地切断并网逆变器。

逆变器并入10kV及以下电压等级配电网时，应具有防孤岛效应保护功能。若逆变器并入的电网供电中断，逆变器应在2s内停止向电网供电，同时发出警示信号。对于并入35kV及以上电压等级输电网的逆变器，可由继电保护装置完成保护。

7.3.2.8 低电压穿越

低电压穿越最早是在风力发电系统中提出的，对于光伏发电系统是指当光伏电站并网点电压跌落的时候，光伏电站能够保持并网，甚至向电网提供一定的无功功率，支持电网恢复，直到电网电压恢复正常，从而穿越这个低电压区域。低电压穿越是对并网光伏电站在电网出现电压跌落时仍保持并网的一种特定的运行功能要求。一般情况下，对于小规模的分布式光伏发电系统来说，如果电网发生故障导致电压跌落时，光伏电站立即从电网切除，而不考虑故障持续时间和严重程度，这在光伏发电在电网的渗透率较低时是可以接受的。而当光伏发电系统大规模集中并网时，若光伏电站仍采取被动保护式解列则会导致有功功率大量减少，增加整个系统的恢复难度，甚至可能加剧故障，引起其他机组的解列，导致大规模停电。在这种情况下，低电压穿越能力非常有必要。对于专门适用于大型光伏电站的中高压型逆变器应具备一定的耐受异常电压的能力，避免在电网电压异常时脱离，引起电网电源的不稳定。

复习思考题

7-1 光伏逆变器为什么需要 MPPT 控制？

7-2 逆变器中使用高频变压器与工频变压器相比有哪些优点？

7-3 试说明多级非隔离型光伏并网逆变器中 DC/DC 变换器采用 Boost 结构的原因。

7-4 试说明光伏并网逆变器电气保护功能要求。

8 其他太阳能光伏电池材料及组件

8.1 非晶硅薄膜太阳能光伏电池

8.1.1 概述

非晶硅（α-Si，Amorphous Silicon）薄膜太阳能电池是一种以非晶硅化合物为基本组成的薄膜太阳能电池。在1976年被卡尔松（D. E. Carlson）等人首次提出，采用射频辉光放电（Glow Discharge）沉积法制备得到，其光电转换效率为2.4%，1978年光电转换效率增加到4%。经过20世纪80年代的研究开发，非晶硅太阳电池的转换效率和稳定性有了明显突破。20世纪90年代开始，为解决转换效率和稳定性问题，叠层非晶硅太阳电池得到了发展，$1m^2$以下、效率为6%左右的非晶硅太阳电池组件成为主流。2006年下半年，全球最大的半导体设备供应商美国应用材料（Apply Materials）公司看好光伏产业发展，借助在薄膜晶体管液晶显示器（TFT-LCD）产业主要设备PECVD、PVD的优势，采用8.5代TFT-LCD设备进军薄膜光伏产业，集成推广40MW单结非晶硅太阳电池整套集成生产线，使$5.72m^2$光伏组件的效率达6%。2008年更推出了同一组件尺寸的65MW非晶硅/微晶硅叠层太阳电池生产线。世界上最大的非晶硅电池组件是美国应用材料公司SunFab生产线生产的8.5代2.2m×2.6m的非晶硅/微晶硅电池，其效率为8%，稳定功率接近458W。同时，瑞士欧瑞康（Oerlikon）、日本真空（ULVAC）和韩国周星（JUSUNG）等均凭借自身在TFT-LCD行业的经验，提供5代整套集成生产线，生产转换效率8%~12% 1.1m×1.3m或1.1m×1.4m规格的非晶硅/微晶硅太阳电池组件。

简单地归类，非晶硅薄膜太阳能电池及其模块的优点如下：

（1）材料的用料少：传统结晶硅太阳能电池所使用的硅晶片厚度为200~250μm，且切制过程中会消耗40%以上的原料。而典型的非晶硅薄膜太阳能电池的硅材料厚度约0.5μm，即硅用量仅为传统硅基太阳能电池的1/50。

（2）较少的能源回收期（EPT，Energy Payback Time）：能源回收期=生产单位瓦数电池模块所浪费的能量/单位瓦数电池模块每年所生产的瓦数。对于同样30MW的模块来说，非晶硅薄膜太阳能电池只要约1.5年即可回收，但传统结晶硅太阳能电池约2.5年方可回收。

（3）电池与组件一体成型：相较于传统结晶硅太阳能电池的电池制备与组件制备分属两个独立产业，非晶硅薄膜太阳能电池的电池与组件在镀膜与切割制备中一体成型，一次完成。但硅薄膜必须具有极高的均匀度，必须在10%以内。

（4）客制化模块：非晶硅薄膜太阳能电池除了可与建筑物进行整合外，其基材更可以使用大面积且便宜的材质，如不锈钢、塑料材料等，所搭配的制备工艺主要采取卷对卷沉积（Roll-to-Roll）。

（5）外表美观与透光性：做在玻璃上的非晶硅薄膜太阳能电池具有光穿透性，因此可以和建筑物整合成为光伏建筑一体化（BIPV，Building Integrated Photovol-Taics）。

（6）较多的全年发电量：在同一瓦数的模块中，非晶硅薄膜太阳能电池全年的发电量比结晶硅太阳能电池高出6%~8%，如图8.1所示。

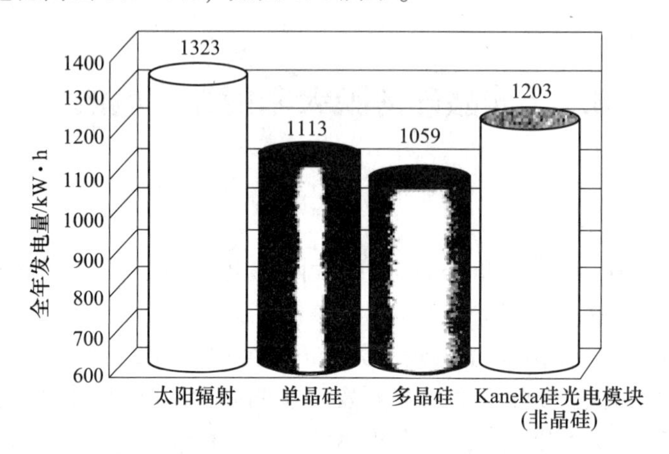

图8.1 非晶硅薄膜太阳能电池与其他太阳能电池的发电量比较

8.1.2 非晶硅薄膜太阳能光伏电池材料与特性

8.1.2.1 非晶硅的结构

与单晶硅相比，非晶硅（α-Si：H）材料内部的原子组成长程无序，只是在几个晶格常数范围内短程有序，具体的数值为1~2nm之间。非晶硅的成键方式和单晶硅类似，都是共价键网络。但是，与单晶硅结构不同的是，在非晶硅材料内部，存在着微孔、悬挂键等缺陷。这些悬挂键影响着非晶硅材料的光电性质，如其内部的悬挂键密度的增大，会使用于光电器件的非晶硅内部电子-空穴复合率增大。为了减小材料中悬挂键的密度，Spear等人利用硅烷（SiH_4）辉光放电生长α-Si，并用氢原子对某些硅的悬挂键进行了补充，成功制备出了α-Si：H合金，通过这种方法降低了非晶硅材料的悬挂键密度。非晶硅内部的微孔会影响薄膜光学常数（折射率与消光系数）的均匀性，对于依赖薄膜光学常数均匀性的光电器件有着不利的影响。为了减小材料中悬挂键的密度，一般材料用氢原子来填补悬挂键的空缺，所以非晶硅又叫氢化非晶硅。一般来讲，氢原子在薄膜中的含量在5%~10%之间，会很好地提高薄膜的光学和电学特性。非晶硅材料中，Si—Si键的键角与其在单晶硅中有所不同，不再是109°28′，而是分布在109°28′±10°这个范围之内。α-Si：H的生长动力学如图8.2所示。

在非晶硅中，Si—H对材料生长有着重要的作用。在各种Si—H成键模式中，硅氢键（Si—H）被认为是相对稳定的。对于硅二氢键（Si—H_2）来说，由于它有比较大的键结合能，约为3.2eV。研究者们认为Si—H_2的含量随着沉积温度的减小而增加，这是因为低温不足以使其较高键能发生裂解。在非晶硅薄膜中，Si—H_2键会恶化材料的光学性质和电学性质，造成薄膜的不稳定，不利于太阳能电池器件的性能。

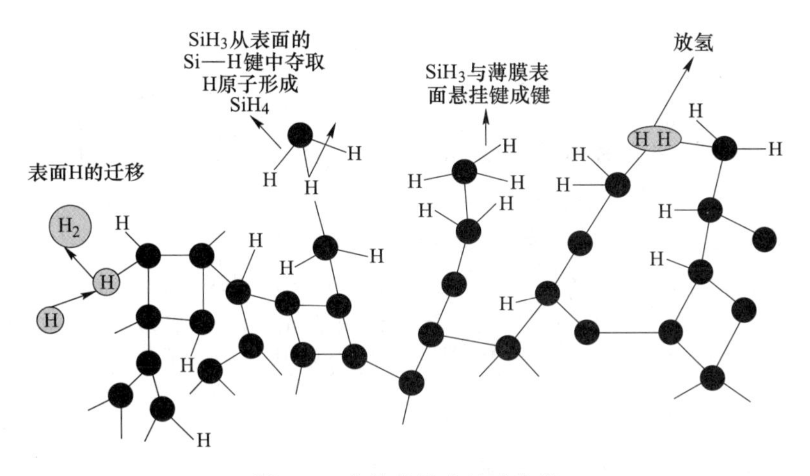

图 8.2　非晶硅的生长动力学

8.1.2.2　非晶硅的光学特性

当太阳光入射到非晶硅材料时，材料会对光波进行各种不同的吸收。对于太阳能电池来说，对最后的光电转换效率做出贡献的是本征吸收。本征吸收是指当用光子能量大于非晶硅材料的光学带隙宽度时，非晶硅价带中的电子挣脱共价键的束缚，吸收光子从价带跃迁到导带，形成自由电子，连同价带的空穴被称为光生载流子。这种形式的吸收就是所谓的本征吸收。而非晶态半导体，因为其长程无序的原子组成结构，其电子跃迁并不符合准动量守恒定则。这在宏观上就表现为晶态和非晶态在对光谱的吸收上也有所差异。单晶硅、微晶硅及非晶硅材料的吸收系数对比如图 8.3 所示。

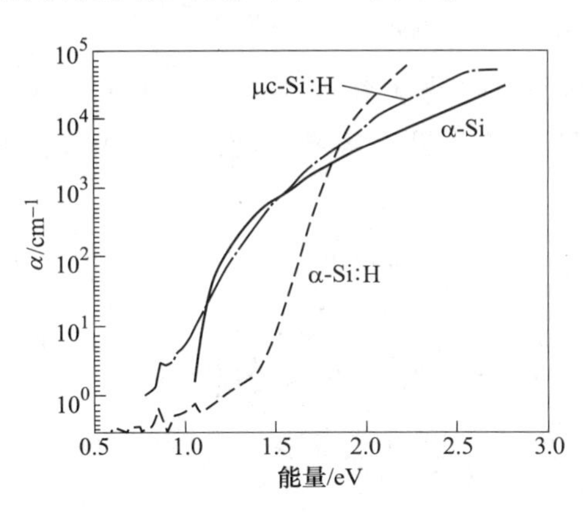

图 8.3　单晶硅（α-Si：H）、微晶硅（μc-Si：H）及非晶硅（α-Si）光吸收系数与光子的能量关系对比图

横坐标从左到右可分为三个区域。其中左边区域为弱吸收区，对应于 1~2μm 之间，为红外区，其吸收系数在 10^{-2}~$1cm^{-1}$ 之间，可见其对于红外波段基本不吸收。中间区域称为指数吸收区，吸收系数 α 与光子能量之间呈指数关系，其吸收系数 α 的范围在 10^{-1}~10^4cm^{-1} 之间，对应于波长 700~900nm 之间。最右边区域吸收系数最低为 10^4cm^{-1}，最高可达 10^6cm^{-1}，对应的波长为 350~700nm 之间，这个波段为可见光波段，该区域为非晶硅

材料的本征吸收区域。因此，非晶硅太阳能电池主要吸收的是可见光范围内的光波。

8.1.2.3　非晶硅的电学特性

非晶硅薄膜在没有H钝化的情况下，具有极高的定域态密度，这极易造成费米能级的钉扎，而这会影响绝大多数器件的使用。而经过H钝化后，极大程度上降低了定域态密度（主要影响材料的光学性质）。非晶硅的电子和空穴的迁移率不超过20cm^2/(V·s)。较之于单晶硅，非晶硅存在扩展态电导和定域态电导两种导电机制。

较高温度下，主要以扩展态电导为主，其电子浓度n如式（8.1）所示：

$$n = N_C \exp\left(-\frac{E_C - E_F}{k_0 T}\right) \tag{8.1}$$

扩展态率σ如式（8.2）所示：

$$\sigma = q\mu N_C \exp\left(-\frac{E_C - E_F}{k_0 T}\right) \quad 或 \quad \sigma = \sigma_{min} \exp\left(-\frac{E_C - E_F}{k_0 T}\right) \tag{8.2}$$

式中，μ为扩展态电子迁移率；σ_{min}为当$E_F = E_C$时的电导率，即为扩展态电导的最小值，著名物理学家Mott称它为最小金属态的电导率。由于非晶态半导体中存在有键角的变化导致的结构变化，并且具有密度较大缺陷态的存在，其扩展态中的迁移率数值很低，在25℃下，迁移率的数值在5~10cm^2/(V·s)区间内。

非晶硅材料内部有极大部分的定域态存在。Mott曾论断在声子作用下，电子可进行隧穿，即由一个定域态跃迁至相邻定域态。置于电场环境下的材料，在电场同方向和反方向上的跃迁概率有所差异，这样定域态间的跳跃电导就得以形成。电子由一个定域态向另一个定域态的跃迁概率可通过式（8.3）来进行计算：

$$P = v_{ph} \exp\left(-2\alpha R - \frac{\Delta W}{k_0 T}\right) \tag{8.3}$$

式中，v_{ph}表征的是辅助声子的震动频率，即电子在单位时间内可振动次数，其数值约$10^{12}s^{-1}$；α是电子局域化参数；R即两个定域态间的平均距离；W指的是相邻定域态间存在的能量差。

费米能级附近的定域态，仅有能量在k_0T附近的电子可进行跃迁。近程跳跃电导可通过式（8.4）计算：

$$\sigma = nq\mu = g(E_F) q^2 R^2 v_{ph} \exp\left(-2\alpha R - \frac{\Delta W_2}{k_0 T}\right) \tag{8.4}$$

式中，ΔW_2为E_F区域定域态声子辅助跃迁需提供激活能的平均值；$g(E_F)$为E_F区域的定域态密度。

8.1.3　非晶硅薄膜太阳能光伏电池

8.1.3.1　非晶硅薄膜太阳能电池结构

从太阳光的入射方式上来说，非晶硅太阳能电池一般分为两大类：一类是上衬底结构，太阳光先透过玻璃衬底然后再进入光伏电池的光吸收层，如图8.4（a）所示；另外一类被称为下衬底结构，太阳光从光伏薄膜的上表面直接入射进入吸收层，如图8.4（b）所示，这种结构的好处是可以使用不透明的材料作为衬底，可以制作柔性太阳能电池。这两类结构在研究和工业生产中都经常使用。

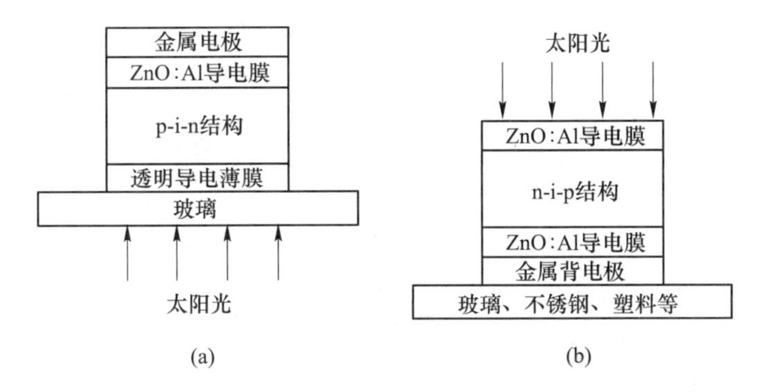

图 8.4 上衬底结构（a）和下衬底结构（b）非晶硅结构

从吸收层的结构设计上来讲，非晶硅电池又可以分为单结电池、双结电池和三结电池等。尽管非晶硅是一种很好的太阳能电池材料，但由于其光学带隙为 1.7eV，使得材料本身对太阳辐射光谱的长波区域不敏感，这样一来就限制了非晶硅太阳能电池的转换效率。

图 8.5 是两种常见的用来作为陷光结构的图形化掺铝氧化锌（AZO）透明导电薄膜，这样的表面结构可以通过控制 TCO 薄膜的生长参数（比如功率和气压）来获得，也可以通过稀酸对 TCO 表面的刻蚀获得。图 8.5（a）一般被称作 V 型表面，具有比较尖锐的表面结构。实验表明，类似于图 8.5（b）的 U 型表面结构更适合于制作高效率器件，U 型表面有利于降低硅薄膜中的微小裂痕，可以获得更致密的薄膜而降低漏电流。

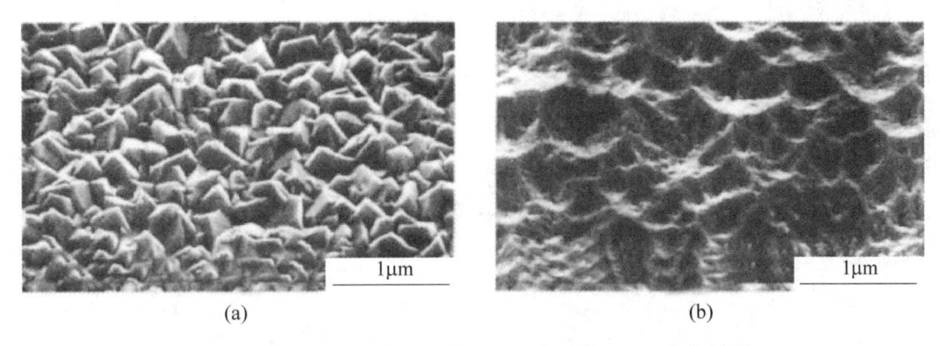

图 8.5 V 形（a）和 U 形（b）表面的 AZO 陷光结构

图 8.6 是瑞士的 Meier 等制作的非晶硅单结电池的器件特性。器件的初始效率为 11.2%，稳定效率达到 9.47%，该器件的开路电压（V_{oc}）为 0.8585V，短路电流（I_{sc}）为 18.739mA，填充因子约为 63%。从这里可以看出，非晶硅电池最大的特点是填充因子偏低。目前报道的非晶硅单结电池稳定后的最高效率纪录是 10%。

微晶电池的电流相对非晶电池高很多，故在制备非/微叠层电池时，为了使非晶电池不致过厚，通常在两结电池中间加入一层 ZnO 中间增反层（见图 8.7），以增强电流匹配，且中间反射层的折射率对电池的 QE 影响较大。通过优化中间反射层的折射率，日本钟渊化学公司获得的非/微叠层电池效率达 14.7%（J_{sc} = 14.4mA/cm^2、V_{oc} = 1.41V、FF = 72.8%），组件效率达 13.2%。

三层结构可进一步有效地利用太阳光，其光谱响应覆盖 300～950nm 光谱区，填充因子也比单结电池的高，对非晶硅锗三叠层电池的设计，一般将顶电池的电流设计为三个电

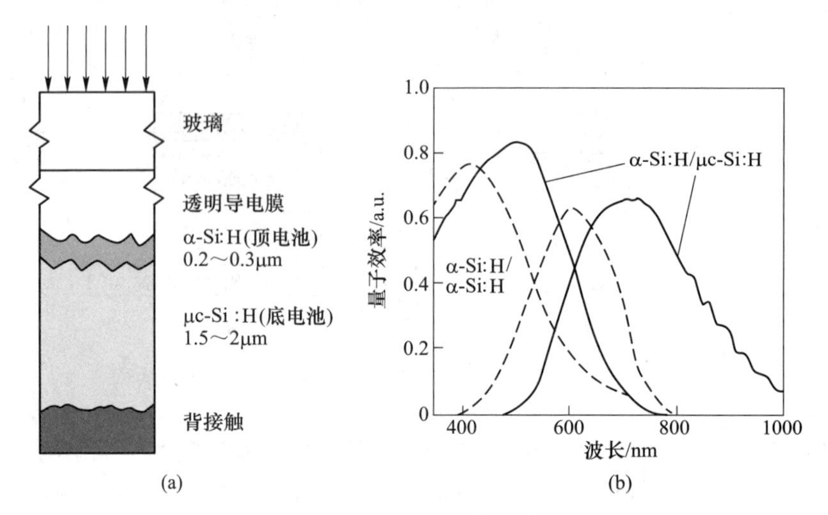

图 8.6 非晶硅/微晶硅叠层电池结构与 QE 曲线
（a）结构；（b）QE 曲线

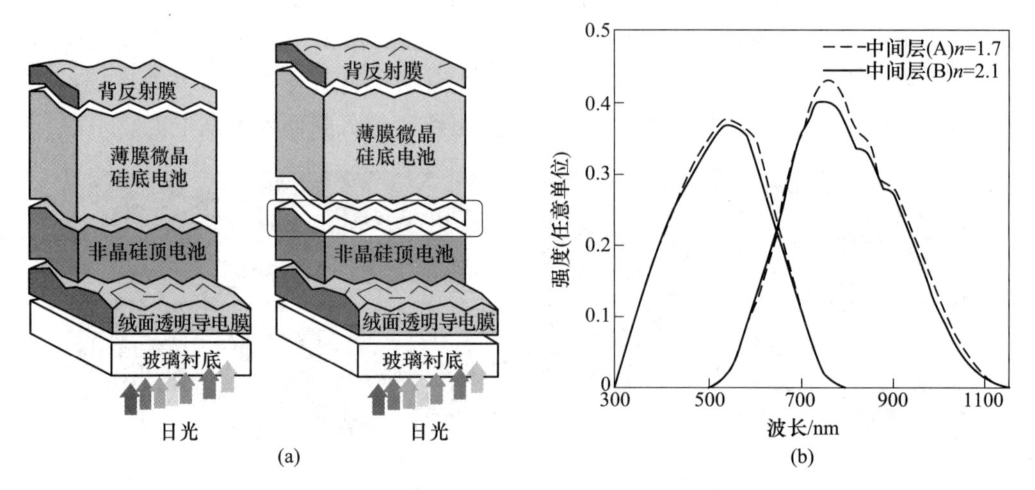

图 8.7 加入中间反射层的电池结构及不同折射率反射层电池的性能差别
（a）加入中间反射层的电池结构；（b）不同折射率反射层电池的性能差别

池中最小的，由此来限制三结电池的短路电流，提高三结电池的填充因子。三叠层结构可有效提高电池的效率及稳定性。电池结构如图 8.8 所示。

8.1.3.2 非晶硅薄膜电池的制造

非晶硅光伏电池组件的制作工艺一般包括以下步骤：导电玻璃切割→P1 激光划线→超声波清洗→PECVD 沉积吸收层→P2 激光划线→磁控溅射制作上电极→P3 激光划线→超声波焊接汇流带→初检测→层压封装→安装接线盒→检测→后整理→包装入库。

在上述工艺中，PECVD 沉积吸收层是最重要也是最核心的部分，该部分在产业界主要有三种类型工艺，主要包括：（1）单室多片技术，也就是在一个 PECVD 生长室完成 p-i-n 三层的生长，主要以美国的 Chronar、APS 和 EPV 等公司为代表，EPV 公司可以一次放置 635mm×1245mm 的玻璃 48 片；（2）多室多片技术，以日本 Kaneka 公司为代表，使

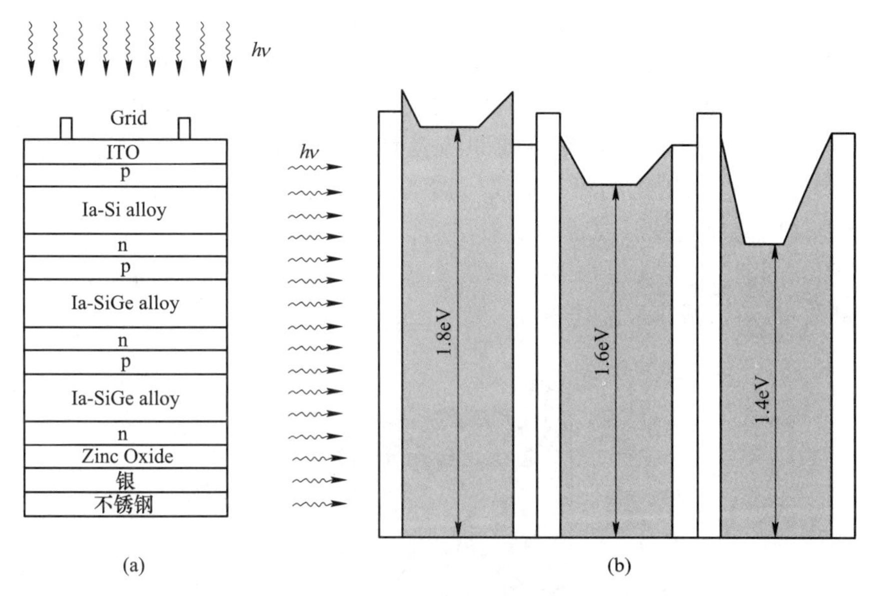

图 8.8 非晶硅/非晶硅锗/非晶硅锗三叠层电池结构示意图
(a) 三叠层电池结构；(b) 能带示意图

用多个生长室，每个生长室放置 2~4 片基片；(3) 卷绕柔性制造技术，主要以美国 United Solar 公司为代表，使用不锈钢和聚酰亚胺为衬底。目前，产业界单结电池的 PECVD 沉积以单室多片技术为绝对主导，而对于双结或者三结电池来讲，还需要多配备一个或者两个 PECVD 生长室。

目前，激光划线工艺主要采用近红外激光（1064nm）和绿激光（532nm）结合使用而实现整个制作工艺。国外激光刻划主要设备厂家：Jenoptik（德国）、Coherent（美国）、UITECH（日本）、LPKF Solar Quipment（德国）等。

8.1.4 微晶硅薄膜太阳能光伏电池

非热平衡过程中，薄膜微晶硅（μc-Si）太阳能电池（Thin Film Microcrystalline Si Solar Cell）的制造温度是低温，因此对基片材料没有限制，各种材料均可使用。例如有可能将玻璃等廉价的基片，用于非晶硅太阳能电池的大面积制膜，是期待中的大幅度降低成本的太阳能电池。用等离子体 CVD 法得到的微晶硅，在 1980 年前后就有研究机构报道了研究结果，由于微晶化带来的低电阻，其主要被用于 α-Si 太阳能电池的 n 层。1994 年纽沙泰尔大学报道了与非晶硅太阳能电池结构相同的 pin 微晶硅电池效率为 7.7%。这一电池片与非晶太阳能电池不同，没有显示光致衰退现象。钟洲大学的山本等人报道了采用光封闭的结构，测定 pin 电池片的特性，膜厚 2μm 时的转换效率为 10.7%，实际效率为 10.1%（面积 $1cm^2$，JQA（日本品质保证机构）测定）。此电池片活性层为多晶硅薄膜。

钟洲化学报道了在玻璃基片上数微米厚的低温形成的 μc-Si 太阳能电池的报告。如图 8.9 所示的结构，它是在硅表面自然形成的织构化结构和为了增大光吸收而在背面添加了高反射层这一特点的 STAR 结构（Naturally Surface Texture & Enhanced Absorption With Back Reflector）的 μc-Si 太阳能电池。作为其光封闭结构，背面使用了平面的高反射层电池片和具有织构化高反射层的电池片，这两种类型是其代表性的结构。此背面高反射层同时兼用作背面的电极。μc-Si 在其表面具有自然形成的织构化结构，其大小与其厚度有很大的关系。当膜厚比较厚（4μm 以上）时，能形成适合光封闭的表面凹凸，而膜厚比较薄（1.5μm 以下）时，不能形成充分的凹凸表面。此时背面具有织构化结构的反射层是必要的。当然，μc-Si 织构化的凹凸不仅与膜厚有关，也与制膜条件有关。在实际的制作过程中，是在玻璃基片上先形成背面反射层后，再将 n 型硅层通过等离子体 CVD 法进行叠层处理。引入的活性 i 层 μc-Si 膜，由等离子体 CVD 法形成，同样地，p 型硅膜、ITO 膜按顺序叠层，最后形成串联型电极。

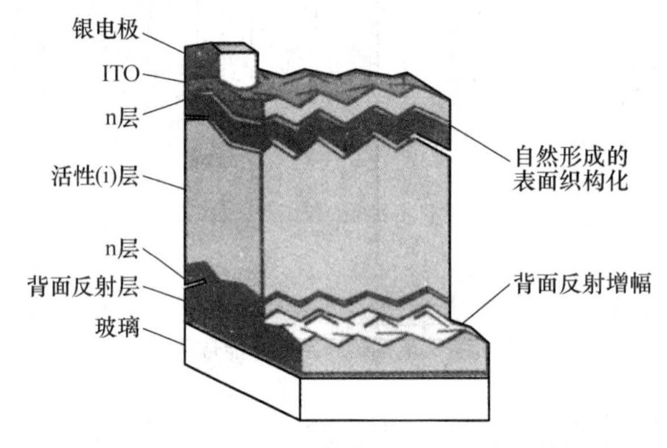

图 8.9　光封闭 STAR 结构的 μc-Si 太阳能电池

8.2　化合物半导体太阳能光伏电池

8.2.1　概述

早在 1953 年，化合物半导体太阳能电池就已经被开发出来，并且不久之后其效率远超过硅基的太阳能电池，并应用在太空卫星上。由于Ⅲ－Ⅴ族化合物半导体太阳能电池具有高效率、低质量、更好的耐辐射特性，在太空卫星与需要高效率的独立型发电环境中，其几乎取代了硅半导体在高效率太阳能电池的市场。硫化镉薄膜太阳能电池的历史在化合物薄膜太阳能电池中算是悠久。1982 年 Kodak 首先做出光电转换效率超过 10%的此类型光电池，目前实验室最高的光电效率可达 16.5%，由美国国家可再生能源实验室（NREL）完成。

薄膜型铜铟硒（CIS，CuInSe2）从 20 世纪 50 年代开始被学者们提出。到了 1974 年，Wagner 等人成功地制作出单晶型铜铟硒化合物的太阳能电池，其光电转换效率约为 12%。其后，Kazmerski 等人成功地制作出薄膜型铜铟硒太阳能电池，其光电转换效率约为 9.4%。

Ⅲ－Ⅴ族中，常见的太阳能电池材料包含：砷化镓型（GaAs）、氮化镓型（GaN）、磷化铟型（InP）及多量子阱（Multi-Quantum Well）型等。在Ⅲ－Ⅴ半导体中，高效率的砷化镓太阳能电池的设计主要分为单结结构和多结结构。日前，已经利用聚光装置将转换效率提升至 30%，在标准环境测试下也可达到 20%。

8.2.2 化合物半导体太阳能光伏电池材料与特性

化合物半导体是指于元素周期表中，由两种以上不同族的原子所组成，如由Ⅲ或Ⅵ族所形成的半导体材料。除了组成元素种类的不同，以元素数目来分，可分为以下几类：

（1）二元化合物（Binary Compound）半导体：由两种元素所组成，常见的二元化合物半导体有ZnSe、CdS、CdSe、CdTe、GaAs、InP及AlAs等。

（2）三元化合物（Ternary Compound）半导体：由三种元素所组成，常见的三元化合物半导体有InGaN、InGaP等。

（3）四元化合物（Quaternary Compound）半导体：由四种元素所组成，常见的四元化合物半导体有InGaAsN、AlGaInP等。

若以族来区分化合物太阳能电池可分为以下几类：

（1）Ⅱ-Ⅵ族：如CdTe基。

（2）Ⅰ-Ⅲ-Ⅴ族：如CuInSe2基。

（3）Ⅲ-Ⅴ族：如GaAs等。

Ⅱ-Ⅵ族及Ⅲ-Ⅴ族化合物半导体材料的结晶结构，多为呈现立方体的闪锌矿结构（Zincblende），如图8.10所示，与金刚石结构相似，每个原子与邻近四个原子形成四面体结构，但每个原子邻近的是四个异类原子，化学键为共价键。其中Ⅱ-Ⅵ族的ZnS、ZnSe、CdS等可以呈现闪锌矿和六方对称的纤锌矿（Wurtzite）两种晶体结构。

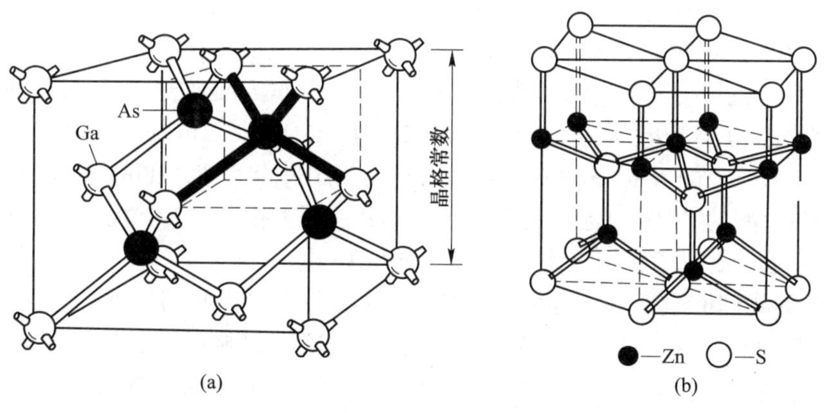

图8.10 闪锌矿结构和纤锌矿结构图

（a）闪锌矿结构；（b）纤锌矿结构

不同元素的组合形成化合物晶体的晶格大小、带隙均不相同。对于Ⅲ-Ⅴ族化合物半导体材料而言，其带隙大小通常与晶格常数成反比。一般而言，晶格常数越小，半导体材料的带隙则越大。对于三元及四元化合物半导体材料而言，可通过改变其组成元素的摩尔分率，以形成不同的带隙，因此具有较大的设计自由度，大多用于多结叠层的结构中。

此外，在半导体材料中，键合的强度通常与带隙也有直接的关系。对于Ⅱ-Ⅵ族化合物半导体材料而言，组成元素的原子序数越小，则具有越强的离子键合，也具有较大的带隙值。

从带隙的观点来看，Ⅱ-Ⅵ族化合物半导体材料中的CdTe，其带隙值约为1.45eV，非常适合用于制作高效率太阳能电池的光吸收层材料，主要原因为其带隙值较接近理想太阳光的带隙值范围（1.4~1.5eV）。而Ⅲ-Ⅴ族化合物半导体材料中，则以 GaAs（其带隙值约为1.43eV）为最佳光吸收层材料的选择。

利用半导体材料来制作太阳能电池器件，为了获得较高的转换效率，可通过以下所述的条件来达成：

（1）选择介于理想太阳光的带隙范围内的光吸收层材料。

（2）利用叠层结构，形成多带隙或多结结构。

（3）选择具有较大带隙值的材料作为窗口层。

8.2.3　碲化镉薄膜太阳能光伏电池

碲化镉（CdTe）是一种禁带宽度为1.5eV的半导体材料，从和地球表面的太阳光谱匹配的角度来讲，该禁带宽度处于最适合制作高效率光伏器件的范围，从理论上来讲，碲化镉太阳能电池的转化效率可以达到30%左右，更重要的是，CdTe 既可以被掺杂为 n 型导电，也可以靠本征缺陷或者外部掺杂实现 p 型导电，这使得它非常适合于制作太阳能电池。CdTe 薄膜可以利用很简单的设备和实验方法制备，原料和生产成本较低，经过几十年的技术发展，目前其实验室的器件效率已经达到21%，大面积组件的制作工艺也已经趋于成熟。

1963年，Cusano 宣布制成了第一个异质结 CdTe 薄膜电池，结构为 N-CdTe/P-Cu2Te，效率为7%，但此种结构 pn 结匹配较差。1969年，Adirovich 首先在透明导电玻璃上沉积 CdS、CdTe 薄膜，发展了现在普遍使用的 CdTe 电池结构。1972年，Bonnet 等人报道了转换效率为5%~6%的渐变带隙 CdS，Te_x 薄膜作为吸收层的太阳电池。1991年，T L Chu 等人报道了转换效率为13.4%的 N-CdS/P-CdTe 太阳电池。2001年，X Wu 等人报道了效率为16.5%的 N-CdS/P-CdTe 太阳电池。2011年7月，First Solar 公司宣布获得了17.3%最高效率的 CdTe 电池。近年来通过不断的研发投入，2016年，First Solar 公司宣布创造了新纪录，制成了转换效率为21.0%的 CdTe 电池。

从 CdTe 的物理性质来看，这种太阳电池的主要特点可以归纳如下：

（1）CdTe 是一种Ⅱ-Ⅵ族化合物半导体，为直接带隙材料，可见光区光吸收系数在 10^4cm^{-1} 以上。只需要1μm 就可以吸收99%以上（波长<826nm）的可见光，厚度只要单晶硅的1/100。因此耗材少，成本低，且能耗也明显减少。

（2）CdTe 其带隙宽度为1.5eV，理想太阳电池的转换效率与能带宽度关系的计算表明，CdTe 与地面太阳光谱匹配得非常好。

（3）CdTe 中 Cd-Te 化学键的键能高达5.7eV，镉元素在自然界中以最稳定的形态存在，因此在常温下化学性质稳定，熔点321℃，而电池组件使用时一般不会超过100℃，使用过程中稳定安全。

（4）$Cd_{1-x}Te_x$ 合金的相位简单，温度低于320℃时，单质镉（Cd）与碲（Te）相遇后所允许存在的化学形态只有固态 CdTe（Cd∶Te=1∶1）和多余的单质，所以生产工艺窗口宽，产品的均匀性、良品率高，非常适合大规模工业化生产。

（5）在真空环境中温度高于400℃时，CdTe 固体会出现升华，当温度低于400℃时升华迅速减弱，这有利于真空快速薄膜制备，还保证了 CdTe 在生产过程中的安全性。

（6）就器件本身而言，CdTe 的温度系数小、弱光发电性能好。由于半导体能隙等随温度的变化会引起太阳电池效率的降低，因此同样标定功率的 CdTe 与晶硅电池相比，在相同光照环境下，平均全年可多发 5%～10%不等的电能。

CdTe 薄膜电池可采用同质结或异质结等多种结构，目前国际上通用的为 N-CdS/P-CdTe 异质结构，在这种结构中，N-CdS 与 P-CdTe 异质结晶格失配及能带失配较小，可获得性能较好的太阳电池。高效 CdTe 薄膜电池结构如图 8.11 所示。

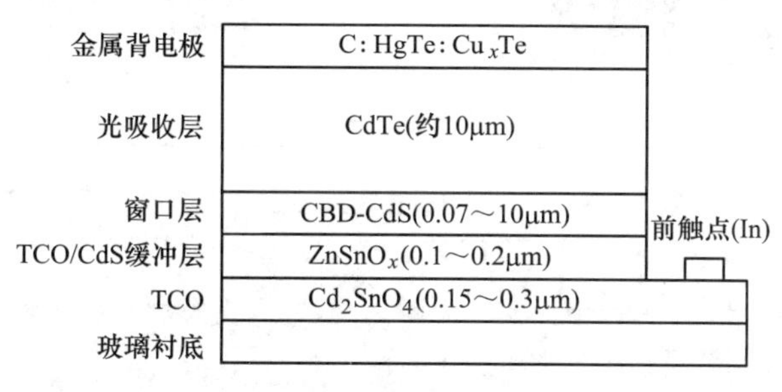

图 8.11 高效 CdTe 薄膜电池结构

产业化 CdTe 薄膜电池一般制备在玻璃衬底上，简易工艺流程如图 8.12 所示，主要为制备 TCO（或直接购买 SnO_2 导电玻璃）、沉积 TCO 缓冲层、CdS、CdTe、金属缓冲层及金属背电极等，此外，过程中还有激光画线、层压等工序。

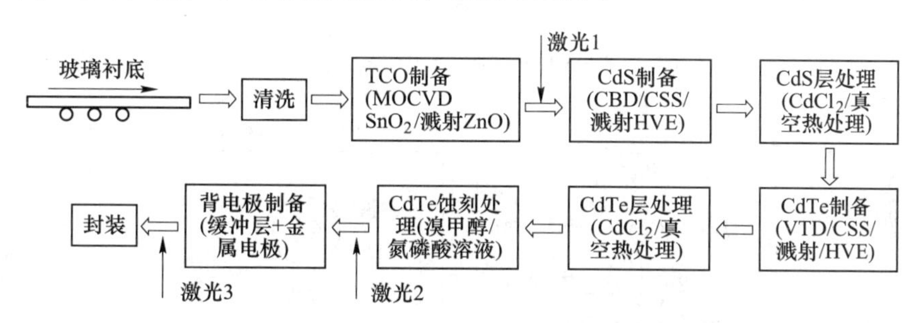

图 8.12 制备 CdTe 电池的工艺流程图

Colorado 大学的 Davies 等人利用空间分辨的光电流谱分别表征了用两种厚度的 CdS 制作的 CdTe 太阳能电池的器件。图 8.13（a）是 35nm 厚 CdS 的量子效率在空间中的分布图，从中可以发现量子效率有非常大的涨落，有些地方效率高，有些地方效率低；图 8.13（b）是 150nm 厚 CdS 的量子效率在空间中的分布图，除了几个颗粒物引起的坏点以外，在整个器件面积上效率都非常均匀。这其实可以用图 8.13（c）加以解释，CdS 薄膜其实并不可能是完全均匀和完整的薄膜，当 CdS 的厚度减薄到可以和表面起伏相比拟时，这种不均匀性就会非常显著，形成如图 8.13（c）中虚线方框里面所示的弱二极管区域，这些区域里面的 CdS 层比标定的厚度更薄甚至没有被 CdS 所覆盖，在这样的非完美覆盖区域里，TCO 薄膜有很大机会和 CdTe 直接接触，这样的接触形成的二极管电压较低，并联电阻较小，由于所有区域的器件都是并联，所以该区域的存在会拉低整个器件的电压和并联电阻。

对于 N-CdS/P-CdTe 薄膜，常用的制备方法有近空间升华法（CSS）、气相输运

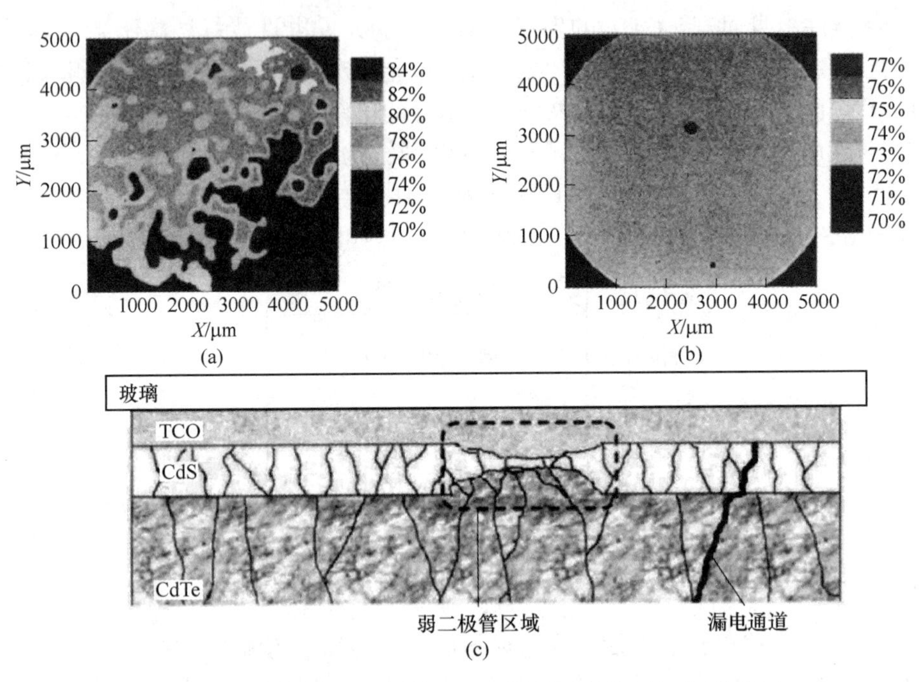

图 8.13　不同厚度 CdS 层的 CdTe 器件的量子效率空间分布图

（a）35nm；（b）150nm；（c）弱二极管区域

法（VTD）、溅射、高真空蒸发（HVE）、电沉积等。常用的几种 CdTe 薄膜制备工艺如图 8.14 所示。

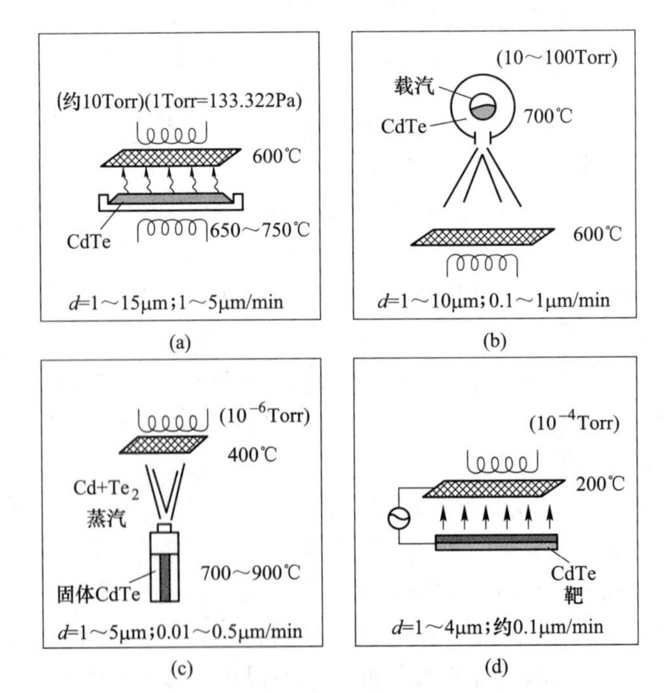

图 8.14　几种常用的 CdTe 薄膜制备方法图

（a）近空间升华（CSS）；（b）气相输运沉积（VTD）；（c）物理气相沉积（PVD）；（d）磁控溅射

在使用 CSS 方法沉积 CdTe 薄膜时，一般还需要在腔体中通入一定量的 Ar 和 O_2。腔体中的气氛有助于调控 CdTe 薄膜晶粒尺寸。O_2 起到促进 CdTe 在衬底表面的形核、降低晶界处缺陷态密度等作用。除了生长气氛，源和衬底的温度也是影响 CdTe 薄膜生长的关键因素。CdTe 源的温度一般控制在 630~700℃之间，以使得 CdTe 源能够充分升华，并有适量的气态 Cd、Te_2 输运到衬底表面。衬底的温度一般控制在 450℃以上，衬底温度越高，制备出 CdTe 薄膜的晶粒尺寸越大。但同时需要考虑在 CdTe 制备过程中窗口层材料与 CdTe 的互扩散。图 8.15 为本研究中制备的 CdTe 薄膜的扫描电子显微镜（SEM）表面和断面形貌图。从图 8.15 中可以看出，CdTe 薄膜具有良好的结晶性，晶粒尺寸在 1~2μm，部分 CdTe 晶粒可以纵向贯穿整个 CdTe 薄膜，平行于薄膜表面的晶界密度较低。这意味着光生载流子在传输过程中受到晶界散射或在晶界处复合的概率大大减小，有利于载流子的输运与收集。高质量 CdTe 薄膜的制备为制备高转换效率 CdTe 太阳电池打下了坚实的基础。

图 8.15 CdTe 薄膜的 SEM 表面和断面形貌图
（a）表面；（b）断面

8.2.4 铜铟镓硒薄膜太阳能光伏电池

铜铟硒薄膜太阳电池是以多晶 $CuInSe_2$（CIS）半导体薄膜为吸收层的太阳电池，金属镓元素部分取代铟，又称为铜铟镓硒（CIGS）薄膜太阳电池。CIGS 材料属于Ⅰ-Ⅲ-Ⅵ族四元化合物半导体，具有黄铜矿的晶体结构。CIGS 太阳电池的发展起源于 1974 年的美国贝尔实验室，Wagner 等人首先采用提拉法制备出单晶 $CuInSe_2$（CIS），并作为 p 型材料与 n 型材料 CdS 形成了 p-n 结，制备出第一块 CIS 异质结的太阳电池，1975 年将其效率提升至 12%。1987 年 ARCO 公司在该领域取得重大进展，通过溅射 Cu、In 预制层后，采用 H_2Se 硒化工艺，制备出转换效率为 14.1%的 CIS 薄膜电池。后来 ARCO 公司被收购后改称为 Shell Solar 公司，花费了 10 年的时间于 1998 年制备出第一块商业化的 CIS 组件。1989 年，Boeing 公司引入 Ga 元素，制备出 CIGS 薄膜太阳电池，使开路电压显著提高。1994 年，美国可再生能源实验室采用三步共蒸发工艺，制备的 CIGS 薄膜的效率一直处于领先地位，在 2008 年制备出转化效率高达 19.9%的薄膜电池。直到 2011 年，德国的实验室通过使用真空三步共蒸发的方法制取了效率能够达到 20.3%的小面积 CIGS 电池。在大规模生产方面，德国 Manz 公司报道称其生产的 CIGS 太阳能电池板已经达到 14.6%的光电转换效率。为提高薄膜太阳电池的效率，来自德国、瑞士、法国、意大利、比利时、卢森堡等欧洲 8 国的 11 个科研团队去年组成了研究联盟，并宣布实施“Sharc25”计划，目的是将 CIGS 薄膜太阳电池的转换效率提高到 25%。

铜铟镓硒太阳电池具有以下特点：

（1）CIGS 是一种直接带隙的半导体材料，在可见光范围内的光吸收系数能够达到 $6\times10^5cm^{-1}$，在所知道的半导体材料中它的光吸收系数最高，因此它的薄膜厚度只需 1～2μm，可以大大降低原材料的消耗。

（2）在 $CuInSe_2$ 中加入 Ga，可以使半导体的禁带宽度在 1.04～1.67eV 间变化，非常适合于调整和优化禁带宽度，从而更加匹配太阳的光谱。

（3）CIGS 可以在玻璃基板上形成缺陷很少、晶粒巨大的高品质结晶，而这种晶粒尺寸是其他多晶薄膜无法达到的。

（4）CIGS 是没有光致衰退效应（SWE）的半导体材料，光照会提高其转换效率，工作寿命长。

（5）CIGS 的 Na 效应。对于 Si 系半导体，Na 等碱金属元素是要极力避免的，而在 CIGS 系中，微量的 Na 会提高转换效率和成品率。因此使用钠钙玻璃作为 CIGS 的基板，除了成本低、膨胀系数相近以外，还有 Na 掺杂的考虑。

图 8.16 是 Solar Frontier 采用无 Cd 缓冲层的 CIGS 太阳电池及组件的典型结构。CIGS 太阳电池器件的第一层为底电极 Mo 层，然后往上依次是 CIGS 吸收层、CdS 缓冲层（或其他无镉材料）、i-ZnO 和 Al-ZnO 窗口层、MgF_2 减反射层及顶电极 Ni-Al 等七层薄膜材料。CIGS 薄膜作为吸收层是 CIGS 太阳电池的关键材料，但是由于四种元素组成，对元素配比敏感，由于多元晶格结构、多层界面结构、缺陷及杂质等增加了制备技术的难度。薄膜太阳电池生产对设备的精度和稳定性要求较高，且设备复杂昂贵，尤其是关键设备，更是高达上千万美元，长期以来一直被欧洲、美国和日本的企业垄断，国内产业化瓶颈较为明显，其大规模工业化生产制备技术仍有待突破。

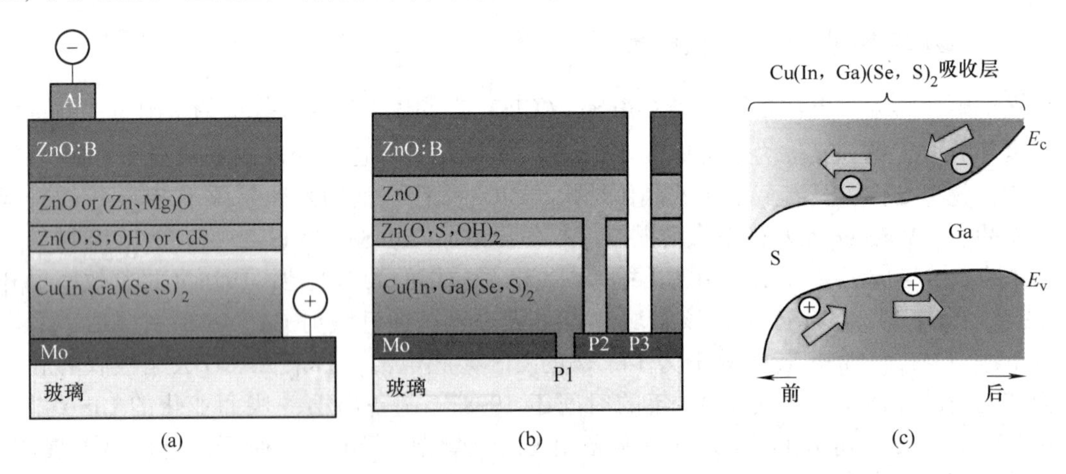

图 8.16　CIGS 太阳电池结构（a）和组件结构（b）示意图及 CIGS 吸收层中典型剖面能带示意图（c）
（前部和后部分别对应于缓冲层/CIGS 和 CIGS/Mo 界面）

产业中 CIGS 薄膜电池一般制备在玻璃衬底或柔性衬底上，通常制备的工艺流程如图 8.17 所示。很多工序与其他电池类似，在此不做详细介绍，以下仅讨论 CIGS 薄膜的制备。

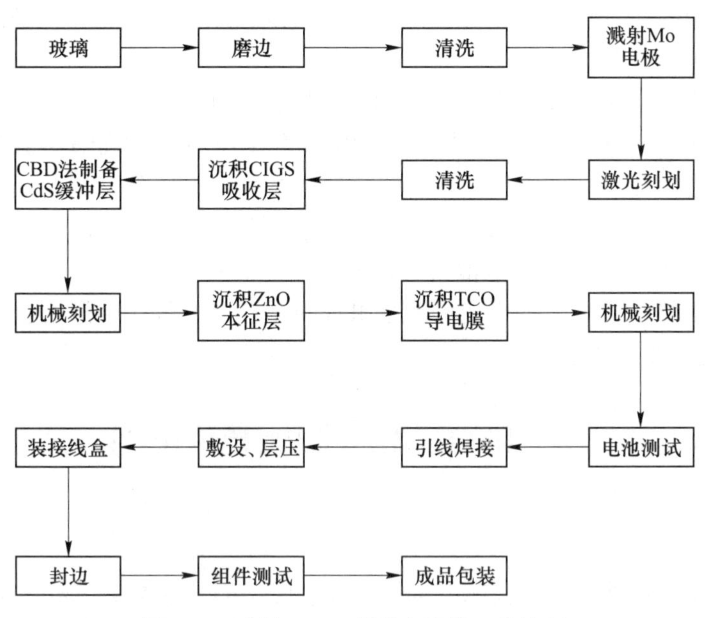

图 8.17 制备 CIGS 薄膜电池的工艺流程

对于高效率 CIGS 太阳电池而言，磁控溅射技术用于制备 Mo、i-ZnO 和 TCO 等薄膜。真空和非真空（化学浴沉积，CBD）工艺方法分别用于沉积 CIGS 吸收层和 CdS 缓冲层。图 8.18 所示为利用三源真空蒸发技术制备的 $CuInSe_2$ 多晶薄膜材料的扫描电镜图。从图 8.18 中可以看出，晶粒大小约为 1μm 左右，晶粒呈柱状生长，晶界垂直于衬底表面。进一步采用透射电镜的研究表明，薄膜中含有大量的位错、层错、晶界等。利用多源共蒸发工艺可以很好地控制薄膜的晶体质量和电学性质，目前共蒸发工艺是稳定获得 10%以上电池效率的两种主要工艺之一，也是应用最多的一种工艺。

图 8.18 三源共蒸发技术制备的 $CuInSe_2$ 多晶薄膜材料的扫描电镜图

p 型 CIGS 吸收层是由浅缺陷铜空位（V_{Cu}）决定的。基于 CIGS 太阳电池的制造始于 Mo 背电极包覆在玻璃或柔性衬底上沉积。对于 Mo 背电极，最常见采用两步直流磁控溅射沉积。Mo 薄膜也起到反射层的作用，并将未使用的光反射回吸收层。当使用 Mo-Cu 合金作为背电极时，可以显著地改善反射效果。

采用各种沉积技术，CIGS 薄膜可以沉积在刚性或柔性基底上。因此，CIGS 太阳电池除了在陆地上应用外，还可用于空间应用（由于其具有很高的抗辐射能力）。目前 CIGS 太阳电池商业化应用还有一些限制。在连续化生产过程中，成分均匀性是一个限制，从而在线监测是至关重要的。另一个限制是 CIGS 太阳电池的大规模制造，多源共蒸发和后硒化设备的标准化。实验室小面积电池（23.35%）和商用组件（19.2%）之间存在很大的效率差异。在大批量生产中，铟供应可能会出现问题，成本可能会急剧上升。需要注意的是，生产 1GW 光伏组件需要 31t 铟。

8.3　染料敏化太阳能光伏电池

8.3.1　概述

染料敏化太阳能电池（DSC，Dye Sensitized Solar Cell）主要是模仿光合作用原理，研制出来的一种新型太阳能电池。染料敏化太阳能电池是以低成本的纳米二氧化钛和光氧染料为主要原料，模拟自然界中植物利用太阳能进行光合作用，将太阳能转化为电能。由纳米多孔半导体薄膜、染料光敏化剂、氧化还原电解质、对电极和导电基底等几部分组成。

1976 年，Tsubomura 等人利用高度多孔的多晶 ZnO 粉末取代单晶半导体，显著增加了电极的表面积；同时采用玫瑰红敏化剂，获得了 1.5%的转换效率。1980 年，Tsubomura 小组进一步通过增加 ZnO 样品的表面粗糙度，采用同样的染料，获得了 2.5%的转换效率。所使用的氧化还原体系是碘化物/三碘化物。

1991 年，Grätzel 等人报道了 DSC 领域取得的重大进展，器件转换效率从 2.5%提高到了 7.1%。该进展主要归因于纳米晶 TiO_2 和钌配合物染料的有效配合使用。介孔 TiO_2 纳米晶薄膜提供了巨大的表面积，和染料作用后极大地提高了光捕获效率。单分子层染料吸附到纳米晶介孔半导体薄膜上，有利于电子的注入。因此，染料敏化纳米晶半导体电极在具有高光捕获效率的同时保证了高的光电转化量子效率。

1993 年，Grätzel 小组再次报道了光电转换效率达到 10%的 DSC。这种高效电池为光电化学电池的发展带来了革命性的创新。为了纪念 Grätzel 教授的杰出贡献，这类电池通常又称为 Grätzel 电池。之后的 20 年里，众多研究团队加入到 DSC 的研究行列中。

2013 年，Grätzel 研究小组开展了钙钛矿敏化剂连续沉积工艺的研究，他们将 PbI_2 和 CH_3NH_3I 依次沉积在 300nm 厚的 TiO_2 多孔光阳极上，获得了超过 15%的电池效率。全固态敏化太阳能电池在转换效率上取得的突破显示了其巨大的商业潜力。

染料敏化太阳能电池的优势在于：

（1）成本比传统的硅衬底太阳能电池低 1/10～1/5，预期未来成本可以降低。

（2）制备简单，其制作过程不需要昂贵的真空设备，且可大面积生产。

（3）主要使用的半导体材料是纳米二氧化钛，其含量丰富，成本低，无毒，性能稳定且抗腐蚀性好。

（4）可在柔性衬底上制作。

(5) 电池能被塑形或着色去搭配要装饰的物品或建筑。

(6) 输出功率随温度升高而上升，对入射光角度要求低，弱光下仍具有一定的电池效能。

8.3.2 染料敏化太阳能电池的发电原理

染料敏化太阳能电池把自然界中光能转换为电能，其中涉及光的采集、电子的注入、电子的传输与复合以及电子的收集等主要过程。

液体电解质染料敏化太阳电池主要是由光阳极、液态电解质和光阴极组成的“三明治”结构电池（见图8.19）。光阳极主要是在导电衬底材料上制备一层多孔半导体薄膜，并吸附一层染料光敏化剂；光阴极主要是在导电衬底上制备一层含铂或碳等催化材料。在光阳极中，电极主要材料如TiO_2，带隙为3.2eV，不吸收可见光。当TiO_2表面吸附一层具有很好吸收可见光特性的染料光敏化剂时，基态染料吸收光后变为激发态，接着激发态染料将电子注入到TiO_2的导带而完成载流子的分离，再经过外部回路传输到对电极，电解质溶液中的I_3^-在对电极上得到电子被还原成I^-，而电子注入后的氧化态染料又被I^-还原成基态，I^-自身被氧化成I_3^-，从而完成整个循环。在整个过程中，表观上化学物质没有发生变化，而光能转化成了电能。

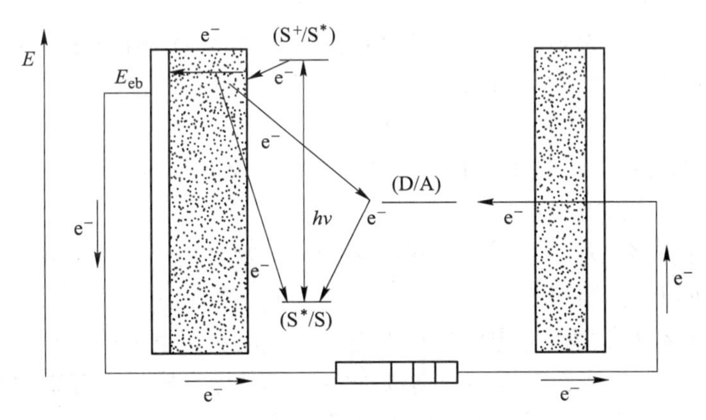

图8.19 液体电解质染料敏化太阳电池

S^+—染料分子氧化态；S^*—染料分子激发态；S—染料分子基态

8.3.3 染料敏化太阳能电池的材料与结构

染料敏化太阳能电池可由以下五部分组成：导电基底材料（导电电极材料）、光阳极（纳米多孔半导体薄膜）、染料光敏化剂、电解质和对电极。结构如图8.20所示，以下分别简要介绍各部分的材料、组成和功能等。

8.3.3.1 导电基底材料

导电基底材料又称导电电极材料，分为光阳极材料和光阴极（或称反电极）材料。目前用作导电基底材料的有透明导电玻璃（TCO，Transparent Conducting Ox-ides）、金属箔片、聚合物导电基底材料等。掺杂氟的二氧化锡玻璃（FTO）为最常见的导电基底。FTO玻璃拥有低薄片电阻、良好透光性、高化学稳定性和热稳定性。作为整个DSC器件的载体，主要担任收集和传输电子的任务。

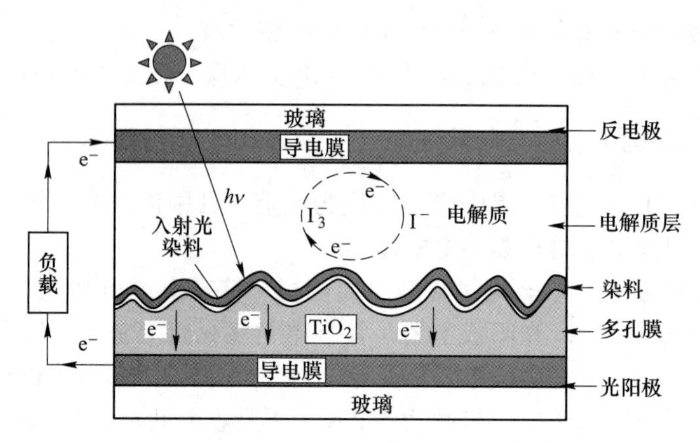

图 8.20 染料敏化太阳能电池结构示意图

8.3.3.2 光阳极

光阳极通常由丝网印刷法制备而成。作为染料分子的载体，它能够收集染料产生的电子并将电子传输至外电路。实验室使用较为广泛的半导体材料有 TiO_2、ZnO、SnO_2、WO_3、Fe_2O_3、Nb_2O_5 和 Ta_2O_5 等。

纳米颗粒的大小及形貌等因素直接影响着多孔薄膜的微结构特性，从而影响薄膜对光的折射、散射和透射性能，以及纳米半导体薄膜电极中电子的传输等。纳米半导体多孔薄膜在 DSC 中的作用主要体现在以下三个方面：

（1）从 DSC 的结构和原理来看纳米半导体多孔薄膜在电池中承担着吸附染料的作用，其结构和性能决定了染料吸附量的多少。

（2）纳米半导体多孔薄膜染料吸附量的多少，主要取决于纳米半导体的表面状态、薄膜的厚度、比表面积和孔洞率等因素。

（3）纳米半导体多孔薄膜对电池内部的电子传输起着很重要的作用。光生电子注入半导体导带后传输到导电衬底，都在多孔薄膜中实现。同时，并非所有激发态的染料分子都能够将电子有效地注入半导体导带中，进而转换成光电流。

研究人员针对 Fe_2O_3 做了一些工作，但由于 Fe_2O_3 的载流子扩散长度 L_d 非常小，电子在晶界传输时复合较大。所得结果并不理想，效率仅为 1.7%。而 Zr^{4+} 和 La^{3+} 的掺杂使纳米 CeO_2 具备了一定的光电响应特性。以 La^{3+} 掺杂 CeO_2 作为光阳极得到的 DSC，其开路电压为 0.9V。

这些材料的导带都可与染料的 LUMO 相匹配，只是多种原因导致 DSC 效率还不理想，需进行更多的研究。除此之外，一些简单的三元化合物（如 $SrTiO_3$ 和 Zn_2SnO_4 等）也有在 DSC 应用的研究报道。

随着实验的进一步研究，科学家还认识到其他材料的一维纳米结构也具有特殊的性能。比如：碳纳米管、一维纳米氧化锌、一维纳米 TiO_2 多孔薄膜等。这些结构或有不足，但是为材料的发展提供了更好的道路。

制备半导体薄膜的方法主要有化学气相沉积、粉末烧结、水热反应、RF 射频溅射、等离子体喷涂、丝网印刷和胶体涂膜等。目前，制备纳米 TiO_2 多孔薄膜的主要方法有溶胶-凝胶法、电沉积法等。

图 8.21 为采用化学浴沉积法制备的 ZnO 纳米片（NSs）复合光阳极材料的表面和断面 SEM 图。由图 8.21 可知，ZnO 光阳极的厚度为 200~300nm。由高倍 SEM 图可知，这些 NSs 是由大小为 30~50nm 的 ZnO 颗粒构成。NSs 之间存在着微孔，纳米颗粒之间存在介孔。这种具有微孔和介孔的结构具有更大的致密度，更高的比表面积，从而导致染料吸附量增加，也便于电解液在 ZnO 膜渗透。

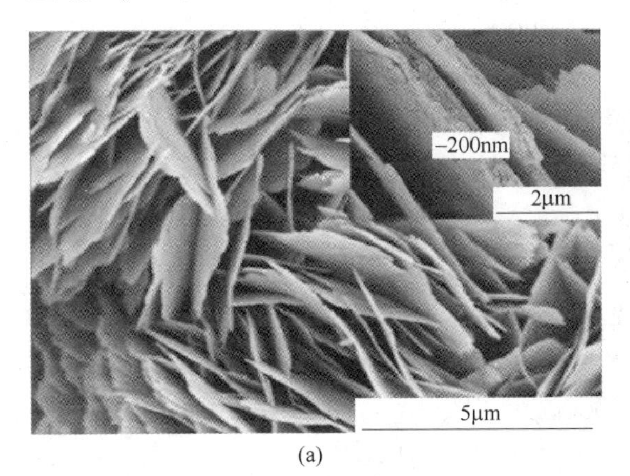

(a)

(b)

图 8.21　ZnO NSs 光阳极材料的表面和断面 SEM 图
（a）表面；（b）断面

8.3.3.3　染料光敏化剂

染料光敏化剂是影响电池对可见光吸收效率的关键，在染料敏化太阳电池中吸收太阳光能，产生光激发，处于激发态的染料分子将光生电子注入 TiO_2 导带中。因而染料分子的性能直接决定电池的光吸收效率和光电转换效率。

目前应用于染料敏化太阳电池的染料光敏化剂，其分类情况很不统一。这里分别按照染料的分子结构、来源和敏化电极等的不同将染料进行初步分类。

根据分子结构中是否含有金属，染料可以分为无机染料和有机染料两大类。无机类的染料光敏化剂主要集中在以钌（Ru）与锇（Os）等金属多吡啶配合物、金属卟啉、酞菁等为代表的金属配合物染料和无机量子点染料等。有机染料包括合成有机染料和天然有机染料，其中以合成有机染料为主。这些合成有机染料包括吲哚啉类染料、香豆素类染料、三苯胺类染料、菁类染料、方酸类染料、二烷基苯胺类染料、咔唑类染料、芴类染料、二萘嵌苯类染料、四氢喹啉类染料、卟啉类染料及酞菁类染料。根据敏化电极的不同，染料可以分为阳极敏化用染料和阴极敏化用染料。

应用于染料敏化太阳电池的染料光敏化剂一般应具备以下条件：

（1）具有较宽的光谱响应范围，其吸收光谱尽量与太阳的发射光谱相匹配，有高的对太阳光的吸收系数。

（2）应能牢固地结合在半导体氧化物表面并以高的量子效率将电子注入导带中。

（3）具有高的稳定性，能经历 10^8 次以上氧化-还原的循环，寿命相当于在太阳光下运行 20 年或更长。

（4）它的氧化还原电势应高于电解质电子给体的氧化还原电势，能迅速结合电解质中的电子给体而再生。

图 8.22 为钌染料中目前公认的性能最好的 N3 染料、N719 染料、黑染料、Z907 等联吡啶类配合物的结构。近年来，以 Z907 为代表的两亲型染料和以 K19 为代表的具有高摩尔消光系数的敏化剂是当前多联吡啶类染料的研究热点。

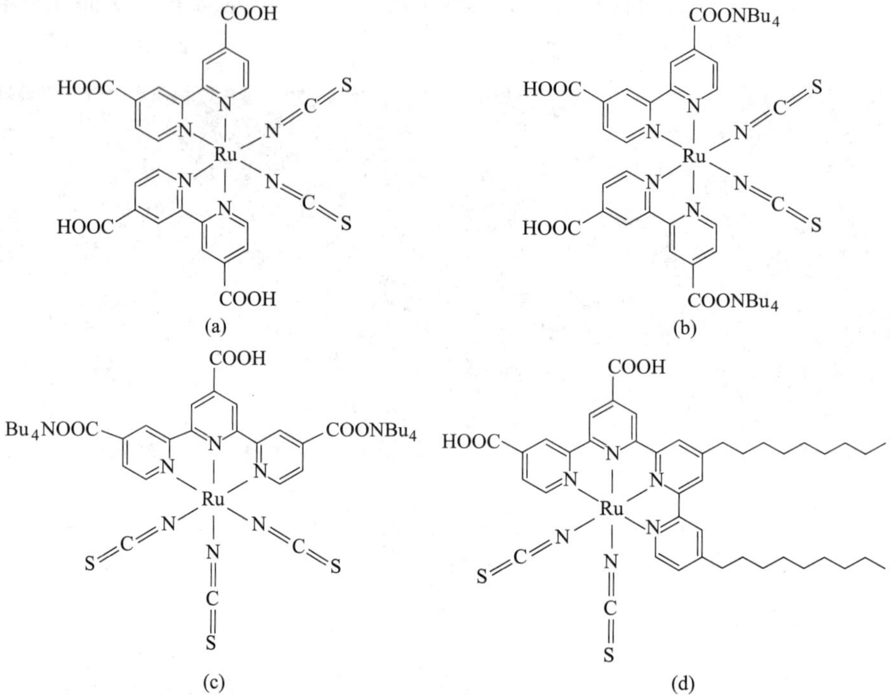

图 8.22 几种性能较好的钌染料敏化材料

（a）N3 染料；（b）N719 染料；（c）黑染料；（d）Z907

8.3.3.4 电解质

作为 DSC 的重要组成部分，主要负责两电极之间的电子转移、染料分子再生以及氧化介质的还原。氧化还原介质不仅影响 DSC 的光电转换效率，而且也决定着 DSC 的整体稳定性。电解质有液态、准固态和固态三种。准固态和固态电解质可以有效提升器件的可持续性和稳定性，但由于黏度较大，不利于离子传输，存在较大界面电荷传输电阻，严重阻碍了 DSC 性能的提升。相较于准固态和固态电解质，液态电解质拥有良好的传质/传荷速率，是目前使用最多的电解质。

1991 年瑞士 Grätzel 教授领导的研究小组利用联吡啶钌（Ⅱ）配合物染料和纳米多孔 TiO_2 薄膜制备出了世界上第一块染料敏化太阳电池，并获得了 7.1%的光电转换效率。染料敏化太阳电池在随后的十几年里，经过各国研究者的不懈努力，其效率已经提高到 10%~11%，这已经相当于非晶硅太阳电池的效率。如此高的效率确实给研究者极大的鼓舞，但在随后的研究中发现，这种太阳电池使用的液态电解质给电池的稳定性和实用化带来了一系列问题：（1）液态电解质可能导致 TiO_2 表面上染料的脱落，从而影响电池的稳定性；（2）液态电解质中的溶剂易挥发；（3）密封困难，且电解质可能与密封剂反应，容易漏液，从而导致电池寿命大大下降；（4）液态电解质本身不稳定，易发生化学反应，从而使太阳电池失效；（5）电解质中的氧化还原电对在高强度光照下不稳定。

为了克服这些问题，研究者提出了用固态电解质或准固态电解质来代替DSC中的液态电解质。目前，固态电解质主要有p型半导体、导电聚合物和有机空穴传输材料。虽然固态电解质克服了液态电解质的不足，但由于电导率很低，以及电解质与电极界面浸润性差等问题，太阳电池光电转换效率还远达不到应用的水平。所以固态电解质有待进一步研究。与固态电解质相比，准固态电解质不仅具有较高的电导率和光电转换效率，而且还克服了液态电解质的不足，有效防止了电解质的挥发和泄漏，延长了电池使用寿命。因此准固态电解质逐渐成为研究的热点。

准固态电解质的机械性能介于液态和固态电解质之间，外观呈凝胶状。制备准固态电解质的重要手段是在液态电解质中加入一些物质，如有机小分子凝胶剂、高分子聚合物和纳米颗粒等。这些物质能够在电解质体系当中通过分子之间的物理或化学方法交联形成三维网络结构，使电解质呈宏观固态微观液态的结构，从而使液态电解质变成准固态电解质。根据凝胶化的方法不同可以将准固态电解质分为三类，即聚合物凝胶电解质、有机小分子凝胶电解质和添加纳米粒子的准固态电解质。

8.3.3.5 对电极

作为DSC的“发动机”，对电极有两个主要功能：一是从外电路收集电子；二是作为催化I_3^-还原反应的催化剂。理想的对电极应该具备以下条件：成本低廉、催化活性高、导电性好、比表面积大、能够满足与氧化还原电解质之间的能级匹配等。常用的对电极为金属Pt，但Pt对电极存在价格高昂、稳定性差、储量匮乏等问题，严重阻碍了DSC规模化应用。其他的对电极材料如碳（石墨、炭黑、碳纳米管、石墨烯等）、聚合物和化合物材料等也有相关的报道。

以玻璃为衬底的染料敏化太阳电池生产工艺过程如图8.23所示，它可以分为三个阶段，即印刷前工艺过程、印刷与层压间工艺过程、层压后工艺过程。

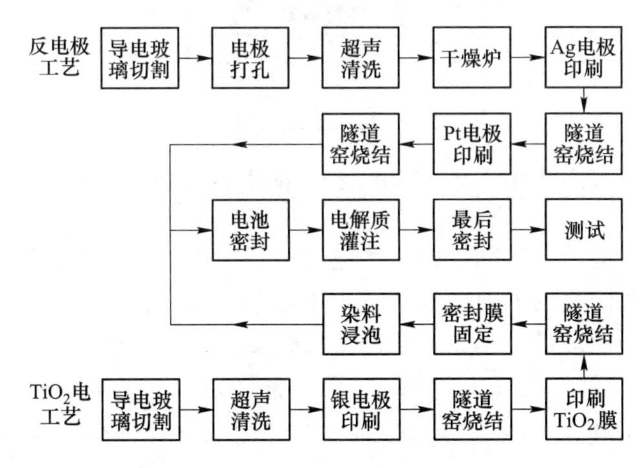

图8.23 染料敏化太阳电池生产工艺流程

8.3.4 叠层染料敏化太阳能电池

为了进一步拓宽电池的吸收光谱，改善电池光电转换效率，而把染料配合使用组装成叠层结构或复合结构的DSC，从根本上克服了常规协同敏化的缺点，叠层DSC以其新型的结构、独特的优点受到广泛的关注。叠层 DSC 有串联与并联两种连接方式，可对应得到传统 DSC 无法取得的高开路电压及短路电流密度。

叠层 DSC 按照其结构，可分为传统叠层 DSC、n-p 型叠层 DSC、DSC 与异种太阳能电池叠加三种类型。接下来简单以传统叠层 DSC 为例进行介绍。

1999 年，Grätzel 首先提出了叠层 DSC 的设想。此种电池由两个光电池组成：前面的电池吸收太阳光中的高能紫外和蓝光，利用纳米金属氧化物薄膜来产生电子-空穴对；波长在绿光到红光之间的光被后面的 DSC 吸收，这两个电池连接起来提供电压。现在该类型电池主要用于光解水制氢。

使用钌染料 N719（cis - dithiocyanate - N, N′ - bis （4 - carboxylate - 4 - tetrabutyl ammoniumcarboxvlate-2, 2′-bivridine） ruthenium （ID)）和 BD 及液态电解质组装成四电极并联叠层太阳电池，结构如图 8.24 所示。其中，N719 有较高的 IPCE，但光谱响应较窄；BD 有相对较宽的光谱吸收，但较难得到高的 IPCE 值，使用两者互补可得到较好的光谱响应及在低波段区域得到较高的 IPCE 值。最终叠层电池的光电转换效率达到了 7.6%，高于 N719 及 BD 单电池的效率（6.1%及 5.2%）。此外，他们还用理论推算的方法证实了叠层结构是提高 DSC 光电流及光电转换效率的有效方法之一。

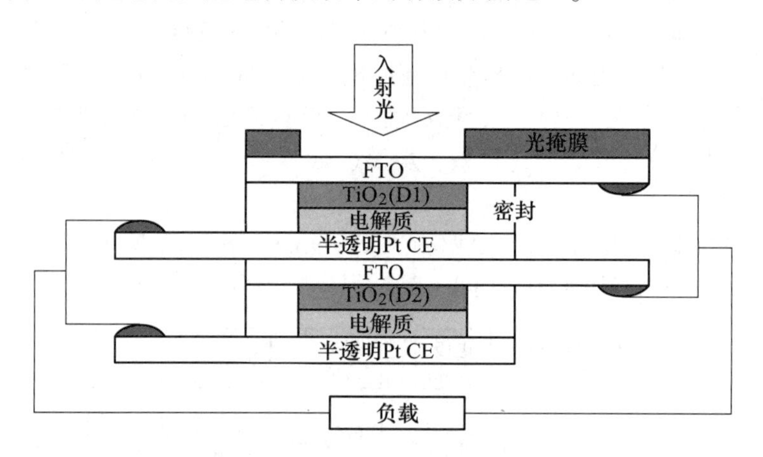

图 8.24　基于 N719 及 BD 叠层 DSC 结构示意图

为了将叠层 DSC 应用于实际，为一些电动设备提供电源，Ahn 等人在 2007 年研究了一种由两个 DSC 串联的叠层太阳能电池，用于电铬设备（EC，Electrochromism）的驱动。底层是单面的透明导电玻璃（TCO），用激光刻蚀仪在其上刻蚀，用于组装两个串联的 DSC。光阳极为二氧化钛（7μm，24cm^2），所用染料为 N719，对电极为溅射法制作的铂电极（4nm）。两面的导电玻璃之上为 EC 装置。经测试，此种叠层电池的开路电压 V_{OC} = 1.35V，J_{SC} = 3.96mA/cm^2，光电转换效率为 2.9%。其效率不高的原因归结为：半透明的 DSC 限制了二氧化钛膜和铂膜的厚度，从而影响了染料吸附量，进而导致了较低的 J_{SC}，最终使得光电转换效率较低。但此串联叠层 DSC 已足以为 EC 设备提供动力源。

为了进一步改善 DSC 的光电流，Mori 等人设计了一种新型结构的叠层 DSC，即面对面地放置前后两个平行的光阳极，中间插入一个共用的具有透射性的铂网对电极，从而使得电池能更有效地利用入射光，如图 8.25 所示。所用染料为 N3 和 BD。该电池制作工艺简单，但由于使用铂网对电极，成本高且催化活性较差，同时还遮挡和吸收了部分入射光，使得整体的光电转换效率仅为4.7%。随后，Mori等人对该叠层电池进行了进一步深入研究。他们分别从理论和实验上证明了叠层DSC的光电流及光电转换效率具有叠加效应，即：叠层太阳能电池所产生的J_{SC}相当于两个单电池所产生J_{SC}的加和，$J_{SC}=J_{SC1}+J_{SC2}$。整个叠层太阳电池总的光电转换效率约等于两个电池效率的加和：$\eta=\eta_1+\eta_2$。此外，他们还通过对等效电路的分析证实了叠层电池的并联连接效率要高于串联连接。最后还提出对进一步提高叠层DSC效率的展望：如果能够探索出吸收可以拓宽到920nm的理想染料，DSC的光电转换效率可望达到18%，这与Grätzel等人以前对DSC理论转换效率的研究成果一致，为研究通过组建叠层结构来大幅度改善DSC光电转换效率的方法提供了理论依据，并且充分展示了叠层电池在提高光电转换效率方面的潜力。

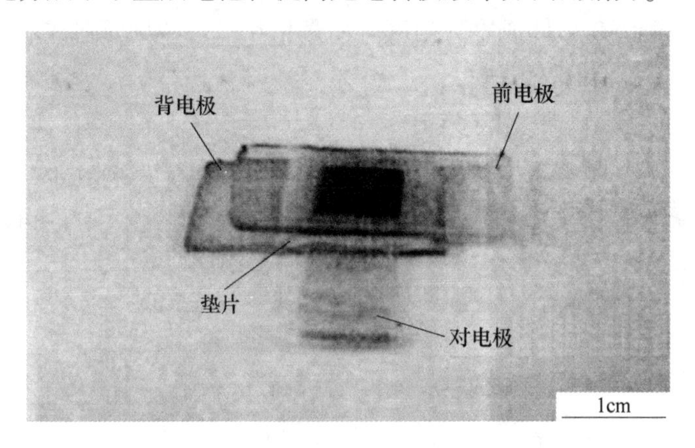

图8.25　Face-to-Face结构并联叠层DSC示意图

日本产业技术综合研究所（AIST）的Yanagida等人同样选用N719和BD组装了四电极叠层DSC，研究了顶层TiO_2的膜厚对串联及并联叠层DSC各参数的影响（见图8.26）。根据研究结果，靠改变顶层和底层的TiO_2膜厚来获得几伏的开路电压相对较为容易，并联管层DSC相对串联叠层DSC来说更为有效，容易取得更高的效率。最终在优化条件下，并联叠层DSC取得了10.6%的效率，是目前报道的叠层DSC的最高效率。

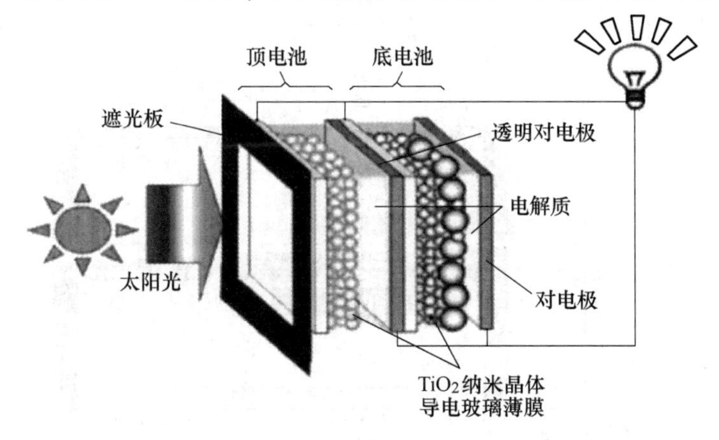

图8.26　叠层DSC示意图

以上研究均为基于三电极或四电极的两个传统 DSC 的叠加串并联。除了传统叠层 DSC，日本九州工业大学的 Havase 课题组报道了一种基于无透明导电层（TCO-less）玻璃棒的新型叠层 DSC（见图 8.27）。该电池基本结构为：玻璃棒/吸附染料的多孔 TiO_2 层/多孔 Ti 电极/凝胶电解质膜/Ti 对电极。光照射在玻璃棒边缘，被 TiO_2 上的染料吸收，产生的光生电子被邻近 TiO_2 的多孔 Ti 电极收集，然后扩散至涂有 Pt 层的 Ti 对电极，最后进入电解质进行氧化还原循环。选用两种吸收互补的模型染料，制作成电池，使用铜网串联。IPCE 谱图显示叠层电池吸收同时具有两个电池的特征吸收。I-V 曲线结果表明：两个电池的 V_{OC} 均为 0.57V，叠层 DSC 的 V_{OC} 为 1.13V，为两个电池的 V_{OC} 之和，证实了此种新型叠层 DSC 结构的有效性。该电池结构新颖，且省去了 TCO 层，提高了对近红外光谱的利用。但此种叠层 DSC 也存在一定缺点：对光的利用不充分，吸附染料的多孔 TiO_2 层平面和入射光并非像传统 DSC 那样成垂直角度，而是相互平行，从而造成对光的利用率较小。

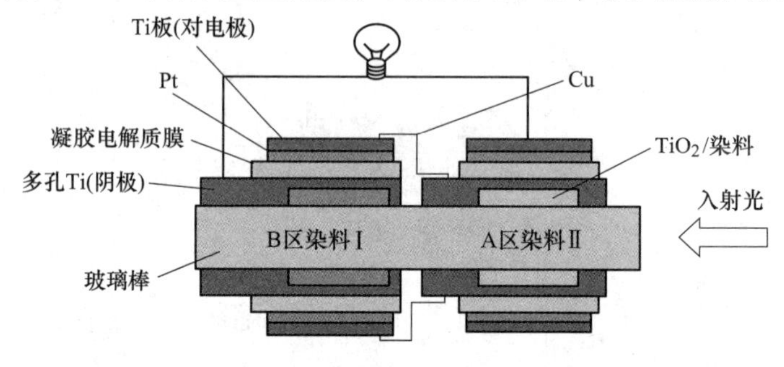

图 8.27 新型叠层 DSC 示意图

此外，该课题组还开发了一种基于浮动电极的叠层 DSC，该浮动电极由不锈钢网及 TiO_x 致密保护层组成，一侧为多孔 TiO_2 膜，另一侧为 Pt 层，将该浮动电极插入传统 DSC 的光阳极和对电极之间，构成串联叠层 DSC（见图 8.28）。选用两种染料分别敏化传统光阳极和浮动电极。研究结果表明：叠层电池的 IPCE 相应具有两种染料的特征吸收，V_{OC} 为 0.88V，高于两个单电池的值（分别为 0.6V 及 0.66V），但是叠层 DSC 的 J_{SC} 却低于两个单电池的 J_{SC}。分析其原因为：浮动电极中的 Pt 层对光的吸收导致达到底层电池的太阳光大大减弱。虽然效率不高，但该类型叠层电池结构新颖，引入了浮动电极这一新概念，并且制作比较简便。

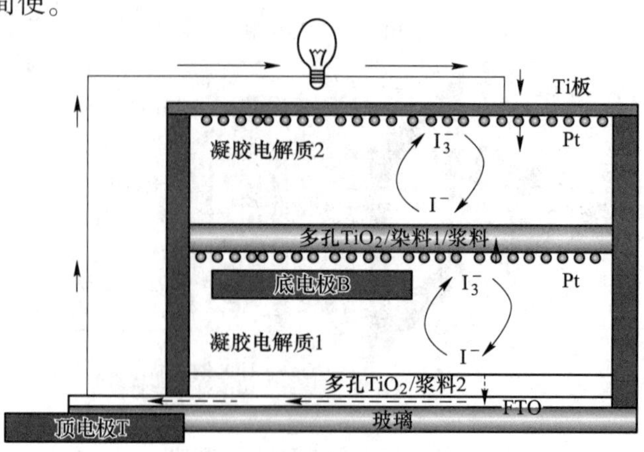

图 8.28 含有浮动电极的叠层 DSC 示意图

8.3.5　柔性染料敏化太阳能电池

染料敏化太阳能电池虽然已经取得了快速式的发展，而且电池的效率也有了新的突破，但是这些研究都是基于导电玻璃为 TiO_2 薄膜的衬底，其衬底具有易碎，不可弯曲性，必将限制其商业化大面积应用。柔性染料敏化太阳能电池是以柔性透明导电高分子薄膜或金属箔为基板，低温制备 TiO_2 光阳极，以柔性铂修饰 ITO/PEN 导电高分子薄膜为对电极的太阳能电池，其采用廉价的高分子塑料为衬底，不但减轻了电池质量，也降低了电池的制作成本，成为近年来人们研究的热点之一。

柔性染料敏化太阳能电池同染料敏化太阳能电池一样，具有“三明治”式结构，包括柔性基体、纳米多孔半导体光阳极、染料敏化剂、电解质和对电极。

如图 8.29 所示，“三明治”式的结构使光子的吸收与电子的收集过程分离，其中敏化剂吸收光子，介孔氧化物半导体层收集电子。其工作原理为：太阳光照射在染料敏化太阳能电池的光阳极上时，染料分子中的电子从基态被激发至激发态，而处于激发态的电子极不稳定，快速注入至纳米多孔半导体的导带中，并通过光阳极中导电膜的集流作用将载流子引入外电路。经外电路循环最终回到对电极。同时，氧化态的染料分子被还原态的电解质还原，而氧化态的电解质扩散到对电极上得到电子再生，如此形成一个完整的循环，即产生电流，通过这一循环过程，光能被直接转换成电能。而电池内部的物质不变。染料敏化太阳能电池的最大电压由氧化物半导体的费米能级和氧化还原电解质电对的电位决定。与传统的 p-n 结太阳电池相比，染料敏化太阳能电池的最大特点是光吸收和电荷分离传输是由不同的物质来完成的：光吸收依靠吸附在纳米半导体表面的染料完成，而半导体仅起电荷分离和传输载体的作用。

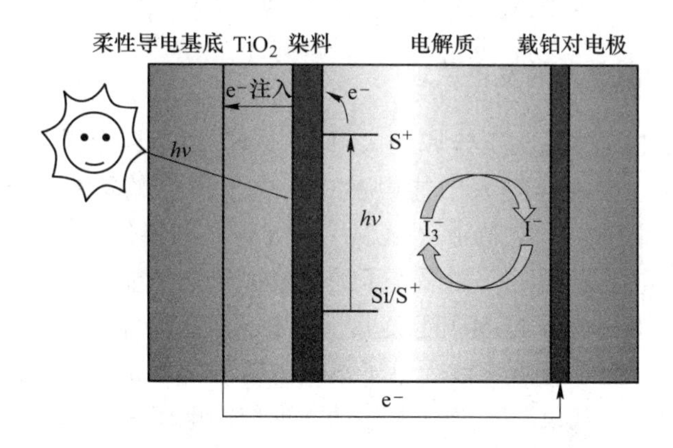

图 8.29　柔性染料敏化太阳能电池的结构示意图

柔性染料敏化太阳能电池因为其质量轻便、环境友好、可应用于便携式设备、适合卷对卷生产方式等有着光明的前景，其可改变的外观颜色与丝状片状等不同的形式也将使其应用呈现多样化。除了发展低温制备柔性光阳极技术之外，寻找可承受高温烧结的透明柔性基板则是柔性玻璃给予的启发。另外，太阳能织物的出现则是对染料敏化太阳能电池在应用形式上的一种突破。再者，近年来出现的基于有机/无机复合钙钛矿材料的太阳能电池也拓宽了设计染料敏化太阳能电池的思路。

尽管柔性染料敏化太阳能电池还面临着不少方面的挑战，但通过国内外研究人员的共同努力，相信在不久的未来，其生产将会实现大面积化、工艺简单化，从而使其应用得到普及。

8.4 有机薄膜太阳能电池

8.4.1 概述

有机薄膜太阳能电池，是以有机物薄膜为主要功能层的薄膜太阳能电池。利用导电聚合物或小分子有机材料实现光的吸收和电荷转移。它具有如下优点：（1）材料来源广泛，能够自行设计分子材料结构，材料选择余地大；（2）有机太阳能电池毒性较小，不容易造成污染；（3）有多种途径，可改变和提高材料光谱吸收能力，扩展光谱吸收范围，并提高载流子的传送能力；（4）加工容易，适于制作大面积柔性电池和半透明电池等；（5）电池制作可多样化；（6）价格便宜，有机染料高分子半导体等的合成工艺比较简单，如酞菁类染料早已实现工业化生产，因而成本低廉。因此，有机太阳能电池作为新型电池越来越受到人们的重视，蕴含着广阔的发展空间。在过去的十几年里，有机光伏电池的效率有了大幅提高，实验室单结电池最高转换效率达到 11.7%，叠层电池的效率达到 12%，逐渐接近产业化效率 15%的要求。与无机光伏电池 20%左右的效率相比，目前各种有机太阳能电池的光电转换效率仍严重偏低。聚合物太阳能电池的稳定性也是有待解决的另一个重要研究问题，与无机半导体光伏电池长达 25 年的寿命相比，有机太阳能电池的使用寿命目前还比较短。但由于成本低、制作工艺简单和柔性等巨大优势，有机薄膜光伏电池发展前景被普遍看好，近年吸引了越来越多的研究者投入到这个领域中。

8.4.2 有机薄膜太阳能电池的发电原理

有机薄膜太阳能电池的基本工作原理大致可以分为以下四个微观过程：

（1）激子的产生。在聚合物太阳能电池中，电子受体的最高电子占有轨道（HOMO 能级）和电子给体的最低电子空轨道（LUMO 能级）之间能级差称为电子能隙（E_g）。当太阳光照射到太阳能电池表面时，如果光子的能量大于电子能隙 E_g，电子就从给体材料的 HOMO 能级跃迁到受体材料的 LUMO 能级上，即电子从价带激发到导带上导致价带失去电子而产生正电的空穴，而导带由于接受电子显负电性。由于正负电荷之间的库仑力作用使得电子与空穴在空间上相互束缚不能自由移动，形成的电子-空穴对，即激子。

（2）激子的扩散。激子扩散的源动力主要在于材料中各处激子的浓度存在一定的差异。随着材料的种类和结构的不同，激子存在的时间也在不断变化，但总体来说激子寿命是很短暂的，一般以皮秒或者微秒计。在有机材料中，激子扩散的距离一般在几个纳米，而一般有机太阳能电池的厚度最多可以做到 200~300nm，但相比于无机半导体材料太阳能电池 100pm 的厚度，这还是远远的超过了激子的扩散长度。因此，激子在其传输过程中，常常在还未到达界面处就发生复合或者猝灭；如果设法减小或者消除激子的猝灭，那么大部分激子的能量就会通过辐射跃迁与能量转移等过程而逸失回到基态，这也是电池效率一直无法得到很大提高的主要原因之一。

（3）激子的解离。在太阳能电池中，作为受体（Acceptor）的 n 型半导体材料与作为给体（Donor）的 p 型半导体材料的电离能和电子亲和能是存在一定差异的，正是由于这种差异使得两种材料在接触后其接触面存在接触电势差，这就是激子解离驱动的源动力。聚合物中激子的解离一般是需要一个外加驱动力的。这主要是由于产生的激子在有机材料中结合需要的能量一般在 0.3~1.1eV，比无机半导体材料激发所产生的电子-空穴对的结合能量要高，因此其解离为自由电荷要困难许多。界面电荷的分离，是光电转化过程的一个很关键环节。但其具体原因人们还一知半解，有待进一步探索。目前科学上一致猜测认为，激子的解离往往是先同材料中具有电荷转移性能的物质结合成一个中间体，然后再分离成新的电荷载体。因此，电荷产生的效率就同表面激子与电荷转移物质复合、解离的效率呈正相关。

（4）电荷的传输与收集。在接触电势差形成的静电场中，激子分离为电荷与空穴。电荷在传输后，电子在阴极被捕获，空穴在阳极被收集。外电路接通后就正常可对外做功。需要注意的是：1）大部分有机聚合物材料的电子能隙差大于 2.3eV，只能吸收约 30%的太阳光能量，当电子能隙约为 1.0eV 时，可吸收的太阳光能量达到 70%以上。因此需要不断改性修饰分子结构来降低其合成的聚合物能隙，从而提高太阳光的吸收转化效率。2）有机聚合物光伏电池材料厚度要适宜，太薄或者太厚都不利于生产应用，厚度太薄，载流子转移活性受限同时转化的容量小，厚度太厚，第一步产生的激子即电子-空穴对在有限的时间与空间内不能很好的扩散，同时载流子传输的路径会拉长，激子容易复合。3）作为影响有机薄膜太阳能电池光伏性能重要因素的聚合物界面性质与光生载流子的迁移率也值得重点关注。通过扩散运动，激子在界面处会分离成独立的电子和空穴，成为电荷载流子，载流子迁移进而产生光电流。最后通过欧姆接触得到接收电荷，完成整个能量的光电转换过程。图 8.30 为聚合物太阳能电池工作的基本原理示意图。

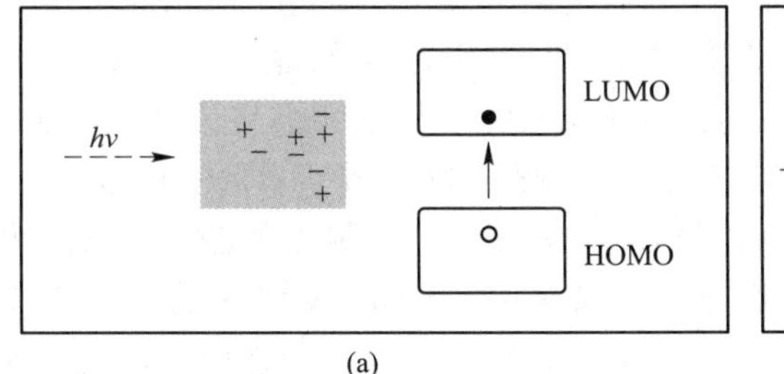

(a)

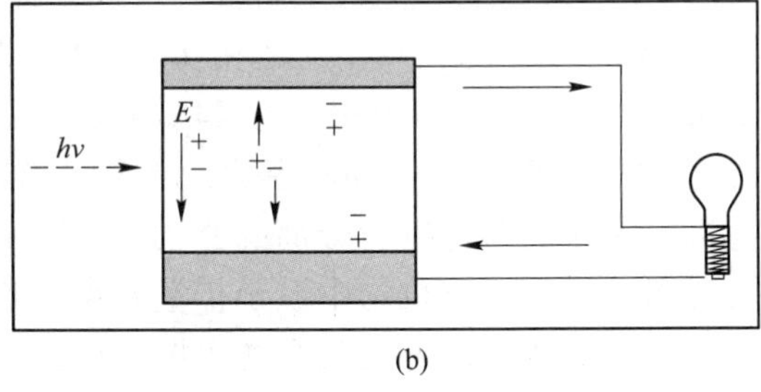

(b)

图 8.30 聚合物太阳能电池基本原理示意图

（a）电子和空穴的产生过程；（b）激子的分离和迁移过程

图 8.31 进一步给出了有机薄膜太阳能电池中电子转移的过程。其中，HOMO 表示最高已占有分子轨道，LUMO 表示最低未占有分子轨道。能量一旦满足激发要求，给体，即施主，吸收光子，使得 HOMO 上的一个电子跃迁到 LUMO。通常受体，即受主，在 LUMO 上的电离势就会高于给体在 LUMO 上的电离势，电子就由给体转移到受体。完成电子转移的激子相分离，产生电子和空穴，它们向相反的电极方向运动，从而就形成了光电流。

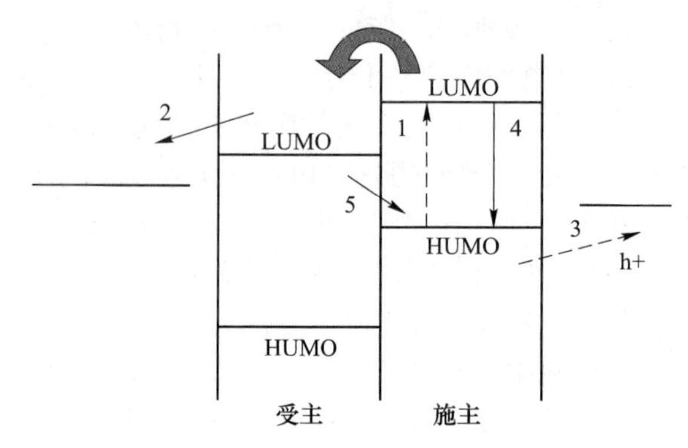

图 8.31　有机太阳电池中的电子转移过程

1~5—描述过程

8.4.3　有机薄膜太阳能电池的结构与材料

8.4.3.1　有机薄膜太阳能电池的结构

材料科学的研究来源于各种各样的组合，不同结构的组合，不同特性材料的组合，以及材料与结构的结合。有机薄膜太阳能电池为材料科学的研究注入了新的活力，它拥有众多不同的结构，由最初的单层膜肖特基器件开始，相继发展出了双层异质结、本体异质结、分子 D-A 结，以及基于以上单元结构的级联器件等。使用与这些结构不同材料特性优异的活性材料可以作为器件的给体和受体。它们的组合纷繁复杂，却又充满了希望，因此加强对器件物理特性的研究，是提高器件效率的最重要途径。

A　单层 Schottky 器件

图 8.32（a）所示为单层太阳能电池结构，只有一层同质单一极性的有机半导体材料内嵌于两个电极之间。图 8.32（b）是器件的能级示意图，其中的 HOMO 是材料的最高占据轨道，LUMO 是材料的最低空置轨道。有机分子吸收光产生激子后，电子占据较高能级的 π^* 轨道（LUMO），而与之相关联的空穴占据较低能级的 π 轨道（HOMO），如图 8.32（b）所示，由于两个电极功函数的不同，传输空穴的 π 轨道能级与具有较低功函数的电极之间将形成 Schottky 势垒（见图 8.32（b）能带弯曲 W 区域），即内建电场。这是有机单层光伏器件电荷分离的驱动力，只有扩散到 Schottky 势垒附近的激子，才有机会被解离。然而，有机物中激子扩散长度一般都小于 20nm 且 Schottky 势垒的范围 W 在电极与材料接触界面处仅几个纳米厚，因此只有极少一部分激子能够到达电极附近，被解离，最终产生电流。单层器件的光电转换效率极低，电流是激子扩散限制型，这种器

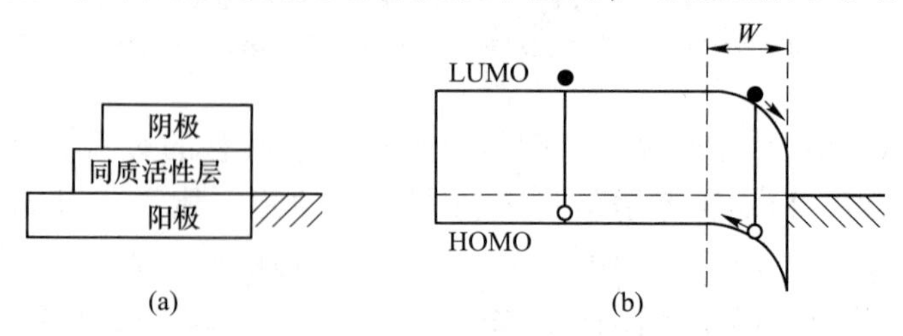

图 8.32　单层器件工作原理

（a）器件结构；（b）能级示意图

件可以作为光检测器，因为在较强的外电场作用下，光照产生的电荷可迁移到电极，产生电流。

B 双层异质结器件

在双层光伏器件中，给体和受体有机材料分层排列于两个电极之间，形成平面型 D-A 界面。其中，阳极功函数要与给体 HOMO 能级匹配；阴极功函数要与受体 LUMO 能级匹配，这样有利于电荷收集。双层器件的原理如图 8.33 所示，图中忽略所有由于能级排列而产生的能带弯曲和其他界面效应。

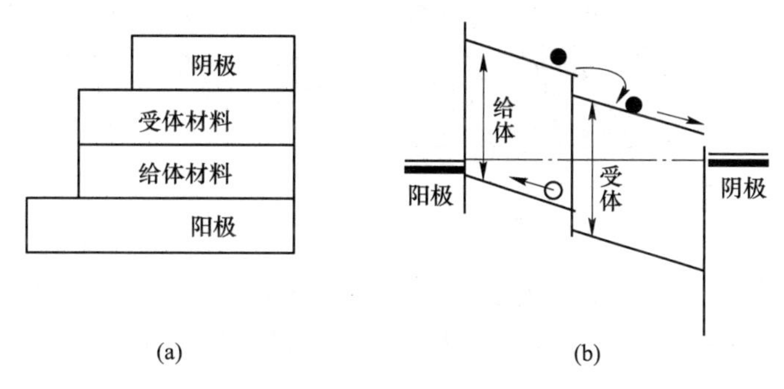

图 8.33 双层异质结器件工作原理

（a）器件结构；（b）能级示意图

在双层异质结器件中，光子转换成电子有以下几个步骤：（1）材料吸收光子产生激子：当入射光的能量大于活性物质的能隙时（E_g），活性物质吸收光子而形成激子；（2）激子扩散至异质结处；（3）电荷分离：激子在异质结附近被分成了自由的空穴（在给体上）和自由的电子（在受体上），它们是体系中主要的载流子，具有较长的寿命；（4）电荷传输以及电荷引出：分离出来的自由电荷，经过传输到达相应的电极，进而被收集和引出。

双层异质结器件中电荷分离的驱动力是给体和受体的最低空置轨道（LUMO）能级差，即给体和受体界面处电子势垒。在界面处，如果势垒较大（大于激子的结合能），激子的解离就较为有利，电子会转移到有较大电子亲和能的材料上。

与单层器件相比，双层器件的最大优点是同时提供了电子和空穴传输的材料。当激子在 D-A 界面产生电荷转移后，电子在 n 型受体材料中传输，而空穴则在 p 型给体材料中传输。因此电荷分离效率较高，自由电荷重新复合的机会降低。

C 本体异质结器件

在本体异质结器件中，给体和受体在整个活性层范围内充分混合，D-A 界面分布于整个活性层。本体异质结可通过将含有给体和受体材料的混合溶液以旋涂的方式制备，也可通过共同蒸镀的方式获得，还可以通过热处理的方式将真空蒸镀的平面型双层薄膜转换为本体异质结结构。

本体异质结器件原理如图 8.34 所示，图中忽略所有由于能级排列而产生的能带弯曲和其他界面效应。本体异质结器件与双层异质结器件相似，都是利用 D-A 界面效应来转移电荷。它们的主要区别在于：（1）本体异质结中的电荷分离产生于整个活性层，而双层异质结中电荷分离只发生在界面处的空间电荷区域（几个纳米），因此本体异质结器件中激子解离效率较高，激子复合几率降低，缘于有机物激子扩散长度小而导致的能量损失可以减少或避免；(2) 由于界面存在于整个活性层，本体异质结器件中载流子向电极传输主要是通过粒子之间的渗滤作用，而双层异质结器件中载流子传输介质是连续空间分布的给体或受体，因此双层异质结器件中载流子传输效率相对高。而本体异质结器件由于载流子传输特性所限，对材料的形貌、颗粒的大小较为敏感，且填充因子相应小。

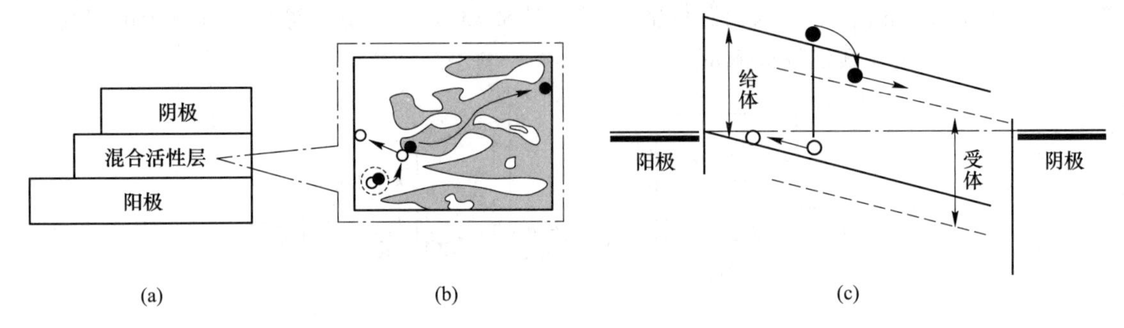

图 8.34 本体异质结器件基本结构及工作原理

(a) 基本结构；(b) 空间分布示意图，其中白点表示给体，黑点表示受体；(c) 本体异质结器件原理示意图

D 级联结构器件

级联电池是一种串联的叠层电池，是将两个或以上的器件单元以串接的方式做成一个器件，以便最大限度地吸收太阳光谱，提高电池的开路电压和效率。众所周知，材料的吸收范围有限，而太阳光谱的能量分布很宽，单一材料只能吸收部分太阳光谱能量。另外，由于电池中未被吸收的太阳能量可使材料产生热效应，使电池性能退化。级联电池可利用不同材料的不同吸收范围，增加对太阳光谱的吸收，提高效率和减少退化。级联电池的基本结构如图 8.35 所示，一般的器件单元按活性材料能隙不同采取从大到小的顺序从外向背电极串联，即与电池非辐射面（背面）最近的结构单元，其活性材料的能隙最小。由于串联的缘故，级联电池的开路电压一般大于子单元结构（理想情况下，总的开路电压等于各个子单元开路电压之和)，其转换效率主要受光生电流的限制。因此，级联电池设计的关键是合理地选择各子电池的能隙宽度和厚度，并保证各个子电池之间的欧姆接触，以达到高转换效率的目的。

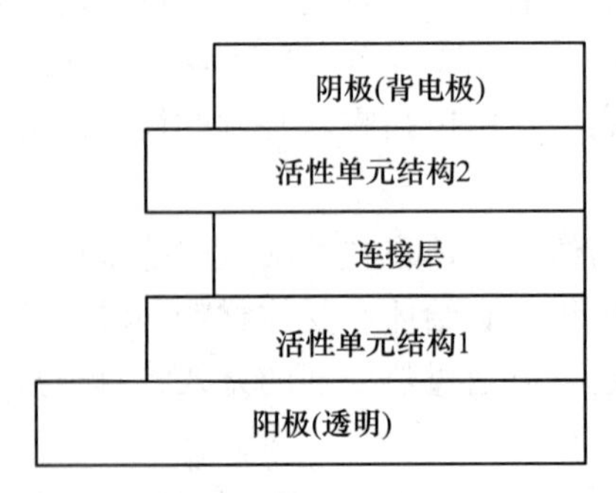

图 8.35 双子电池级联器件结构示意图

8.4.3.2 有机薄膜太阳能电池材料

有机薄膜太阳能电池中的光活性材料主要是一类可吸光的离域 π 电子系统，能产生光

生载流子并对其输运的有机半导体材料，可以通过溶液加工或真空沉积的方法来制备电池。根据它们在电池中扮演的角色，可大致分为电子给体（Electron Donor）材料和电子受体（Electron Acceptor）材料两类。以酞菁（Phthalocyanine）和二萘嵌苯（Perylene）这两种常见的有机太阳能电池材料为例，酞菁是一种电子给体材料，也是一种 p 型半导体和空穴传输材料；二萘嵌苯则是一种电子受体材料，也是一种 n 型半导体和电子传输材料。此外，根据相对分子质量，又可大致分为有机小分子和聚合物两类。下面简单介绍几种材料的研究情况。

小分子给体芳酸菁染料，如图 8.36（a）所示，具有高的吸光系数、宽的可见光吸收带（500~900nm）以及良好的光化学和热稳定性，因此在小分子有机太阳能电池中有广泛的应用。2008 年，Marks 等人报道了一系列基于不同芳酸菁染料的电池，最高效率可达 1.24%。随后，通过对染料分子侧链的改进可使电池的效率进一步提高。Würthner 等人将染料分子中的酮基替换为二氰基乙烯，如图 8.36（b）所示，增强了染料的结晶性并获得了相对较高的空穴迁移率。除了分子结构的改进，通过构建本体异质结（Bulk Heterojunction）和退火处理等，利用芳酸菁染料作为电子给体的有机太阳能电池效率已经突破 5%。

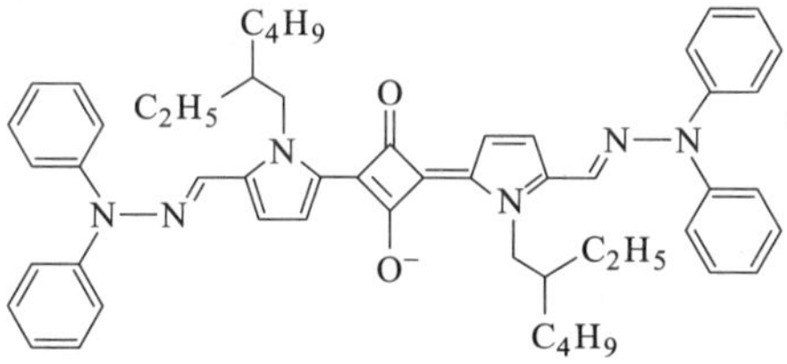

(a) 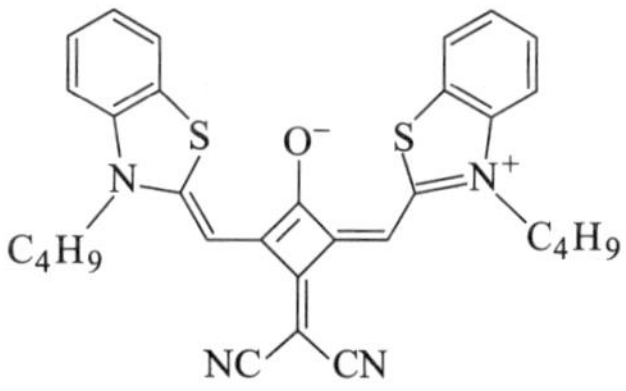　(b)

图 8.36　芳酸菁染料分子结构

2009 年，Watkins 等人报道了一类基于二苯并（a,H）芘的并苯类给体材料。这类并苯不会与富勒烯发生环加成反应，因此可用于制备基于体异质结结构的电池。例如，三乙硅基乙炔基取代的二苯并（a,H）芘，如图 8.37 所示，与 C60 衍生物构成的体异质结可通过旋涂二者的氯仿溶液而制得。通过仔细控制旋涂成膜的过程，所得的电池的效率可达 2.25%。

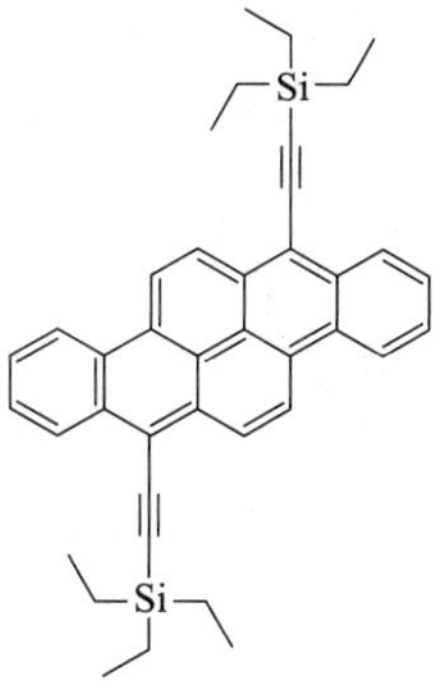

图 8.37　含取代基的并苯分子结构

为了得到各向同性的光学和载流子传输性能，以三苯胺结构单元为核心并配以线性 π 共轭分子臂的三维给体材料应运而生。Zhan 等人合成了具有 D-A-D 结构的三维分子：以三苯胺为核心、苯并噻二唑为连接桥梁、三联噻吩为臂，如图 8.38（a）所示。由于引入吸电子基团（苯并噻二唑），该分子可进行分子内的电荷转移，从而拓宽了材料的吸收光谱。当它与受体材料形成体异质结结构时，还能生成有利于电荷输运的纳米级相分离区域，从而使电池的效率达到了 4.3%。针对连接到三苯胺的三个线性 π 共轭分子臂的设计一直没有停歇，有引入双键的设计，如图 8.38（b）所示，有在吸电子基团上引入烷基链的设计，如图 8.38（c）所示，在提高电池效率方面也取得了一定的进步，可以由 3%提升到 4.76%。

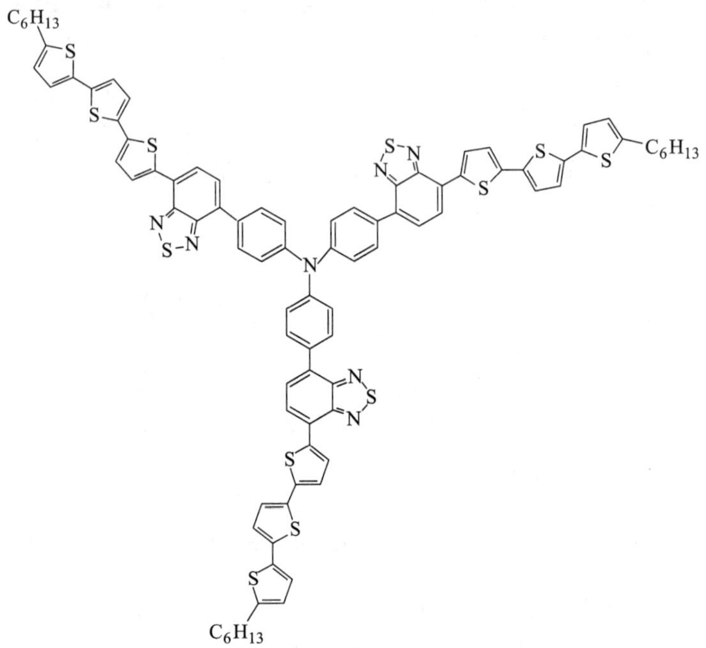

C_6H_{13} S S S N S N N S N N S N S S S C_6H_{13} S S S C_6H_{13}

(a)

C_6H_{13} NC CN S S C_6H_{13} N C_6H_{13} S S C_6H_{13} NC CN S S CN CN C_6H_{13} C_6H_{13}

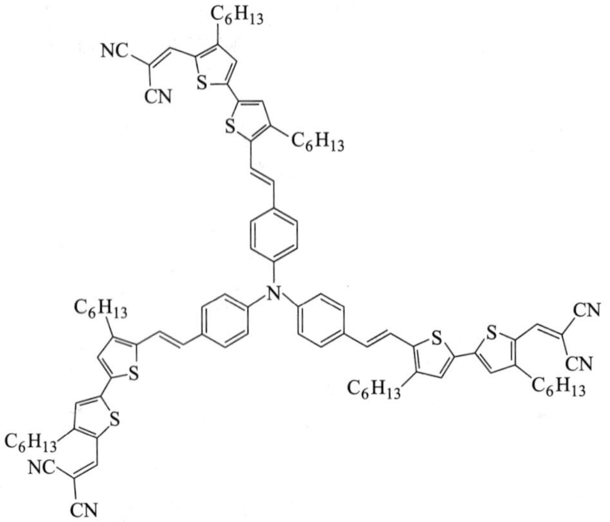

(b)

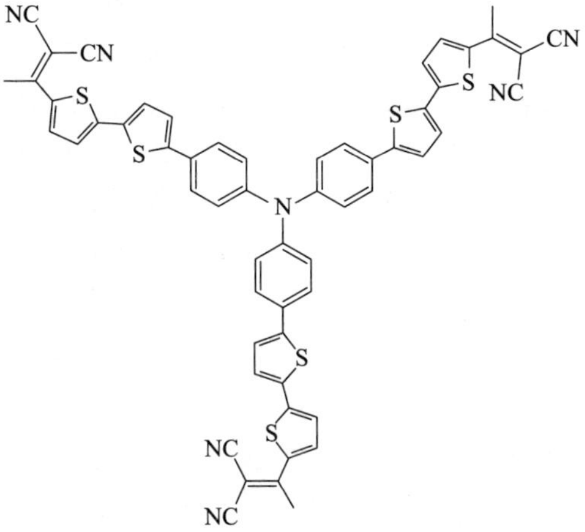

(c)

图 8.38 三维结构的三苯胺类给体分子结构

Kopidakis 等人报道了以三氰基苯为核心的二维噻吩低聚物，如图 8.39 所示，其中三氰基苯作为吸电子基团与三个一维噻吩臂构成推拉（push-pull）电子结构，从而降低给体分子的带隙，获得更好的可见光吸收。基于该给体分子的电池效率达 1.12%，远高于不含吸电子基团的给体分子。

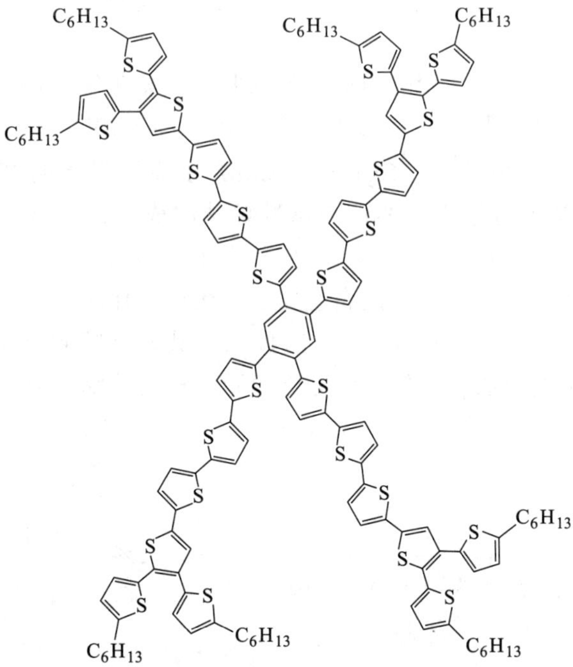

图 8.39 二维低聚噻吩的分子结构

由于具有很强的从给体半导体材料接受电子的能力和较高的电子迁移率，富勒烯及其衍生物是有机太阳能电池中最重要的一类受体材料。2008 年，Blom 等人合成了与 $PC_{61}BM$

类似的双加合物，如图 8.40（a）所示。循环伏安测试表明新的富勒烯衍生物的 LUMO 能级比 $PC_{61}BM$ 高了 0.1V，因此对应的电池开路电压也由 0.58V 上升到 0.73V，电池效率由 3.8%提升至 4.5%。Li 等人合成了 C_{60}-茚［见图 8.40（b）］和 C_{70}-茚双加合物［见图 8.40（c）］，它们的 LUMO 能级相对于 $PC_{61}BM$ 和 $PC_{71}BM$ 分别向上移动了 0.17eV 和 0.19eV。此外，这两种新的衍生物更易合成，而且在普通有机溶剂中的溶解性更好。由于 LUMO 能级向上的移动，电池的开路电压提高了 0.26V，最优化的电池效率甚至突破了 6%。

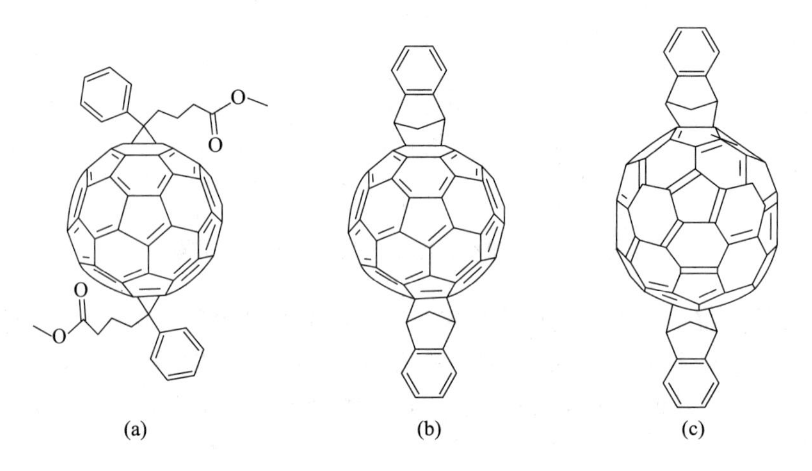

图 8.40　一些富勒烯衍生物的分子结构

聚噻吩乙烯（PTV）具有比聚噻吩更宽的吸收，其禁带宽度约 1.6eV。同时，PTV 还具有较高的载流子迁移率，其空穴迁移率可高达 $0.22cm^2/(V\cdot s)$。这两点使其成为潜在的高效聚合物光伏材料。2006 年，Nguen 等人研究了无取代基的 PTV［见图 8.41（a）］的光伏性质：通过 PTV 的可溶性前驱体与富勒烯共混成膜，然后热处理生成 PTV，所得电池的能量转换效率为 0.6%。Frisbie 等人合成了己基取代的 PTV 衍生物 3P20［见图 8.41（a）］，所得光伏器件的效率最高达到了 0.92%。Hou 等人则合成了带共轭支链的二维共轭 PTV 衍生物［见图 8.41（b）］。这种二维共轭聚噻吩乙烯薄膜呈现覆盖 350~740nm 的全可见光区的宽吸收，可使光伏器件的能量转换效率达到 0.32%。

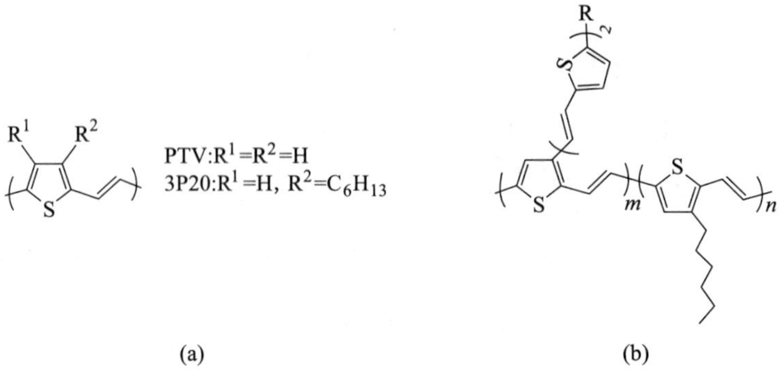

PTV: $R^1=R^2=H$
3P20: $R^1=H$, $R^2=C_6H_{13}$

(a)　　(b)

图 8.41　三种物质的分子结构

（a）PTV 和 3P20 的分子结构；（b）二维共轭聚噻吩乙烯的分子结构

8.4.4 有机薄膜太阳能电池的研究进展

第一个有机光电转化器件是 1958 年由 Kearns 和 Calvin 制备的，主要材料为镁酞菁（MgPc）染料，染料层夹在两个功函数不同的电极之间。有机半导体膜与两个不同功函数的电极接触时，会形成不同的肖特基势垒，因而此种结构的电池通常被称为“肖特基型有机太阳能电池”。在这个器件上，他们观测到了 200mV 的开路电压。

1986 年，Tang 等人模仿无机异质结太阳能电池，材料为小分子材料，制备了第一个基于 CuPc/PTCBI 异质结的双层结构器件，得到了接近 1%的转化效率，器件开路电压为 450mV，短路电流密度为 2.3mA/cm^2，填充因子为 65%。异质结由电子亲和势与电离势不同的两种有机材料构成，在两种材料相接触的界面处将产生势能差，激子将被解离，电子被电子亲和势强的材料获得，而空穴则被具有较低电离势的材料获得，从而提升了光生电流的产生效率。这一突破式进展为有机薄膜太阳能电池的研究开辟了新天地。

1995 年，有机光伏电池结构又迎来了一个新的变革，Yu 等人提出了所谓的本体异质结型太阳能电池。在本体异质结中，电子的给体和受体混合在一起形成光吸收层，这样就大大增加了给体和受体两种材料的接触界面，所以在吸收层中各个位置的激子都有机会迁移到电子给受体界面处解离成光生载流子。假如给体和受体两种材料都能在薄膜中形成连续的导电通道，那么生成的载流子就可以很容易地传输到收集电极上，形成光电流。第一个本体异质结电池是 Yu 等人将聚合物 MEH-PPV 和 C 混合制成的，这种混合的本体异质结电池效率比双层异质结电池高出了一个数量级左右。

2004 年，Xue J 团队首次实验制备了小分子体异质结叠层 OPV。他们将 CuPc 与 C60 分别作为体异质结电池的给体和受体，该混合体异质结小分子叠层有机太阳能电池的光电转换效率已经达到了 5.7%。

2009 年以来，各国材料化学家相继研制出高效窄带系和深 HOMO 能级的聚合物材料，电池能很好地吸收红光并具有较高的开路电压，OPV 电池的能量转换效率从 2005 年的 5% 快速提升到 2009 年的 7.73%，主要的贡献来自于 Solarmer Energy 公司采用 PBDTTT 和富勒烯衍生物 PC71BM 混合薄膜制备的吸收层。

2012 年，华南理工大学发光材料与器件国家重点实验室高分子光电材料与器件研究所的 Wu 创造了单结聚合物太阳电池效率的世界新纪录，获得了 9.2%的器件效率，并得到了国家太阳能光伏产品质量监督检测中心的认证。该器件采用的是倒置结构，光敏层使用的是 PTB7/PC71BM。

2013 年，日本三菱化学（Mitsubishi Chemical）公司宣布使用小分子有机型半导体苯并卟啉（BP，Benzopor-Phyrins）获得了效率达到 11.7%的有机太阳能电池，这是目前单结有机太阳能电池的最高效率。

为了实现对太阳光谱的更高效利用，人们也尝试了利用有机材料制作叠层太阳能电池。德国 Heliatek 公司 2013 年报道了效率达到 12%的叠层有机太阳能电池，他们使用的吸收层是有机小分子，是目前最高的水平，这也标志着有太阳能叠层电池已经可以和非晶硅叠层太阳能电池效率 12.2%的最高水平相比拟了。

三菱化学在日本新能源及产业技术综合开发机构（NEDO）的资助下，在 3M 日本公司的协助下，在仙台国际中心的走廊实施窗用薄膜证实实验。三菱化学宣布，未来供货该公司开发的有机薄膜太阳能电池。产品为半透明薄膜状，夹在双层玻璃中间或粘贴在玻璃窗上使用。该产品的转换效率约为3%。耐久性方面，预计夹在双层玻璃中使用的类型约为10年，粘贴在窗户上的薄膜约为5年。三菱化学表示，将使薄膜型产品的耐久性也达到10年以上。

2015年12月21日，德国Belectric OPv公司开发出新型半透明有机薄膜太阳能电池，其转换率达到5%（$50W/m^2$）以上，目前在半透明型太阳能电池产品中属转换率高的。该公司计划将该太阳能电池的模块作为建材一体成型（BIPV）的产品来供货。这次开始量产的太阳能电池模块颜色为灰色，应用在一种半透明有机薄膜太阳能电池上。构成模块的材料与德国Merck公司的有机薄膜太阳能电池用的材料品牌一致，是一种新型材料，商品名为“Lisicon”。公司设想新产品将作为大厦外墙上的发电材料使用。欧盟要求今后建筑物2021年全部实施近零能建筑“NZEB”，也就是使实际能耗接近零。这次开发的太阳能电池就能满足这种用途的要求。

现在，有关有机太阳能电池的报道中，其光电转换效率已然突破13%。并且，有一部分的有机太阳能电池已经投入到生产当中。图8.42为卷对卷的方法制备的大面积柔性的有机薄膜太阳能电池。

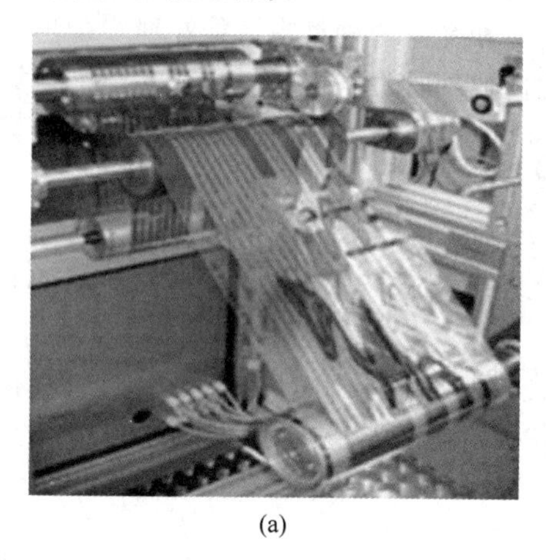

(a)

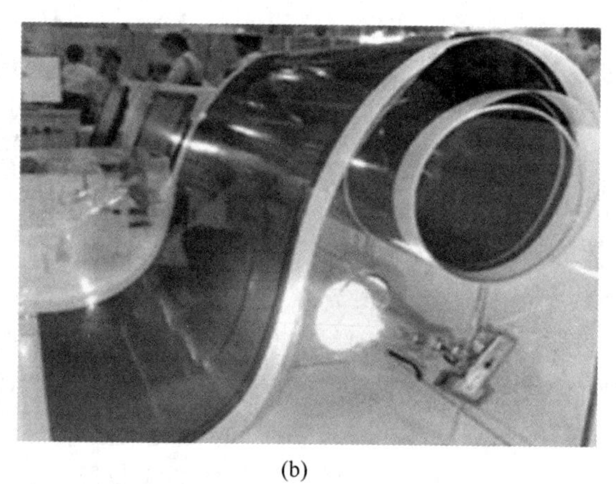

(b)

图8.42　roll-to-roll大面积制备的柔性有机薄膜太阳能电池

美国罗格斯大学研究人员H. Najafov等人发现，激子在有机半导体晶体红荧烯中的扩散距离是以前认为的1000多倍，该距离可与激子在制备无机太阳能电池的硅、砷化镓等材料中的距离相媲美，这是一条令人振奋的消息。只要从根本上克服了材料的载流子迁移率低带来的影响，有机太阳能电池就可取得极大的进展，随着新材料新概念的出现，相信在不久的将来有机薄膜太阳能电池就可以正式投入商业应用。

8.5　钙钛矿太阳能电池

8.5.1　概述

钙钛矿材料是一类有着与钛酸钙（$CaTiO_x$）相同晶体结构的材料。1839年，Gustav

Rose 在俄罗斯乌拉尔山脉首次发现了 $CaTiO_3$ 这种矿物，之后以俄罗斯地质学家 Perovski 的名字命名。狭义的钙钛矿特指 $CaTiO_3$，广义的钙钛矿是指具有钙钛矿结构的 ABX_3 型化合物，其中 A 为 Na^+、K^+、Ca^{2+}、Sr^{2+}、Pb^{2+}、Ba^{2+}等半径大的阳离子，B 为 Ti^{4+}、Nb^{5+}、Mn^{6+}、Fe^{3+}、Ta^{5+}、Zr^{4+}等半径小的阳离子，X 为 O^{2-}、F^-、Cl^-、Br^-、I^-等阴离子。这些半径大小不同的离子共同构筑一个稳定的晶体结构。ABX_3 晶体结构如图 8.43 所示，在钙钛矿晶体的立方结构中，A 元素是一个大体积的阳离子，居于立方体的中央；B 元素是一个较小的阳离子，居于立方体的 8 个顶点；X 元素是阴离子，居于立方体的 12 条边的中点。

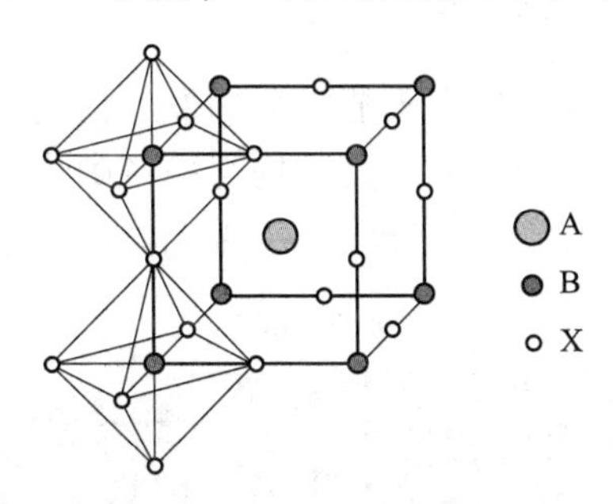

图 8.43 钙钛矿晶体结构图

钙钛矿太阳电池的材料成本低、制造便宜、具有柔韧性，可以通过改变原料的成分来调节其带隙宽度，还可以将带隙宽度不同的钙钛矿层叠加在一起变成叠层钙钛矿太阳电池，因此钙钛矿太阳电池在效率上超越硅电池是可能的。

此后，钙钛矿太阳电池的结构设计和配套材料等持续发展，在短短 7 年间效率就提高到 22.1%。钙钛矿光伏技术在很短的时间内异军突起，迅速实现了对多晶硅技术的反超。2013 年的十大科学突破之一就是钙钛矿太阳电池，效率快速提高（从 2006 年的 2.2%至 2014 年最新纪录的 20.1%）。2013 年，Snaith 公布了使用一层没有二氧化钛纳米颗粒的钙钛矿电池，简化该电池的体系结构和推进其效率到 15%以上。在 2014 年 4 月的材料研究学会会议上，洛杉矶加利福尼亚大学的材料科学家杨阳透露，他的实验室钙钛矿太阳电池的效率达到 19.3%。2016 年 4 月，香港理工大学取得了新的突破，钙钛矿型硅太阳电池创造了 25.5%的世界最高转换效率。

钙钛矿太阳电池的特点如下：

（1）$CH_3NH_3PbI_3$ 类型的钙钛矿材料是直接带隙材料，说明钙钛矿具有很强的吸光能力。硅片必须达到 150μm 以上才能实现对入射光的饱和吸收，而钙钛矿仅需 0.2μm 就能实现饱和吸收，因此钙钛矿太阳电池对活性材料的消耗很小。

（2）钙钛矿材料具有很高的载流子迁移率。载流子迁移率反映的是光照下在材料中产生的正负电荷的移动速度，较高的迁移率意味着光照产生的电荷可以更快的速度移动到电极上。

（3）钙钛矿材料的载流子迁移率近乎完全平衡，说明钙钛矿材料中电子和空穴的迁移率基本相同，这有利于钙钛矿太阳电池在高光强下的光电转换效率。

（4）钙钛矿晶体中的载流子复合几乎完全是辐射型复合。这是钙钛矿材料的一个极其重要的优点。当钙钛矿中的电子和空穴发生复合时，会释放出一个新的光子，这个光子又会被附近的钙钛矿晶体重新吸收。因此，钙钛矿对入射的光子有极高的利用率。因此，钙钛矿的光电转换效率理论上显著高于硅材料。目前单晶硅太阳电池的最高效率为25.6%，这个纪录已经保持了多年，未来也不太可能有大的突破。钙钛矿的辐射型复合特性则使其完全有潜力达到和砷化镓太阳电池一样高的效率水平，甚至突破29%。

（5）钙钛矿材料可溶解，这样钙钛矿材料就可以配制成溶液，像涂料一样涂布在玻璃基板上。对于高效率太阳电池来说，钙钛矿的溶解性是一个前所未有的优势，在效率超过20%的电池材料中只有钙钛矿是可溶的。

8.5.2 钙钛矿太阳能电池的发电原理

钙钛矿太阳能电池是由染料敏化太阳能电池的发展衍生出来的新型太阳能电池，从本质上它属于染料敏化太阳能电池的一种。其结构与染料敏化太阳能电池的结构相似。其结构大致可分为3层：电子传输层、空穴传输层、吸光层。其结构如图8.44所示。

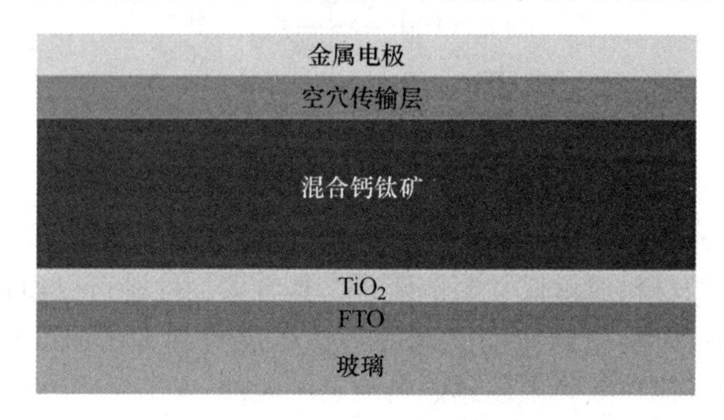

图8.44 钙钛矿太阳能电池结构

其中，电子传输层作为电池的负极，其作用是将吸光层分离出来的电子传输出去。它的主要材料为在氟掺杂氧化锡（FTO）导电玻璃上面涂上一层致密的 TiO_2 薄膜。空穴传输层是将被分离出来电子的空穴传输到金属阳极上。中间的那一层是吸光层，当有光线照到吸光层时，它会吸收光能量使核外自由电子摆脱原子核的束缚定向移动到电子传输层，从而形成电流。钙钛矿太阳能电池的吸光层的构造为多孔的 TiO_2 上面附着着钙钛矿晶体。这样的结构可以使钙钛矿的受光面积增大，使吸光层可以充分地吸收太阳光，进而提高了钙钛矿太阳能电池的工作效率。

钙钛矿太阳能电池的工作原理如下：

（1）在太阳光照射下吸收能量，大于吸光层禁带宽度能量的光子被吸光层吸收，价带电子受激发至导带中，于价带中留下空穴。

（2）当吸光层导带能级高于电子传输层的导带能级时，吸光层中导带电子注入电子传输层的导带中；当吸光层的价带能级低于空穴传输层的价带能级时，电子运输至阳极和外电路，吸光层中的空穴注入空穴传输层。

（3）空穴运输到阴极和外电路，从而构成完整回路，如图8.45所示。

8.5.3 钙钛矿太阳能电池的结构

常规的钙钛矿光伏器件由电子传输层（ETL）、活性钙钛矿层、空穴传输层（HTL）、电极和衬底5个部分组成（见图8.46），可以分为介孔钙钛矿型太阳能电池和平面钙钛矿

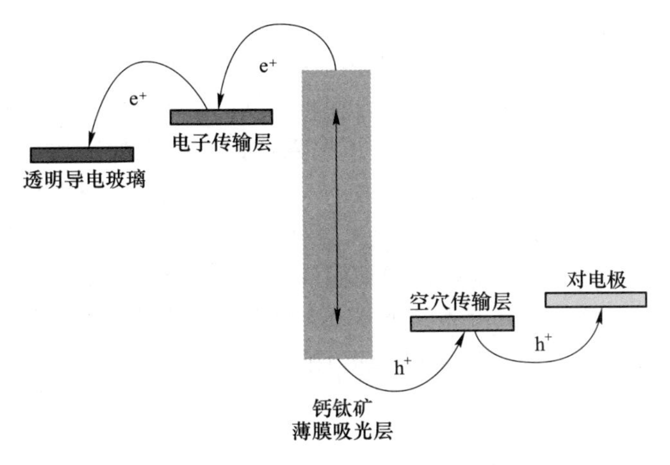

图 8.45 钙钛矿太阳能电池工作原理

(a)
电极
空穴传输层
钙钛矿层
电子传输层
FTO/ITO

(b)
电极
电子传输层
钙钛矿层
空穴传输层
FTO/ITO

图 8.46 n-i-p 结构平面 PSC（a）和 p-i-n 结构平面 PSC（b）

型太阳能电池；按照异质结结构可分为 n-i-p 结构（正式）和 p-i-n 结构（反式）。其中，n-i-p 结构是指电子传输层/钙钛矿层/空穴传输层的器件结构，而 p-i-n 结构是指空穴传输层/钙钛矿层/电子传输层的器件结构。

对于 n-i-p 型器件结构，通常采用致密金属氧化物，如 TiO_2 或 SnO_2 等作为 ETL，掺杂有机材料作为 HTL，其中最为常见的是 2,2′,7,7′-四(N,N-对甲氧苯胺基)-9,9′-螺二芴（Spiro-OMeTAD）。对于 p-i-n 型器件结构，空穴传输材料通常采用聚（3,4-乙烯二氧噻吩）：聚苯乙烯磺酸（PEDOT：PSS），电子传输材料通常采用［6,6］-苯基 C61 丁酸甲酯（PCBM）。

钙钛矿吸光层是 PSC 的核心部分，它一般在 ETL 和 HTL 之间，起到吸收入射光和转移光照下产生电荷的作用。钙钛矿材料具有 ABX_3 结构，其中 A 位离子通常是有机阳离子 MA^+、FA^+，有时掺杂无机阳离子 Cs^+ 或 Rb^+，达到抑制碘空位形成和迁移、提高钙钛矿薄膜 PCE 和稳定性的目的；B 位离子被 Pb^{2+} 或 Sn^{2+} 等金属阳离子占据，而 X 位离子为卤素阴离子。连续、均匀生长和致密的钙钛矿晶体是制备高性能有机-无机金属卤化物钙钛矿（OMHP）器件的关键材料。

目前，现有研究主要通过对钙钛矿薄膜形貌的优化和控制，达到提升器件效率的目的。Yan 等人采用溶剂刻蚀技术成功制备了一维纳米线 $CH_3NH_3PbI_3$ 薄膜，采用具有纳米线膜形态和 p-i-n 结构的 $CH_3NH_3PbI_3$ 基太阳能电池器件，获得 17.62%的最佳可重复 PCE，而基于常规两步方法制备的器件 PCE 仅为 12.56%。证实了 $MAPbI_3$ 薄膜的纳米线形态有利于空穴分离和界面间的传输。Kong 等人通过抗溶剂蒸汽辅助结晶和空间限制策略，制备了高质量的毫米级 $MAPbI_3$ 钙钛矿高质量薄单晶（TMC），其厚度可控制在 60~550nm 之间。基于这些，$MAPbI_3$TMC 的太阳能电池 PCE 可达 20.1%。证实了高质量钙钛矿薄单晶可以有效地抑制辐射和非辐射复合损耗，从而为钙钛矿型太阳能电池的效率最大化提供了一条有效提升的途径。为了进一步探究钙钛矿晶体成核和生长过程中的影响因素，Song 等人制备了尺寸约为 10mm 的 $CH_3NH_3PbI_{3-x}$ 单晶。研究发现，可以通过调节前驱体溶液中的氯含量来限制钙钛矿成核和减缓结晶。Song 等人针对 OMHP 设备在潮湿条件下稳定性差的问题，研究了钙钛矿晶粒在潮湿条件下的运动行为。结果表明，钙钛矿颗粒的运动行为归因于钙钛矿在高湿条件下的不对称分解。由此可知，对钙钛矿器件进行良好封装，降低外部环境湿度对钙钛矿晶粒本身影响，对提高钙钛矿电池稳定性是至关重要的。

8.5.4　钙钛矿太阳能电池的研究进展

n-i-p 结构是最为常见的钙钛矿结构，一般用金属氧化物作为电子传输层，如 TiO、ZnO 和 SnO 等，其重点在于实现低温制备电子传输层。Sang Hyuk Im 课题组使用溶胶-凝胶的方法制备了 ZnO 纳米溶胶，旋涂后在 150℃下退火 15min，使用聚三芳胺（PTAA）作为空穴传输层，最终得到的柔性器件的能量转换效率达到了 15.96%，几乎没有迟滞现象，弯曲到曲率半径为 4mm 时仍然能够保持初始效率的 90%以上。

除了使用 ZnO 替换 TiO_2 作为电子传输层以外，科研人员还研究了其他可以低温制备的电子传输材料。Ameen 等人直接在 PET-ITO 上射频磁控溅射 Ti 作为电子传输层，制备的器件结构为 PET-ITO/Ti/$CH_3NH_3PbI_3$/Spiro-OMeTAD/Ag，控制 Ti 层的厚度为 100nm 时，获得了最高 8.39%的能量转换效率。

Ke 等人对 SnO_2 在钙钛矿电池中的应用做了深入研究，首先旋涂 $SnCl_2 \cdot 2H_2O$ 前体溶液，然后在 180℃下加热退火 1h，在刚性基底上获得了 17.2%的能量转换效率，为进一步在柔性基底上的应用奠定了基础。

Shin 等人进一步使用 ZnO 和 SnO_2 的混合氧化物 Zn_2SnO_4（ZSO）作为电子传输层材料（见图 8.47），首先利用 $ZnCl_2$ 和 $SnCl_4$ 混合溶液在水合肼的作用下水解得到高度分散、尺寸均一的 ZSO 纳米颗粒，然后旋涂制膜并在 100℃下退火。制备出的 ZSO 电子传输层具有优良电子传输能力的同时，具有比 TiO_2 致密层更好的减反效果和透光能力，最终在柔性基底上制备的钙钛矿电池的效率达到了 15.3%。

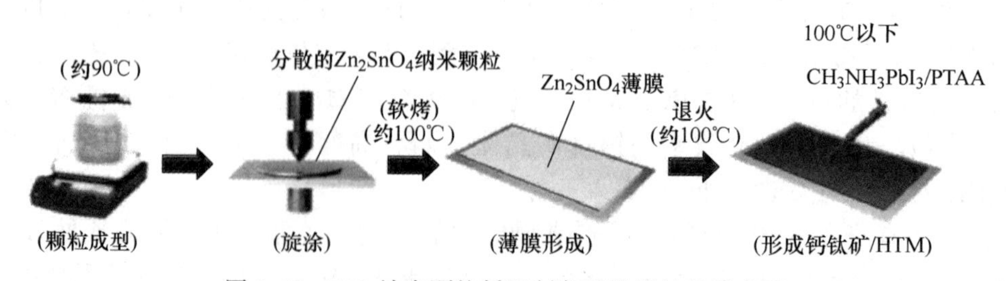

图 8.47　ZSO 纳米颗粒低温制备柔性器件的示意图

研究者在低温制备 TiO_2 致密层方面也做了大量的工作，从而使传统的 TiO_2 材料能够用于柔性钙钛矿太阳能电池。F. D. Giacomo 等人首先用原子层沉积（ALD）的方法在

PET-ITO 基底上制备了 TiO_2 致密层（见图 8.48），然后旋涂 TiO_2 致密层前体溶液。与传统的 500℃退火方法不同的是，他们在 145℃挥发溶剂后，用紫外光照去除有机添加剂，并促进 TiO_2 颗粒的接触与成键，最终得到的器件能量转换效率为 8.4%。

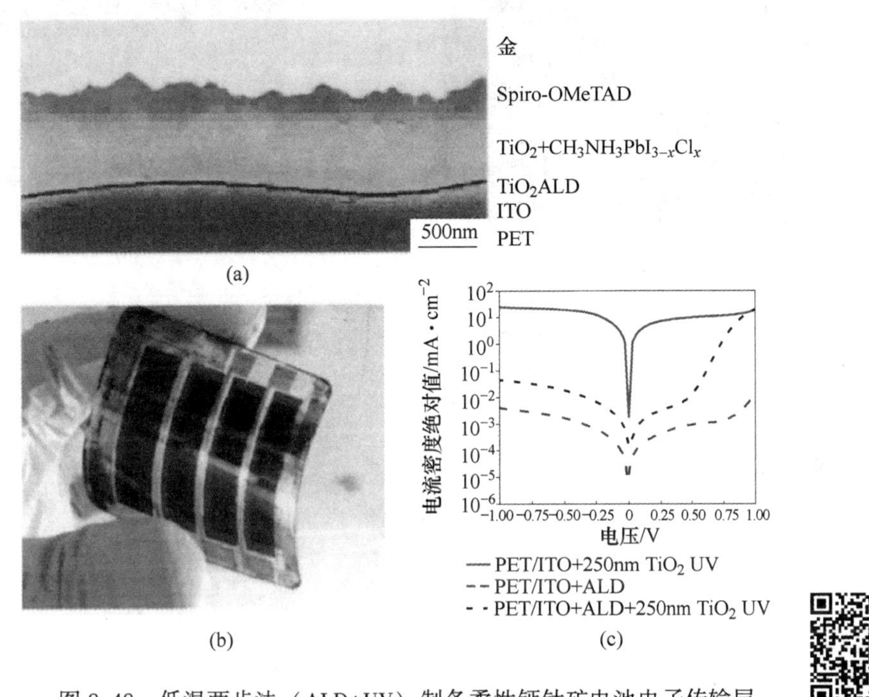

图 8.48 低温两步法（ALD+UV）制备柔性钙钛矿电池电子传输层
（a）ALD 法制备柔性钙钛矿太阳能电池的截面 SEM 图；
（b）4 个电池串联模块（5.6cm×5.6cm）；（c）电池的 *J–V* 曲线

Dkhissi 等人首先使用水热法合成了锐钛矿型的 TiO_2 纳米颗粒，旋涂纳米颗粒悬浮液，然后在 150℃下退火 1h 制备电子传输层，并使用气体辅助的方法来优化钙钛矿的成膜，最终得到的器件效率达到了 12.3%。Qiu 等人使用了电子束诱导蒸发的方法来制备 TiO_2 致密层，研究发现钙钛矿层的覆盖度与 TiO_2 致密层的膜厚有明显关系，在 TiO_2 最优的膜厚下获得了 13.5%的能量转换效率。Yang 等人使用磁控溅射的方法，在 PET-ITO 上制备了一层非晶的 TiO_2 致密层，通过稳态光致发光谱发现非晶的 TiO_2 层相比钙钛矿型的 TiO_2 而言反而具有更高的电子迁移率，最终得到的柔性器件能量转换效率超过了 15.07%，如图 8.49 所示。

为了进一步提高柔性钙钛矿电池的性能，需要精确调控钙钛矿层的成膜过程及形貌。具体可以在钙钛矿前体溶液中掺入聚乙烯亚胺离子（PEIHI）、磺酸铵、聚（2-乙基-2-噁唑啉）（PEOXA）等来调控钙钛矿的成膜和结晶过程，优化后的器件能量转换效率最高可以达到 13.8%。2017 年，Dong 等人找到了一种更为简单的方法来调控钙钛矿的成膜和结晶。通过旋涂制备好钙钛矿薄膜后，使用硫氰酸铵（NH_4SCN）进行后处理，钙钛矿薄膜经过分解再重结晶的过程（见图 8.50），形成的钙钛矿薄膜晶粒更大、结晶性更好、缺陷更少。将该钙钛矿薄膜制备工艺运用到倒置平面异质结钙钛矿太阳能电池中，在刚性衬底上获得了高达 19.44%的光电转换效率，在柔性电池中获得了 17.04%的光电转换效率。同

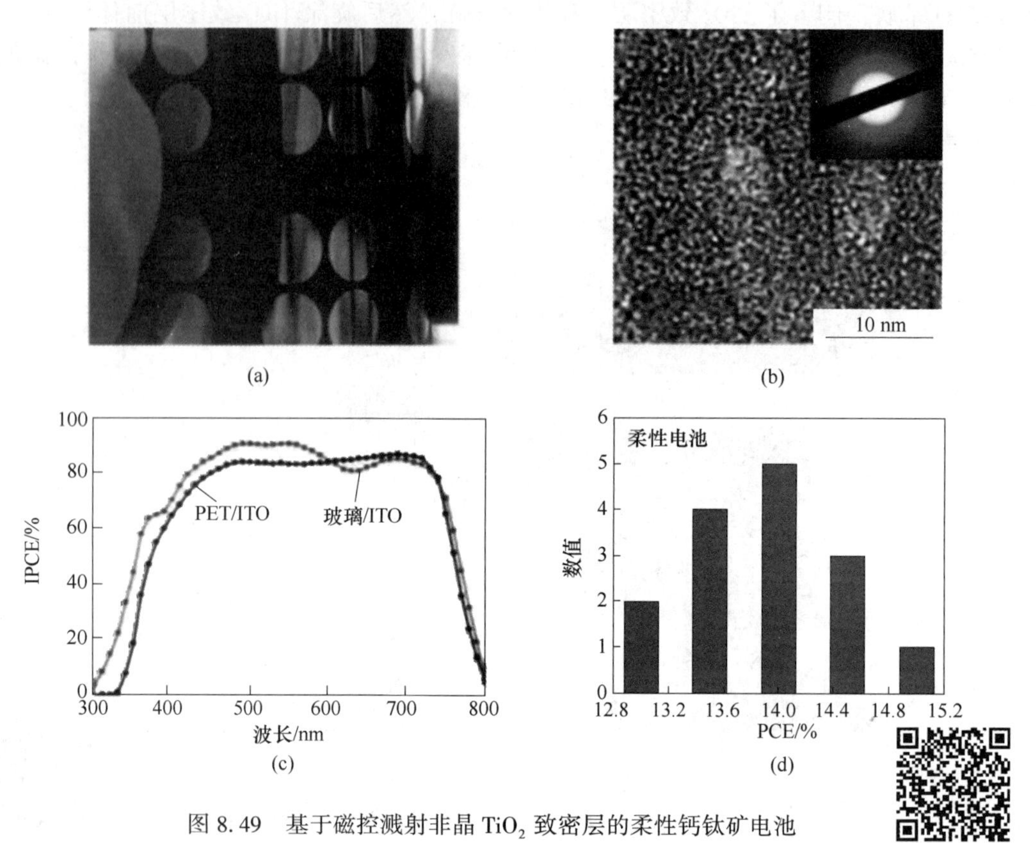

扫一扫看更清楚

图 8.49　基于磁控溅射非晶 TiO_2 致密层的柔性钙钛矿电池

（a）柔性钙钛矿电池照片；（b）TiO_2 薄膜的 HRTEM 图像和电子衍射图；（c）分别在刚性衬底和柔性衬底上的 IPCE 曲线；（d）柔性钙钛矿太阳能电池的 PCE 分布

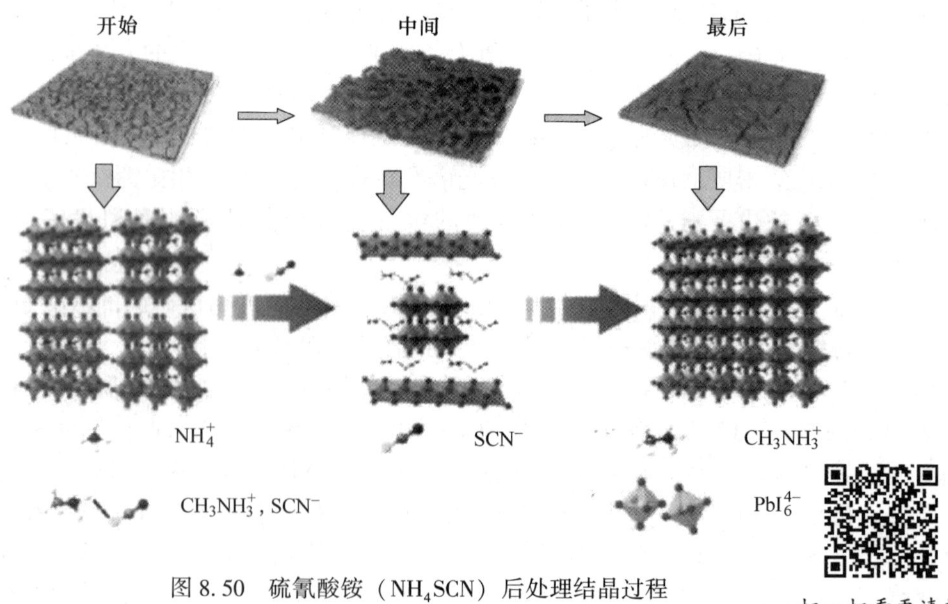

扫一扫看更清楚

图 8.50　硫氰酸铵（NH_4SCN）后处理结晶过程

年，Yoon 等人在 PEN/graphene 基底上制备了倒置结构的柔性钙钛矿太阳能电池（见图 8.51），通过优化工艺参数将效率提升到了 17.3%，该效率是目前国际上柔性薄膜太阳能电池的最高效率。虽然柔性钙钛矿太阳能电池的效率增长非常迅速，在短短的 4 年时间里效率由 2.62%增长到 17.3%，但是，相比于刚性器件的效率（22.7%）仍然有待进一步提高。

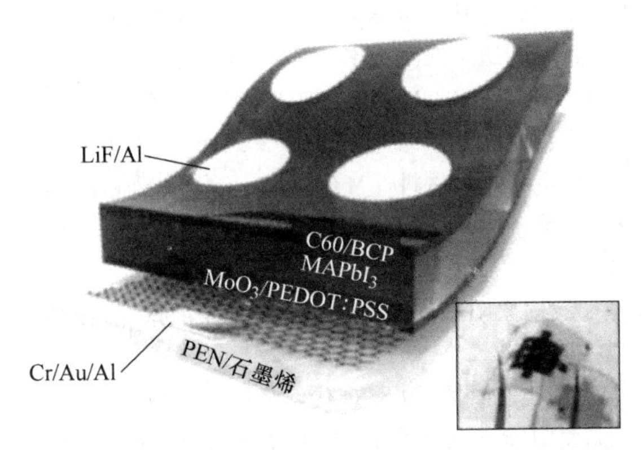

图 8.51　PEN/石墨烯基底上制备反式结构的柔性钙钛矿太阳能电池结构

钙钛矿太阳能电池也存在一些缺点，其进入市场应用还有很长的路要走。首先，目前实验室里制造的大部分电池是微小的，仅几毫米大。相比之下，晶体硅太阳能电池单体片尺寸高达十几厘米。实验室很难生产出较大面积的钙钛矿连续薄膜。其次，钙钛矿太阳能电池对氧气非常敏感，会与其发生化学反应进而破坏晶体结构，并产生水蒸气，溶解盐状的钙钛矿。目前，最好的钙钛矿中的铅可能会滤出，对屋顶和土壤造成一定的污染。

复习思考题

8-1　基本的单结非晶硅薄膜太阳能电池的结构。
8-2　非晶硅薄膜太阳能电池结构的发展趋势。
8-3　化合物半导体的种类、特性与其应用在太阳能电池中的优点。
8-4　碲化镉薄膜太阳能电池的结构与发电原理。
8-5　铜铟镓硒薄膜太阳能电池的结构与发电原理。
8-6　染料敏化太阳能电池的基本组成及其组成单元的工作原理。
8-7　染料敏化太阳能电池的优点。
8-8　有机薄膜太阳能电池的发电原理。
8-9　钙钛矿太阳能电池的特点。
8-10　钙钛矿太阳能电池的结构。

参考文献

［1］朴政国，周京华．光伏发电原理、技术及其应用［M］．北京：机械工业出版社，2020.

［2］宋伟，张城城，张冬，等．环境保护与可持续发展［M］．北京：冶金工业出版社，2021.

［3］杨金焕，于化丛，葛亮．太阳能光伏发电应用技术［M］．北京：电子工业出版社，2009.

［4］刘寄声．太阳电池加工技术问答［M］．北京：化学工业出版社，2016.

［5］翁敏航．太阳能电池：材料·制造·检测技术［M］．北京：科学出版社，2013.

［6］2021年全球可再生能源现状报告［R］．REN21，2021年6月15日．

［7］2022年可再生能源报告［R］．国际能源署（IEA），2022年12月6日．

［8］种法力，滕道祥．硅太阳能电池光伏材料［M］．北京：化学工业出版社，2015.

［9］李美成，高中亮，王龙泽，等．“双碳”目标下我国太阳能利用技术的发展现状与展望［J］．太阳能，2021（11）：13-18.

［10］王琪，杨立权，韩东全．我国太阳能光伏发电发展现状及前景［J］．农业与技术，2015，35（23）：168-170.

［11］刘菲．太阳能光伏发电的现状及前景［J］．现代经济信息，2015（22）：322.

［12］吕贝，邱河梅，张宇．太阳能光伏发电产业现状及发展［J］．华电技术，2010，32（1）：73-76，82.

［13］杨忠．太阳能光伏发电产业现状与发展趋势［J］．金陵科技学院学报，2008，24（1）：9-13.

［14］李隽．中国能源转型与“十四五”电力规划研究［R］．中国电力发展论坛，北京，2020.

［15］张宁，代红才，李苏秀．电力装机将长期保持高增长［N］．中国能源报，2019-4-5.

［16］杨学坤．中欧光伏产品反倾销威慑与价格承诺［J］．黑龙江社会科学，2016（4）：88-94.

［17］刘静．欧盟对华光伏产业反倾销调查的现状与启示［D］．南宁：广西大学，2014.

［18］杨德仁．太阳能电池材料［M］．北京：化学工业出版社，2006.

［19］刘鉴民．太阳能利用：原理·技术·工程［M］．北京：电子工业出版社，2010.

［20］杨贵恒．太阳能光伏发电系统及其应用［M］．北京：化学工业出版社，2015.

［21］施钰川．太阳能原理与技术［M］．西安：西安交通大学出版社，2009.

［22］段光复．高效晶硅太阳电池技术：设计、制造、测试、发电［M］．北京：机械工业出版社，2014.

［23］刘振亚．全球能源互联网［M］．北京：中国电力出版社，2015.

［24］刘宏．家用太阳能光伏电源系统［M］．北京：化学工业出版社，2007.

［25］郭廷伟，刘鉴民．太阳能的利用［M］．北京：科学技术文献出版社，1987.

［26］沈辉，曾祖勤．太阳能光伏发电技术［M］．北京：化学工业出版社，2005.

［27］梁宗存，沈辉，史珺，等．多晶硅与硅片生产技术［M］．北京：化学工业出版社，2014.

［28］邓丰，唐正林．多晶硅生产技术［M］．北京：化学工业出版社，2009.

［29］黄有志，王丽．直拉单晶硅工艺技术［M］．北京：化学工业出版社，2017.

［30］侯海虹，马玉龙，张静，等．太阳电池和光伏组件检测及标准［M］．北京：科学出版社，2016.

［31］鲍海林，张建平．提高合成三氯氢硅转化率的研究［J］．云南冶金，2017，46（6）：35-38.

［32］刘诗仪，李瑞冰．太阳能级多晶硅冶金法制备技术［J］．冶金管理，2020，23：37-38.

［33］何丽雯．太阳能多晶硅的制备生产工艺综述［J］．化学工程与装备，2010，2：117-120.

［34］张明杰，李继东，陈建设．太阳能电池及多晶硅的生产［J］．材料与冶金学报，2007，6（1）：33-38.

［35］贺玉刚，王芳，孙强，等．多晶硅副产物反歧化法合成三氯氢硅的研究进展［J］．化学管理，2019，25：69-70.

［36］付亚惠，李治明，刘建全．氧碳对太阳能级直拉单晶硅品质影响初探［J］．青海科技，2011，

18（3）：35-37.

[37] 张伟或，张洪川．磁场中直拉硅单晶的生长［J］．稀有金属，1984，6：15-20.

[38] 叶安珊，徐照胜．硅切割生产工艺与废砂浆分类处理方法研究［J］．现代工业经济和信息化，2019，180（6）：49-60.

[39] 毕勇，刘志东，邱明波，等．新型太阳能级硅片切割技术［J］．材料科学与工程学报，2010，28（4）：582-585.

[40] 许志龙，徐西鹏，黄辉，等．晶体硅电池表面光功能织构及其制备的研究进展［J］．机械工程学报，2019，55（9）：166-175.

[41] 马跃，魏青竹，夏正月，等．工业化晶体硅太阳电池技术［J］．自然杂志，2010，32（3）：161-165.

[42] 李海玲，赵雷，刁宏伟，等．单晶硅制绒中影响金字塔结构因素的分析［J］．人工晶体学报，2010，39（4）：857-861.

[43] 戴小宛，张德贤，蔡宏琨，等．单晶硅表面制绒及其特性研究［J］．人工晶体学报，2014，43（2）：308-313.

[44] 赵洪涛．单晶硅电池碱腐蚀制绒工艺的试验研究［J］．可再生能源，2012，30（11）：10-14.

[45] 种法力．晶体硅表面制绒参数优化分析［J］．表面技术，2014，43（5）：87-90.

[46] 池缘缘，陆晓东，周涛，等．制绒参数对单晶硅太阳电池制绒效果的影响［J］．渤海大学学报（自然科学版），2013，34（4）：362-366.

[47] 顾静琰，黄仕华．碱液环境下电化学腐蚀多晶硅的研究［J］．半导体光电，2013，34（6）：1005-1008.

[48] 徐华天，冯仕猛，单以洪，等．多晶硅表面暗纹的形成以及消除技术研究［J］．半导体光电，2012，33（5）：690-714.

[49] 张力典，沈鸿烈，岳之浩，等．低反射率多晶硅绒面的湿法制备研究［J］．电子器件，2013，36（3）：285-289.

[50] 杨金，郭进，魏唯．刻蚀设备在太阳能晶硅电池刻蚀工艺中的应用［J］．电子工业专用设备，2013，222：26-29.

[51] 王彦青，王秀峰，江红涛，等．硅太阳能电池减反射膜的研究进展［J］．材料导报 A：综述篇，2012，26（10）：151-156.

[52] 赵崇友，蔡先武．PECVD 制备氮化硅薄膜的研究［J］．半导体光电，2011，32（2）：233-238.

[53] 张广英，吴爱民，秦福文，等．玻璃衬底沉积氮化硅薄膜性能研究［J］．哈尔滨工程大学学报，2009，30（11）：1331-1334.

[54] 应用材料公司．晶体硅太阳能电池的丝网印刷技术［J］．电子与电脑，2010，7：61-65.

[55] 吕涛．太阳能电池丝网印刷中的故障及解决方法［J］．山西化工，2022，204（8）：68-70.

[56] 赵汝强，梁宗存，李军勇，等．晶体硅太阳电池工艺技术新进展［J］．材料导报：综述篇，2009，23（3）：25-29.

[57] 李翠双，张晓朋．丝印电极的刮印角度和银浆特性对多晶硅太阳电池性能的影响［J］．光电子技术，2018，38（4）：262-266.

[58] 熊志军，甘卫平，周健，等．高方阻晶硅太阳能电池正面电极的匹配设计与烧结工艺［J］．粉末冶金材料科学与工程，2014，19（4）：608-614.

[59] 滕道祥，王鹤，杨宏．单晶硅太阳电池工业化绒面技术研究［J］．电源技术研究与设计，2010，34（12）：1246-1248.

[60] 赵立华，易辉，费玖海，等．太阳能晶硅电池片印刷工艺及工艺物化初步研究［J］．电子工业专用设备，2012，213：15-20.

[61] 林异华，张景，艾玲，等．光伏玻璃减反射膜的研究进展［J］．材料学报，2019，33（11）：3588-3595.
[62] 李觅．超白玻璃登陆蓉城市场角逐初现端倪［J］．建材与装饰，2008（8）：30.
[63] 涂国建．太阳能电池 EVA 封装胶膜的设备与工艺［J］．塑料制造，2007（12）：78-79.
[64] 汤亮，张董洁，龚发云，等．全自动太阳能残片激光划片机系统设计［J］．机床与液压，2019，47（2）：9-12.
[65] 刘月林，王习羽，高苗雨．太阳能电池片分选机造型设计［J］．工业设计作品欣赏，2021，38（12）：19.
[66] 彭程，赵忠．晶体硅光伏模组输出功率提升的研究［J］．电子工业专用设备，2019，275：37-39.
[67] 余建，张红，王勋荣．硅太阳能电池片焊接不良分析及对策［J］．常州信息职业技术学院学报，2014，13（2）：28-30.
[68] 任蓉莉，刘星．红外焊接技术在全自动串焊机上的应用［J］．电子工业专用设备，2016，252：31-57.
[69] 包婧文．设备自动化焊接将成市场必需［J］．太阳能，2013（10）：16-18.
[70] 周晶，江新，徐东建．新型太阳能电池板超声波焊接机设计［J］．工艺装备，2013，52（596）：65-66.
[71] 陈志强．光伏建筑一体化系统中光伏组件封装工艺探讨［J］．玻璃，2008，35（12）：16-19.
[72] 王颖亭，竺江峰，胡晓飞，等．关于光伏接线盒散热性影响因素的研究［J］．大学物理实验，2019，32（1）：76-79.
[73] 武星，李林慧，陈智强，等．太阳能硅片焊接质量参数在线视觉测量［J］．机械科学与技术，2019，38（6）：923-929.
[74] 朱舸，周健平．太阳能电池组件生产过程隐裂的控制［J］．电子质量，2015，11：24-27.
[75] 杨利利，马晓波，杨佳．晶硅太阳能电池正面电极印刷工艺研究［J］．宁夏工程技术，2019，18（3）：216-219.
[76] 马桂艳，张红姝，史金超，等．基于电致发光的太阳能电池检测方法研究［J］．光电子技术，2020，40（3）：213-216.
[77] 华锴玮，王浩，吴根平，等．基于电致发光图像识别的 PERC 太阳能电池检测系统［J］．现代信息科技，2021，5（9）：96-99.
[78] 常启兵．新能源专业实验与实践教程［M］．北京：化学工业出版社，2019.
[79] 沈文忠．太阳能光伏技术与应用［M］．上海：上海交通大学出版社，2013.
[80] 张兴．太阳能光伏并网发电及其逆变控制［M］．2 版．北京：机械工业出版社，2018.
[81] 张兴．新能源发电变流技术［M］．北京：机械工业出版社，2018.
[82] 李英姿．太阳能光伏并网发电系统设计与应用［M］．北京：机械工业出版社，2020.
[83] 谢军．太阳能光伏发电技术［M］．北京：机械工业出版社，2018.
[84] 朱美芳．太阳电池基础与应用［M］．2 版．北京：科学出版社，2014.
[85] 皇甫宜耿．电源变换基础及应用［M］．北京：人民邮电出版社，2015.
[86] 刘鉴民．太阳能热动力发电技术［M］．北京：化学工业出版社，2012.
[87] Martin. 太阳能电池工作原理、技术和系统应用［M］．狄大卫，等译．上海：上海交通大学出版社，2010.
[88] Stephen J Fonash. Solar Cell Device Physics［M］. 2nd ed. United States of America：Elsevier，2010.
[89] Donald A Neamen. 半导体物理与器件［M］．4 版．赵毅强，等译．北京：电子工业出版社，2018.
[90] 刘进军．电力电子技术［M］．6 版．北京：机械工业出版社，2022.
[91] 杨金焕，袁晓，季良俊．太阳能光伏发电应用技术［M］．3 版．北京：电子工业出版社，2017.

[92] 戴宝通，郑晃忠．太阳能电池技术手册［M］．北京：人民邮电出版社，2012.

[93] 杨德仁．太阳电池材料［M］．北京：化学工业出版社，2018.

[94] 熊绍珍，朱美芳．太阳能电池基础与应用［M］．北京：科学出版社，2009.

[95] 张仁霖．非晶硅薄膜太阳能电池分析与研究［J］．安徽电子信息职业技术学院学报，2021，20（2）：27-30.

[96] 曲鹏程．非晶硅薄膜太阳能电池结构设计与关键工艺研究［D］．成都：电子科技大学，2014.

[97] 肖华鹏．基于等离激元结构柔性非晶硅薄膜太阳能电池的研究［D］．南京：南京理工大学，2015.

[98] 钟全．非晶硅薄膜太阳能电池激光刻线工艺研究及设备优化［D］．成都：电子科技大学，2018.

[99] 滨川圭弘．太阳能光伏电池及其应用［M］．张红梅，崔晓华，译．北京：科学出版社，2008.

[100] Meier J，Flückiger R，Keppner H，et al. Complete Microcrystalline p-i-n Solar Cell-Crystalline or Amorphous Cell Behavior［J］. Applied Physics Letters，1994，65（7）：860-862.

[101] Meier J，Torres P，Platz R，et al. On the Way Towards High-Efficiency Thin Film Silicon Solar Cells by "Micromorph" Concept［C］. Proceedings of the MRS Spring Meeting，San Francisco，1996，420：3-14.

[102] 齐立敏．微晶硅薄膜的 PECVD 制备及性能研究［D］．上海：上海师范大学，2012.

[103] 张宏伟．微晶硅薄膜太阳能电池的研究［D］．沈阳：辽宁大学，2014.

[104] Shah A，Meier J. Vallat-Sauvain E，et al. Material and Solar Cell Research in Microcrystalline Silicon［J］. Sol Energy Mater Sol Cells. 2003，78：469-491.

[105] Staebler D L，Wronski C R. Reversible Conductivity Changes in Discharge-produced Amorphous Si［J］. Appl Phys Lett，1977，31：292.

[106] 王炳忠，邹怀松，殷志强．我国太阳能辐射资源［J］．太阳能学报，1998，19（1）：18.

[107] 肖旭东，杨春雷．薄膜太阳能电池［M］．北京：科学出版社，2014.

[108] Jef Poortmans，Vladimir Arkhipov. 薄膜太阳能电池［M］．高扬，译．上海：上海交通大学出版社，2014.

[109] 王晓青．碲化镉薄膜太阳电池背接触界面特性研究［D］．广州：暨南大学，2020.

[110] 李强．碲化镉薄膜太阳电池关键科学问题研究［D］．合肥：中国科学技术大学，2018.

[111] 马立云，傅干华，官敏，等．碲化镉薄膜太阳电池研究和产业化进展［J］．硅酸盐学报，2022，50（8）：2305-2312.

[112] 李珣．碲化镉薄膜太阳电池制备及相关薄膜材料研究［D］．合肥：中国科学技术大学，2019.

[113] 王德亮，白治中，杨瑞龙，等．碲化镉薄膜太阳电池中的关键科学问题研究［J］．物理学和高新技术，2013，42（5）：346-352.

[114] 范文涛，朱刘．碲化镉薄膜太阳能电池的研究现状及进展［J］．材料研究与应用，2017，11（1）：6-8.

[115] 侯泽荣．碲化镉薄膜太阳能电池相关材料的制备与表征［D］．合肥：中国科学技术大学，2010.

[116] 郑根华．新型碲化镉薄膜太阳电池能带调控及电池制备研究［D］．合肥：中国科学技术大学，2020.

[117] 王敏．新型碲化镉薄膜太阳电池制备研究［D］．合肥：中国科学技术大学，2019.

[118] 刘欣星，赵宇琪，宫俊波，等．柔性铜铟镓硒薄膜太阳能电池技术的发展及现状［J］．真空与低温，2020，26（5）：377-384.

[119] 吴三平．水溶液法制备高效铜铟镓硒薄膜太阳电池［D］．南京：南京邮电大学，2020.

[120] 黄云翔．铜铟镓硒薄膜太阳电池关键制备工艺分析及性能测试［D］．广州：华南理工大学，2017.

[121] 陶加华，诸君浩．铜铟镓硒薄膜太阳电池研究进展和挑战［J］．红外与毫米波学报，2022，41（2）：395-412.

[122] 刘沅东．铜铟镓硒柔性薄膜太阳电池碱金属掺杂技术进展［J］．新能源进展，2022，10（6）：

584-590.

[123] 戴松元，刘伟庆，闫金定. 染料敏化太阳电池 [M]. 北京：科学出版社，2014.

[124] 沈智超，马岚，邹苑庄，等. ZnO 复合光阳极的制备及其染料敏化太阳能电池光电性能研究 [J]. 中国陶瓷，2022，58 (11)：9-16.

[125] 苗青青，高玉荣，马廷丽. 叠层染料敏化太阳能电池 [J]. 功能材料与器件学报，2011，17 (6)：611-619.

[126] 马洋军. 二元掺杂碳基染料敏化太阳能电池对电极的制备及其性能研究 [D]. 北京：北京化工大学，2022.

[127] 韩宜君，许君，畅琪琪，等. 纺织基柔性染料敏化太阳能电池的研究进展 [J]. 纺织学报，2022，43 (5)：185-194.

[128] 李少彦. 染料敏化太阳能电池的研究 [D]. 北京：北京交通大学，2008.

[129] 武文俊. 染料敏化太阳能电池敏化剂的模块化设计理念 [J]. 化学教育，2022，43 (18)：1-10.

[130] 卢军，许晓玉，林琳，等. 柔性染料敏化太阳能电池的研究进展 [J]. 材料导报，2022，29 (26)：233-237，270.

[131] 衣彦林. 非富勒烯有机薄膜太阳能电池形貌调控及器件性能优化 [D]. 大连：大连理工大学，2019.

[132] 藏月. 高性能有机薄膜太阳能电池的制备与研究 [D]. 成都：电子科技大学，2014.

[133] 王康. 基于微纳米结构增强有机聚合物薄膜太阳能电池光吸收的研究 [D]. 泉州：华侨大学，2019.

[134] Silvestri F, Irwin M D, Beverina L, et al. Efficient squaraine-based solution processable bulk-heterojunction solar cells [J]. Journal of the American Chemical Society, 2008, 130 (52): 17640-17641.

[135] Mayerhöffer U, Deing K, Gruβ K, et al. Outstanding Short-Circuit Currents in BHJ Solar Cells Based on NIR-Absorbing Acceptor-Substituted Squaraines [J]. Angewandte Chemie International Edition, 2009, 48 (46): 8776-8779.

[136] Wei G, Wang S, Sun K, et al. Solvent-annealed Crystalline Squaraine: PC70BM (1 : 6) Solar Cells [J]. Advanced Energy Materials, 2011, 1 (2): 184-187.

[137] Winzenberg K N, Kemppinen P, Fanchini G, et al. Dibenzo [b,def] chrysene derivatives: solution-processable small molecules that deliver high power-conversion efficiencies in bulk heterojunction solar cells [J]. Chemistry of Materials, 2009, 21 (24): 5701-5703.

[138] Ripaud E, Rousseau T, Leriche P, et al. Unsymmetrical triphenylamine-oligothiophene hybrid conjugated systems as donor materials for high-voltage solution-processed organic solar cells [J]. Advanced Energy Materials, 2011, 1 (4): 540-545.

[139] Shang H, Fan H, Liu Y, et al. A solution-processable star-shaped molecule for high-performance organic solar cells [J]. Advanced Materials, 2011, 23 (13): 1554-1557.

[140] Zhang J, Deng D, He C, et al. Solution-processable star-shaped molecules with triphenylamine core and dicyanovinyl endgroups for organic solar cells [J]. Chemistry of Materials, 2010, 23 (3): 817-822.

[141] Min J, Luponosov Y N, Gerl A, et al. Alkyl chain engineering of solution-processable star-shaped molecules for high-performance organic solar cells [J]. Advanced Energy Materials, 2014, 4 (5): 1301234.

[142] Rance W L, Rupert B L, Mitchell W J, et al. Conjugated thiophene dendrimer with an electron-withdrawing core and electron-rich dendrons: how the molecular structure affects the morphology and performance of dendrimer: fullerene photovoltaic devices [J]. The Journal of Physical Chemistry C, 2010, 114 (50): 22269-22276.

[143] Lenes M, Wetzelaer G J A H, Kooistra F B, et al. Fullerene bisadducts for enhanced open-circuit voltages and efficiencies in polymer solar cells [J]. Advanced Materials, 2008, 20 (11): 2116-2119.

[144] Zhao G, He Y, Li Y. 6.5% efficiency of polymer solar cells based on poly (3-hexylthiophene) and indene-C60 bisadduct by device optimization [J]. Advanced Materials, 2010, 22 (39): 4355-4358.

[145] Sun Y, Cui C, Wang H, et al. Efficiency enhancement of polymer solar cells based on poly (3-hexylthiophene)/indene-C70 bisadduct via methylthiophene additive [J]. Advanced Energy Materials, 2011, 1 (6): 1058-1061.

[146] Nguen L H, Günes S, Neugebauer H, et al. Precursor route poly (thienylene vinylene) for organic solar cells: photophysics and photovoltaic performance [J]. Solar Energy Materials and Solar Cells, 2006, 90 (17): 2815-2828.

[147] Kim J Y, Qin Y, Stevens D M, et al. Low band gap poly (thienylene vinylene)/fullerene bulk heterojunction photovoltaic cells [J]. The Journal of Physical Chemistry C, 2009, 113 (24): 10790-10797.

[148] Hou J, Tan Z, He Y, et al. Branched poly(thienylene vinylene)s with absorption spectra covering the whole visible region [J]. Macromolecules, 2006, 39 (14): 4657-4662.

[149] 张生鹏，刘月秋，李云凤，等. 钙钛矿太阳能电池研究进展与发展现状 [J]. 光源与照明，2022 (12): 23-25.

[150] 董钰蓉，张树宇. 基于钙钛矿材料的光电探测器研究综述 [J]. 光源与照明，2018 (3): 11-17.

[151] Xiao K, Han Q, Gao Y, et al. Simultaneously enhanced moisture tolerance and defect passivation of perovskite solar cells with cross-linked grain encapsulation [J]. J Energy Chem, 2021, 56: 455-462.

[152] Ma S H, Pang S Z, Dong H, et al. Stability improvement of perovskite solar cells by the moisture-resistant PMMA: spiro-OMeTAD hole transport layer [J]. Polymers, 2022, 14 (2): 343-353.

[153] Dong H, Pang S Z, Zhang Y, et al. Improving electron extraction ability and device stability of perovskite solar cells using a compatible PCBM/AZO electron transporting bilayer [J]. Nanomaterials (Basel), 2018, 8 (9): 720-729.

[154] 王婷，魏奇，付强，等. 钙钛矿光伏电池封装材料与工艺研究进展 [J]. 应用化学，2022, 39 (9): 1321-1344.

[155] Oranskaia A, Schwingenschlögl U. Suppressing X-migrations and enhancing the phase stability of cubic FAPbX3 (X=Br, I) [J]. Adv Energy Mater, 2019, 9 (32): 1901411-1901422.

[156] Wang S W, Yan S, Wang M, et al. Construction of nanowire $CH_3NH_3PbI_3$-based solar cells with 17.62% efficiency by solvent etching technique [J]. Sol Energy Mater Sol Cells, 2017, 167: 173-177.

[157] Kong W C, Wang S W, Li F, et al. Ultrathin perovskite monocrystals boost the solar cell performance [J]. Adv Energy Mater, 2020, 10 (34): 2000453-2000460.

[158] Song T Y, Gao L F, Wei Q, et al. Study on the effect of chlorine on the growth of $CH_3NH_3PbI_{3-x}Cl_x$ crystals [J]. Mater Res Express, 2020, 7 (1): 15522-15527.

[159] 蒋超凡，易陈谊. 半透明钙钛矿太阳能电池关键技术及其应用 [J]. 中国电工技术学报，2023, 43 (5): 1739-1753.

[160] 高欢. 二次钝化策略及其在钙钛矿太阳能电池中的应用 [D]. 南京：南京邮电大学，2022.

[161] 韩飞，王玲玲，林媛，等. 有机硅在钙钛矿太阳能电池中的应用 [J]. 陶瓷学报，2023, 44 (1): 12-27.

[162] 王成龙，梁真，万喆，等. 真空蒸镀钙钛矿太阳能电池器件工艺的研究进展 [J]. 中国表面工程，2023, 36 (2): 20-33.

[163] 程阳风. 基于结晶动力学调控的锡基钙钛矿太阳能电池研究 [D]. 南京：南京邮电大学，2022.
[164] 张理. 基于 n-i-p 结构钙钛矿太阳能电池的阴极界面研究 [D]. 南京：南京邮电大学，2022.
[165] 韩菲. 抗 PID 光伏组件 EVA 封装胶膜的制备及性能研究 [D]. 南京：东南大学，2022.

附　　录

附录1　主要物理量

m　质量
c　真空中光速
E　能量
$\vec{E}$　电场强度
A　截面积
k　玻耳兹曼常数
α　吸收系数
ε　介电常数
ε_o　真空中介电常数
ε_r　相对介电常数
λ　波长
η　效率、光电转换效率
τ　载流子寿命
h　普朗克常数
q　电荷
t　时间
T　温度
σ　斯特藩 - 玻耳兹曼常数
J_o　太阳辐照强度
AM　能量密度大气质量
ρ　空间电荷密度、密度、电阻率
μ　迁移率
μ_e　电子迁移率
μ_h　空穴迁移率
q　载流子电量
N_c　导带底有效态密度
N_v　价带顶有效态密度
E_g　禁带宽度
E_c　导带底
E_v　价带顶
R　反射率、复合率
N_D　施主杂质浓度
N_A　受主杂质浓度
E_D　施主能级
E_A　受主能级
V_D　pn 结势垒
E_F　费米能级
n　电子浓度
n_i　本征载流子浓度
n_o　n 型半导体热平衡电子浓度
p_o　p 型半导体热平衡空穴浓度
n_{po}　p 型半导体热平衡电子浓度
p_{no}　n 型半导体热平衡空穴浓度
V_B　pn 结击穿电压
L_D　德拜长度
D_e　电子扩散系数
D_h　空穴扩散系数
L_e　电子扩散长度
L_h　空穴扩散长度
I_{SC}　短路电流
V_{OC}　开路电压
P_m　最佳功率
FF　填充因子

附录 2　物理常数

电子电荷　$q=1.6\times10^{-19}$ C

真空中光速　$c=3.0\times10^{10}$ cm/s

普朗克常数　$h=6.625\times10^{-34}$ J · s

玻耳兹曼常数　$k=1.380\times10^{-23}$ J/K

热电压　$kT/q=0.02586$V（300K）

阿伏伽德罗常数　$N_A=6.023\times10^{23}$

电子静止质量　$m_{eo}=9.108\times10^{-28}$g